U0181692

晶体物理性能

朱劲松　应学农　吕笑梅

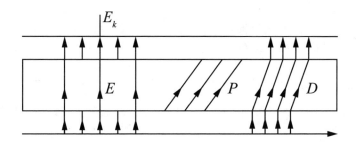

中国教育出版传媒集团

高等教育出版社·北京

内容提要

晶体材料具有非常优异的性能,已在高新技术及工业上引起广泛的关注。本书主要对晶体材料物理性能的两大特点:物理性能(力、热、电、磁、光、声)的各向异性和不同物理效应之间的相互作用,从基本原理到应用进行了详细的介绍,特别是对光学晶体在激光的调制、调 Q、锁模、倍频、参量转换(非线性光学),电光,声光,热电,磁电,多铁等光电技术中的相关原理及应用均有涉及。"晶体物理性能"与"晶体生长""晶体缺陷""晶体衍射学"一起组成材料与物理相关专业的课程。本书希望帮助读者对晶体的物理性能及其应用有一定了解,对今后从事光电晶体的研究、生长、检测和应用工作的人员在分析、解决问题的能力上有所提高。

本书可供凝聚态物理、光电子、电子元器件、材料及应用专业的本科生及研究生学习使用,也可供从事相关工作的科研及工业技术人员参考。

图书在版编目(CIP)数据

晶体物理性能／朱劲松,应学农,吕笑梅主编. --
北京:高等教育出版社,2024.5
ISBN 978 - 7 - 04 - 061336 - 0

Ⅰ.①晶… Ⅱ.①朱… ②应… ③吕… Ⅲ.①晶体-
物理性能 Ⅳ.①O731

中国国家版本馆 CIP 数据核字(2023)第 213692 号

JINGTI WULI XINGNENG

策划编辑	张琦玮	责任编辑	张琦玮	封面设计	贺雅馨	版式设计	马 云
责任绘图	于 博	责任校对	张 薇	责任印制	耿 轩		

出版发行	高等教育出版社		网 址	http://www.hep.edu.cn
社 址	北京市西城区德外大街 4 号			http://www.hep.com.cn
邮政编码	100120		网上订购	http://www.hepmall.com.cn
印 刷	河北信瑞彩印刷有限公司			http://www.hepmall.com
开 本	787mm×1092mm 1/16			http://www.hepmall.cn
印 张	23.5			
字 数	440 千字		版 次	2024 年 5 月第 1 版
购书热线	010-58581118		印 次	2024 年 5 月第 1 次印刷
咨询电话	400-810-0598		定 价	54.00 元

本书如有缺页、倒页、脱页等质量问题,请到所购图书销售部门联系调换
版权所有 侵权必究
物 料 号 61336-00

序　言

由于近代科学技术的发展,晶体人工培养技术逐渐成熟,晶体材料已被人们广泛关注。晶体的物理性能有两大特点:物理性能(力、热、电、磁、光、声)的各向异性和不同物理效应之间存在着相互作用,这使晶体在众多的领域中得到了很好的应用。特别是石英一类压电晶体作为换能器、稳定频率的晶体谐振器、晶体滤波器等比较早地在工业中进行大批量生产和广泛应用。激光问世的六十多年来,晶体在激光的调制、调 Q、锁模、倍频、参量转换等光电技术领域中得到了广泛应用。

"晶体物理性能"与"晶体生长""晶体缺陷""晶体衍射学"一起构成材料与物理相关专业的课程,可以帮助学生对晶体特别是光电技术中使用的晶体(包括基质晶体与非线性光学晶体)的有关物理性能及其应用方面的基本知识有一个了解,对今后从事光电晶体的生长、检测和应用的工作,在分析问题、解决问题方面有所帮助,同时为本领域的发展打下基础。考虑到晶体材料性质的特点,本课程不仅对晶体物理的基本原理作全面的介绍,也将侧重于介绍光学晶体相关的一些性能及其应用。

鉴于以上考虑,《晶体物理性能》教材将以离子晶体为主要研究对象,以光电技术的应用为线索组织内容,共分为八章,着重从宏观角度结合微观机制介绍晶体各向异性的物理性能、有相互作用的物理效应和它们在光电技术中的一些应用。本书包括张量分析基础知识(第一章),晶体的弹性与弹性波(第二章),晶体的介电性质(第三章),晶体的铁电、压电、热释电及多铁性(第四章),晶体光学(第五章),晶体的倍频与参量频率转换(第六章),晶体的电光效应及其应用(第七章),晶体的声光效应及其应用(第八章)。由于晶体物理性能的各向异性的特点与晶体对称性有密切关系,通常正确、方便地描述这些物理性能必须使用张量。因此,在第一章,我们介绍了关于张量分析基础知识方面的内容。晶体学的其他一些知识学生在学习本书时应已掌握,因而不在此介绍。此外,书中我们收集了一些晶体物理性能的参量仅供参考,读者使用前请仔细核对。

本书中还选择了一些有助于读者进一步了解学科发展的内容作为阅读材料,如第四章中的"铁性材料的多铁性能""铁电材料中的电畴:形成、结构、动性及相关性能";第六章中的"准相位匹配"等。这些内容可作为拓展内容,我们在节序号前均用星号(*)标出。

由于编者水平所限,一些最新科研成果可能反映不足,此外在内容安排、取舍上不当、疏漏之处在所难免,希望读者们在阅读过程中提出宝贵意见,批评指正。

编者

南京大学唐仲英楼

2022 年 12 月

目　　录

第一章 张量分析基础知识

以前大家学的课程中,力学、热学、电磁学、光学等性质都是基于各向同性介质或一维系统来说明的,这对于突出某些物理现象的微观物理原理是必要的.但是实际晶体的各向异性是一种很普遍的特性,特别是很多物理现象如热电、压电、电光、声光、非线性光学效应等完全是因为晶体具有各向异性才能表现出来的.因此,晶体结构对称性与这些性质之间的关系成为研究的主要方面.为了描述晶体宏观上表现出来的各向异性,所需的方程式通常要比表达各向同性物质的方程式数目多得多.人们在实践中探索出一套描述各向异性的数学方法,可以使问题简化很多,这就是张量表示的方法.

晶体物理中涉及的张量分析是比较简单的,晶体对称性的操作对应的坐标变换,一般使用三维正交直角坐标系的变换就够了.本章将只限于这种坐标系统所定义的张量(称为卡迪生张量).此外,我们对于张量分析不作严格的数学论证,而是介绍张量分析的一些定义、运算的规则和方法,这对于从事晶体生长与应用的工作者来说完全足够了.

§1.1 标量、矢量和二阶张量

有些物理量只要一个数字加上一个单位就可以表示清楚了,譬如温度、质量、密度、频率等,只要表示为数值加单位(如 10 ℃、50 g、1 g/cm^3、100 Hz 等)就很清楚了.不管取什么坐标,都是这个数值.这种与所取方向和坐标无关的量称为标量,有时也称为数量.

还有一些量,既有大小,又有方向,例如力、速度、位置、电场强度等,这些量就是矢量.要表示一个矢量就麻烦一些,用数值加单位是无法表示清楚的.在数学上要严格地表示这样一个量,首先要确定一个坐标系统,比如取三维直角坐标系统,这需要事先表明坐标原点在哪里,x_1、x_2、x_3 三个轴的取向也要规定下来.这时可能会出现两种不同的坐标系统,一种是右手螺旋直角坐标系,另一种是左手螺旋直角坐标系(见图 1.1).

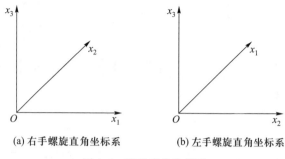

(a) 右手螺旋直角坐标系　　　　　(b) 左手螺旋直角坐标系

图 1.1　两种直角坐标系

它们的区别在于 x_1、x_2、x_3 三个轴方向的旋转顺序不同.我们通常选择右手螺旋直角坐标系,这时矢量 A 可以表示为

$$A = A_1 \boldsymbol{i} + A_2 \boldsymbol{j} + A_3 \boldsymbol{k} \tag{1.1}$$

其中 $\boldsymbol{i}, \boldsymbol{j}, \boldsymbol{k}$ 分别是 x_1、x_2、x_3 三个轴正方向上的单位矢量,A_1、A_2、A_3 分别是矢量 A 在三个坐标轴上的投影,称为矢量的三个分量.在事先规定的坐标系中,只要给出 A_1、A_2、A_3 三个数值,那么矢量 A 的大小和方向就唯一确定下来了.由此可见,矢量和标量不同,必须用三个数值才能正确地表示一个矢量.更要提醒大家注意的是,A_1、A_2、A_3 只有在规定的坐标系中才是确定的,在不同的坐标系中表示同一个矢量 A,三个分量 A_1、A_2、A_3 一般是不相同的.图 1.2 表示一个在 $x_1 x_2$ 平面内的矢量 A 在不同坐标系中分量 A_1、A_2、A_3 数值不同的情形.当在 x_1、x_2、x_3 坐标系中矢量 A 可表示为 $(A\cos\theta, A\sin\theta, 0)$,如果取另一个坐标系 x_1'、x_2'、x_3',它是绕 x_3 转动 θ 后的新坐标系,这时矢量 A 却表示为 $(A, 0, 0)$.

总之,矢量的表示有两个特点:① 需要三个数值(三个分量),② 坐标系变换时,三个数值也相应地变化.还有一些物理量,譬如晶体中的介电常量 ε,在各向同性的材料中有一个分量,而在各向异性晶体中一般要用九个分量才能表示清楚,这九个分量的数值也是随坐标系的变化而变化的,这种量称为二阶张量.现在我们具体看看介电常量 ε 为什么需要九个分量才能完整地表示.在各向同性的电介质中电位移矢量 D 与宏观场强 E 之间有下列物理学关系:

$$D = \varepsilon_0 \varepsilon E \tag{1.2}$$

在给定的坐标系,电位移矢量的分量与宏观场强的分量之间满足以下三个方程:

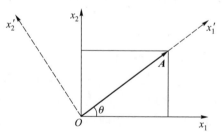

图 1.2　同一个矢量 A,在不同坐标系的三个分量是不同的

$$D_1 = \varepsilon_0 \varepsilon E_1$$
$$D_2 = \varepsilon_0 \varepsilon E_2$$
$$D_3 = \varepsilon_0 \varepsilon E_3$$

或写为 $\qquad\qquad D_i = \varepsilon_0 \varepsilon E_i \quad (i=1,2,3)$ （1.3）

这里电位移矢量的某一分量 D_i 只和电场强度对应的坐标分量 E_i 成正比，其中三个方程的比例常量都为 $\varepsilon_0 \varepsilon$.当变换到其他坐标系时，矢量 E、D 的分量也随之变化，但分量的三个方程中比例常量是不变的.所以 ε_0 和 ε 在各向同性介质中均为标量，只要一个数值就可表示并且与坐标系的选择无关.从（1.3）式可以看出，矢量 D 和 E 方向始终一致.

但是，在各向异性晶体中矢量 D 和 E 方向并不一致.实验上发现，矢量 D 的每个分量 D_i 和矢量 E 的三个分量 E_i 都有关系，可写成如下关系：

$$D_1 = \varepsilon_0 (\varepsilon_{11} E_1 + \varepsilon_{12} E_2 + \varepsilon_{13} E_3)$$
$$D_2 = \varepsilon_0 (\varepsilon_{21} E_1 + \varepsilon_{22} E_2 + \varepsilon_{23} E_3)$$
$$D_3 = \varepsilon_0 (\varepsilon_{31} E_1 + \varepsilon_{32} E_2 + \varepsilon_{33} E_3)$$

或可写为

$$D_i = \varepsilon_0 \sum_{j=1}^3 \varepsilon_{ij} E_j \quad (i=1,2,3)$$ （1.4）

其中 ε_{ij} 表示 D_i 分量与 E_j 分量之间的比例关系.

可见，完整地表示晶体的介电常量要用到九个分量 ε_{ij}.这九个分量也是随着坐标变换而变化的，这是二阶张量的特征.从张量分析的角度看，矢量实际上是一阶张量.和矢量对比，二阶张量和更高阶的张量并没有特别的地方，只是需要使用更多的分量来表示.张量的严格定义将在 §1.5 中介绍.

§1.2 坐标变换和变换矩阵

无论是矢量、二阶张量或是更高阶的张量，它们的分量都随坐标变换而变化.正如图 1.2 所示，当选取坐标系 x_1'、x_2'、x_3' 时，A 矢量的两个分量为零.那么对于张量来说，是否也可以找到一个最合适的坐标系，使张量分量简化呢？虽然寻找一个简化张量表示的坐标系不是那么一目了然，但总还是可以找到的.这里有必要首先介绍一下从一个坐标系转换到另一坐标系的数学表示方法，以及这种坐标变换引起的矢量分量和二阶张量分量变化的规律.在研究晶体时，经常使用到的坐标变换，有这样两个特点：一是变换到新坐标轴时，坐标轴代表的尺度不能变化；二是新坐标系各轴之间的夹角仍要保持为直角.这种变换是最简单的，数学上称为正交变换.

新、老坐标系的坐标轴相对位置一经确定,那么新坐标系中 x_1' 与老坐标系中 x_1、x_2、x_3 轴分别的夹角 θ_{11}、θ_{12}、θ_{13} 也就确定了(见图 1.3).

我们令三个角度的余弦值分别为 $a_{11}=\cos\theta_{11}$,$a_{12}=\cos\theta_{12}$,$a_{13}=\cos\theta_{13}$.此处,x_2' 和 x_3' 分别与三个老坐标轴的 6 个夹角也是确定的.同样可以得到 6 个量 a_{21}、a_{22}、a_{23}、a_{31}、a_{32}、a_{33},它们都是新、老坐标轴之间夹角的余弦,即 $a_{ij}=\cos\theta_{ij}$.如果新、老坐标系之间,给出了上述九个余弦量,那么两个坐标系之间的关系也就唯一地确定下来了.为了便于记忆和运算,我们可以把九个 a_{ij} 三个为一组分成三组,每组排成一行,写成如下三行三列的一个方阵:

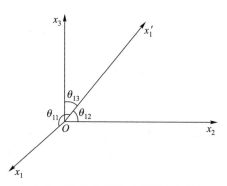

图 1.3 新、老坐标轴之间的夹角关系
(图中只画出了 x_1')

	x_1	x_2	x_3	(老坐标轴)
x_1'	a_{11}	a_{12}	a_{13}	
x_2'	a_{21}	a_{22}	a_{23}	
x_3'	a_{31}	a_{32}	a_{33}	

(新坐标轴)

这个方阵称为变换矩阵.一般情况下,矩阵元素 $a_{ij}\neq a_{ji}$.如果给出了变换矩阵,那么我们可以证明,任何矢量和张量,在这个坐标变换下相应分量的变化可以唯一确定.

设有矢量 **P** 在老坐标系的三个分量分别为 P_1、P_2、P_3,**P** 在新坐标系中的三分量为 P_1'、P_2'、P_3'(参见图 1.4),图中新坐标只画出了 x_1' 轴和分量 P_1'.显然可得,P_1' 应是 P_1、P_2、P_3 在 x_1' 轴上投影之和,即有:

$$P_1'=a_{11}P_1+a_{12}P_2+a_{13}P_3 \quad (1.5)$$

同理有:

$$P_2'=a_{21}P_1+a_{22}P_2+a_{23}P_3$$

$$P_3'=a_{31}P_1+a_{32}P_2+a_{33}P_3 \quad (1.6)$$

或写为

$$P_i'=\sum_{j=1}^{3}a_{ij}P_j \quad (i=1,2,3) \quad (1.7)$$

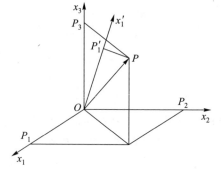

图 1.4 矢量 **P** 在新、老坐标系中分量的关系

如果,反过来老坐标系中分量用新坐标表示,显然有:

$$P_1 = a_{11}P_1' + a_{21}P_2' + a_{31}P_3'$$
$$P_2 = a_{12}P_1' + a_{22}P_2' + a_{32}P_3' \tag{1.8}$$
$$P_3 = a_{13}P_1' + a_{23}P_2' + a_{33}P_3'$$

或写为

$$P_i = \sum_{j=1}^{3} a_{ji}P_j' \quad (i=1,2,3) \tag{1.9}$$

§1.3 正交变换矩阵的性质

上节所述的正交变换,因为有两项限制,坐标轴长度单位不能伸缩,变换前后坐标系都是直角坐标系,所以变换矩阵中的九个元素并不是完全独立的.现在我们来证明这种正交变换矩阵的两个重要特性.

(一)变换矩阵元素的正交性

新坐标轴 Ox_1'、Ox_2'、Ox_3' 在老坐标系中的方向余弦分别是第一行、第二行、第三行的三个元素.我们知道一条直线在直角坐标系中的三个方向余弦的平方和必定等于 1,所以有

$$a_{11}^2 + a_{12}^2 + a_{13}^2 = 1$$
$$a_{21}^2 + a_{22}^2 + a_{23}^2 = 1 \tag{1.10}$$
$$a_{31}^2 + a_{32}^2 + a_{33}^2 = 1$$

上面三个式子可以写为

$$\sum_{k=1}^{3} a_{ik}a_{jk} = 1 \quad (i=j, \quad i,j=1,2,3) \tag{1.11}$$

根据新坐标轴 Ox_1'、Ox_2'、Ox_3' 之间满足直角关系,彼此的标量积为零,可以得到

$$a_{11}a_{21} + a_{12}a_{22} + a_{13}a_{23} = 0$$
$$a_{11}a_{31} + a_{12}a_{32} + a_{13}a_{33} = 0$$
$$a_{21}a_{31} + a_{22}a_{32} + a_{23}a_{33} = 0$$

上面三个式子也可写为

$$\sum_{k=1}^{3} a_{ik}a_{jk} = 0 \quad (i \neq j, \quad i,j=1,2,3) \tag{1.12}$$

我们引入一个新符号 δ_{ij},具有下列性质:

$$\delta_{ij} = \begin{cases} 1 & i=j \\ 0 & i \neq j \end{cases} \quad (i,j=1,2,3) \tag{1.13}$$

δ_{ij} 称克罗内克 δ 函数.把 δ_{ij} 排列成矩阵则有如下形式:

$$(\delta_{ij}) = \begin{pmatrix} 1 & 0 & 0 \\ 0 & 1 & 0 \\ 0 & 0 & 1 \end{pmatrix} \tag{1.14}$$

称为单位矩阵,引入 δ_{ij} 后,(1.11)式和 (1.12)式可以合并写成如下形式:

$$\sum_{k=1}^{3} a_{ik}a_{jk} = \delta_{ij} \quad (i,j=1,2,3) \tag{1.15}$$

矩阵元素 a_{ij} 之间的上述关系就称为正交关系,共有六个方程,所以九个分量中其实只有三个独立分量.

(二) 矩阵行列式 $|a_{ij}|$ 的数值总是等于±1

数学上可以证明,正交变换的矩阵的行列式的值等于±1.

在数学课中我们知道一个三行三列的行列式的值有如下定义:

$$|a_{ij}| = \begin{vmatrix} a_{11} & a_{12} & a_{13} \\ a_{21} & a_{22} & a_{23} \\ a_{31} & a_{32} & a_{33} \end{vmatrix} = a_{11}\begin{vmatrix} a_{22} & a_{23} \\ a_{32} & a_{33} \end{vmatrix} - a_{12}\begin{vmatrix} a_{21} & a_{23} \\ a_{31} & a_{33} \end{vmatrix} + a_{13}\begin{vmatrix} a_{21} & a_{22} \\ a_{31} & a_{32} \end{vmatrix}$$

$$= a_{11}(a_{22}a_{33}-a_{23}a_{32}) - a_{12}(a_{21}a_{33}-a_{23}a_{31}) + a_{13}(a_{21}a_{32}-a_{22}a_{31}) \tag{1.16}$$

利用 a_{ij} 的正交条件可以证明 $|a_{ij}| = +1$ 或 -1.

如果 $|a_{ij}|$ 值为+1,表示坐标系的左右手螺旋性不变,如果为-1,表示这种变换将引起左右手螺旋性的变换,我们仅指出这个结论,不进行证明.

§1.4 晶体对称操作的变换矩阵

(一) 晶体对称操作及其变换矩阵

晶体具有一定的对称性,如果只考虑宏观物理性质的各方向上具有的对称性,晶体可分成 32 种不同类型,称为 32 种点群,每一种点群包含若干种对称元素,对应晶体的对称操作.

所谓晶体的对称操作,即晶体经对称操作后其状态与初始状态完全相同.晶体中有如下几种对称操作和对称元素:(1) 旋转操作,对称元素是旋转轴(rotation),1,2,3,4,6 次轴;(2) 镜面反映操作,对称元素为镜面 m (reflection,mirror);(3) 反演操作,对称元素为对称中心 i,围绕对称中心(inversion),将任一点 (x,y,z) 变为 $(-x,-y,-z)$ 的操作;(4) 旋转反演操作,对称元素为 $\bar{n}$ 次旋转反演轴(旋转加反演)(rota-inversion axis),$\bar{1}=1+i,\bar{2}=2+i=m,\bar{3}=3+i,\bar{4}=4+i,\bar{6}=3+m$.

宏观对称元素分为旋转轴(1,2,3,4,6 次轴)、镜面、对称中心、旋转反演轴.对晶体进行一定"操作",可以使对称图形完全重合,实际上就是使物理性质恢复到与未操作前完全一致.这种"操作"除旋转轴外,不是简单的机械动作能完成的,从数学的语言来说,就是进行一定的坐标变换,变换前后一定方向上的物理性质又可完全复原.譬如一个晶体具有 4 次对称轴,就是沿某一轴旋转 90°后,晶体在各方向上的物理性质完全相同.与此同理,所谓反演操作,在数学上等于进行一次坐标变换,使原来一个矢量(x_1,x_2,x_3)在新坐标中为$(-x_1',-x_2',-x_3')$,现在分别介绍几个主要对称元素所对应的变换矩阵.

1. 旋转(rotation)轴的变换矩阵

设 x_3 沿某一晶体对称轴,现在使坐标轴 x_1、x_2 绕 x_3 转动一角度 θ,新坐标轴 x_3' 与 x_3 一致,x_1' 与 x_1、x_2' 与 x_2 各转 θ 角(见图 1.5),根据各坐标轴的夹角余弦很快可写出九个分量的矩阵元素.

x_1' 与 x_1,x_2,x_3 的夹角的余弦分别为 $\cos\theta,\cos(90°-\theta),0$.

x_2' 与 x_1,x_2,x_3 的夹角的余弦分别为 $\cos(90°+\theta),\cos\theta,0$.

x_3' 与 x_1,x_2,x_3 的夹角的余弦分别为 $0,0,1$.

所以它所对应的变换矩阵为

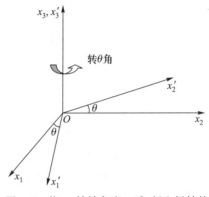

图 1.5　绕 x_3 轴转角度 θ 后,新坐标轴的相对位置

$$\begin{pmatrix} \cos\theta & \sin\theta & 0 \\ -\sin\theta & \cos\theta & 0 \\ 0 & 0 & 1 \end{pmatrix} \quad (1.17)$$

对称轴 $1,2,3,4,6$ 次轴对应的 θ 值,分别为 $\theta=360°,180°,120°,90°,60°$,代入$(1.17)$式即可,例如 4 次轴,$\theta=90°$代入$(1.17)$式得绕 x_3 旋转的 4 次轴变换矩阵为

$$\begin{pmatrix} 0 & 1 & 0 \\ -1 & 0 & 0 \\ 0 & 0 & 1 \end{pmatrix} \quad (1.18)$$

如果将坐标轴 x_2 或 x_1 和转轴一致,可以得到另一些变换矩阵,读者可自行练习写出.

2. 对称平面(镜面)的变换矩阵(reflection or mirror)

一个对称平面对应的操作为对一平面作镜面"像",任一位置矢量 **P** 经镜面反映操作后和 **P** 完全重合.从数学上说,任何位置矢量在平面上的分量不变,而垂直于平面的分量则改变正负号.如果坐标系的(x_2x_3)平面和对称平面重合,x_1 和对称面法线方向一致.那么相应的坐标变换是,新坐标 x_2'、x_3' 相对于 x_2、x_3 不动,而 x_1' 则变为 x_1 的相反方向(参见图 1.6).因此立刻可写出对应的变换矩阵为

$$\begin{pmatrix} -1 & 0 & 0 \\ 0 & 1 & 0 \\ 0 & 0 & 1 \end{pmatrix} \quad (1.19)$$

同理我们还可以写出，x_2 或 x_3 与对称平面法线重合时的镜面反映操作的变换矩阵.

3. 对称中心［反演（inversion）］变换矩阵

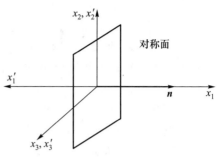

图 1.6 对称平面为 $(x_2 x_3)$ 平面时,经镜面变换后新、老坐标轴的相对位置,n 为对称面法线

对称中心对应的操作为反演,经过反演操作(就像照相机显像)使任何位置矢量 P 可以和大小一样方向相反的矢量 P_1 重合.从坐标变换的角度来看相当于使新坐标轴 x_1'、x_2'、x_3' 相对于 x_1、x_2、x_3 方向相反的变换,坐标的原点取在对称中心上.用上述方法可得变换矩阵为

$$\begin{pmatrix} -1 & 0 & 0 \\ 0 & -1 & 0 \\ 0 & 0 & -1 \end{pmatrix} \quad (1.20)$$

4. 旋转反演轴 $\bar{4}$ 的变换矩阵

$\bar{4}$ 旋转反演相应的操作是先绕某轴旋转 $90°$ 轴,然后再对轴上一点作反演. 假如 4 次旋转轴沿着 x_3 轴,轴上的反演参考点取为坐标原点,相应坐标变换是这样的,第一步,x_1、x_2 绕 x_3 转 $90°$,达到 $x_1' x_2'$ 位置,x_3' 和 x_3 仍一致.第二步,对原点作反演,使 x_1'、x_2'、x_3' 全部反向变为 x_1''、x_2''、x_3''.它的变换矩阵,由 x_1''、x_2''、x_3'' 对原来坐标轴 x_1、x_2、x_3 的夹角余弦决定,立即可写出为(见图 1.7)

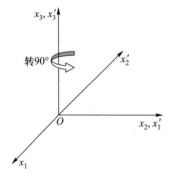

(a) 先绕 x_3 转 $\pi/4$,新坐标轴 x_1',x_2',x_3'

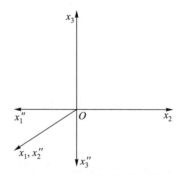

(b) 再将 x_1',x_2',x_3' 对坐标原点反演,达到最后的新坐标轴位置 x_1'',x_2'',x_3''.经此操作后 $x_1 \to x_2 \to (-x_2)$;$x_2 \to (-x_1) \to x_1$;$x_3 \to x_3 \to (-x_3)$

图 1.7 $\bar{4}$ 轴沿 x_3 轴坐标转换

$$\begin{pmatrix} 0 & -1 & 0 \\ +1 & 0 & 0 \\ 0 & 0 & -1 \end{pmatrix} \tag{1.21}$$

（二）晶系参量：七大晶系,14 种布拉维（Bravais）格子

宏观对称元素的组合（集合）为"群"；晶体共有 32 种点群,再加上微观对称元素（平移、转动）共有 230 种空间群.晶体共分七大晶系,14 种布拉维格子如下：

（1）立方晶系 cubic system（简单、面心、体心）
$$a=b=c, \quad \alpha=\beta=\gamma=90°$$

（2）四方（角）晶系 tetragonal system（简单、体心）
$$a=b\neq c, \quad \alpha=\beta=\gamma=90°$$

（3）六方（角）晶系 hexagonal system
$$\alpha=\beta=90°, \quad \gamma=120°, \quad a=b\neq c$$

（4）三方（角）晶系 trigonal system
$$a=b=c, \quad \alpha=\beta=\gamma<120°$$

（5）正交晶系 orthorhombic system（简单、底心、体心、面心）
$$a\neq b\neq c, \quad \alpha=\beta=\gamma=90°$$

（6）单斜晶系 monoclinic system（简单、底心）
$$a\neq b\neq c, \quad \alpha=\gamma=90°\neq\beta$$

（7）三斜晶系 triclinic system
$$a\neq b\neq c, \quad \alpha\neq\beta\neq\gamma\neq90°$$

详细内容读者可参阅晶体学相关书籍.

（三）点群的符号表示法

32 种点群通常用两种方式表示.一是申夫利斯符号（也称熊夫利符号），二是国际符号.为方便大家在看到这些符号时就能识别晶体的晶系归属,这里简要介绍一下符号的识别：

1. 申夫利斯符号

申夫利斯符号是群论符号,判断法如下：

（1）如果只有一个 n 次旋转轴而没有对称中心和对称面,就用 C_n 表示.如 C_6 就表示这个点群只存在一个 6 次轴.

（2）D_n 表示除 n 次主旋转轴外,还有垂直于主旋轴的 2 次轴,用下标数字表示主轴的轴次,如 D_2、D_3 等.如 D_3 则表示这个点群存在一个 3 次轴和垂直于 3 次轴的一个 2 次轴.

（3）i 表示对称中心.当对称中心单独出现时,以 C_i 表示.有时附加在旋转轴之后,表示旋转反演轴,如 C_{4i} 表示 4 次旋转反演轴.

（4）S_4 表示 4 次旋转反演轴.

（5）对称面单独存在时，该对称面以 C_s 表示.在 C 和 D 两种情况下，如有对称面则将字母 h、v、d 列于 C_n 或 D_n 的后面，h 表示对称面是处于水平，v 表示对称面处于垂直，d 对称面处于对角线的位置如 C_{3h}、C_{4v}、D_{2d} 等.

（6）立方晶体中，T 表示四个 3 次轴、三个 2 次（或 4 次）轴的组合，O 表示八面体中所存在的四个 3 次轴和三个 4 次轴的组合.T 和 O 还可以附加 d、h 以表示对称面如 T_d，O_h.

2. 国际符号

一般采用中括号及三个数字 $[ABC]$ 表示，判断法如下：

（1）首先考虑的是 B 位置是否是 3，若 B 位是 3，则该晶体为立方晶系，3 次轴在一组体对角线方向〈1 1 1〉方向，$[111]$，$[11\bar{1}]$，$[\bar{1}11]$，…；然后 A 位置的对称元素在 a 方向 $[100]$ 方向；C 位置的对称元素在 $a+b$ 方向 $[110]$ 方向.属立方晶系的点群有：$23,m3,432,\bar{4}3m,m\bar{3}m$.

（2）如 $B\neq 3$，而 $A\geqslant 3$，则该晶体为高次轴.

A 位置的对称元素在 $x_3(z)$ 方向 $[001]$，若 $A=3$ 则为三方晶系，$A=4$ 为四方晶系，$A=6$ 为六方晶系.而 B 位置的对称元素在各晶系的 $[100]$ 方向.

C 位置对称元素在四方晶系中的 $[110]$ 方向，六方晶系中的 $[210]$ 方向.

属三方晶系点群有：$3,\bar{3},32,3m,\bar{3}m$.

属四方晶系点群有：$4,\bar{4},4/m,422,4mm,\bar{4}2m,4/mmm$.

属六方晶系点群有：$6,\bar{6},6/m,622,6mm,\bar{6}2m,6/mmm$.

（3）如 $B\neq 3$，而 $A<3$，则看 ABC 全不全，如全，则属于正交（斜方）晶系.对称元素就在 a,b,c 方向，例如：$mmm,222,mm2$.

（4）如 ABC 中仅有一个 A，则为 x_2 方向的单斜晶系，例如：$2,m,2/m$.

（5）如果一个元素为 A，是一次轴，则该晶系为三斜晶系，例如：$1,\bar{1}$.

（四）晶体的极射赤平投影图

将晶体中任意一个平面用赤道平面上一点来表示，这样在一个平面上就可将晶体的对称性显示出来，这是晶体的极射赤平投影图，具体做法如下：

图 1.8（a）所示为极射赤平投影图.首先假设一个晶体放在地球中心，然后从中心作任一晶面法线，延伸法线交球面上一点，从地球另一极点作直线连接极点与法线在球面上交点，该线在穿越赤道平面时在赤道平面上的交点，就是那个晶面的极射赤平投影点.将一个晶体的各晶面在赤道平面上所有极射赤平投影点汇集，就为该晶体的极射赤平投影图.如果将它们的对称元素用不同符号显示出，就可以从该平面图上方便地看出该晶体的所有对称性.图 1.8（a）所示即为

极射赤平投影图的形成及(b)$\overline{4}$2m、(c)222 点群的赤平投影图.在附录 A 中列出了各点群晶体的极射赤平投影图.

我们在§1.9中将利用晶体对称性的上述变换得出各张量元素分量之间关系以及最简单的张量表示形式.

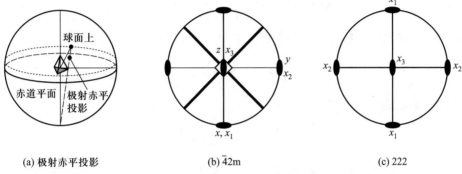

(a) 极射赤平投影 (b) $\overline{4}$2m (c) 222

图 1.8 晶体的极射赤平投影图及 $\overline{4}$2m、222 点群的赤平投影图

§1.5 二阶张量的变换与张量的定义

在各向异性介质中的一些物理参量,常具有张量的性质,它总是与某个物理学定理联系在一起的.这里,我们以介电常量 ε_{ij} 为例说明二阶张量随坐标变换时的规律.

设在 (x_1,x_2,x_3) 坐标系中介电极化的关系为

$$D_i = \varepsilon_0 \sum_{j=1}^{3} \varepsilon_{ij}E_j \quad (i=1,2,3) \tag{1.22}$$

如果变换到 (x_1',x_2',x_3') 坐标,其变换矩阵为 (a_{ij}),那么 $\boldsymbol{D}$、$\boldsymbol{E}$ 和 ε_{ij} 均要变化,则应有

$$D_i' = \varepsilon_0 \sum_{j=1}^{3} \varepsilon_{ij}'E_j' \tag{1.23}$$

根据矢量变化公式(1.7)式,则有

$$D_i' = \sum_{k=1}^{3} a_{ik}D_k \tag{1.24}$$

$\boldsymbol{D}$ 和 $\boldsymbol{E}$ 之间由物理学定律(1.22)式相联系,故有

$$D_i' = \sum_{k=1}^{3} a_{ik}\left(\sum_{l=1}^{3} \varepsilon_0 \varepsilon_{kl}E_l \right)$$

我们再根据(1.9)式,将 E 用 E' 表示,则有

$$E_l = \sum_{j=1}^{3} a_{jl} E'_j \tag{1.25}$$

代入上式并整理后得到

$$D'_i = \varepsilon_0 \left[\sum_{j=1}^{3} \left(\sum_{k=1}^{3} \sum_{l=1}^{3} a_{ik} \varepsilon_{kl} a_{jl} \right) \right] E'_j \tag{1.26}$$

同(1.22)式比较可得到在不同坐标系中 ε'_{ij} 和 ε_{kl} 的如下关系:

$$\varepsilon'_{ij} = \sum_{k=1}^{3} \sum_{l=1}^{3} a_{ik} a_{jl} \varepsilon_{kl} \tag{1.27}$$

同理可证明,相反的变换是

$$\varepsilon_{ij} = \sum_{k=1}^{3} \sum_{l=1}^{3} a_{ki} a_{lj} \varepsilon'_{kl} \tag{1.28}$$

现在我们可从数学上给张量下一个比较确切的定义:张量是与坐标有联系的一组量,它们随坐标变换而按一定的规律变化.如与坐标无关的张量则称为零阶张量(即标量),如出现一次变换矩阵元和一个加和符号的为一阶张量,如出现两个变换矩阵元和两个加和符号的为二阶张量,出现 n 个变换矩阵元和 n 个加和符号的称为 n 阶张量.现将 0 到 4 阶张量的变换公式列于表 1.1 中.

表 1.1 0 到 4 阶张量的变换公式

名称	张量阶数	分量个数	变换公式	
			新坐标的分量用老坐标的分量表示	老坐标的分量用新坐标的分量表示
标量	0	$1 = 3^0$	$\phi' = \phi$	$\phi = \phi'$
矢量	1	$3 = 3^1$	$P'_i = \sum_{j=1}^{3} a_{ij} P_j$	$P_i = \sum_{j=1}^{3} a_{ji} P'_j$
二阶张量	2	$9 = 3^2$	$\varepsilon'_{ij} = \sum_k \sum_l a_{ik} a_{jl} \varepsilon_{kl}$	$\varepsilon_{ij} = \sum_k \sum_l a_{ki} a_{lj} \varepsilon'_{kl}$
三阶张量	3	$27 = 3^3$	$\varepsilon'_{ijk} = \sum_l \sum_m \sum_n a_{il} a_{jm} a_{kn} \varepsilon_{lmn}$	$\varepsilon_{ijk} = \sum_l \sum_m \sum_n a_{li} a_{mj} a_{nk} \varepsilon'_{lmn}$
四阶张量	4	$81 = 3^4$	$\varepsilon'_{ijkl} = \sum_q \sum_r \sum_s \sum_t a_{iq} a_{jr} a_{ks} a_{lt} \varepsilon_{qrst}$	$\varepsilon_{ijkl} = \sum_q \sum_r \sum_s \sum_t a_{qi} a_{rj} a_{sk} a_{tl} \varepsilon'_{qrst}$

　　根据上述张量的确切定义,鉴别在物理学公式中出现的某一个量是否是张量,其唯一的根据是某一个具有若干分量的一组量,是否遵从表1.1中某个张量的变换公式.因此很容易得出如下两个结论:

　　(1)任何两个张量的各分量,彼此相乘所得的若干量组成另一个张量,新张量的阶数将是原来两个张量阶数之和.现以两个一阶张量(矢量)为例,来说明这个推论,两个矢量分量彼此相乘必得如下九个分量.

$$(P_1,P_2,P_3)(q_1,q_2,q_3)=P_1q_1,P_1q_2,P_1q_3,P_2q_1,P_2q_2,P_2q_3,P_3q_1,P_3q_2,P_3q_3$$

$$(1.29)$$

这九个分量 $P_iq_i(i,j=1,2,3)$,利用上面所述极易证明为二阶张量.

$$P_i'q_j'=\left(\sum_{k=1}^{3}a_{ik}P_k\right)\left(\sum_{l=1}^{3}a_{jl}q_l\right)=\sum_{k=1}^{3}\sum_{l=1}^{3}a_{ik}a_{jl}\cdot P_kq_l \qquad (1.30)$$

(1.30)式和表1.1中所列二阶张量变换公式完全一致,所以它们是一个二阶张量.其他阶数张量相乘可以用同样办法加以证明.因此三阶、四阶张量的变换规律分别和三个矢量、四个矢量乘积的变换规律一样.

　　(2)物理学公式中,某两个张量之间存在线性关系,有若干比例常量,那么这一组比例常量必然也是一个张量,它的阶数也就是公式两边张量阶数之和. §1.5中已经证明了两个矢量 **D** 和 **E** 之间的比例常量 ε_{ij},组成一个二阶张量.如果推广到其他阶数张量之间的比例常量,完全可以用同样办法加以证明.例如第二章的同为二阶张量的应力张量 σ_{ij} 与应变张量 e_{ij} 之间的比例常量是由81个分量组成的弹性模量 C_{ijkl},它确实是一个四阶张量.又如压电效应中,电场强度矢量与应力张量(二阶)之间的比例常量 d_{ijk},有27个分量,亦可证明它遵从三阶张量的变换公式,因此在物理公式中出现的一些新的量,只要确证其他量是张量,那么这个新的量是哪一阶张量是不难确定的.

　　这里还要着重指出,只有张量的数学定义才是判断的唯一依据,譬如介电常量 ε_{ij} 共有九个分量组成一个二阶张量,这是上述几节一再证明了的.但如果有这样九个量 $n_{ij}=\sqrt{\varepsilon_{ij}}$,而且这九个量 n_{ij}(折射率)确实也随坐标变换而变化,那么它是不是组成一个张量呢? 我们可以从张量定义出发来考察一下,因为它随坐标变换的公式是

$$n_{ij}'=\sqrt{\varepsilon_{ij}'}=\sqrt{\sum_l\sum_k a_{ik}a_{jl}\varepsilon_{kl}} \qquad (1.31)$$

显然不符合表中二阶张量的变换公式,它既不是二阶张量,也不是任何其他阶的张量.只有 $(n_{ij})^2=\varepsilon_{ij}$ 才是二阶张量.因此晶体中其他很多性能,如表面能、屈服强度、电击穿强度、晶体生长速率、声速等虽表现为各向异性,但和折射率本身一样并不具有所要求的张量变换形式,不是张量.它可能与晶体内某些具有张量性质的物理量有复杂的关系.

§1.6 张量的足符互换对称

（一）二阶对称与反对称张量

一个二阶张量 ε_{ij} 如果将足符 $i、j$ 次序互换后，两个分量存在 $\varepsilon_{ij}=\varepsilon_{ji}$ 的关系，称为二阶对称张量，如果有 $\varepsilon_{ij}=-\varepsilon_{ji}$ 则称为二阶反对称张量.二阶反对称张量的同足符分量 ε_{ii} 次序互换后应有 $\varepsilon_{ii}=-\varepsilon_{ii}$，因此 $\varepsilon_{ii}=0$（$i=1,2,3$），所以把对称与反对称的两个张量写成矩阵的形式，分别为如下形状：

$$
对称\begin{pmatrix} \varepsilon_{11} & \varepsilon_{12} & \varepsilon_{13} \\ \varepsilon_{12} & \varepsilon_{22} & \varepsilon_{23} \\ \varepsilon_{13} & \varepsilon_{23} & \varepsilon_{33} \end{pmatrix} \qquad 反对称\begin{pmatrix} 0 & \varepsilon_{12} & \varepsilon_{13} \\ -\varepsilon_{12} & 0 & \varepsilon_{23} \\ -\varepsilon_{13} & -\varepsilon_{23} & 0 \end{pmatrix}
$$

一个与晶体物理性能相联系的某些量究竟属于对称张量、非对称张量还是反对称张量，纯粹从数学的角度是无法判断的，这是物理上的原因导致的，取决于相应的物理过程的能量关系，我们以介电极化过程为例说明介电常量是一个二阶对称张量.

根据电磁学知识可知电介质中电场的单位体积的总能量为

$$
W=\frac{1}{2}\boldsymbol{E} \cdot \boldsymbol{D} \tag{1.32}
$$

对（1.32）式进行微分可得

$$
\mathrm{d}W=\frac{1}{2}(\boldsymbol{D} \cdot \mathrm{d}\boldsymbol{E}+\boldsymbol{E} \cdot \mathrm{d}\boldsymbol{D}) \tag{1.33}
$$

（1.33）式右边第一项是由于宏观电场强度改变 $\mathrm{d}\boldsymbol{E}$ 而引起介质极化偶极矩在电场中的势能变化部分，这不涉及极化变化而引起的总能量改变.第二项才是直接由晶体极化改变了 $\mathrm{d}\boldsymbol{D}$ 引起的晶体内部电能的增加，这才是真正与极化过程相联系的总能量变化.所以，晶体极化过程中总能量的改变可写为

$$
\mathrm{d}W=\frac{1}{2}\boldsymbol{E} \cdot \mathrm{d}\boldsymbol{D}=\frac{1}{2}(E_1\mathrm{d}D_1+E_2\mathrm{d}D_2+E_3\mathrm{d}D_3) \tag{1.34}
$$

将关系式 $D_i=\sum_{j=1}^{3}\varepsilon_0\varepsilon_{ij}E_j(i=1,2,3)$ 代入上式可得

$$
\mathrm{d}W=\frac{\varepsilon_0}{2}(\varepsilon_{11}E_1\mathrm{d}E_1+\varepsilon_{12}E_1\mathrm{d}E_2+\varepsilon_{13}E_1\mathrm{d}E_3+\varepsilon_{21}E_2\mathrm{d}E_1+\varepsilon_{22}E_2\mathrm{d}E_2+\varepsilon_{23}E_2\mathrm{d}E_3+
$$
$$
\varepsilon_{31}E_3\mathrm{d}E_1+\varepsilon_{32}E_3\mathrm{d}E_2+\varepsilon_{33}E_3\mathrm{d}E_3) \tag{1.35}
$$

上式对 E_1 及 E_2 的偏导数分别为

$$\frac{\partial W}{\partial E_1} = \frac{\varepsilon_0}{2}(\varepsilon_{11}E_1 + \varepsilon_{21}E_2 + \varepsilon_{31}E_3) \tag{1.36}$$

$$\frac{\partial W}{\partial E_2} = \frac{\varepsilon_0}{2}(\varepsilon_{12}E_1 + \varepsilon_{22}E_2 + \varepsilon_{32}E_3) \tag{1.37}$$

我们知道总电能 W 是宏观电场独立变量 E_1、E_2、E_3 的连续函数,根据高等数学多元函数的性质知道两次偏导数的次序可以颠倒:

$$\frac{\partial}{\partial E_2}\left(\frac{\partial W}{\partial E_1}\right) = \frac{\partial}{\partial E_1}\left(\frac{\partial W}{\partial E_2}\right) \tag{1.38}$$

将(1.36)式、(1.37)式代入上式得到

$$\varepsilon_{21} = \varepsilon_{12} \tag{1.39}$$

同理可以证明:

$$\varepsilon_{31} = \varepsilon_{13} \quad 以及 \quad \varepsilon_{23} = \varepsilon_{32}$$

所以介电常量是一个二阶对称张量.

在晶体物理中,重要的二阶张量属于可逆过程的都有相应的能量关系,因而都是对称张量.此外,一些不可逆过程相关的如电导、热导系数等二阶张量,也可以从另一个角度证明,绝大多数也属于对称张量(不可逆过程有关的二阶张量大多数也是对称张量,但是其证明涉及不可逆过程的热力学关系,已超出本课程范围).应力与应变张量虽然不存在能量关系,但在第二章中将证明也是二阶对称张量.因此,二阶对称张量特别重要.

一个二阶对称张量的独立的分量只有以下六个:

$$\varepsilon_{11}, \varepsilon_{22}, \varepsilon_{33}, \varepsilon_{23} = \varepsilon_{32}, \varepsilon_{13} = \varepsilon_{31}, \varepsilon_{12} = \varepsilon_{21}$$

在许多场合下,我们可以将对称双重足符简化为一个足符来表示.简化足符的数值可取 1~6,其对应关系定义如下:

$$双足符 ij \quad 11,22,33,23,13,12$$
$$简化足符 i \quad 1,2,3,4,5,6 \tag{1.40}$$

为便于记忆,简化足符的顺序在二阶张量的矩阵形式中按如下顺序对应起来:

(二) 三阶张量的足符对称问题

三阶张量有三个足符,如 d_{ijk},足符 i、j、k 间是否有互换对称,也必须从物理过程中去考虑.一般来说正如 §1.5 指出的三阶张量都有相应物理过程的公式和一个一阶张量、一个二阶张量相联系,如压电效应中有

$$P_i = \sum_{j,k=1}^{3} d_{ijk}\sigma_{jk} \quad (i=1,2,3) \tag{1.41}$$

或者如反压电效应(或称电致伸缩效应)中有(压电效应与反压电效应参见 §4.5)

$$e_{ij} = \sum_{k=1}^{3} d_{kij} E_k \quad (i,j=1,2,3) \tag{1.42}$$

(1.41)式、(1.42)式中的应力、应变二阶张量都是对称张量,那么可以证明,与二阶对称张量相对应的两个足符存在互换对称.所以一个三阶张量,由于其中两个足符是对称的,存在 $d_{ijk} = d_{ikj}$(kj 对称)的关系,所以 27 个分量实际上只有 18 个独立分量.

(三)四阶张量的足符对称问题

四阶张量有四个足符,如弹性模量 C_{ijkl},由于上述同样的道理,物理学公式中它所联系的两个二阶张量都是对称张量(弹性模量参见 §2.4 及 §2.5),那么四个足符将分为两组 (i,j) 及 (k,l),分别是对称的,而且可以分别应用简化足符而使之简化为两个足符表示,足符数字都改取 1~6,一般来说四阶张量中的 81 个分量可减少为 36 个分量.

进一步利用弹性形变的总能量的关系,还可证明 C_{ij} 两个简化足符之间也有互易对称关系,如:

$$C_{1122} = C_{2211}$$
$$C_{1123} = C_{2311}$$
$$\cdots\cdots\cdots\cdots$$

由于这两种对称性关系的存在,弹性模量的独立分量将进一步减少到 21 个.

不过,这种简化足符间的互换对称,不是所有四阶张量中普遍存在的关系.如果相应的物理过程中,不存在某种总能量变化的对称关系,那么简化足符没有这种对称.如第八章的压光系数、光弹系数等四阶张量就没有这种互换对称存在,所以它们一般仍保持 36 个分量.

以上利用足符的互换对称而使用简化足符,仅仅是为了在计算某些物理学公式时使得变数尽可能减少,但必须注意的是,使用简化足符,并不是张量阶数降低了,所以在坐标变换要决定张量各分量的变化时,绝对不能应用简化足符.

§1.7 张量的矩阵表示和矩阵的代数运算

为了书写与运算的方便,常常把物理学公式中的矢量与张量写成矩阵的形式,譬如(1.4)式 $D_i = \varepsilon_0 \sum_{j=1}^{3} \varepsilon_{ij} E_j$ 可写成下列形式:

$$\begin{pmatrix} D_1 \\ D_2 \\ D_3 \end{pmatrix} = \varepsilon_0 \begin{pmatrix} \varepsilon_{11} & \varepsilon_{12} & \varepsilon_{13} \\ \varepsilon_{21} & \varepsilon_{22} & \varepsilon_{23} \\ \varepsilon_{31} & \varepsilon_{32} & \varepsilon_{33} \end{pmatrix} \begin{pmatrix} E_1 \\ E_2 \\ E_3 \end{pmatrix} \qquad (1.43)$$

要用(1.43)式来代替(1.4)式,实际上必须事先约定一些规则.

(1)约定任何一个矢量 A(即一阶张量)的三个分量都可以写成 $\begin{pmatrix} A_1 \\ A_2 \\ A_3 \end{pmatrix}$,称为三行一列矩阵.

(2)约定任一个二阶张量,可以写成 $\begin{pmatrix} \varepsilon_{11} & \varepsilon_{12} & \varepsilon_{13} \\ \varepsilon_{21} & \varepsilon_{22} & \varepsilon_{23} \\ \varepsilon_{31} & \varepsilon_{32} & \varepsilon_{33} \end{pmatrix}$,称为三行三列矩阵,

分量 ε_{ij} 写在矩阵的第 i 行和第 j 列位置上.

(3)(1.43)式右边两个矩阵连写在一起,表示两矩阵的乘积,所以还要事先约定一个矩阵的乘法规则.

某一个矢量 P、张量 T_{ij} 或者坐标变换的相应矩阵 $A(a_{ij})$,我们用 $\underline{P}$、$\underline{T}$、$\underline{A}$ 等符号下加一横来代表(通常书籍中用黑体字表示).

现在我们来规定矩的乘法规则.

设有一个 m 行 n 列矩阵 $\underline{A}$ 和一个 n 行 p 列矩阵 $\underline{B}$,相乘后得出另一 m 行 p 列的矩阵 $\underline{\gamma}$,

$$\underline{\gamma} = \underline{A}\underline{B}$$

乘积是这样规定的:

$$\gamma_{ik} = \sum_{j=1}^{n} \alpha_{ij}\beta_{jk} = \alpha_{i1}\beta_{1k} + \alpha_{i2}\beta_{2k} + \cdots \qquad (1.44)$$

A 中的第 i 行各元素分别乘上 B 矩阵的第 k 列的各元素的总和为乘积 γ 矩阵中的第 γ_{ik} 元素.

为明白起见,举一个数字例子:

$$\begin{pmatrix} 0 & 3 & 2 \\ 1 & -1 & 3 \\ 2 & 1 & 4 \end{pmatrix} \begin{pmatrix} 0 & 2 \\ 3 & 1 \\ -2 & 8 \end{pmatrix} = \begin{pmatrix} 5 & 19 \\ -9 & 25 \\ -5 & 37 \end{pmatrix} \qquad (1.45)$$

乘积矩阵中第一行第一列元素等于第一个矩阵的第一行元素分别乘上第二矩阵的第一列元素之和,即:

$$0 \times 0 + 3 \times 3 + 2 \times (-2) = 5$$

其他乘积矩阵元素的值,可按此规则计算,得到(1.45)式的结果.

在矩阵乘法中必须注意两点:(1)两个矩阵相乘,前面矩阵的列数必须和后面矩阵的行数相等,否则两矩阵不能相乘.(2)两个矩阵相乘的次序颠倒,结果是不相等的,即 $AB \neq BA$.

例如:

$$\begin{pmatrix} 4 \\ 1 \end{pmatrix} \times (2 \quad 3) \neq (2 \quad 3) \begin{pmatrix} 4 \\ 1 \end{pmatrix}$$

有了事先约定的上述各规则,那么物理学公式(1.43)式与(1.4)式的表示完全等同.

有了矩阵运算的上述规则,同样可以应用到矢量和二阶张量的变换公式,用矩阵形式可表示出来,读者可以自行证明,矢量 $\boldsymbol{P}$ 的变换公式可写为

$$\begin{pmatrix} P'_1 \\ P'_2 \\ P'_3 \end{pmatrix} = \begin{pmatrix} a_{11} & a_{12} & a_{13} \\ a_{21} & a_{22} & a_{23} \\ a_{31} & a_{32} & a_{33} \end{pmatrix} \begin{pmatrix} P_1 \\ P_2 \\ P_3 \end{pmatrix} \tag{1.46}$$

或

$$\underline{P}' = \underline{A}\underline{P} \tag{1.47}$$

式中,$\underline{A}$ 为坐标变换矩阵.

二阶张量的变换公式可写为

$$\begin{pmatrix} \varepsilon'_{11} & \varepsilon'_{12} & \varepsilon'_{13} \\ \varepsilon'_{21} & \varepsilon'_{22} & \varepsilon'_{23} \\ \varepsilon'_{31} & \varepsilon'_{32} & \varepsilon'_{33} \end{pmatrix} = \begin{pmatrix} a_{11} & a_{12} & a_{13} \\ a_{21} & a_{22} & a_{23} \\ a_{31} & a_{32} & a_{33} \end{pmatrix} \begin{pmatrix} \varepsilon_{11} & \varepsilon_{12} & \varepsilon_{13} \\ \varepsilon_{21} & \varepsilon_{22} & \varepsilon_{23} \\ \varepsilon_{31} & \varepsilon_{32} & \varepsilon_{33} \end{pmatrix} \begin{pmatrix} a_{11} & a_{21} & a_{31} \\ a_{12} & a_{22} & a_{32} \\ a_{13} & a_{23} & a_{33} \end{pmatrix}$$

或

$$\underline{\varepsilon}'_{ij} = \underline{A}\underline{\varepsilon}_{ij}\underline{\tilde{A}} \tag{1.48}$$

式中,A 是坐标变换矩阵,$\tilde{A}$ 是 A 的转置矩阵,即将 A 中的行换为列,列换为行的矩阵.

物理学公式和张量坐标变化的运算利用矩阵符号将简洁得多,在各项具体展开时,不易搞错,很方便.

譬如一个矢量 $\boldsymbol{P}$ 经连续坐标变换两次,最后的变换公式用矩阵符号运算就简单得多,设第一次变换为 $\underline{A}$,第二次变换为 $\underline{B}$,则有

$$\underline{P}' = \underline{A}\underline{P} \qquad \text{及} \qquad \underline{P}'' = \underline{B}\underline{P}'$$

前式代入后式得到最后的变换公式,为

$$\underline{P}'' = \underline{B}\underline{A}\underline{P} = \underline{C}\underline{P} \tag{1.49}$$

式中

$$\underline{C} = \underline{B}\underline{A}$$

最后变换必定相当于进行变换 $\underline{C}$,正好是 $\underline{B}$、$\underline{A}$ 的乘积.

行数、列数($m×n$)相同的矩阵可以相加,有

$$\underline{C} = \underline{A} + \underline{B} \tag{1.50}$$

其中矩阵元素有下列关系:

$$c_{ij} = a_{ij} + b_{ij} \tag{1.51}$$

其他更高阶的张量,如第四章中的压电系数 d_{ijk}、第六章中的非线性系数 d_{ijk}、第七章中的电光系数 γ_{ijk} 均为三阶张量.而第二章中的弹性模量 C_{ijkl}、弹性顺服系数 $\&_{rskl}$,第八章中的光弹系数 P_{ijks}、压光系数 π_{ijkl} 均为四阶张量.上述三阶、四阶张量均不能直接写成矩阵形式,但是我们可以利用它们两个足符的互换对称性(即 ij 或 kl 可互换)将其指标简化,物理学公式在形式上也可以写成矩阵形式,这将在相关各章中分别加以介绍.

§1.8 二阶对称张量的几何表示和二阶张量的主轴

晶体物理中遇到的二阶对称张量比较多,我们应该比较熟悉它随坐标系变换的性质.大家知道:可用某方向上一定长度的直线来形象地表示一个矢量在该坐标系中的三个分量,三个分量相应于在三个坐标轴上的投影,坐标系变换时,可以形象地看到三个投影的大小也在相应改变.同时二阶张量的变换公式中只出现两个变换矩阵元素的加和符号,比较简单,可以在空间中用一个几何曲面来形象地表示它和坐标系之间的关系.下面介绍二阶张量对应的几何表示.

我们现在按下式定义一个空间二次曲面:

$$\sum_{i,j=1}^{3} S_{ij} x_i x_j = 1 \tag{1.52}$$

展开出来就是

$$S_{11}x_1^2 + S_{12}x_1x_2 + S_{13}x_1x_3 + S_{21}x_2x_1 + S_{22}x_2^2 + S_{23}x_2x_3 + S_{31}x_3x_1 + S_{32}x_3x_2 + S_{33}x_3^2 = 1 \tag{1.53}$$

如果有 $S_{ij} = S_{ji}$,(1.53)式变为

$$S_{11}x_1^2 + S_{22}x_2^2 + S_{33}x_3^2 + 2S_{23}x_2x_3 + 2S_{13}x_1x_3 + 2S_{12}x_1x_2 = 1 \tag{1.54}$$

从空间解析几何的知识,我们知道(1.54)式是一个以坐标系原点为中心的二次曲面方程,或者是一个椭球,或者是一个双曲面.坐标系变换时,曲面方程的各项系数也相应变化,现在假定坐标系从 Ox_1, Ox_2, Ox_3 变为 Ox_1', Ox_2', Ox_3',则有

$$x_i = \sum_k a_{ki} x_k', \quad x_j = \sum_l a_{lj} x_l' \tag{1.55}$$

代入(1.54)式有

$$\sum_{ij=1}^{3}\left(\sum_{k,l=1}^{3}S_{ij}a_{ki}a_{lj}\,x_k'x_l'\right)=1 \tag{1.56}$$

整理到新坐标系中,曲面方程中 $x_k'x_l'$ 项的新系数为

$$S_{kl}'=\sum_{i,j}^{3}a_{ki}a_{lj}S_{ij} \tag{1.57}$$

将(1.57)式代入(1.56)式得到

$$\sum S_{kl}'x_k'x_l'=1 \tag{1.58}$$

我们可以明显地注意到,一个二次曲面的各系数的变换公式(1.57)式和二阶张量的变换公式完全一样.

因为二次曲面的系数对 i、j 是对称的,$S_{ij}=S_{ji}$,所以说二次曲面的系数就具有二阶对称张量的特征.因而任何一个二阶对称张量 ε_{ij} 在几何上都可以用下述曲面来形象地表示:

$$\sum_{i,j=1}^{3}\varepsilon_{ij}x_ix_j=1 \tag{1.59}$$

二阶对称张量的六个分量相应于这个曲面方程的六个系数,这个曲面称为该张量的表象曲面.正如一个矢量可用在某方向上一定长度线段来表示,它的三个分量是三个坐标上的投影,而一个二阶对称张量有六个分量,则要用一个空间曲面形象地表示,它的分量为曲面方程的六个系数.这样的表示在直观上有很大好处,因为大家对二次曲面在各坐标系中的方程变化比较熟悉,下面将看到,利用表象曲面可以很快地看出它代表的张量所决定的物理性能在各方向上所具有的对称性.

我们在空间解析几何中已经知道,二次曲面有一个重要特性,总可以找到三个正交的坐标系统,该系统中曲面方程的交叉项系数都等于零.曲面方程有如下简单的形式:

$$\varepsilon_{11}x_1^2+\varepsilon_{22}x_2^2+\varepsilon_{33}x_3^2=1 \tag{1.60}$$

由此可见,一个二阶对称张量,一般情况下有六个分量,但是实际上,只要找到适当的坐标系统,仅需要三个分量就可以完全确定,使所有 $i\neq j$ 的 $\varepsilon_{ij}=0$ 的三个坐标轴称为张量主轴.这时三个不等于零的分量 ε_{11}、ε_{22}、ε_{33} 称为二阶张量主值,如果三个主值都是正值,那么它的表象曲面就是大家熟悉的椭球方程:

$$\frac{x_1^2}{a^2}+\frac{x_2^2}{b^2}+\frac{x_3^2}{c^2}=1 \tag{1.61}$$

式中,$a^2=\dfrac{1}{\varepsilon_{11}}$,$b^2=\dfrac{1}{\varepsilon_{22}}$,$c^2=\dfrac{1}{\varepsilon_{33}}$[见图1.9(a)].

如果三个主值中两个为正、一个为负,是一个单叶双曲面[见图1.9(b)].主值中两个为负、一个为正,是一个双叶双曲面[见图1.9(c)].

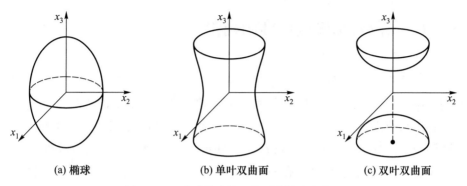

(a) 椭球　　　　　　　(b) 单叶双曲面　　　　　　(c) 双叶双曲面

图 1.9　二阶对称张量三种可能的表象曲面

根据以上分析,当二阶对称张量在取主轴为坐标轴时,不为零的分量只有三个,具有最简单的形式.这时的物理学公式也具有最简单的形式.例如电位移与电场强度间关系为

$$D_i = \varepsilon_0 \sum_{j=1}^{3} \varepsilon_{ij} E_j \quad (i=1,2,3) \tag{1.62}$$

如果取 ε_{ij} 的主轴为坐标轴,有:

$$\begin{aligned} D_1 &= \varepsilon_0 \varepsilon_{11} E_1 \\ D_2 &= \varepsilon_0 \varepsilon_{22} E_2 \\ D_3 &= \varepsilon_0 \varepsilon_{33} E_3 \end{aligned} \tag{1.63}$$

D 在 x_1 方向的分量 D_1 只与 E_1 有关,D_2 只与 E_2 有关,D_3 只与 E_3 有关.当 $\varepsilon_{11} \neq \varepsilon_{22} \neq \varepsilon_{33}$ 时,一般 D 和 E 的方向并不一致,这是各向异性晶体中存在的现象.但是张量的主轴却是一个特殊的方向,当 E 恰好平行于某一主轴方向时,譬如沿着 Ox_1 轴,即 $E(E_1,0,0)$,那么根据(1.63)式可得到 $D=(\varepsilon_0\varepsilon_{11}E_1,0,0)$,$D$ 也在 Ox_1 方向上,所以 E 沿主轴这一特殊方向时,D 和 E 是相互平行的.

可以用一个二次曲面表示一个二阶张量,并且在主轴坐标系下,只有矩阵对角线上三个分量不为零,分别称为该张量的主值,这是一切二阶对称张量的普遍特性.所以像应力张量、应变张量,当找到主轴坐标系时,只有对角线上分量不为零,也就是说,在这个坐标系下,只存在正应力分量或者正应变分量.这在分析弹性应力对偏振光干涉强度的影响,如利用光测弹性方法分析晶体残余应力以及观察缺陷中位错应力场引起的干涉强度轮廓分布时是很重要的.根据第八章的分析,晶体折射率的变化主要由正应力(压缩或膨胀)引起的,换句话说只与应力的主值有关系,分析偏光干涉强度轮廓时,如果取主轴为坐标系将会带来极大的便利.

§1.9 二阶对称张量主轴的确定

一个二阶对称张量必定存在三个主轴,在主轴坐标下张量分量中 $i \neq j$ 的各项均为零而得到简化.那么现在反过来问:给出了任意坐标下的张量各分量 x_{ij},如何找出它的主轴在什么方向上? 这是一个很重要的问题.我们还记得在 §1.8 中提到一个二阶对称张量 ε_{ij} 是把 D 与 E 联系起来的,如果 E 在主轴方向上,那么 D 必然与 E 平行.如果这里有一矢量 (x_1, x_2, x_3) 正好在某一二阶对称张量 S_{ij} 的主轴方向上,那么矢量 $x'_i = \sum_{j=1}^{3} S_{ij}x_j (i = 1, 2, 3)$ 必须也在矢量 (x_1, x_2, x_3) 方向上.我们可利用主轴方向上的这一特殊性把主轴找出来,如果 (x_1, x_2, x_3) 矢量确实沿着主轴的话,必然有下列关系:

$$\sum_{j=1}^{3} S_{ij}x_j = \lambda x_j \quad (i = 1, 2, 3) \tag{1.64}$$

λ 是某一常量,因为方程两边相应的矢量平行,所以只能相差一个常量 λ.(1.64)式是一个三元联立代数方程,可以具体地写为

$$
\begin{aligned}
(S_{11} - \lambda)x_1 + S_{12}x_2 + S_{13}x_3 &= 0 \\
S_{21}x_1 + (S_{22} - \lambda)x_2 + S_{23}x_3 &= 0 \\
S_{31}x_1 + S_{32}x_2 + (S_{33} - \lambda)x_3 &= 0
\end{aligned}
\tag{1.65}
$$

要方程组有 x_i 非零的解,必须使系数行列式为零:

$$E(\lambda) = \begin{vmatrix} S_{11} - \lambda & S_{12} & S_{13} \\ S_{21} & S_{22} - \lambda & S_{23} \\ S_{31} & S_{32} & S_{33} - \lambda \end{vmatrix} = 0 \tag{1.66}$$

(1.66)式是 λ 的三次方程,可以解出三个根 λ'、λ''、λ'''.在数学上可以证明这三个根对应于张量 S_{ij} 的三个主值.取主值 λ',代入(1.65)式可求得一套 (x'_1, x'_2, x'_3),同样以 λ'' 和 λ''' 分别代入(1.65)式求得另两套 (x''_1, x''_2, x''_3) 和 (x'''_1, x'''_2, x'''_3).这三个矢量的方向就是三个主轴的方向.进一步找出三个主轴相对于原来坐标系的方向余弦 (α, β, γ),即可求得从原来坐标系转换到主轴坐标系的变换矩阵:

$$A = \begin{pmatrix} \alpha' & \beta' & \gamma' \\ \alpha'' & \beta'' & \gamma'' \\ \alpha''' & \beta''' & \gamma''' \end{pmatrix}$$

如果进行这样的坐标变换,就可得到 S_{ij} 在主轴坐标系中的简单形式:

$$\begin{pmatrix} \lambda' & 0 & 0 \\ 0 & \lambda'' & 0 \\ 0 & 0 & \lambda''' \end{pmatrix}$$

以上只是介绍了寻找主值和主轴的思路,具体计算有时是很烦琐的.

现举一个简单的例子:

设有二阶对称张量 $\begin{pmatrix} \dfrac{3}{2} & -\dfrac{1}{2} & 0 \\ -\dfrac{1}{2} & \dfrac{3}{2} & 0 \\ 0 & 0 & 4 \end{pmatrix}$,试求其主轴及主值.

按(1.64)式列出方程:

$$\begin{pmatrix} \dfrac{3}{2} & -\dfrac{1}{2} & 0 \\ -\dfrac{1}{2} & \dfrac{3}{2} & 0 \\ 0 & 0 & 4 \end{pmatrix}\begin{pmatrix} x_1 \\ x_2 \\ x_3 \end{pmatrix} = \begin{pmatrix} \lambda x_1 \\ \lambda x_2 \\ \lambda x_3 \end{pmatrix} \tag{1.67}$$

具体写出联立方程为

$$\frac{3}{2}x_1 - \frac{1}{2}x_2 + 0 = \lambda x_1$$

$$-\frac{1}{2}x_1 + \frac{3}{2}x_2 + 0 = \lambda x_2 \tag{1.68}$$

$$0 + 0 + 4x_3 = \lambda x_3$$

令系数行列式为零:

$$\begin{vmatrix} \left(\dfrac{3}{2}-\lambda\right) & -\dfrac{1}{2} & 0 \\ -\dfrac{1}{2} & \left(\dfrac{3}{2}-\lambda\right) & 0 \\ 0 & 0 & 4-\lambda \end{vmatrix} = 0 \tag{1.69}$$

可得到:

$$\left(\frac{3}{2}-\lambda\right)\left(\frac{3}{2}-\lambda\right)(4-\lambda) - \frac{1}{4}(4-\lambda) = 0$$

整理后得

$$(\lambda^2 - 3\lambda + 2)(4-\lambda) = 0$$

求出 λ 的三个根为:$\lambda' = 1$,$\lambda'' = 2$,$\lambda''' = 4$.

将 λ' 代入(1.68)式得

$$\begin{cases} \dfrac{1}{2}x_1' - \dfrac{1}{2}x_2' = 0 \\[2mm] -\dfrac{1}{2}x_1' + \dfrac{1}{2}x_2' = 0 \\[2mm] 3x_3' = 0 \end{cases} \tag{1.70}$$

解得 $x_3' = 0, x_1' = x_2', |x'| = \sqrt{|x_1'|^2 + |x_2'|^2} = \sqrt{2}\,|x_1'|$.

再将 λ'' 代入 (1.68) 式得:

$$\begin{cases} -\dfrac{1}{2}x'' - \dfrac{1}{2}x_2'' = 0 \\[2mm] -\dfrac{1}{2}x_1'' - \dfrac{1}{2}x_2'' = 0 \\[2mm] 2x_3'' = 0 \end{cases} \tag{1.71}$$

解得 $x_3'' = 0, x_1'' = -x_2'', |x''| = \sqrt{2}\,|x_1''|$.

再将 λ''' 代入 (1.68) 式得:

$$-\dfrac{5}{2}x_1''' - \dfrac{1}{2}x_2''' = 0$$
$$-\dfrac{1}{2}x_1''' - \dfrac{5}{2}x_2''' = 0 \tag{1.72}$$

解得 $x_1''' = x_2''' = 0, x_3''' \neq 0, |x'''| = |x_3'''|$.

三个主轴的方向余弦各为

$$\alpha' = \frac{x_1'}{|x'|} = \frac{1}{\sqrt{2}}, \quad \beta' = \frac{x_2'}{|x'|} = \frac{1}{\sqrt{2}}, \quad \gamma' = 0$$

$$\alpha'' = -\frac{1}{\sqrt{2}}, \quad \beta'' = \frac{1}{\sqrt{2}}, \quad \gamma'' = 0 \tag{1.73}$$

$$\alpha''' = 0, \quad \beta''' = 0, \quad \gamma''' = 1$$

如果要将坐标系变换到主轴坐标系则要进行下列变换: $\begin{pmatrix} \dfrac{1}{\sqrt{2}} & \dfrac{1}{\sqrt{2}} & 0 \\[2mm] -\dfrac{1}{\sqrt{2}} & \dfrac{1}{\sqrt{2}} & 0 \\[2mm] 0 & 0 & 1 \end{pmatrix}$. 这个变

换相当于绕坐标轴 x_3 转动 45° 角 (见 §1.4), 这个主轴坐标中张量分量按 (1.48) 式为: $\underset{\sim}{S}' = \underset{\sim}{A}\underset{\sim}{S}\underset{\sim}{\tilde{A}}$. 如果按 §1.7 中所述的矩阵乘法来计算很方便地可得到:

(主轴坐标系) $S' = \begin{pmatrix} 1 & 0 & 0 \\ 0 & 2 & 0 \\ 0 & 0 & 4 \end{pmatrix}$. S 的三个主值为 λ'、λ''、λ''' 的数值.

§1.10　晶体张量与晶体对称性的关系

晶体宏观物理性能必然反映晶体内部结构的对称性,因而某种物理性能的各阶张量的分量也必然受到晶体宏观对称性的制约.换句话说,晶体各张量分量应该反映这种对称性,因而有些分量必须为零,有些分量之间应存在一些关系,完全独立的分量将进一步减少.最为明显的例子是有压电效应的晶体的点群类型均是没有对称中心的.下面我们将证明有对称中心时,压电系数的所有分量均为零,而有热释电效应的晶体,由于对称性的制约,只能是 20 种压电类晶体中的10 种类型.本节主要讨论宏观物理性能和晶体宏观对称性之间的关系,这对于晶体物理效应应用的研究者来说,熟悉这种关系是重要的.

（一）物质与场张量

上面我们讨论张量的一些普遍性质时,没有严格区分我们可能遇到的两种不同的张量:一种张量是直接与晶体本身属性相联系的物理参量,另一种张量是外界施加于晶体的物理量.举例来说,晶体受到外应力作用时,晶体中将存在应力场,这个应力场是用二阶应力张量来描述的,虽然它是一个张量,但不是由晶体本身属性决定的,而是由外界施加应力的方式所决定的,显然不受晶体本身对称性的制约,即使是各向同性的物体,只要外界应力各方向不一样,内部应力绝不会是各向同性的.因而,应力张量和直接属于晶体自身物理属性的参量如介电常量、热膨胀系数、热传导系数等二阶张量不同,前者是外界施加于物体的,不受晶体对称性制约,我们称为"场张量",后者是晶体自身属性的参量,受晶体对称性制约,称为"物质张量".一阶张量中外加电场也属于场张量,热释电系数则属于一阶的物质张量.因此,下面我们分析对称性对张量的影响,都是分析"物质张量".在具体问题中,只要注意到这一点,两种张量是不易混淆的.今后我们仍不加区分,统称为张量.

（二）诺伊曼原理

我们说晶体宏观物理性能应该受到晶体对称性的制约,这并不意味着要求在各方向上物理性能具有的对称性一定和晶体所属的点群类型的对称性完全一致,而是要求物理性能的对称性应包含晶体所具有的点群对称性,或者说至少不能低于点群对称性,这个原理一般称为诺伊曼（Neumann）原理.譬如我们下面将证明的,一个属于立方晶系任何一个点群的晶体,它的介电极化性能或者光折射率各方向上的对称性并不一定和点群对称性一致,而有立方对称性,事实上这两种物理性能表现出来的却是各向同性,比立方对称还要高.各向同性就是什么对称都有,就像几何图形的球体所具有的对称性一样,它当然包含了立方的对称性,这就不违背诺伊曼原理.假如介电性能与光折射率表现为只有一个四次对称轴的各向异性,那么就和诺伊曼原理违背了,这是绝对不会出现的.由于一阶和二阶对称张量都有比较形象的几何表示(一阶张量可视为一个矢量的三个分量,二阶对称张量可视为一个二次曲面方程的六个系数),利用诺伊曼原理可以很方便、很直观地找出晶体对称性对物理性能,即对相应张量的判约关系.我们仅仅举两个简单的例子来说明上述办法.

例 1 具有热释电效应的晶体只有 10 种点群.

热释电效应的物理方程是

$$\bar{P}_i = \alpha_i \Delta T \quad (i = 1, 2, 3) \tag{1.74}$$

晶体在温度改变 ΔT 时,晶体产生的自发极化强度矢量的三个分量和 ΔT 成正比,α_i 是热释电系数(为一阶张量),对不同的晶体三个分量 α_i 是各不相同的.对于给定的晶体来说,α_i 是一定的,也就是只要有温度改变量 ΔT,热释电效应产生的自发极化强度 $\bar{P}$ 总是沿着这个晶体的某一方向,因为根据(1.74)式 $\bar{P}$ 的方向是 $\alpha_i(i = 1, 2, 3)$ 所决定的,热释电物理效应造成的自发极化强度 $\bar{P}$ 的指向就体现了这个物理性能上各方向上的差异.应用诺伊曼原理,就是考察一下,产生这个极化强度 $\bar{P}$ 的晶体是不是还能保持这个晶体所属点群的对称性,因为如果 $\bar{P}$ 所具有的对称包含了点群对称性,那么点群对称性就能保持,如果不能包含,就会和原有的点群对称性相抵触.用这个角度来考察它对一阶张量,即对 $\bar{P}$ 的分量(两者只差 ΔT)的制约有如下四个结论:

(1)有对称中心的晶体,如果存在极化矢量 $\bar{P}$ 的话,不论它指向如何,破坏了晶体的中心对称,所以 $\bar{P} = 0$,即 α 的分量都为零,不会有热释电效应.

(2)如果晶体没有对称中心,但只有一根对称轴(2,3,4 或 6 次轴),$\bar{P}$ 如果不沿着这个对称轴,就与点群对称性抵触[见图 1.10(a)],如果 $\bar{P}$ 沿着这个轴,就可保持原有的点群对称性,即允许有热释电效应.但是现在晶体的对称性对 $\bar{P}$ 的指向是有限制的,$\bar{P}$ 的三个分量中,只允许沿着对称轴方向分量不为零,垂直于对称轴分量都必须为零[见图 1.10(b)].如果坐标轴 x_3 取在对称轴上,那么 $\alpha = (0, 0, \alpha_3)$.

(3)同理,晶体如果只有一个对称平面,那么只有 $\bar{P}$ 躺在这个对称面内,才能保持原有对称性,此时,对 $\bar{P}$ 的制约是垂直于对称面的分量必须为零.如果坐标轴 x_2 取在对称面法线方向上,则 $\alpha(\alpha_1, 0, \alpha_3)$(见图 1.11).

(4)晶体中虽无对称中心,但有一个以上对称轴,或者有一个对称轴并垂直于该轴有一个对称平面的诸点群类型,$\bar{P}$ 不论指向如何,都破坏了点群对称性,故 α 的三分量均为零,也就没有热释电效应.

综上所述,剔除(1)、(4)两个结论中所指出的无热释电效应的点群类型,那么 32 种点群中只有如下 10 种是热释电类晶体.

1	2	3	4	6
m	mm2	3m	4mm	6mm

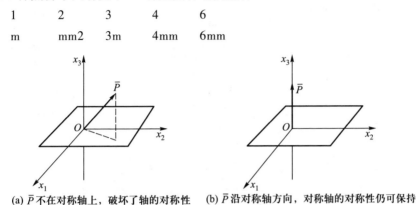

(a) $\bar{P}$ 不在对称轴上,破坏了轴的对称性　(b) $\bar{P}$ 沿对称轴方向,对称轴的对称性仍可保持

图 1.10　对称轴对一阶张量的限制

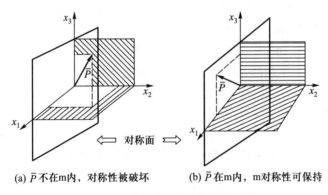

(a) $\bar{P}$ 不在 m 内,对称性被破坏　(b) $\bar{P}$ 在 m 内,m 对称性可保持

图 1.11　对称平面一阶张量的限制

例 2　凡是立方晶系诸点群,其二阶对称张量三主值必相等,其他分量均为零,表象必蜕化为球.

既然表象曲面的形状和相对坐标轴一定方位时的曲面方程有关,它的六个系数可以完整地代表二阶对称张量的六个分量,那么应用诺伊曼原理考察晶体对称性对张量的制约,就是考察晶体中"放"进这个曲面后能否保持原有点群对称性的问题.立方晶系诸点群的共同点是至少有一个 3 次轴和一个 2 次轴(可参看附录 A 中的点群极射赤平投影图).如果这两个对称元素的制约就足以使表象椭球蜕化为球的话,那么其他任何对称元素均可自动满足了.从图 1.12 可清楚看到(a)曲面为椭球,无论方位如何 2 次轴和 3 次轴的对称性均遭破坏,(b)如果曲面蜕化为旋转椭球,即垂直于某一主轴的截面为圆并且这个主轴平行于对称轴,则 3 次轴对称性保持,但 2 次轴对称性遭破坏,(c) 只有蜕化为一个球时,方能同时保持两个轴的对称性.曲面蜕化为球时,曲面方程只有三个主值不为零而且相等,其他交叉次项系数均为零,于是问题得证.

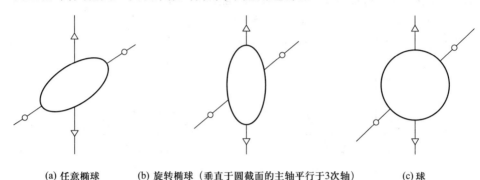

(a) 任意椭球   (b) 旋转椭球(垂直于圆截面的主轴平行于3次轴)   (c) 球

图 1.12 相交的 3 次轴和 2 次轴对称性对表象椭球的限制

用类似方法可很快证明三方、六方、四方晶系诸点群,曲面蜕化为旋转椭球,并且方位上也有了限制,即垂直截面为圆的轴平行于高次轴,这类点群的晶体在光学上称为单轴晶体.

还可证明正交、单斜、三斜晶系诸点群,曲面仍为一般椭球,但方位的限制与上面的三种晶系有所不同,这类晶体光学上称为双轴晶体(光学上的单轴晶体和双轴晶体将在第五章中详细讨论).

至于前已证明的立方晶系,它的表象曲面蜕化为球,由此可见对于任何一个与二阶张量联系的物理性能,在立方晶系的晶体中完全和各向同性的物体一样,所以介电极化和光学折射率(它的平方为二阶张量)是和二阶张量相联系的,因此它们在立方晶系中具有各向同性的性质.二阶张量和对称性的关系其结果列于附录 B 的表 B-2 中.

(三)利用对称变换确定对称性对张量的制约

一阶张量、二阶对称张量和对称性的关系,可利用形象的几何图形来考察,对更高阶的张量必须用对称变换的方法加以考察,这是一种适用任何阶张量的更为普遍的方法.

任何阶数的张量 T,经过晶体所属点群对称变换后得到新坐标系的张量 T',因为这个变换是晶体对称元素相应的变换,所以变换后的物理性能应该和未变换前完全一样,即要求:

$$T' \equiv T \tag{1.75}$$

(1.75)式表示张量各分量之间彼此相等,所以是一组联立方程,从方程中便可发现,由于该对称元素的存在,在张量分量之间存在制约关系.

现在举三个例子来说明上述方法.

例3 点群 4 的二阶对称张量具有下列矩阵形式:

$$T = \begin{pmatrix} T_{11} & 0 & 0 \\ 0 & T_{22} & 0 \\ 0 & 0 & T_{33} \end{pmatrix} \qquad (x_3 \text{ 轴} /\!/ \text{ 4 次轴时}) \qquad (1.76)$$

点群 4 有一个 4 次轴,设 x_3 轴 $/\!/$ 4 次轴,根据 §1.4(1.18)式,其变换矩阵 $A = \begin{pmatrix} 0 & 1 & 0 \\ -1 & 0 & 0 \\ 0 & 0 & 1 \end{pmatrix}$,而 §1.5 所述二阶张量 T_{ij} 的变换规律与两矢量乘积 $x_i x_j$ 的变换一样,经过上述 4 次轴变换后,$x_1' = x_2, x_2' = -x_1, x_3' = x_3$,显然存在

$$x_1' x_1' = x_2 x_2$$

故有

$$T_{11}' = T_{22} \qquad (1.77)$$

根据变换前后张量元素应等同的要求应满足(1.75)式,故有

$$T_{11}' = T_{22} \equiv T_{11} \qquad (1.78)$$

同理,其他分量也有下述关系:

$$\begin{aligned} T_{12}' &= -T_{21} \equiv T_{12}, & T_{13}' &= T_{23} \equiv T_{13} \\ T_{21}' &= -T_{12} \equiv T_{21}, & T_{22}' &= T_{11} \equiv T_{22}, \\ T_{23}' &= -T_{13} \equiv T_{23}, & T_{32}' &= -T_{31} \equiv T_{32}, \\ T_{31}' &= T_{32} \equiv T_{31}, & T_{33}' &= T_{33} \equiv T_{33} \end{aligned} \qquad (1.79)$$

上述联立方程组中有的方程是矛盾的.如:从 T_{13}' 的方程得出

$$T_{23} = T_{13} \qquad (1.80)$$

从 T_{23}' 的方程得出

$$-T_{13} = T_{23} \qquad (1.81)$$

要同时满足上述两个方程,必须 $T_{23} \equiv T_{13} \equiv 0$.

同理,从 T_{32}' 和 T_{31}' 方程得出,必定 $T_{31} \equiv T_{32} \equiv 0$.

此外,不为零的分量有 5 个,但存在下列关系,$T_{11} = T_{22}, T_{12} = -T_{21}$.

因此属点群 4 的晶体中二阶应具有下列形式:

$$T = \begin{pmatrix} T_{11} & T_{12} & 0 \\ -T_{12} & T_{11} & 0 \\ 0 & 0 & T_{33} \end{pmatrix} \qquad (1.82)$$

如果 T 是对称张量要求 $T_{12} = T_{21}$,与(1.82)式有矛盾,必定存在 $T_{12} = T_{21} = 0$,确实得到(1.76)式的形式,于是问题得证.

上面(1.79)式诸联立方程也可用矩阵乘积 $T' = AT\tilde{A}$ 直接得到.

根据同样方法,可以证明凡属四方晶系的诸点群均有同样的结果,即只有三

主值不为零,其中两主值相等,表象曲面为一旋转椭球,光学上属单轴晶体,和上面应用诺伊曼原理的直观方法完全一致.

例 4 有对称中心的点群的晶体均无压电效应.

对称中心变换矩阵为 $\begin{pmatrix} -1 & 0 & 0 \\ 0 & -1 & 0 \\ 0 & 0 & -1 \end{pmatrix}$,任意一个矢量 (x_1, x_2, x_3) 有变换关系:$x_1' = -x_1, x_2' = -x_2, x_3' = -x_3$.压电张量为三阶张量 d_{ijk},它的变换关系和 $x_i x_j x_k$ 相同.我们选取任意分量来考察,例如选 d_{122},它的变换和 $x_1 x_2 x_2$ 一样,并考虑到变换前后张量不变,故有

$$d_{122}' = -d_{122} = d_{122} \tag{1.83}$$

必定存在:

$$d_{122} = 0$$

同理,可证明所有

$$d_{ijk} = 0 \tag{1.84}$$

例 5 证明点群 $\overline{4}2m$ 类(重要的非线性材料 ADP、KDP 等皆属此点群)的晶体压电张量的矩阵形式为

$$d = \begin{pmatrix} 0 & 0 & 0 & d_{14} & 0 & 0 \\ 0 & 0 & 0 & 0 & d_{14} & 0 \\ 0 & 0 & 0 & 0 & 0 & d_{36} \end{pmatrix} \tag{1.85}$$

有对称中心的点群无压电效应,而没有对称中心的点群共 21 个,其中 432 点群具高度对称性因而也无压电效应,所以压电类晶体只有 20 种点群类型.

上式三阶张量写成矩阵形式,必定是使用了简化足符,因此在进行变换对各分量必须要回到三重足符的形式.

$\overline{4}2m$ 点群的极射赤平投影图如图 1.13 所示,其重要的对称元素有沿坐标 x_3 方向的 $\overline{4}$ 次旋反轴,垂直于它有两个 2 次轴,分别沿坐标 x_1 及 x_2 方向,可决定这个问题要分两步进行.

第一步考察对称元素 $\overline{4}$ 的影响.相应的变换为 $\begin{pmatrix} 0 & -1 & 0 \\ +1 & 0 & 0 \\ 0 & 0 & -1 \end{pmatrix}$,即有

$$x_1' = -x_2, \quad x_2' = +x_1, \quad x_3 = -x_3' \tag{1.86}$$

写出所有变换后的元素 d_{ijk}' 和 d_{ijk} 的关系,并要求 $d_{ijk} \equiv d_{ijk}'$,共得 18 个方程(因压电张量后两足符

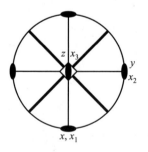

图 1.13 $\overline{4}2m$ 点群的极射赤平投影图,◈ 为 $\overline{4}$ 轴,● 为 2 轴,坐标轴 x_3 垂直于纸面

有互换对称,故只有 18 个独立分量),其中有互相矛盾的方程,经整理后,不为零的分量只有四个,其中 d_{123} 和 d_{312} 不独立,有下述关系:

$$d_{223} = -d_{113}, \quad d_{311} = -d_{322}, \quad d_{123} = d_{213}, \quad d_{312} \neq 0 \quad (1.87)$$

其余 $d_{ijk} = 0$.

第二步考察另一个 2 次轴,例如选沿 x_1 方向的,又得到

$$d_{223} = 0, \quad d_{113} = 0, \quad d_{311} = 0, \quad d_{322} = 0 \quad (1.88)$$

故不为零分量减少为三个 $d_{123}, d_{213}, d_{312}$.

如再考察其他所有对称元素的影响时,我们发现不会出现新的制约条件.

如果再用简化双重足符表示,在压电张量中一般取

$$d_{123} = d_{14}/2, \quad d_{213} = d_{25}/2, \quad d_{312} = d_{36}/2 \quad (1.89)$$

根据(1.87)式,有 $d_{14} = d_{25}, d_{36} \neq 0$.

(1.88)式中不为零分量改写为

$$d = \begin{pmatrix} 0 & 0 & 0 & d_{14} & 0 & 0 \\ 0 & 0 & 0 & 0 & d_{14} & 0 \\ 0 & 0 & 0 & 0 & 0 & d_{36} \end{pmatrix} \quad (1.90)$$

注意:任何三阶张量受晶体对称性制约的证明方法都是一样的,但是不同的三阶张量,有时它们在采用简化的双足符时,和三足符元素间的关系略有不同.例如第七章中的电光系数也是三阶张量,但是它定义为 $\gamma_{321} = \gamma_{41}, \gamma_{213} = \gamma_{63}, \cdots$ 和压电系数不同,所以两者化为矩阵形式时略有区别,读者可参见附录 B 表 B-3 的说明.

四阶张量或者更高阶的张量原则上可以用上节的方法来计算对称性的影响,但是由于联立方程很多,计算极为繁复冗长,最好使用更为方便的数学工具——"群论"的方法,但这已超出本课范围.通过上述例子我们可以用类似方法推出不同点群、不同阶张量的矩阵非零项形式.实际上我们只要了解这些张量分量为什么在不同点群对称性的影响下,会出现不同制约条件的原因.至于具体使用各点群中张量矩阵的形式时,则依靠查阅表格(如附录 B 所示)的办法,并不需要自行一一计算的.

第一章习题

1.1　求 (x_1, x_2, x_3) 坐标系绕 x_3 轴转 45° 的变换矩阵 A.

1.2　立方晶体中原坐标系取在立方晶体的三个基矢方向,一个矢量 P 为原胞的体对角线 $[111]$,问经上题的坐标变换后,矢量的三个分量如何表达.

1.3　画出 432 点群的极射赤平投影图.

1.4　试证明点群 $\overline{4}2\mathrm{m}(\overline{4}\,/\!/\,x_3)$ 的晶体,其二阶对称张量具有 $\begin{pmatrix} T_{11} & 0 & 0 \\ 0 & T_{22} & 0 \\ 0 & 0 & T_{33} \end{pmatrix}$ 的形式.

1.5　试证明属 222 点群的晶体,其压电系数(三阶张量)具有以下形式

$$\begin{pmatrix} 0 & 0 & 0 & d_{14} & 0 & 0 \\ 0 & 0 & 0 & 0 & d_{25} & 0 \\ 0 & 0 & 0 & 0 & 0 & d_{36} \end{pmatrix}$$

1.6　在 xyz 坐标系中,二次曲面方程

$$ax^2 + ay^2 + az^2 + 2cxy = 1$$

求在主轴坐标下的主值.

1.7　给出 mmm 点群的二阶张量的矩阵形式.

第二章　晶体的弹性与弹性波

　　本章讨论晶体的弹性性质,我们并不将晶体看成排列在点阵上的原子,而是将它当作均匀连续介质来处理,这一连续近似常常是很有效的.例如晶体中缺陷周围的应力场,除缺陷中心附近一两个原子距离的范围,其余区域的应力都可用连续介质弹性力学来计算.再比如,弹性波只要波长大于 10^{-6} cm,连续的近似也是可靠的,这一波长量级对应的频率是 $10^{11} \sim 10^{12}$ Hz,这一频率范围对于固体材料的研究是有用的.多年来超声波已用于测量弹性系数,以及研究晶体缺陷、相变和超导性能等方面.至于弹性和弹性波在技术上的无数应用已形成各种专门的学科,如材料力学、结构力学、应用声学等.这里主要介绍一些基本概念.

§2.1　弹性性质与原子间力

　　固体的弹性性质主要表现为两点:(1) 当加在固体上的平衡力(即不能使物体发生平动或转动、只能产生形变的力,例如绳上的张力)很小时,形变正比于外力——胡克定律.(2) 外力去除后形变可以完全恢复(理想弹性体),这可以用粒子(原子、分子或离子)间相互作用力(或粒子键能)是位移的函数来说明.图 2.1 中的曲线 1 表示粒子间的吸引力与粒子间距离的函数关系;曲线 2 表示粒子间斥力与粒子间距离的关系;曲线 3 是二者相加的合力,给出了原子的平衡位置 a_0,即当没有外力作用时的粒子间距离;曲线 4 是粒子交互作用能 φ(或称键能)对粒子间距离的关系,它是假定在无穷远距离时互作用能等于零,然后减去当距离缩短时互作用力所做的功求得的.当距离达到平衡位置($a = a_0$)时互作用能最低(φ_0),因此无论是拉伸力($a > a_0$)或压缩力($a < a_0$),一旦去除后 a 就恢复到 a_0,这就是弹性形变的第二个特点.

　　当外加平衡力 $F = 0$ 时,$a = a_0$.当 $F \neq 0$,粒子间达到新的平衡距离 a,则位移:

$$u = a - a_0 \tag{2.1}$$

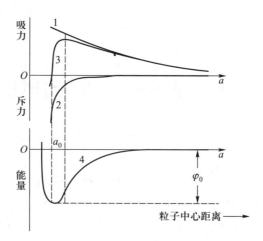

图 2.1 粒子间力和交互作用能

从平衡条件有

$$F = \frac{\mathrm{d}\varphi(u)}{\mathrm{d}u} \tag{2.2}$$

由于键能 φ 是位移的连续函数,且 F 很小时,$u \ll a_0$,因此可将键能展开成泰勒级数

$$\varphi(u) = \varphi_0 + \left(\frac{\mathrm{d}\varphi}{\mathrm{d}u}\right)_0 u + \frac{1}{2}\left(\frac{\mathrm{d}^2\varphi}{\mathrm{d}u^2}\right)_0 u^2 + 高次项 \tag{2.3}$$

φ_0 即 $u=0$(外力等于 0 时的平衡位置)时的键能.所有微分系数都是在 $u=0$ 处测量的.由于 $\left(\frac{\mathrm{d}\varphi}{\mathrm{d}u}\right)_0 = 0$,从曲线 4 可看到 $u=a_0$ 处 φ 有极小值,因 u 很小,高次项可以忽略,故可写为

$$\varphi(u) = \varphi_0 + \frac{1}{2}\left(\frac{\mathrm{d}^2\varphi}{\mathrm{d}u^2}\right)_0 u^2 \tag{2.4}$$

及

$$F = \frac{\mathrm{d}\varphi(u)}{\mathrm{d}u} = \left(\frac{\mathrm{d}^2\varphi}{\mathrm{d}u^2}\right)_0 u \tag{2.5}$$

因 $\left(\frac{\mathrm{d}^2\varphi}{\mathrm{d}u^2}\right)_0$ 是 $\varphi-u$ 曲线的极小值处的二次导数,因此与 u 无关,是一个常量.因此有 $F \propto u$,即胡克定律,可以看出不管是拉伸还是压缩,比例系数相同.自由能极小值处的二阶导数等于该处的曲率,与 u 的符号无关,如果 F、u 表为应力和应变的关系,则曲率即变为弹性系数.

§2.2 应变

我们说物体发生了形变,实际上是物体内任意两点发生了相对位移,如

图 2.2 所示.设物体内有离得很近的两点 P、Q,它们的坐标分别为 $P(x_1,x_2)$ 和 $Q(x_1+\Delta x_1,x_2+\Delta x_2)$,由于物体发生形变和运动,$P$、$Q$ 移动到 P'、Q' 点,它们的位移矢量分别为 $\boldsymbol{u}_P$ 和 $\boldsymbol{u}_Q$,它们是坐标的函数.

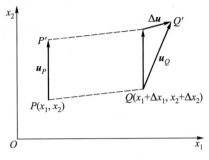

P、Q 之间在形变前后的相对位移:

$$\Delta u_1 = u_1^Q(x_1+\Delta x_1,x_2+\Delta x_2)-u_1^P(x_1,x_2)$$

$$\Delta u_2 = u_2^Q(x_1+\Delta x_1,x_2+\Delta x_2)-u_2^P(x_1,x_2)$$

由于 Δx_1、Δx_2 很小,因此,可以进行泰勒展开

图 2.2 物体中任意两点的位移

$$\Delta u_1 = u_1^Q(x_1,x_2)+\frac{\partial u_1}{\partial x_1}\Delta x_1+\frac{\partial u_1}{\partial x_2}\Delta x_2-u_1^P(x_1,x_2)=\frac{\partial u_1}{\partial x_1}\Delta x_1+\frac{\partial u_1}{\partial x_2}\Delta x_2$$

同样可得

$$\Delta u_2 = \frac{\partial u_2}{\partial x_1}\Delta x_1+\frac{\partial u_2}{\partial x_2}\Delta x_2$$

推广到三维

$$\Delta u_1 = \frac{\partial u_1}{\partial x_1}\Delta x_1+\frac{\partial u_1}{\partial x_2}\Delta x_2+\frac{\partial u_1}{\partial x_3}\Delta x_3$$

$$\Delta u_2 = \frac{\partial u_2}{\partial x_1}\Delta x_1+\frac{\partial u_2}{\partial x_2}\Delta x_2+\frac{\partial u_2}{\partial x_3}\Delta x_3 \qquad (2.6)$$

$$\Delta u_3 = \frac{\partial u_3}{\partial x_1}\Delta x_1+\frac{\partial u_3}{\partial x_2}\Delta x_2+\frac{\partial u_3}{\partial x_3}\Delta x_3$$

我们采用符号 $\epsilon_{ij}=\dfrac{\partial u_i}{\partial X_j}$,则(2.6)式可简化为

$$\Delta u_i = \sum_{j=1}^{3}\epsilon_{ij}\Delta x_j \quad (i=1,2,3) \qquad (2.7)$$

现在来看九个 ϵ_{ij} 的意义.$\epsilon_{11}=\dfrac{\partial u_1}{\partial x_1}$,

$\epsilon_{22}=\dfrac{\partial u_2}{\partial x_2}$,$\epsilon_{33}=\dfrac{\partial u_3}{\partial x_3}$ 是沿三个坐标轴的线应变(正值表示伸长,负值表示压缩).再看其余六个分量,如 ϵ_{12} 的意义,图 2.3 表示 x_1x_2 平面中矩形块 $PQRS$ 的角畸变,P 为原点,PS 上各点的位移是 u_1(位移沿 x_1 轴),但 u_1 的增加正比于 x_2,根据(2.6)式可知比例系数应为 ϵ_{12},即

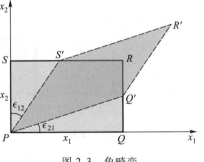

图 2.3 角畸变

$$\epsilon_{12} = \frac{SS'}{PS} = \frac{\partial u_1}{\partial x_2} (= \angle SPS',\text{当该角很小时}) \tag{2.8}$$

它表示微分线段 $\mathrm{d}x_2$ 由 x_2 轴向 x_1 轴的转角.同样:

$$\epsilon_{21} = \frac{QQ'}{PQ} = \frac{\partial u_2}{\partial x_1} (= \angle QPQ',\text{当该角很小时}) \tag{2.9}$$

它表示微分线段 $\mathrm{d}x_1$ 由 x_1 轴向 x_2 轴的转角.

正负值是这样定的,当一根线是以一个正轴转向另一正轴时为正,相反情况为负.

一般 ϵ_{12} 和 ϵ_{21} 在产生切应变的同时也产生刚体旋转.只要 $\epsilon_{12}+\epsilon_{21}=$ 常量,切应变角总是一定的.如图 2.4(a) 和(c)所示的例子,旋转角则不一定相同,因此我们可将 ϵ_{12} 和 ϵ_{21} 分成两部分,

$$\epsilon_{12} = e_{12} + \omega_{12}, \quad \epsilon_{21} = e_{21} + \omega_{21} \tag{2.10}$$

其中

$$e_{12} = \frac{1}{2}(\epsilon_{12} + \epsilon_{21})$$

$$\omega_{12} = \frac{1}{2}(\epsilon_{12} - \epsilon_{21}) \tag{2.11}$$

$$e_{21} = \frac{1}{2}(\epsilon_{21} + \epsilon_{12})$$

$$\omega_{21} = \frac{1}{2}(\epsilon_{21} - \epsilon_{12})$$

可以看出:

$$e_{12} = e_{21} = \frac{1}{2}\gamma \tag{2.12}$$

表示切应变的大小,是切变角 γ 的 $1/2$,而:

$$\omega_{12} = -\omega_{21} \tag{2.13}$$

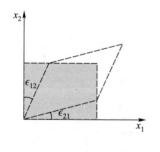

(a) $\epsilon_{12}=\epsilon_{21}=\gamma/2$,纯切变无旋转

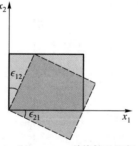
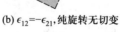

(b) $\epsilon_{12}=-\epsilon_{21}$,纯旋转无切变

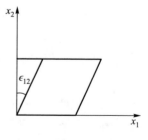

(c) $\epsilon_{12}=r, \epsilon_{21}=0$,简单切变

图 2.4 切变和旋转

从图 2.4 中可看出它表示刚体旋转角大小.

推广到三维空间:

$$e_{ij} = \frac{1}{2}\left(\frac{\partial u_i}{\partial x_j} + \frac{\partial u_j}{\partial x_i}\right) \tag{2.14}$$

$$\omega_{ij} = \frac{1}{2}\left(\frac{\partial u_i}{\partial x_j} - \frac{\partial u_j}{\partial x_i}\right)$$

其中 $i,j=1,2,3$, e_{ij} 称应变分量, ω_{ij} 称旋转分量. 当 $i=j$, e_{ij} 表示正应变; 当 $i\neq j$, e_{ij} 表示切应变.

从(2.11)式可知 $\omega_{ii}=0$, $\omega_{ij}=-\omega_{ji}$, 故只有三个独立的旋转分量, 即对三个坐标轴, 各有一旋转分量. e_{ij} 有 9 个分量, 称纯应变张量, 可写成

$$\begin{vmatrix} e_{11} & e_{12} & e_{13} \\ e_{21} & e_{22} & e_{23} \\ e_{31} & e_{32} & e_{33} \end{vmatrix} \tag{2.15}$$

由于 $e_{ij}=e_{ji}$ 是一对称张量, 只有 6 个独立分量.

利用张量运算法则也可以得到上述结论, 位移表示式(2.6)式中 9 个比例系数 ϵ_{ij} 构成一个二级张量, 一个二级张量总可以分成一个对称张量与一个反对称张量之和. 对称张量的操作产生纯应变, 它包含 6 个独立的应变分量; 反对称张量只有三个分量, 它的操作结果可以证明只产生刚体旋转.

物体在外力作用下达到平衡, 在其外形的变化或某几个方向产生的应变是容易求得的, 现在问题是要想了解物体内任一部分的形状变化及沿任一方向的应变, 应当怎样求呢? 这一问题可以转化为另一问题, 即已知 $x_i(x_1,x_2,x_3)$ 坐标系统中的应变分量 e_{ij}, 如何求出任一坐标系统 $x_i'(x_1',x_2',x_3')$ 中的应变分量 e_{ij}?

设两坐标系统 x_j 和 x_i' 间的方向余弦为 a_{ij}, 即

$$\begin{array}{c|ccc} & x_1 & x_2 & x_3 \\ \hline x_1' & a_{11} & a_{12} & a_{13} \\ x_2' & a_{21} & a_{22} & a_{23} \\ x_3' & a_{31} & a_{32} & a_{33} \end{array} \tag{2.16}$$

如 a_{12} 是 x_2 的正轴转向 x_1' 正轴的转角的余弦, 第一步先求图 2.5 中 P 点在两系统中的坐标的关系, 如 $x_1'=OC=OB+BC=OB+OA=x_1\cos\alpha_{11}+x_2\cos\alpha_{12}=a_{11}x_1+a_{12}x_2$, 推广到三维系统, 有

$$x_i' = \sum_{j=1}^{3} a_{ij}x_j, \quad x_i = \sum_{j=1}^{3} a_{ji}x_j' \tag{2.17}$$

$i,j=1,2,3$, j 是三项重复相加足符.

第二步求 x_1' 系中的位移 $\Delta u_1'$, 对于 $\Delta u_1'$ 除 Δu_1 有贡献 $a_{11}\Delta u_1$ 外, Δu_2 和 Δu_3 也

有贡献 $a_{12}\Delta u_2$ 和 $a_{13}\Delta u_3$,因此

$$\Delta u_1' = a_{1i}\Delta u_i = a_{1i}e_{ij}\Delta x_j \text{(刚体旋转分量 } \omega_{ij} \text{可以不考虑)} \qquad (2.18)$$

i 和 j 都是重复足符,故为 9 项之和,
$a_{11}e_{11}\Delta x_1 + \cdots + a_{13}e_{13}\Delta x_3$ 对任一新轴 x_j',
$j = 1, 2, 3$,则有

$$\Delta u_\alpha' = a_{\alpha i}e_{ij}\Delta x_j \qquad (2.19)$$

代入(2.17)式有:

$$\Delta u_\alpha' = a_{\alpha i}a_{\beta j}e_{ij}\Delta x_\beta'$$

第三步设

$$\Delta u_\alpha' = e_{\alpha\beta}'\Delta x_\beta' \qquad (2.20)$$

消去 u_α',得

$$e_{\alpha\beta}' = a_{\alpha i}a_{\beta j}e_{ij} \qquad (2.21)$$

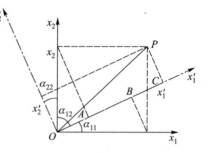

图 2.5　坐标轴的旋转

此即我们要求的关系式,从此式可以求得任一坐标系中的应变分量,即可以求出物体由任一部分形状变化引起的其他方向的应变.

应用举例如下.

例 1　如图 2.6 所示,有方块在其表面产生一纯切变,切变角为 γ,则对主轴系统 (x_1, x_2) 的应变为 $e_{12} = e_{21} = \dfrac{1}{2}\gamma$[见(2.12)式],其余 $e_{ij} = 0$,现在要求任一方向与 x_1 交成 φ 角的 x_1' 上的伸长(线应变),利用(2.21)式得

$$e_{11}' = a_{1i}a_{1j}e_{ij} = a_{11}a_{11}e_{11} + a_{11}a_{12}e_{12} + a_{12}a_{11}e_{21} + a_{12}a_{12}e_{22} = a_{11}a_{12}\gamma$$

$$= \gamma\cos(\varphi)\cos\left(\frac{\pi}{2} - \varphi\right) = \gamma\sin\varphi\cos\varphi \qquad (2.22)$$

容易证明最大伸长应变是沿着 $\varphi = 45°$ 的方向,且 $e_{11}' = \gamma/2$.

$$e_{22}' = \sum a_{2i}a_{2j}e_{ij} = a_{21}a_{21}e_{11} + a_{21}a_{22}e_{12} + a_{22}a_{21}e_{21}$$

$$+ a_{22}a_{22}e_{22} = \gamma a_{21}a_{22} = \gamma\cos\varphi(-\sin\varphi)$$

$$= -\gamma/2\sin 2\varphi$$

且 $e_{11}' = \gamma/2$.

老坐标下,纯切应变 $e_{12} = e_{21}$ 不等于 0,正应变 $e_{11} = e_{22} = 0$,但在新坐标系下存在正应变,$\varphi = 45°$ 最大

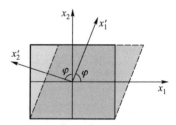

图 2.6　切变引起的伸长

$$e_{12}' = a_{11}a_{22}e_{12} + a_{12}a_{21}e_{21} = \gamma/2(\cos 2\varphi - \sin 2\varphi) = r/2\cos 2\varphi$$

同样可求 e_{21}'.

例 2　图 2.7 中一方块沿 x_1 轴伸长,沿 x_2 轴缩短,求方块中倾斜 45° 的另一

方块的形变.从图上可得出

$$a_{11} = a_{22} = +a_{12} = -a_{21} = \frac{1}{\sqrt{2}}, \quad e_{11} \neq 0, \quad e_{22} \neq 0$$

$$e'_{\alpha\beta} = a_{\alpha 1} a_{\beta 1} e_{11} + a_{\alpha 2} a_{\beta 2} e_{22} \tag{2.23}$$

切应变为

$$e'_{12} = e'_{21} = a_{11} a_{21} e_{11} + a_{12} a_{22} e_{22} = -\frac{1}{2}(e_{11} - e_{22}) \tag{2.24}$$

因此切变角为

$$\gamma = 2e'_{12} = -e_{11} + e_{22} \tag{2.25}$$

如果 $e_{11} = -e_{22} = e$,则

$$\gamma = -2e \tag{2.26}$$

同时 $e'_{11} = e'_{22} = 0$,此形变为一纯切变.

根据张量理论,一个对称张量总可以找到
这样一个坐标系统,对于这一坐标系,张量只
有对角线上三个不等于零,其余分量都等于零.
这样的坐标系统的三个轴称为应变主轴,也就
是在主轴方向只有线应变,没有切应变.但这不
等于说物体内部没有切应变.上面的例 2 就是
在原来主轴方向只有伸长和缩短的线应变,但
其中旋转 45° 的方块形变就有切应变甚至可
能是纯切应变[见(2.26)式].

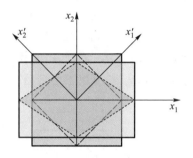

图 2.7　伸长引起的切变

体应变:上文主要阐明了线应变与切应变,在较大形变情形下,还必须考虑
体积的变化.原来的体积元 $\mathrm{d}V = \mathrm{d}x_1 \mathrm{d}x_2 \mathrm{d}x_3$,由于形变,体积变为

$$\begin{aligned}
\mathrm{d}V + \delta(\mathrm{d}V) &= \mathrm{d}x_1(1 + e_{11})\mathrm{d}x_2(1 + e_{22})\mathrm{d}x_3(1 + e_{33}) \\
&= \mathrm{d}V(1 + e_{11})(1 + e_{22})(1 + e_{33}) \\
&= \mathrm{d}V(1 + e_{11} + e_{22} + e_{33}) \quad (\text{忽略二微量的高阶小量}) \tag{2.27}
\end{aligned}$$

体积应变为

$$\frac{\delta(\mathrm{d}V)}{\mathrm{d}V} = \frac{\mathrm{d}V + \delta(\mathrm{d}V) - \mathrm{d}V}{\mathrm{d}V} = \frac{\mathrm{d}V(1 + e_{11} + e_{22} + e_{33}) - \mathrm{d}V}{\mathrm{d}V} = e_{11} + e_{22} + e_{33} \tag{2.28}$$

体应变是个标量.

§2.3　应力

作用在固体内单位面积上的力称应力,或者说应力是固体内一部分与和它
接触的另一部分相互作用力除以接触面积.因此应力的量纲与力/面积相同.上

节定义的应变是长度的比值,是量纲一的.

对于固体中某一点的应力,我们可以用包围这一点的小立方体面上的作用力来定义.每个面上的作用力除以面积,然后分解到三个轴的方向,这样总共有 9 个应力分量来表示一点的应力状态,即

$$
\begin{array}{ccc}
\sigma_{11} & \sigma_{12} & \sigma_{13} \\
\sigma_{21} & \sigma_{22} & \sigma_{23} \\
\sigma_{31} & \sigma_{32} & \sigma_{33}
\end{array}
$$

构成一应力张量 σ_{ij}(见图 2.8),σ_{11}、σ_{22}、σ_{33} 是垂直于作用面的分量,称为张应力(正值)或压应力(负值),其余的分量是切应力.σ_{ij} 是作用在垂直于 x_j 的面上,指向 x_i 的应力.(有的书上将 σ_{ij} 定义为作用在垂直于 x_i 的面上,指向 x_j 方向的力,这只是定义不同而已.)如 x_i,x_j 都是正轴方向,则 σ_{ij} 为正值.

可以证明 9 个应力分量中只有 6 个是独立的,可用图 2.9 说明:长方块可绕 R 轴旋转,切应力 σ_{21} 作用在 $L_2 L_3$ 面上,指向 x_2 的力是 $\sigma_{21} L_2 L_3$,该力对 R 轴的力偶矩为 $\sigma_{21} L_1 L_2 L_3$,同样 σ_{12} 是作用在 $L_1 L_3$ 面上,指向 x_1 方向的力,构成的力偶矩为 $\sigma_{12} L_1 L_2 L_3$,长方块不会转动,二者要达到平衡,必有 $\sigma_{21} = \sigma_{12}$.

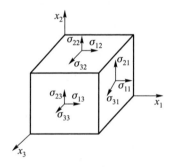

图 2.8　应力分量

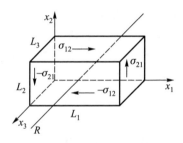

图 2.9　切应力的平衡

同样可证得:

$$
\sigma_{ij} = \sigma_{ji} \tag{2.29}
$$

已知一点的应力状态即可确定通过该点任一平面上的力.如图 2.10 所示,$OABC$ 为一四面体,现在要求 ABC 面上的力,设该面法线 ON 与三个坐标轴的交角分别为 α_1、α_2、α_3,对应的方向余弦为

$$
l_1 = \cos \alpha_1, \quad l_2 = \cos \alpha_2, \quad l_3 = \cos \alpha_3 \tag{2.30}
$$

设 ABC 的面积为单位 1,则 OBC、OCA、OAB 的面积分别为 l_1、l_2、l_3.设作用在

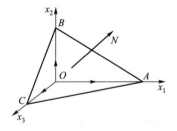

图 2.10　在任一斜面 ABC 上应力的分解

ABC 面上的应力 F 的分量为 F_1、F_2、F_3.因 ABC 的面积为 1,故 F_1、F_2、F_3 也就是该面上的分力.

现在看四面体诸面上沿 x_1 轴向的力,对 OBC、OCA 和 OAB 分别是 $\sigma_{11}l_1$、$\sigma_{12}l_2$ 和 $\sigma_{13}l_3$,因此,为达到平衡,必有 $F_1 = \sigma_{11}l_1 + \sigma_{12}l_2 + \sigma_{13}l_3$.推广有

$$F_i = \sigma_{ij}l_j \qquad (2.31)$$

$i,j = 1,2,3,j$ 是重复足符.F_i 是作用在 ABC 面上力的分量,即为矢量分量,故其比例系数 σ_{ij} 是个张量分量,且张量阶数为 2.ABC 面上的正应力,由张量性质可知

$$\sigma'_{nm} = \sum_{ij} a_{ni} a_{mj} \sigma_{ij} \qquad (2.32)$$

该面上切应力

$$\sigma'_{ns} = \sum_{ij} a_{ni} a_{sj} \sigma_{ij} \qquad (2.33)$$

下面我们看一个应力分解的实例,图 2.11 是一根受到单轴拉伸应力 σ 的棒;求在一斜面截面 ABC 上的应力,ABC 面的法线与拉伸轴成 α 角,在此例中 $\sigma_{11} = \sigma$,其余 $\sigma_{ij} = 0$;$\alpha_1 = \alpha$,$\alpha_2 = \pi/2 - \alpha$,$\alpha_3 = \pi/2$;$a_{11} = \cos\alpha$,$a_{21} = \cos(\pi/2 + \alpha)$,$a_{31} = 0$(设法线在 $x_1 x_2$ 平面内).因此,ABC 面上正应力

$$\sigma'_{11} = a_{1i} a_{1j} \sigma_{ij} = a_{11}^2 \sigma_{11} = \cos^2\alpha \cdot \sigma_{11}$$

切应力

$$\sigma'_{21} = a_{2i} a_{1j} \sigma_{ij} = a_{11} a_{21} \sigma_{11} = -\sin\alpha\cos\alpha \cdot \sigma_{11}$$

$$\sigma'_{31} = a_{3i} a_{1j} \sigma_{ij} = a_{31} a_{11} \sigma_{11} = 0 \qquad (2.34)$$

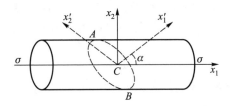

图 2.11 单轴拉伸的棒,应力 σ 在斜面上的分解

由此式可以看出 $\alpha = 45°$ 时切应力 $F_s(\sigma'_{21})$ 最大,此时,切应力值为 $\sigma/2$.因此在工程中一个长棒受到拉伸力作用时,其断面一般是沿棒轴成 $45°$ 方向,这是材料力学中一个常用重要关系.

§2.4 推广的胡克定律、弹性系数

§2.1 节已用原子键能是原子间相对位移的连续函数阐明了一维胡克定律——应变与应力成正比.推广到三维的(包括各向异性的)固体中,同样可以得

到这一关系.由于形变,单位体积内弹性能(即对于原子键力所做的功)的增加应是应变的函数,$u(e_{11}, e_{12}, e_{13}, e_{21}, e_{22}, e_{23}, \cdots)$将其对$e_{ij}$展开为级数,且因平衡条件一阶微分均等于0.即$\dfrac{\partial u}{\partial e_{ij}} = 0$,故有弹性能密度

$$U = \frac{1}{2} \sum_{\substack{i,j=1 \\ k,l=1}}^{3} \frac{\partial^2 U}{\partial e_{ij} \partial e_{kl}} e_{ij} e_{kl} \tag{2.35}$$

上式中因e_{ij}很小,已略去e_{ij}三次以上的项,近似正确.由于应变为对称张量,一般采用伏格特足符,即:

$$ij(kl) = 11, 22, 33, 23, 31, 12$$

对应有

$$\alpha(\beta) = 1, 2, 3, 4, 5, 6$$

则由(2.35)式可得

$$U = \frac{1}{2} \sum_{\alpha,\beta=1}^{6} \frac{\partial^2 U}{\partial e_\alpha \partial e_\beta} e_\alpha e_\beta = \frac{1}{2} \sum_{\alpha,\beta=1}^{6} C_{\alpha\beta} e_\alpha e_\beta \tag{2.36}$$

式中,　　$e_1 = e_{11}$,　$e_2 = e_{22}$,　$e_3 = e_{33}$,　$e_4 = 2e_{23}$,　$e_5 = 2e_{31}$,　$e_6 = 2e_{12}$　(2.37)

且有:

$$C_{\alpha\beta} = \frac{\partial^2 U}{\partial e_\alpha \partial e_\beta} \tag{2.38}$$

由于$\dfrac{\partial^2 U}{\partial e_\alpha \partial e_\beta} = \dfrac{\partial^2 U}{\partial e_\beta \partial e_\alpha}$,所以$C_{\alpha\beta} = C_{\beta\alpha}$,为对称张量,36个张量元素只有21个独立的元素.$C_{\alpha\beta}$为物质内部结构所确定,称弹性系数(或弹性常量).

由弹性能密度变化等于形变过程中对应力所做的功,故有

$$dU = \sum_{i,j=1}^{3} \sigma_{ij} de_{ij} \tag{2.39}$$

同样对应力也采用伏格特足符[应变足符见(2.37)式]

$$\sigma_1 = \sigma_{11}, \quad \sigma_2 = \sigma_{22}, \quad \sigma_3 = \sigma_{33}, \quad \sigma_4 = \sigma_{23}, \quad \sigma_5 = \sigma_{31}, \quad \sigma_6 = \sigma_{12} \tag{2.40}$$

则有

$$dU = \sum_{\alpha=1}^{6} \sigma_\alpha de_\alpha \tag{2.41}$$

而从(2.36)式可得:

$$\sigma_\alpha = \frac{\partial U}{\partial e_\alpha} = \sum_{\beta=1}^{6} C_{\alpha\beta} e_\beta \tag{2.42}$$

$\alpha = 1, 2, \cdots, 6$,上式说明应力与应变的线性关系即胡克定律,弹性系数$C_{\alpha\beta}$即比例系数.

由于晶体的对称性,21个弹性系数分量还要进一步减少(见附录 B).下面着重讨论立方晶系与各向同性材料的弹性系数.看一下简化足符:

$$\sigma_{ij} = \sum C_{ijkl}e_{kl}, \quad \sigma_{\alpha} = \sum C_{\alpha\beta}e_{\beta}$$

$$\sigma_4 = \sigma_{23} = \sum C_{23kl}e_{kl} = C_{2311}e_{11} + C_{2322}e_{22} + C_{2333}e_{33} + C_{2323}e_{23} + C_{2332}e_{32} + C_{2331}e_{31} +$$

$$C_{2313}e_{13} + C_{2312}e_{12} + C_{2321}e_{21} = C_{41}e_1 + C_{42}e_2 + C_{43}e_3 + C_{44}e_4 + C_{45}e_5 + C_{46}e_6$$

其中

$$e_4 = e_{23} + e_{32} = 2e_{23} = 2e_{32}$$

$$e_5 = e_{13} + e_{31} = 2e_{13} = 2e_{31}$$

$$e_6 = e_{21} + e_{12} = 2e_{12} = 2e_{21}$$

而 $\sigma_4 = \sigma_{32} = \sigma_{23}, \sigma_5 = \sigma_{13} = \sigma_{31}, \sigma_6 = \sigma_{12} = \sigma_{21}$.

§2.5 立方晶体的弹性系数

晶体的弹性系数是四阶张量,共有 81 个分量,由于足符互换对称性,其独立分量至多 21 个.对于立方晶系,由于其对称性的制约,可以证明,其独立分量只有 3 个.下面以点群 23 为例来证明这一点.

对点群 23,x_1, x_2, x_3 方向均有二次对称轴,先看 $x_1 /\!/ 2$ 次轴,

$$A = \begin{pmatrix} 1 & 0 & 0 \\ 0 & -1 & 0 \\ 0 & 0 & -1 \end{pmatrix}$$

由 $C'_{\alpha\beta\gamma t} = a_{\alpha i}a_{\beta j}a_{\gamma k}a_{tl}C_{ijkl} = a_{\alpha\alpha}a_{\beta\beta}a_{\gamma\gamma}a_{tt}C_{\alpha\beta\gamma t} \equiv C_{\alpha\beta\gamma t}$,所以要求 $a_{\alpha\alpha}a_{\beta\beta}a_{\gamma\gamma}a_{tt} = 1$,即要求足符 α, β, γ, t 同时出现"1"的次数为偶次.当 $x_2 /\!/ 2$ 次轴要求足符中同时出现"2"的次数也为偶次,而如果 $x_3 /\!/ 2$ 次轴,则要求足符中同时出现"3"的次数为偶数.故 x_1, x_2, x_3 三个方向两次对称性要求:只有 $C_{1111}, C_{1122}, C_{1133}, C_{2211}, C_{2222}, C_{2233}, C_{3311}, C_{3322}, C_{3333}, C_{2323}, C_{1313}, C_{1212}$ 可以不为零.

下面看 3 次轴的要求:[111] $/\!/ 3$ 次轴(图 2.12),

$$A = \begin{pmatrix} 0 & 1 & 0 \\ 0 & 0 & 1 \\ 1 & 0 & 0 \end{pmatrix}$$

即 $\qquad x'_1 \to x_2, \quad x'_2 \to x_3, \quad x'_3 \to x_1$

$C'_{1111} \Rightarrow x'_1 x'_1 x'_1 x'_1 = x_2 x_2 x_2 x_2 \Rightarrow C_{2222} = C_{22} \equiv C_{1111} = C_{11}$

$C'_{2222} \Rightarrow x'_2 x'_2 x'_2 x'_2 = x_3 x_3 x_3 x_3 \Rightarrow C_{3333} = C_{33} \equiv C_{2222} = C_{22}$

$C'_{3333} \Rightarrow x'_3 x'_3 x'_3 x'_3 = x_1 x_1 x_1 x_1 \Rightarrow C_{1111} = C_{11} \equiv C_{3333} = C_{33}$

$C'_{1122} \Rightarrow x'_1 x'_1 x'_2 x'_2 = x_2 x_2 x_3 x_3 \Rightarrow C_{2233} = C_{23} \equiv C_{1122} = C_{12}$

$C'_{1133} \Rightarrow x'_1 x'_1 x'_3 x'_3 = x_2 x_2 x_1 x_1 \Rightarrow C_{2211} = C_{21} \equiv C_{1133} = C_{13}$

$$(2.43)$$

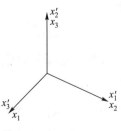

图 2.12 以 [111] 为轴的三次对称操作

$$C'_{2233} \Rightarrow x'_2 x'_2 x'_3 x'_3 = x_3 x_3 x_1 x_1 \Rightarrow C_{3311} = C_{31} \equiv C_{2233} = C_{23}$$

$$C'_{2323} \Rightarrow x'_2 x'_3 x'_2 x'_3 = x_3 x_1 x_3 x_1 \Rightarrow C_{3131} = C_{55} \equiv C_{2323} = C_{44}$$

$$C'_{1313} \Rightarrow x'_1 x'_3 x'_1 x'_3 = x_2 x_1 x_2 x_1 \Rightarrow C_{2121} = C_{66} \equiv C_{1313} = C_{55}$$

$$C'_{1212} \Rightarrow x'_1 x'_2 x'_1 x'_2 = x_2 x_3 x_2 x_3 \Rightarrow C_{2323} = C_{44} \equiv C_{1212} = C_{66}$$

故立方晶系的弹性系数如图 2.13 所示.

C_{11}	C_{12}	C_{12}	0	0	0
C_{12}	C_{11}	C_{12}	0	0	0
C_{12}	C_{12}	C_{11}	0	0	0
0	0	0	C_{44}	0	0
0	0	0	0	C_{44}	0
0	0	0	0	0	C_{44}

图 2.13　立方晶系的弹性系数

所以立方晶系只有三个独立分量 C_{11}, C_{12}, C_{44},其胡克定律可以写为

$$\sigma_\alpha = \sum_{\beta=1}^{6} C_{\alpha\beta} e_\beta$$

$$\begin{cases} \sigma_1 = C_{11}e_1 + C_{12}e_2 + C_{12}e_3 \\ \sigma_2 = C_{12}e_1 + C_{11}e_2 + C_{12}e_3 \\ \sigma_3 = C_{12}e_1 + C_{12}e_2 + C_{11}e_3 \\ \sigma_4 = C_{44}e_4 \\ \sigma_5 = C_{44}e_5 \\ \sigma_6 = C_{44}e_6 \end{cases} \qquad (2.44)$$

即正应力只和正应变有关.切应力只和切应变有关,但这仅在特别坐标系下成立.

§2.6　各向同性材料的弹性系数

一般实用材料绝大多数都是多晶体,其弹性性质基本上都是各向同性的,因为个别任意取向晶粒的各向异性弹性性质相互抵消,最终显示出平均的弹性性质,因而是各向同性的.即使是单晶体,在处理其晶体缺陷周围弹性应力场问题

时,在离缺陷中心一两个原子距离以外都可视为各向同性的均匀连续介质.因此下面也将各向同性介质中常用的弹性系数公式介绍一下.

由于立方晶体是对称性最高的晶体,它只有三个独立弹性系数,而各向同性材料的对称性比立方晶体更高,可以设想它的独立弹性系数的数目应小于 3,我们只要考察这三个弹性系数(C_{11},C_{12},C_{44})在各向同性材料中相互间的关系.

为简单起见,我们考虑在 x_1,x_2 平面中形变的情形,即

$$e_{33} = e_{23} = e_{31} = 0$$

即

$$e_3 = e_4 = e_5 = 0 \qquad (2.45)$$

考虑到(2.45)式,则(2.44)式可变为

$$\sigma_1 = C_{11}e_1 + C_{12}e_2$$
$$\sigma_2 = C_{11}e_2 + C_{12}e_1 \qquad (2.46)$$
$$\sigma_6 = C_{44}e_6$$

再考虑只有设 x_1 轴单纯拉伸的情形,即只有 $\sigma_1 \neq 0$,其余为 0,则

$$\sigma_2 = C_{11}e_2 + C_{12}e_1 = 0$$
$$\sigma_6 = C_{44}e_6 = 0$$

由此得:

$$\sigma_6 = 0, \quad e_2 = -\frac{C_{12}}{C_{11}}e_1 \qquad (2.47)$$

再从(2.46)式的第一式有:

$$\sigma_1 = \frac{C_{11}^2 - C_{12}^2}{C_{11}}e_1 \qquad (2.48)$$

其次,再求与 x_1,x_2 轴成 45° 的立方面元上由于拉伸引起的切向应力与切应变(见图 2.7),根据(2.34)式切应力

$$\sigma_{12}' = \sigma_1 \sin 45° \cos 45° = \frac{1}{2}\sigma_1$$

代入(2.48)式:

$$\sigma_{12}' = \frac{C_{11}^2 - C_{12}^2}{2C_{11}}e_1 \qquad (2.49)$$

又从伸长引起切应变的(2.25)式,并利用(2.47)式,切应变为

$$\gamma = e_{11} - e_{22} = e_1 - e_2 = \frac{C_{11} + C_{12}}{C_{11}}e_1 \qquad (2.50)$$

因而

$$\frac{\sigma_{12}'}{\gamma} = \frac{1}{2}(C_{11} - C_{12}) \qquad (2.51)$$

又(2.46)式的第三式在各向同性固体中,对于任何面元都应成立,故有:

$$\sigma_6 = C_{44}\gamma \tag{2.52}$$

比较 (2.51) 式、(2.52) 式得到：

$$C_{44} = \frac{1}{2}(C_{11} - C_{12}) \tag{2.53}$$

这样，对各向同性固体而言，弹性系数的独立分量又降为 2 个.

通常用两个拉曼系数 λ，u 表示各向同性固体的弹性系数，即

$$\lambda = C_{12}, \quad \mu = C_{44}, \quad \lambda + 2\mu = C_{11} \tag{2.54}$$

这样应力应变关系可写成 [见 (2.46) 式]

$$\begin{cases} \sigma_1 = (\lambda + 2\mu)e_1 + \lambda(e_2 + e_3) = \lambda(e_1 + e_2 + e_3) + 2\mu e_1 = \lambda\Theta + 2\mu e_1 \\ \sigma_2 = \lambda\Theta + 2\mu e_2 \\ \sigma_3 = \lambda\Theta + 2\mu e_3 \\ \sigma_4 = \mu e_4 \\ \sigma_5 = \mu e_5 \\ \sigma_6 = \mu e_6 \end{cases} \tag{2.55}$$

式中 $\Theta = e_1 + e_2 + e_3$ 表示体积应变 [见 (2.28) 式]，一般在工程上有四个常用弹性系数是：杨氏模量 E，体积模量 K，切变模量 μ 和泊松比 ν，这四个常量的定义以及与拉曼系数的关系如下所示.

（1）体积模量——固体承受的水静压强 p 与体应变 Θ 的比值，即

$$K = -p/\Theta \tag{2.56}$$

将 (2.55) 式的前三式相加得到：

$$\sigma_1 + \sigma_2 + \sigma_3 = 3\lambda\Theta + 2\mu(e_1 + e_2 + e_3)$$

即

$$-3p = (3\lambda + 2\mu)\Theta$$

$$p = -\frac{3\lambda + 2\mu}{3}\Theta = -\left(\lambda + \frac{2}{3}\mu\right)\Theta$$

所以

$$K = \lambda + \frac{2}{3}\mu \tag{2.57}$$

（2）杨氏模量 E——固体承受的单向拉伸应力与线应变的比值，即

$$E = \sigma_1/e_1 \text{ 或 } \sigma_2/e_2 \text{ 或 } \sigma_3/e_3 \tag{2.58}$$

设单向拉伸沿 x 轴，则 $\sigma_2 = \sigma_3 = 0$，故有：

$$\sigma_1 = (\lambda + 2\mu)e_1 + \lambda e_2 + \lambda e_3$$

$$\sigma_2 = 0 = \lambda e_1 + (\lambda + 2\mu)e_2 + \lambda e_3$$

$$\sigma_3 = 0 = \lambda e_1 + \lambda e_2 + (\lambda + 2\mu)e_3$$

将上述三式相加得

$$\sigma_1 = (3\lambda + 2\mu)\Theta \tag{2.59}$$

代入(2.55)式的第一式有

$$e_1 = (\lambda + \mu)\Theta/\mu \tag{2.60}$$

将(2.59)式、(2.60)式代入(2.58)式,得到

$$E = \sigma_1/e_1 = \mu(3\lambda + 2\mu)/(\lambda + \mu) \tag{2.61}$$

(3)切变模量 μ——固体承受的纯切应力与切应变的比,与拉曼系数的 μ, C_{44} 和 $(C_{11} - C_{12})/2$ 都是一回事.

(4)泊松比 ν——在单向拉伸应力作用下,横向收缩与纵向伸长之比,即

$$\nu = -\frac{e_2}{e_1} = -\frac{e_3}{e_1} = -\frac{e_2 + e_3}{2e_1} = \frac{1}{2}\left(1 - \frac{\Theta}{e_1}\right) \tag{2.62}$$

将(2.60)式中 $\Theta/\varepsilon_1 = \mu/(\lambda + \mu)$,代入(2.62)式得

$$\nu = \lambda/[2(\lambda + \mu)] \tag{2.63}$$

从(2.57)式、(2.61)式、(2.63)式可以看出上述四个弹性系数之间并非独立无关的,从(2.63)式求得 $\lambda/\mu = 2\nu/(1-2\nu)$,代入其他表示式,即得到它们之间的联系:

$$\begin{cases} K = \dfrac{2\mu(1+\nu)}{3(1-2\nu)} \\ \mu = \dfrac{E}{2(1+\nu)} \\ E = \dfrac{3\mu}{1 + \dfrac{\mu}{3K}} \end{cases} \tag{2.64}$$

关于弹性能密度可以按(2.39)式计算对单轴拉伸的情形:

$$U = \int dU = \int \sigma_1 de_1 = \int E\varepsilon_1 de_1 = \frac{1}{2}Ee_1^2 = \frac{1}{2}\frac{\sigma_1^2}{E} \tag{2.65}$$

对水静压强的情形,利用(2.56)式:

$$U = -\int p d\Theta = \int K\Theta d\Theta = \frac{1}{2}K\Theta^2 = \frac{1}{2}\frac{p_s^2}{K} \tag{2.66}$$

对纯切应变的情形,利用(2.52)式和(2.54)式:

$$U = \int P_s dr = \int \mu r dr = \frac{1}{2}\mu r^2 = \frac{1}{2}\frac{p_s^2}{\mu} \tag{2.67}$$

p_s 为切应力.

§2.7 弹性扰动的传播——弹性波

前面几节阐述了固体在平衡力作用下所产生的形变以及应变和应力的关系.本节主要考虑不平衡的力作用在固体上产生的运动以及运动的传播问题,也就是从静力学转到动力学.

图 2.14 中,如果弹簧 A 和 B 被相等的力拉伸,则其间小块 m 受到的合力为零,如果弹簧 B 受的拉力比弹簧 A 大,则小块 m 将在合力作用下产生加速运动.

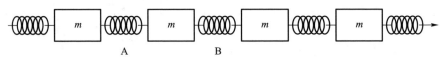

A   B

图 2.14 一维弹性链模型

先考虑一维的情形,图 2.15 所示为一根均匀的长圆柱体,密度为 ρ,截面积为 A,设有一平衡力加在一端使其产生运动,则由于层间原子交互作用力,这一运动可以沿圆柱体而传播,考虑圆柱体中一个小单元 PQ 所受的力,在时间 t,P面上(坐标为 x)受到它左边材料对它的作用力是 $F(x)$;在 Q 面上(坐标为 $x+\delta x$)受到它右面材料对它的作用力是 $F(x+\delta x)$,则加在 PQ 上的合力为

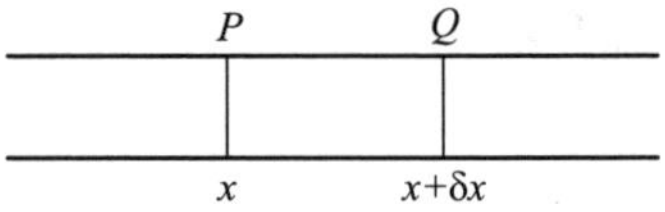

图 2.15 一根均匀长圆柱体

$$F(x+\delta x)-F(x)=\left[F(x)+\frac{\partial F(x)}{\partial x}\delta x\right]-F(x)=\frac{\partial F(x)}{\partial x}\delta x=A\frac{\partial \sigma}{\partial x}\delta x \quad (2.68)$$

式中 $\sigma=F/A$ 是应力,PQ 单元的质量是 $A\rho\delta x$.设 u 为合力方向的位移,则 $mv=\rho A\frac{\partial u}{\partial t}\delta x$,根据牛顿第二定律:

$$\frac{\partial \sigma}{\partial x}=\frac{1}{A\delta x}\frac{\mathrm{d}(mv)}{\mathrm{d}t}=\rho\frac{\partial^2 u}{\partial t^2} \quad (2.69)$$

设应力应变关系为

$$\sigma=\alpha\frac{\partial u}{\partial x} \quad (2.70)$$

α 为弹性系数,则牛顿第二定律即为波动方程:

$$\frac{\partial^2 u}{\partial x^2}=\frac{1}{c^2}\frac{\partial^2 u}{\partial t^2} \quad (2.71)$$

式中

$$c = \sqrt{\frac{\alpha}{\rho}} \qquad (2.72)$$

令 $y = ct$，则(2.71)式变为

$$\frac{\partial^2 u}{\partial x^2} = \frac{\partial^2 u}{\partial y^2} \qquad (2.73)$$

因 x, y 在方程式中是等同的，$x+y$ 的任何函数是它的解，$x-y$ 的任何函数也是它的解.因微分两次，负号的贡献是 $(-1)^2$，设 $Z = x \pm y = x \pm ct$，则 Z^n, Z^{-n}, $\log Z$, $\sin Z$ 等都是它的解.

这些解表示沿着圆柱体传播应力脉冲或声波.图 2.16 用任一曲线 $y(x)$ 表示 $t = 0$ 时的一个脉冲扰动，在时间 t 以后同样的曲线可以发生在相距 ct 处的棒上，因为如 $x_2 = x_1 + ct$，则 $y(x_2 - ct) = y(x_1)$，因此脉冲扰动是以速度 c 向前传播的，任一脉冲可以认为是一系列正弦波的叠加，以相同速度 c 向前运动，因此也称波包.

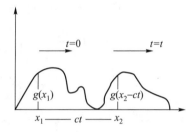

图 2.16　一个应力脉冲的传播

如果这一圆柱体是一很细的长棒，受一拉伸作用，则 $\alpha = E$，波速：

$$c = \sqrt{\frac{E}{\rho}} \qquad (2.74)$$

下面再讨论立方晶体中弹性波的传播.图 2.17 是体积为 $\Delta x \Delta y \Delta z$ 的立方体，应力 $-\sigma_{11}(x)$ 作用在 x 面上，而应力 $\sigma_{11}(x+\Delta x) = \sigma_{11}(x) + (\partial \sigma_{11}/\partial x)\Delta x$ 作用在 $x + \Delta x$ 面上，合力是 $(\partial \sigma_{11}/\partial x)\Delta x \Delta y \Delta z$，其他沿 x 方向的力还有 σ_{12}, σ_{13}（图中未画出），同样可求得相应的合力，因此在 x 方向所有力的总和是

$$F_x = \left(\frac{\partial \sigma_{11}}{\partial x} + \frac{\partial \sigma_{12}}{\partial y} + \frac{\partial \sigma_{13}}{\partial z} \right) \Delta x \Delta y \Delta z$$

体积元 $\Delta x \Delta y \Delta z$

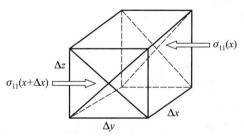

图 2.17　体积为 $\Delta x \Delta y \Delta z$ 的立方体的受力分析

立方体的质量为 $\rho\,\Delta x\Delta y\Delta z$, x 方向加速度为 $\partial^2 u/\partial t^2$, 则根据牛顿第二定律有：

$$\rho\frac{\partial^2 u}{\partial t^2}=\frac{\partial\sigma_{11}}{\partial x}+\frac{\partial\sigma_{12}}{\partial y}+\frac{\partial\sigma_{13}}{\partial z}=\frac{\partial\sigma_1}{\partial x}+\frac{\partial\sigma_6}{\partial y}+\frac{\partial\sigma_5}{\partial z} \tag{2.75}$$

对于 y 方向和 z 方向也有类似的方程式, 从 (2.42) 式和 (2.52) 式得到：

$$\rho\frac{\partial^2 u}{\partial t^2}=C_{11}\frac{\partial e_1}{\partial x}+C_{12}\left(\frac{\partial e_2}{\partial x}+\frac{\partial e_3}{\partial x}\right)+C_{44}\left(\frac{\partial e_6}{\partial y}+\frac{\partial e_5}{\partial z}\right) \tag{2.76}$$

u,v,w 分别为 x 方向, y 方向, z 方向的位移. 再用应变分量的定义 (2.14) 式和伏格特足符 (2.37) 式可得：

$$\rho\frac{\partial^2 u}{\partial t^2}=C_{11}\frac{\partial^2 u}{\partial x^2}+C_{44}\left(\frac{\partial^2 u}{\partial y^2}+\frac{\partial^2 u}{\partial z^2}\right)+(C_{12}+C_{44})\left(\frac{\partial^2 v}{\partial x\partial y}+\frac{\partial^2 w}{\partial x\partial z}\right) \tag{2.77a}$$

同样, 对 $\partial^2 v/\partial t^2$, $\partial^2 w/\partial t^2$ 相应的运动方程有：

$$\rho\frac{\partial^2 v}{\partial t^2}=C_{11}\frac{\partial^2 v}{\partial y^2}+C_{44}\left(\frac{\partial^2 v}{\partial x^2}+\frac{\partial^2 v}{\partial z^2}\right)+(C_{12}+C_{44})\left(\frac{\partial^2 u}{\partial x\partial y}+\frac{\partial^2 w}{\partial y\partial z}\right) \tag{2.77b}$$

$$\rho\frac{\partial^2 w}{\partial t^2}=C_{11}\frac{\partial^2 w}{\partial z^2}+C_{44}\left(\frac{\partial^2 w}{\partial x^2}+\frac{\partial^2 w}{\partial y^2}\right)+(C_{12}+C_{44})\left(\frac{\partial^2 u}{\partial x\partial z}+\frac{\partial^2 v}{\partial y\partial z}\right) \tag{2.77c}$$

现在来求两种特殊情况下的解.

（1）沿 [100] 方向传播的波 [(2.77a) 式] 是纵波, 每个质点位移方向与波的传播方向相同：

$$u=u_0\exp[\mathrm{i}(kx-\omega t)] \tag{2.78}$$

式中 $k=2\pi/\lambda$ 称波矢量, $\omega=2\pi f$ 是角频率. 将 (2.78) 式代入 (2.77a) 式得到：

$$\omega^2\rho=C_{11}k^2 \tag{2.79}$$

$\omega/k=2\pi f/(2\pi/\lambda)=f\lambda$, 是沿 [100] 方向的纵波速度 v_l, ρ 为密度, 从上式得：

$$v_l=\omega/k=(C_{11}/\rho)^{1/2} \tag{2.80}$$

横波（或称切波）是指质点运动方向与波的传播方向相互垂直的情形, 下式是一个横波的解：

$$v=v_0\exp[\mathrm{i}(kx-\omega t)] \tag{2.81}$$

代入 (2.77b) 式得到：

$$\omega^2\rho=C_{44}k^2 \tag{2.82}$$

横波沿 [100] 方向的速度 v_t：

$$v_t=\omega/k=(C_{44}/\rho)^{1/2} \tag{2.83}$$

对质点沿 z 方向的位移 w 也有同样的速度. 因此沿 [100] 方向传播的两个独立的横波具有相同速度, 沿其他方向不一定如此.

（2）沿 [110] 方向传播的波, 这是沿着立方晶体面上对角线方向传播的波. 下面可以看到只要求出沿该方向三个弹性波的传播速度即可求得立方晶体中三个独立的弹性系数.

首先考虑在 xy 平面中传播位移在 z 方向的切波,

$$w = w_0 \exp[\,\mathrm{i}(k_x x + k_y y - \omega t)\,] \tag{2.84}$$

代入(2.77c)式得

$$\omega^2 \rho = C_{44}(k_x^2 + k_y^2) = C_{44} k^2 \tag{2.85}$$

该切波的速度 ω/k 对 xy 平面中任一方向都一样.

其次看质点位移和传播方向都在 xy 平面内的波,设其位移分量 u, v 的解如下:

$$u = u_0 \exp[\,\mathrm{i}(k_x x + k_y y - \omega t)\,]$$
$$v = v_0 \exp[\,\mathrm{i}(k_x x + k_y y - \omega t)\,] \tag{2.86}$$

代入(2.77a)式和(2.77b)式有:

$$\omega^2 \rho u = (C_{11} k_x^2 + C_{44} k_y^2) u + (C_{12} + C_{44}) k_x k_y v$$
$$\omega^2 \rho v = (C_{11} k_y^2 + C_{44} k_x^2) v + (C_{12} + C_{44}) k_x k_y u \tag{2.87}$$

现在我们只求沿[110]方向的解,则 $k_x = k_y = k/\sqrt{2}$,又可知(2.87)式有解的条件是 u, v 系数的行列式等于 0.

$$\begin{vmatrix} -\omega^2 \rho + \dfrac{1}{2}(C_{11} + C_{44}) k^2 & \dfrac{1}{2}(C_{12} + C_{44}) k^2 \\[2mm] \dfrac{1}{2}(C_{12} + C_{44}) k^2 & -\omega^2 \rho + \dfrac{1}{2}(C_{11} + C_{44}) k^2 \end{vmatrix} = 0 \tag{2.88}$$

上式的根为

$$\omega^2 \rho = \frac{1}{2}(C_{11} + C_{12} + 2C_{44}) k^2, \quad \omega^2 \rho = \frac{1}{2}(C_{11} - C_{12}) k^2 \tag{2.89}$$

由此,波速 ω/k 也容易得到.但在此两个波中质点位移是沿什么方向? 是纵波还是横波或其他? 将第一个根代入(2.87)式的第一式得到:

$$\frac{1}{2}(C_{11} + C_{12} + 2C_{44}) k^2 u = \frac{1}{2}(C_{11} + C_{44}) k^2 u + \frac{1}{2}(C_{12} + C_{44}) k^2 v$$

容易看出位移分量必须满足 $u = v$,即合位移也是沿[110]方向,故此根对应的是纵波.再将(2.89)式的第二根代入(2.87)式的第一式得到:

$$\frac{1}{2}(C_{11} - C_{12}) k^2 u = \frac{1}{2}(C_{11} + C_{44}) k^2 u + \frac{1}{2}(C_{12} + C_{44}) k^2 v$$

因此 $u = -v$,质点合位移沿[$\bar{1}$10]方向与传播方向[110]相互垂直,故为横波.

从(2.85)式和(2.89)式明显看出纵波速度比横波速度大,其他材料(包括晶体和非晶体)也是如此.

从波速的测定(测量方法后面要讲)可以从(2.85)式和(2.89)式求得三

个独立的弹性系数 C_{11}，C_{12} 和 C_{44}．图 2.18 给出 BaF_2 立方晶体中测得的弹性系数与温度的关系，可以看出随温度的上升，弹性系数有下降趋势，这也是普遍规律，但随温度的变化不是很大（注意纵坐标），即弹性系数不算是一个对温度敏感的量.

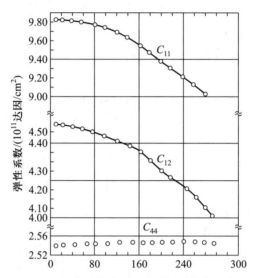

图 2.18 BaF_2 立方晶体中测得的弹性系数与温度的关系

综上所述，在立方晶体中，沿［100］方向和［110］方向传播的弹性波都有三个波动模式，两个横波和一个纵波.这一结果很容易推知在各向同性的介质中也是成立的.但在各向异性的晶体中，包括立方晶体中的其他方向，虽然对每一个方向也能传播三个波，但此时质点的位移方向一般既不与传播方向平行，也不与传播的方向垂直.不过，总能找到一个位移方向最靠近传播方向的波，这个波称准纵波，另外两个波的位移方向离传播方向较远的称为准横波，三个波的速度各不相同，但位移方向相互垂直.相对于准横波、准纵波而言，上面所说质点位移方向与传播方向严格垂直或平行的横波或纵波就称为纯横波或纯纵波，简称纯波.

在各向异性晶体中，纯波只在某些特殊方向上才能传播.当然这一特殊方向一般需由各种晶体的弹性波动方程［立方晶系的波动方程见（2.77）式］求得.运算是比较麻烦，但对某些特定纯波方向我们可利用晶体对称性的一些特点来确定.

1. 对称旋转轴一定是纯波方向

以 2 次轴为例，如图 2.19 所示，设波沿 2 次轴 c_2 方向传播，波面法线方向为 n.如果有一位移 u 与 c_2 成一角度 φ，那么旋转 $180°$ 以后，由于晶体对称性，在另一方向必有 u' 与之对应.而对于一种波而言不可能有两个方向的位移，只有两个可能,$\varphi = 90°$,即 **u** 与 **n** 垂直或 $\varphi = 0°$ 或 $180°$,即 **u** 与 **n** 平行,才能符合晶体对称性的要求.在 **u** 与 **n** 方向一致时,是纯纵波,另外两个与 **n** 垂直的当然就是纯横波,因而可得出结论,沿 2 次轴传播的波是纯波,这个分析对高于 2 次的旋转轴都适用.

通常用作换能器的 x-切割(x 是 2 次轴)的石英晶片及 z-切割(z 是 3 次轴)的 $LiNbO_3$ 晶片,都是在纯纵波方向工作.

2. 沿对称面传播的波必有一纯横波存在

如图 2.20 所示,P 为对称面,假定有一波沿平面中 **n** 方向传播,设其位移为 **u**,与平面成一角度 φ,则通过对称变换就变到 **u'**,由于一个波不可能有两个位移方向,因而只有 $\varphi = 90°$ 或 $\varphi = 0°$,前者为纯横波.

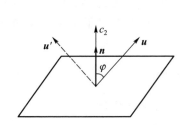

图 2.19 沿 2 次轴 c_2 方向传播的波

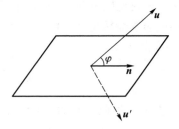

图 2.20 沿对称面传播的波

§2.8 简谐振动和驻波

设一个质量为 m 的物体挂在一根无重量的弹簧上.质量 m 离开平衡位置时就受到弹簧的恢复力的反抗,设位移为 u,弹簧的弹性系数为 α,则恢复力 $F = -\alpha u$,牛顿第二定律就变为

$$m \frac{\mathrm{d}^2 u}{\mathrm{d}t^2} + \alpha u = 0 \qquad (2.90)$$

它的解应当具有 $u = A\mathrm{e}^{Bt}$ 的形式,代入上式得

$$B = \pm \mathrm{i}\omega, \quad \omega = \sqrt{\frac{\alpha}{m}} \qquad (2.91)$$

因而

$$u = A_1 \mathrm{e}^{\mathrm{i}\omega t} + A_2 \mathrm{e}^{-\mathrm{i}\omega t} \qquad (2.92)$$

因 $\mathrm{e}^{\pm \mathrm{i}x} = \cos x \pm \mathrm{i}\sin x$,上式又可写为

$$u = C\cos \omega t + D\sin \omega t \qquad (2.93)$$

其中 $C = A_1 + A_2, D = \mathrm{i}(A_1 - A_2)$,从初始条件可以定出 C 和 D.例如,当 $t = 0$ 时,$u = 0$,则 $C = 0$,而

$$u = u_0 \sin \omega t \tag{2.94}$$

$u_0 (=D)$ 为位移的振幅,周期 τ 为完成一次振动的时间,

$$\tau = \frac{2\pi}{\omega} = 2\pi \sqrt{\frac{m}{\alpha}} \tag{2.95}$$

上述理想振子与一个很重的负载加在一根很轻的棒上是比较接近的,设拉伸一根棒,长为 l,截面积为 A,杨氏模量为 E,则因

$$E = \frac{-F}{A} \bigg/ \frac{u}{l}$$

代入 $F = -\alpha u$ 得

$$\alpha = EA/l \tag{2.96}$$

接下来讨论阻尼简谐振动:除了弹性恢复力,振动还会受阻尼力的作用,而且振动能会逐渐转化为热能.对于线性黏性阻尼,即摩擦力正比于速度,振动方程(2.90)式可写为

$$m \frac{\mathrm{d}^2 u}{\mathrm{d}t^2} + K \frac{\mathrm{d}u}{\mathrm{d}t} + \alpha u = 0 \tag{2.97}$$

K 是阻尼强度的量度,再将 $u = A e^{Bt}$ 代入得 $mB^2 + KB + \alpha = 0$,则

$$B = -\frac{K}{2m} \pm \mathrm{i} \sqrt{\left(\frac{\alpha}{m} - \frac{K^2}{4m^2} \right)} \tag{2.98}$$

假定阻尼很小,即 $(K^2/4m^2) \ll (\alpha/m)$,则仿照前面的分析,有

$$u = e^{-Kt/2m} (C \cos \omega t + D \sin \omega t) \tag{2.99}$$

其中

$$\omega = \sqrt{\left(\frac{\alpha}{m} - \frac{K^2}{4m^2} \right)} \tag{2.100}$$

由此可见由于阻尼力的存在,简谐振动的频率略为减小,而振幅因为 $e^{-Kt/2m}$ 这一因子逐渐衰减(见图 2.21).

振动的衰减又常用对数减量 δ 表示,定义如下:

$$\delta = \ln \frac{u_a}{u_b} = \frac{K\tau}{2m} \tag{2.101}$$

u_a 和 u_b 分别表示相隔一周期 τ 的前后两个振幅值.

产生摩擦力的因素很多,除振动体外部介质中的摩擦阻力外,还有内部因素.例如晶体中的各种缺陷(包括点缺

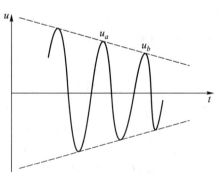

图 2.21 阻尼振动

陷、位错、晶界面、孪晶界面等),在一定的温度范围和振动频率范围内都可以产生内摩擦,把振动能变为热能而最终停止振动,这种内摩擦也称为内耗(internal friction),是内部原因引起的振动能的消耗.此外,晶体材料的相变过程也会引起内耗,内耗的大小常常用对数减量 δ 表示.研究内耗随温度、频率和振幅的变化规律往往可以了解有关缺陷的种类、多少和分布情况,因而成为一种研究材料缺陷的手段,也可以用它来研究材料的相变过程.详细原理可以参见冯端等编写的《金属物理学》(第三卷).

接下来讨论一下驻波.由于在波动方程(2.71)式中时间 t 和位置 x 出现在分离的项中,我们可以找到这样的解:

$$u = X(x)T(t) \tag{2.102}$$

$X(x)$ 只是 x 的函数,$T(t)$ 只是 t 的函数,代入(2.71)式:

$$\frac{1}{c^2 T}\frac{d^2 T}{dt^2} = \frac{1}{x}\frac{d^2 X}{dx^2} \tag{2.103}$$

左边是 t 的函数,右边是 x 的函数,二者相等必须等于同一个常量,令其为 $-k^2$,则有

$$\frac{d^2 X}{dx^2}+k^2 x = 0, \quad \frac{d^2 T}{dt^2}+k^2 c^2 T = 0 \tag{2.104}$$

每一式都与(2.90)式相似,故可用同样形式的解:

$$X = A\sin kx + B\cos kx \tag{2.105}$$

设棒长为 l,且两端固定不动,即 $u=0$,因此在 $x=0$ 和 $x=l$ 处,X 都等于 0,这样必须 $B=0$,并有

$$k = \frac{n\pi}{l} \tag{2.106}$$

$n=1,2,3,\cdots$,这些条件保证了棒端是节点,如图 2.22 所示,即形成驻波,波长为

$$\lambda = \frac{2l}{n} \tag{2.107}$$

最长的一个称基波($n=1$),$n>1$ 的高次模称谐波.谐波除两端为节点外,棒中另有节点.

将 k 代入(2.104)式的第二式可求得:

$$\omega = \frac{\pi nc}{l} \tag{2.108}$$

且令 $t=0$ 时,$u=0$,则 $T(t)$ 的解与(2.94)式相同,故有:

$$u = X(x)T(t) = u_0\sin\left(\frac{\pi nc}{l}t\right)\sin\left(\frac{\pi n}{l}x\right) \tag{2.109}$$

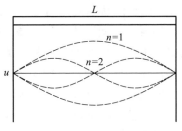

图 2.22 两端固定的棒中驻波

这就是驻波函数.

压电振子和压电换能器多数用石英晶片制成,晶片两面镀上银(或金)电极,常与固定支架连接.由于晶片两面为节点所在,它的基波频率(简称基频)就取决于晶片厚度 d,因此基波波长等于 $2d$,故频率为

$$f = \frac{C}{2d} \qquad\qquad (2.110)$$

式中 C 为沿晶片厚度方向的波速.

§2.9   弹性系数及振动衰减因子的测量方法

测量弹性系数的方法有多种,可归为两类,一类是静态测定方法,另一类是动态测定方法.近年来较为普遍的是采用动态方法中的超声脉冲法,下面就介绍这一种方法.

在§2.7中从弹性波动方程已导出弹性波速(也称声速)与弹性系数之间的关系.(2.80)式和(2.83)式分别表示沿立方晶体[100]方向传播的纵波和横波的波速公式,(2.85)式和(2.89)式表示沿立方晶体[110]方向传播的波速公式,如能求得波速,即可根据这些公式算出弹性系数.

波速的测定可用超声脉冲回波法,原理见图 2.23,超声脉冲通过石英换能器注入晶体后,再从晶体的另一端反射回来,这两个脉冲相隔的时间是 $t = 2L/C$,L 为晶体长度,t 即声脉冲在晶体中来回一次所经过的时间,C 为波传播方向的声速,如果注入横波即横波速,注入纵波即纵波速.如实验能测出脉冲回波间隔时间 t,即可求得波速.图 2.24 是我们实验室的测量装置示意图,试样尺寸为厘米的量级(试样长度取决于声速,如材料的声速较快,则需较长试样),超声脉冲是用脉冲方波(脉冲宽约 2 μs)调制的 10 兆周的高频信号上.通过石英换能器将电信号转变为振动的超声波,经耦合进入两端面平行的晶体中(通过与晶体声阻抗相近的油脂类耦合),超声波进入晶体后在晶体底部平面反射回来,传回来的超声波回波再被换能器转为电信号经放大后连接到示波器上,其回波列如图 2.25 所示.从示波器的时标读出两个回波的时间间隔,即超声波在晶体中来回传播所需时间 t,为减小误差,常用多个脉冲间隔的时间来计算.也可以在试样的另一端贴上同样的另一片石英换能器,这样超声波仅行走了一个晶体的长度.为提高时间间隔测量的精度,科学家提出了不同的高精度测量两个回波时间间隔的方法.常用的有超声脉冲回波重合法(pulse echo overlap method)和超声脉冲回波叠加法(pulse echo superposition method).间隔时间测量精度可达 10^{-6} s.(详见本书参考文献 15.)

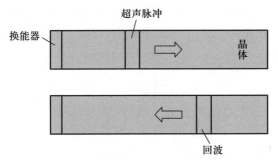

图 2.23　超声脉冲在晶体中的传播

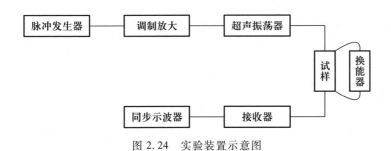

图 2.24　实验装置示意图

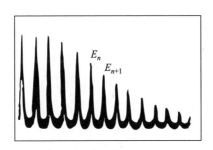

图 2.25　F3 玻璃试样中的超声脉冲回波,频率为 10 兆周,扫描速度为 25 μm/cm

上面曾提到沿立方晶体[110]方向的三个波速的测定.可以求得 C_{11},C_{12},C_{44} 三个独立的弹性系数,用这一实验方法可获得三个波速的数据,试样两端面垂直于[110];需要两块具有不同振动模式的石英换能器,一块产生纵波,另一块产生横波,并要改变横波换能器的黏结方位以获得两个相互垂直方向的横波,图 2.18 中弹性数据即用此法测得.

振动的衰减系数(即超声衰减系数,ultrasonic attenuation coefficient)也可从图 2.25 中求得.超声衰减系数 α 的定义是声波通过单位长距离(1 cm)后声振幅 A 的对数减量,即

$$\alpha = \frac{1}{X_2 - X_1} \ln\left[\frac{A(X_1)}{A(X_2)}\right] \tag{2.111}$$

因接收到的脉冲电压与声压(即声振幅)成正比,故用图 2.25 中相邻的两个脉冲(头几个脉冲有时存在仪器饱和反应,不能用)的幅度 E_n 和 E_{n+1} 及试样长度 L 代入(2.111)式得:

$$\alpha = \frac{1}{2L}\ln\left(\frac{E_n}{E_{n+1}}\right) \text{ Np/cm} \tag{2.112a}$$

或

$$\alpha = \frac{10}{L}\lg\left(\frac{E_n}{E_{n+1}}\right) \text{ dB/cm} \tag{2.112b}$$

前面(2.101)式的对数减量 δ 的定义是声波通过一个波长距离(即前面定义的通过一个振动周期 τ)后声振幅的对数减量,与此处定义的 α 的关系是:

$$\delta = \alpha\lambda \tag{2.113}$$

λ 为声波长,其他测量声衰减系数的方法以及弹性系数的动态测试方法可以参阅文献 15.

第二章习题

2.1 试讲述形变与应变的区别,应变有哪几种? 它们的数学表式如何表示?

2.2 热膨胀晶体各向异性引起的应变张量 ε_{ij} 与温度改变量 ΔT 有 $\varepsilon_{ij} = K_{ij}\Delta T$,$K_{ij}$ 为膨胀系数张量.对 $LiNbO_3$ 晶体

$$K_{ij} = \begin{pmatrix} K_{11} & 0 & 0 \\ 0 & K_{11} & 0 \\ 0 & 0 & K_{33} \end{pmatrix}$$

如果 $\Delta T = 0$ 是圆柱体形晶体,经热膨胀后形状发生改变,证明:圆柱体沿晶体 x_3 轴时截面仍为圆,而圆柱体沿 x_1 轴或 x_2 轴时截面为椭圆.

2.3 弹性体内有一均匀应力场,在主轴 x_1,x_2,x_3 方向承受应力分别为 5 N/m^2,0,-3 N/m^2.试求垂直于 x_1x_3 平面并与 x_1x_2 平面成 $30°$ 角的平面上的正应力和切应力.

2.4 固体中一点的应力为什么要有 9 个分量(即二阶张量)才能表达清楚?

2.5 在 $Oxyz$ 坐标系中,一点的应变张量为

$$\begin{bmatrix} 5 & 3 & 0 \\ 3 & 4 & -1 \\ 0 & -1 & 2 \end{bmatrix}$$

试求在 $2\boldsymbol{i}+2\boldsymbol{j}+2\boldsymbol{k}$ 方向的线应变.

2.6 厚度为 d 的平面平行弹性体,它的应变张量为 $\begin{pmatrix} e_{11} & e_{12} & 0 \\ e_{21} & e_{22} & e_{23} \\ 0 & e_{32} & e_{33} \end{pmatrix}$,$x_3$ 轴垂直于平

行板.问:

(1) 这样的弹性体形变后,厚度增加多少?

(2) 形变前 OP 垂直于平行板,形变后 OP' 改变的角度为多少?

2.7 晶体中产生由下式所示的应变

$$\epsilon_{ij} = \begin{pmatrix} 8 & -1 & -1 \\ 1 & 6 & 0 \\ -5 & 0 & 2 \end{pmatrix} \times 10^{-6}$$

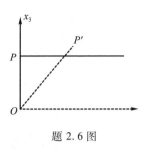

题 2.6 图

试求晶体内产生的纯应变 ε_{ij} 和转动分量 ω_{ij},并求纯应变主轴方向和主值.

2.8 有一弹性体,在主轴坐标系中 (x_1, x_2, x_3) 应力主值为 $(5, 0, -3)$ N/m^2.求垂直于 $x_1 x_3$ 平面并与 $x_1 x_2$ 平面成 $30°$ 角的平面上的正应力和切应力.

2.9 一立方晶系的晶体,在单轴拉伸应力 σ 的作用下,求所产生的体应变.

2.10 试写出弹性波在 LiNbO$_3$(3m 点群) 晶体中传播的波动方程.LiNbO$_3$ 的弹性系数为

$$\begin{pmatrix} C_{11} & C_{12} & C_{13} & C_{14} & 0 & 0 \\ C_{12} & C_{11} & C_{13} & -C_{14} & 0 & 0 \\ C_{13} & C_{13} & C_{33} & 0 & 0 & 0 \\ C_{14} & -C_{14} & 0 & C_{44} & 0 & 0 \\ 0 & 0 & 0 & 0 & C_{44} & -C_{14} \\ 0 & 0 & 0 & 0 & -C_{14} & \dfrac{C_{11}-C_{12}}{2} \end{pmatrix}$$

第三章　晶体的介电性质

　　根据导电性能材料可分为绝缘体(电介质)、半导体、导体(金属)、超导体.金属是具有共有化的电子,有自由载流子,外场作用下载流子流动而形成电流的物质.电介质材料通常都是绝缘体.离子晶体一般情况下缺少自由导电的电子,属于绝缘体.其特点是它的电子紧紧束缚在母原子的周围不能离开,束缚电荷的活动范围不能超出原子范围,因此极化电荷比导体上感应电荷少得多,在电场作用下,不会产生电荷流动,晶体的介电性能是其在外加电场作用下以正负电荷产生微小移动而使电重心不重合从而诱导了电极化的行为.晶体中用这种电极化方式来传递和记录电的影响.这种行为归根结底是由构成晶体的离子及其晶体结构决定的.

　　固体的极化行为较气体、液体更为复杂.如图 3.1 所示现有的 32 种点群的电介质材料,在无中心对称的 21 种点群的晶体类型中除 432 点群外其余 20 种均有压电效应(详细内容在第四章中介绍),其中有 10 种具有极性的晶体(点群 1、2、m、3、3m、mm2、4、4mm、6、6mm)具有热释电性.热释电晶体具有自发极化,但因表面电荷的抵偿作用,其极化电矩不能显示出来,只有当温度改变,电矩(即极化强度)发生变化,才能显示出固有极化.铁电体又是热释电晶体中的一小类,其特点就是在一定温度范围内存在自发极化,且极化方向可随电场作用而反向,极化强度和电场之间形成电滞回线是铁电性的一个主要特性.

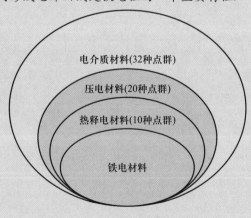

图 3.1　电介质材料的分类

固体材料的介电特性研究不仅在电力设备、电子元器件、储能等应用上极为重要,而且因为光学晶体的高频介电常量直接与光学折射率相联系,所以激光晶体的高频介电行为,在激光应用中至关重要.

关于电介质的极化,在电磁学有关章节中已作了比较详细的介绍,但鉴于晶体介电性质作为后面有关铁电体、晶体光学、非线性光学各章节的基础,为方便后面章节的学习,在此作一复习性的扼要叙述是必要的.具有特殊自发极化行为的晶体——铁电体的一般性能将在第四章专门介绍,有关介电极化中的非线性行为及其应用,将在本书最后几章中专门介绍.

§3.1 介质中的宏观电场强度与极化强度

离子晶体是由一个个离子排成晶格组成的.当晶体置于一个外加电场 E_0 中,那么每个离子上的带负电的电子云和带正电的原子核中心要发生相对位移 Δr,由此而产生一个电偶极矩 $q\Delta r$,这就是电子极化[参见图 3.2(a)].而在离子晶体中的正负离子间,也要发生相对位移 Δr,此时每对离子亦产生电偶极矩,这就是离子极化[参见图 3.2(b)].

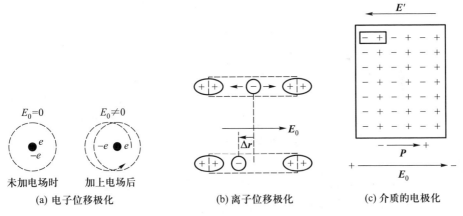

图 3.2 离子晶体的位移极化示意图

除上述两种极化之外,某些晶体中还存在着另一种极化的机制.这些晶体中存在某些"集团",它们自身正负电荷的"重心"不重合,有所谓的固有电偶极矩.在无外电场情况下,热运动使它们的偶极矩取向是杂乱的,宏观上表现出无极化强度.一旦加上电场,这些偶极矩有顺着电场方向的有序化倾向,电场越强有序化程度越高,宏观上将表现出极化强度.不过这种极化和前两种不同,无论是热运动使取向杂乱,还是电场使取向有序化,都涉及某些离子必须从一个平衡位置扩散到另一个平衡位置的过程.这个过程当然比较慢,所以"惯性"比较大.在光的高频电场下,它是来不及改变自己的取向的,这种极化只对静电和无线电微波频率以下的极化有贡献(如图3.3所示).这种极化机制称为取向极化.取向极化机制在 KH_2PO_4(KDP)类的铁电晶体的自发极化中将起到重要的作用(见§4.4).此外,水分子(H_2O)也是具有极性的,带正电的两个氢离子(H^+)与带负电的氧离子(O^{2-})位于一等腰三角形的顶角位,使得水分子的总电性不为零,有一偶极矩,故水为极性分子.

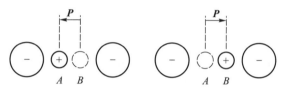

(a) 未加电场时正离子处在A位置和B位置的机会均等,处在A或B位置时固有偶极矩方向正好相反,故宏观上没有极化强度

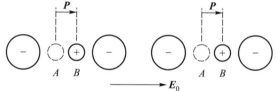

(b) 加电场E后,处于B位置能量较低,所以处于A位置正离子将通过微扩散到B位置,这时固有偶极矩转向到顺着E,出现有序化的倾向,宏观上出现极化强度

图 3.3 有两个平衡位置时取向极化示意图

晶体在外场中一旦极化,内部各处的电场强度,除 E_0 外,还要加上电偶极矩对该处电场的贡献 E',从微观的角度来计算这部分电场是极其困难的,但是在从宏观的角度来处理问题的电磁学中,则通常把晶体看作连续介质.电磁学中所谓宏观电场强度是指一个物理上的"无限小体积"的微观电场强度的平均值(譬如在一个原胞体积内的平均值),这样一来,问题就简单得多,计算各电偶极矩的贡献部分[图3.2(c)].正如在电磁学课程中已经讲过的,对一个均匀极化的介质,可归结为介质表面束缚电荷所产生的电场,在均匀极化的介质中表面束缚电荷的电荷面密度 σ(图3.4)和该表面处极化强度的法向分量联系在一起,即有:

$$\sigma = e_n \cdot P \qquad (3.1a)$$

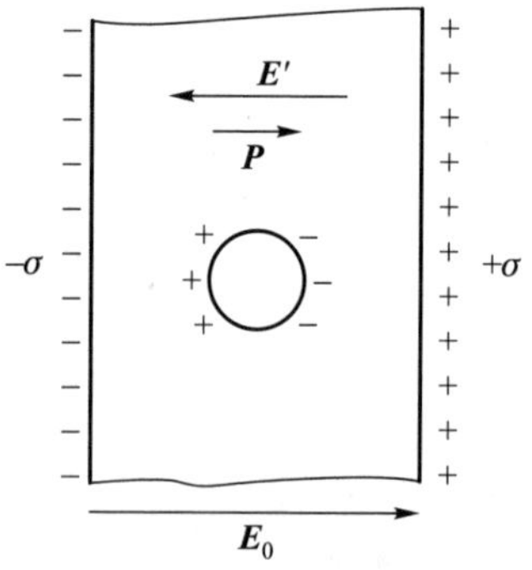

图 3.4 有效场计算模型

e_n 为表面法线的单位矢量,P 为该表面处单位体积内偶极矩的矢量和.

但是,我们应该注意到,对不同形状的介质,即使在均匀的外场 E_0 中,它们的极化产生的表面电荷分布,也是各不相同的,也就是极化电荷分布的状况和介质的外形有关.只有少数情况才能计算出来.我们现在的注意点在于,探求材料本身所具有极化行为的规律,要排除形状不同的影响,所以通常都规定介质有最简单的形状加以研究,这更具有代表性.我们以下讨论的介质均规定为有一定厚度的无限大的平行平板.

从电磁学中我们知道,外场 E_0 垂直于上述无限大平板介质[见图 3.2(c),图 3.4],介质的极化是均匀的.设极化强度为 P,那么 $P_n = |P| = \sigma$.根据电磁学中的无限平行板的知识,两个表面分别有电荷面密度 $\pm\sigma$ 时,对介质中的电场贡献

$$E_1 = -\sigma/\varepsilon_0 = -P/\varepsilon_0 \tag{3.1b}$$

所以介质内的宏观电场强度为

$$|E| = |E_0| - \frac{|P|}{\varepsilon_0} \tag{3.2a}$$

或

$$E = E_0 - \frac{P}{\varepsilon_0} \tag{3.2b}$$

这样,晶体中的宏观场强只要通过宏观极化强度就可以简单地求出,而无须逐个计算每个偶极矩对场强的贡献.

在电磁学中,我们已经知道,在各向同性的均匀介质内,宏观量 E、P、D 等有下述重要关系.

(1) 极化强度 P 与 E 有正比关系:

$$P = \varepsilon_0 \chi E \tag{3.3}$$

χ 为宏观电极化率,ε_0 为真空介电常量.

(2) D、E、P 之间有下述关系:

$$D = \varepsilon_0 E + P = \varepsilon_0(1+\chi)E = \varepsilon_0\varepsilon_r E \tag{3.4}$$

式中

$$\varepsilon_r = 1 + \chi \tag{3.5}$$

称为相对介电常量,它集中反映了晶体极化行为的宏观量.(3.4)式说明了 D 与 E 的正比关系.

§3.2 晶体中的有效场

上节所述的各宏观量关系,在大多数场合中是正确的,但宏观上反映出来的性能,归根结底取决于组成晶体中一个个离子的极化行为.要揭示宏观性能与内

部各个粒子间极化行为的内在联系,还必须将宏观的相对介电常量 ε_r 和内部粒子极化行为的关系找出来.

如果晶体中单位体积内各种离子的数目已知为 N_j,每个离子的偶极矩正比于施加于该离子的电场强度,那么宏观的极化强度和内部离子的极化关系,很容易地用下式近似地表达出来:

$$P = \sum_j N_j P_j = \sum_j N_j \alpha_j E_j \qquad (3.6)$$

式中,P_j 为 j 离子的偶极矩(包括该离子的位移极化和离子上电子云的位移极化的偶极矩),α_j 为 j 离子的极化率(也包括该离子的离子位移极化和电子云位移极化的总和),E_j 为加在 j 离子上的电场强度,称为离子的有效场.

现在的困难在于 E_j 多大? 晶体是固体凝聚相,各离子的偶极矩交互作用比较强,某离子受到比较近的其他离子的偶极矩作用,不能再被视为连续介质,那样把它们的作用包括在介质表面电荷提供的宏观场强之内,因此这个有效场 E_j 既不等于宏观电场强度 E,更不等于外加电场 E_0,为解决这个困难,洛伦兹(Lorentz)提出了一个计算有效场的近似模型.

设介质为无限大平行板,置于外场 E_0 中后,介质内的宏观场强为 E.为考察加在 O 点处一个离子上的有效场 E_j,可以把介质人为地划出一个以 O 点为中心的球体,球半径大小是这样来决定的:使得球外介质极化对 O 点的作用可近似地视为连续介质.球内包括所有离子极化对 O 点处离子的作用,作为分立的各偶极矩的作用求和.

因此有效场包含三部分的贡献:

$$E_j = E_0 + E_{球外} + E_{球内} \qquad (3.7)$$

$E_{球外}$ 又包括两部分,一部分是平行板两平面上束缚电荷的贡献,根据(3.1b)式为 $-P/\varepsilon_0$,另一部分是人为割裂的球面上的束缚电荷的贡献,根据电磁学中的计算为 $P/(3\varepsilon_0)$.

对于 $E_{球内}$,如果考察的离子具有立方对称,则根据电磁学中的计算:

$$E_{球内} = 0 \qquad (3.8)$$

代入(3.7)式可得到:

$$E_j = E_0 - \frac{P}{\varepsilon_0} + \frac{P}{3\varepsilon_0}$$

利用(3.2)式则得:

$$E_j = E + \frac{P}{3\varepsilon_0} \qquad (3.9)$$

这就是洛伦兹有效场的近似计算结果.

如把(3.9)式代入(3.6)式,有

$$P = (\sum N_j \alpha_j) (E + \frac{P}{3\varepsilon_0}) \tag{3.10}$$

可得出宏观电极化率与离子微观极化之间的关系:

$$\chi = \frac{P}{\varepsilon_0 E} = \frac{\sum N_j \alpha_j}{1 - \frac{1}{3\varepsilon_0} \sum N_j \alpha_j} \tag{3.11}$$

注意到 $\varepsilon_r = 1+\chi$,即利用(3.11)式可得到:

$$\frac{\varepsilon_r - 1}{\varepsilon_r + 2} = \frac{1}{3\varepsilon_0} \sum N_j \alpha_j \tag{3.12}$$

(3.12)式即为著名的克劳修斯-莫索提(Clausius-Mossotti)方程.

洛伦兹有效场近似中只有当晶体中的所有离子都具有立方对称性时才是适用的.此外在计算 $E_{球内}$ 时,把各离子的偶极矩视为点偶矩,这也是带来误差的一个问题,实际上在这样短距离下它和最近邻离子间电子云已有重叠.电偶矩是不能视为点偶矩的.洛伦兹模型所得有效场一般偏大.其他人也提出一些近似模型如昂萨格(Onsager)模型等.

§3.3　高频电场的介电极化(光的色散与吸收)

根据光的电磁理论,光波是一种高频的电磁波.麦克斯韦波动方程表明,在介质中光的相速度 $c = (\mu_0 \mu_r \varepsilon_0 \varepsilon_r)^{-1/2}$.对于离子晶体,由于它不是铁磁性物质,$\mu_r \approx 1$,则 $c = (\mu_0 \varepsilon_0 \varepsilon_r)^{-1/2}$,直接与相对介电常量 ε_r 相联系.真空中光速 $c_0 = (u_0 \varepsilon_0)^{-1/2}$,那么折射率 $n = c_0/c = \sqrt{\varepsilon_r}$,所以研究物质对光的传播的影响问题,实质上就是研究晶体在高频电磁场作用下极化的行为.

实验上远在光的电磁理论建立以前就发现任何物质(包括固态、液态和气态)的折射率 n(或 $\sqrt{\varepsilon_r}$)都和光的频率有关,这样的现象称为光的色散.就一般情形而言,频率增加,折射率增大(即光速减小),称为正常色散.但也存在一些非常窄的频率区域,在这个区域内,频率增高,n 反而降低了,习惯上称这个区域的色散为"反常"色散.下面我们将看到这种所谓"反常"其实是光和物质相互作用时的必然规律,一点也不反常.这是早期不了解色散现象本质时所取的名称,现在习惯上沿用下来罢了.正常色散与反常色散区的示意图表示在图 3.5 中.如果在整个非常宽的频率范围,观察色散曲线,是极其复杂的.一般将出现一些窄的反常色散区域,这些反常色散区之间的区域则为正常色散区域,在频率接近反常区域时,n 的变化特别强烈.一般离子晶体在红外或远红外区和在紫外区都有这样的反常色散区,同时在实验上还发现,相应反常色散区的频

率的光都被强烈地吸收,在光谱上都对应
着有一吸收带.离子晶体中在红外与紫外
区域内都存在这样的吸收带,这也是红外
吸收光谱的工作基础,这样的性质在实际
应用中是极其重要的.如果激光器(如倍频
和参量振荡器)工作在远红外或紫外波段,
那么非线性光学器件的材料选用,必须使
其工作频率尽可能远离吸收带.第六章非
线性材料一节中列出了各种重要晶体的透
明区的范围.

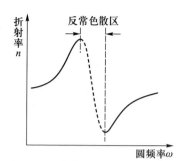

图 3.5 正常色散与反常色散(图中
虚线部分为反常色散区域,其余实
线表示部分为正常色散,通常要比反
常色散区大得多,图上没有全部表
示出来)

　　光的经典的电磁理论和其后的量子
力学光跃迁的理论,极其成功地揭示了光
的色散的本质.我们将主要从电磁理论的振子模型出发来定性地论述高频场
作用下晶体极化的行为以及由此表现出的色散与吸收的规律性.它虽然存在
某些缺点,但是只要根据量子理论结果作些修正,仍然可以较完整地反映光的
色散的物理图像.晶体中的极化,存在电子极化和离子极化.下面将看到光在紫
外区的反常色散主要是由电子极化造成的,而在远红外的反常色散主要是由
离子极化造成的.为阐述理论模型方便起见,我们将分别单独讨论这两种极化
的行为.我们可用电子振子模型解决电子极化的色散问题.实际上电子振子模
型具有较普遍的典型性,如果把电子振动子换成离子振动子的话,那么在解决
离子极化时,几乎完全可用同样数学处理方法得出类似的公式,只是粒子重量
和振子弹性力等参量不同而已,因而可以得出完全类似的色散曲线形状,不过
此时反常色散区移到了红外段.因而这里有必要简要地复习一下电子振子模
型问题的一些重要的结果.

　　电振子极化模型是这样的,束缚在离子上的电子,从经典物理角度理解为
电子受到离子实像弹簧一样的作用力.当电子相对离子实位移 x 时,受到恢复
力 $-\beta x$,力学上就称这个系统为谐振子.我们知道一个谐振子将有一个固有圆
频率 $\omega_0 = (\beta/m)^{1/2}$($m$ 为电子质量).此外我们又假定这个振子有一些耗散能
量的机制,譬如根据电动力学知道:电子在振动时如有加速运动,则将发射电
磁波而使振子能量下降,或者振子能量转化热能等其他形式.但我们不管它们
的细节笼统地加入一个阻尼项 $m\delta\dfrac{\mathrm{d}x}{\mathrm{d}t}$,实际上笼统地视为振子的摩擦阻尼,那
么振子在交变电场 $E(t) = E_0\exp(\mathrm{i}\omega t)$ 作用下,电振子受力 $-eE(t)$,作强迫振
动,运动方程是:

$$m \frac{\mathrm{d}x^2}{\mathrm{d}t^2} + m\delta \frac{\mathrm{d}x}{\mathrm{d}t} + m\omega_0^2 x = eE_0 \exp(\mathrm{i}\omega t) \tag{3.13}$$

该方程有稳态解,用试探解:$x = x_0 \exp(\mathrm{i}\omega t)$代入,

$$m(\mathrm{i}\omega)^2 x_0 \exp(\mathrm{i}\omega t) + m\delta(\mathrm{i}\omega) x_0 \exp(\mathrm{i}\omega t) + m\omega_0^2 x_0 \exp(\mathrm{i}\omega t) = eE_0 \exp(\mathrm{i}\omega t)$$

$$-m\omega^2 x_0 + \mathrm{i}m\delta\omega x_0 + m\omega_0^2 x_0 = eE_0$$

其位移 $x(t)$ 的解为

$$x(t) = \frac{e}{m} \frac{E_0 \exp(\mathrm{i}\omega t)}{\omega_0^2 - \omega^2 + \mathrm{i}\delta\omega} \tag{3.14}$$

如果假定电子在晶体中有效场 $E_j = E$,即忽略各个振子之间相互作用,并设单位体积中有 N 个振子.极化强度为(本节中,变量上方添加波浪号,代表复变量;右下角添加∞,表示与电子极化相关)

$$\tilde{P}_\infty = N[e \cdot x(t)] = \frac{Ne^2}{m}\left[\frac{E_0 \exp(\mathrm{i}\omega t)}{\omega_0^2 - \omega^2 + \mathrm{i}\delta\omega}\right] \tag{3.15}$$

根据 $\tilde{\varepsilon}_r = 1 + \tilde{\chi}$ 则有:

$$\tilde{\varepsilon}_{r\infty} = 1 + \frac{\tilde{P}}{\varepsilon_0 E} = 1 + \frac{Ne^2}{\varepsilon_0 m}\left(\frac{1}{\omega_0^2 - \omega^2 + \mathrm{i}\delta\omega}\right) \tag{3.16}$$

此时介电常量 $\tilde{\varepsilon}_{r\infty}$ 为复数,其实数部分与虚数部分分别为

实数部 $$\varepsilon_{r\infty}' = 1 + \frac{Ne^2}{\varepsilon_0 m} \frac{\omega_0^2 - \omega^2}{(\omega_0^2 - \omega^2)^2 + \delta^2\omega^2} \tag{3.17}$$

虚数部 $$\varepsilon_{r\infty}'' = \frac{-Ne^2}{\varepsilon_0 m} \frac{\delta\omega}{(\omega_0^2 - \omega^2)^2 + \delta^2\omega^2} \tag{3.18}$$

考虑到折射率$(\tilde{n}_\infty) = \sqrt{\tilde{\varepsilon}_{r\infty}}$,故 $\tilde{n}_\infty$ 也是一复数量,可写为

$$\tilde{n}_\infty = n_\infty + \mathrm{i}n' \tag{3.19}$$

利用(3.16)式得:

$$n_\infty + \mathrm{i}n' = \left(1 + \frac{Ne^2}{m\varepsilon_0} \frac{1}{\omega_0^2 - \omega^2 + \mathrm{i}\delta\omega}\right)^{\frac{1}{2}} \tag{3.20}$$

如果括号中第二项是很小的话(即相当于稀薄气体情形,对于晶体不一定满足,但为了便于看到典型的色散曲线的形状,暂且假定第二项比 1 小得多).

利用$(1+x)^a = 1 + ax + a(a-1)x^2/2 + \cdots$关系,展开(3.20)式略去高次项可得:

$$n_\infty + \mathrm{i}n' = 1 + \frac{Ne^2}{2m\varepsilon_0} \frac{1}{\omega_0^2 - \omega^2 + \mathrm{i}\delta\omega} \tag{3.21}$$

折射率 $\tilde{n}$ 的实数与虚数部分分别为

$$n_\infty = 1 + \frac{\dfrac{Ne^2}{2m\varepsilon_0}(\omega_0^2 - \omega^2)}{(\omega_0^2 - \omega^2)^2 + \delta^2\omega^2} \tag{3.22}$$

$$n' = \frac{-\dfrac{Ne^2}{2m\varepsilon_0}\delta\omega}{(\omega_0^2 - \omega^2)^2 + \delta^2\omega^2} \tag{3.23}$$

n_∞、n' 对 ω 的关系如图 3.6 所示.

折射率实部:

$$n_\infty = 1 + \frac{\dfrac{Ne^2}{2m\varepsilon_0}(\omega_0^2 - \omega^2)}{(\omega_0^2 - \omega^2)^2 + \delta^2\omega^2}$$

(1) $\omega = \omega_0$ 时,$n_\infty - 1 \to 0$.

(2) $\omega \to \pm\infty$ 时,$n_\infty - 1 \to 0$.

(3) $\pm\omega \to \omega_0$ 时,$n_\infty - 1 \to 0$.

(4) $\omega > \omega_0$ 时 $n_\infty - 1 < 0$,$\omega < \omega_0$ 时 $n_\infty - 1 > 0$,$n_\infty - 1$ 是左右对称的.

折射率虚数部分:$n' = \dfrac{-\dfrac{Ne^2}{2m\varepsilon_0}\delta\omega}{(\omega_0^2 - \omega^2)^2 + \delta^2\omega^2}$ 为一以 ω_0 为中心的钟形曲线,数值在 ω_0 处最大,两边对称.

图 3.6 所示 $n(\omega)$ 曲线与气体色散曲线的形状符合得很好,$n'(\omega)$ 对应于气体原子吸收响应曲线,曲线的中心位置 ω_0,附近 A 及 B 两点间相当于反常色散的区域,A 及 B 点之外的区域是正常色散区域,因而复折射率的实数部分 $n(\omega)$ 即为介质的折射率,虚数部分即为介质吸收有关的量.为了说明这一点,我们看看一个平面电磁波在有复数折射率 $\tilde{n}$ 的介质中传播的情况,此平面波的方程可写为

$$E(x,t) = A\exp\left[\mathrm{i}\omega\left(t - \tilde{n}\cdot\frac{x}{c}\right)\right]$$

将(3.19)式代入得:

$$E(x,t) = A\exp\left(-\omega\,|\,n'\,|\,\frac{x}{c}\right)\exp\left[\mathrm{i}\omega\left(t - n_\infty\frac{x}{c}\right)\right] \tag{3.24}$$

由此可看出,$\exp\left(-\omega\,|\,n'\,|\,\dfrac{x}{c}\right)$ 表示波的振幅随波传播的深度按指数式衰减,所以 n' 与吸收联系在一起,而代表光传播速度大小的折射率相当于 $\tilde{n}$ 的实数部分.由此可见电振子模型在定性上相当圆满地解释了光的色散与吸收现象.在光

的圆频率处在振子固有圆频率附近,非常自然地会出现折射率 n 随频率增高而下降的现象(见图 3.6),所以所谓"反常"色散,只不过反映当时人们只看到现象没有掌握其本质规律以前的认识局限性.

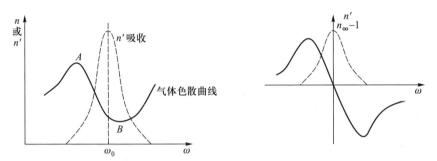

图 3.6 振子模型的理论曲线形状,$\tilde{n}$ 的实数部分 n-ω 的关系,虚数部分 n'-ω 的关系

电子极化的固有圆频率 $\omega_0 = \sqrt{\dfrac{B}{m}}$,在紫外区,$\nu \approx 10^{15}$ Hz,$\lambda \cong 2\,000$ Å.对于凝聚态的离子晶体,有效场 $E_j \neq$ 宏观场 $E(t)$.如果是洛伦兹有效场的话,那么(3.16)式就不能成立,应该使用克劳修斯-莫索提方程(3.12)式,则:

$$\frac{\tilde{\varepsilon}_{r\infty} - 1}{\tilde{\varepsilon}_{r\infty} + 2} = \frac{Nex(t)}{3\varepsilon_0 E(t)} = \frac{Ne^2}{3\varepsilon_0 m} \cdot \frac{1}{\omega_0^2 - \omega^2 + i\delta\omega} \tag{3.25}$$

经过简单运算可得:

$$\tilde{\varepsilon}_{r\infty} = 1 + \frac{Ne^2}{m\varepsilon_0} \cdot \frac{1}{(\omega_0^2 - \omega^2) + i\delta\omega - \dfrac{Ne^2}{3m\varepsilon_0}} \tag{3.26}$$

因为考虑了有效场的作用,前面的所有结论全部适用,只不过相当于电的固有频率向低频方向移动,新的固有圆频率是:

$$\omega_1^2 = \omega_0^2 - \frac{Ne^2}{3m\varepsilon_0} \tag{3.27}$$

对于离子晶体中离子位移极化的问题,上述讨论是同样适用的.现以双原子离子晶体为例证明这一点,光波的电场,加在正负离子上的力方向正好相反,必然会激发离子晶体的光频支振动(它是正负离子相对振动).一般光波波长即使在远红外区(数十微米量级),也比离子晶格参量来大很多.因此,光激发的主要是长波的光频波,即 $k \to 0$ 的晶格波.那么根据双原子晶体晶格振动方程,可得两种离子振动的解,分别为 $u_S = u e^{isk\alpha} e^{i\omega t}$,$V_S = V e^{isk\alpha} e^{i\omega t}$.但在长波振动 $k \to 0$ 时可化简为

$$u_S = u e^{i\omega t}, \qquad V_S = V e^{i\omega t} \tag{3.28}$$

u_s, V_s 分别为两离子的位移.(3.28)式表明,此时基本上是正离子晶格整体及负离子晶格整体在作相对运动,所以 u_s 和 V_s 都与离子的位置次序数 S 无关,所以角标可以不必标注出.

那么在 $k \to 0$ 的条件下,电场 $E(t)$ 作用时正负离子的运动方程可以简化为

$$m_1 \frac{\mathrm{d}^2 u}{\mathrm{d}t^2} = 2C(V-u) + eE(t) \tag{3.29}$$

$$m_2 \cdot \frac{\mathrm{d}^2 V}{\mathrm{d}t^2} = 2C(u-V) - eE(t) \tag{3.30}$$

两式中最后一项为正负离子所受的电场力,C 为常量.(3.29)式除以 m_1,(3.30)式除以 m_2,两式相减整理后可得:

$$\frac{\mathrm{d}^2(u-V)}{\mathrm{d}t^2} + 2C(u-V)\left(\frac{1}{m_1} + \frac{1}{m_2}\right) = eE(t)\left(\frac{1}{m_1} + \frac{1}{m_2}\right) \tag{3.31}$$

令 $\frac{1}{\mu} = \frac{1}{m_1} + \frac{1}{m_2}$,则得:

$$\mu \frac{\mathrm{d}^2(u-V)}{\mathrm{d}t^2} + 2C(u-V) = eE(t) \tag{3.32}$$

从(3.32)式可看出,这是一个忽略阻尼项的强迫振动子方程.这个振动子好像有质量 $\mu = m_1 m_2/(m_1+m_2)$(称为有效质量)的简谐振子,它的位移用 $u-V$ 来表示,也就是正负离子相对位移,它的作用力常量为 C.那么用电子振子的办法同样可以处理离子位移极化,所以这样振子固有圆频率为

$$\omega_0 = \sqrt{\frac{2C}{\mu}} \tag{3.33}$$

因为两个离子有效质量 μ 比电子的质量 m 要大得多.一般晶体的这个频率在远红外区($\nu \approx 10^{13} \sim 10^{14}$ Hz,真空中波长相当于数十微米),ω_0^2 是离子晶体的 $k \to 0$ 时的光频支振动圆频率.离子晶体的反常色散区一般都在远红外区域,离子晶体中的结合力越弱,离子质量越大,或者说德拜温度 Θ 越低的晶体,反常色散的吸收带越在更远一些的红外段.图 3.7 表示了 LiF 和 NaF 实验的色散曲线,图 3.8 表示了 LiF、NaF、NaCl、KCl、KBr 的红外吸收曲线,画出了低于 ω_0 但是逐渐接近反常色散区时造成的吸收迅速增加的情况.比较 LiF 和 KBr 吸收曲线,可看出 KBr 波长比前者长得多,这是因为 K 比 Li、Br 比 F 在周期表上的位置要后面很多,有效质量高,故 KBr 的反常色散区即强吸收区将比 LiF 更移向波长更长的红外区.

离子光频支振动相当于正负离子作相对运动,它们公共质心不动,频率为 $10^{13} \sim 10^{14}$ Hz.而声频支振动中正负离子振幅大小一致,并以相同方向偏离平衡位置,即一个原胞内正负离子一起作整体运动,频率要低得多.

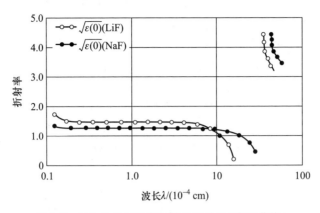

图 3.7 LiF、NaF 折射率和波长的关系(实验曲线)

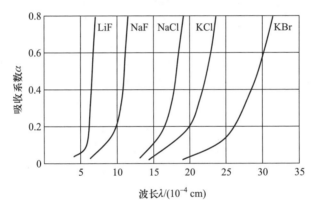

图 3.8 几种离子晶体的红外吸收[纵坐标取光强随深度衰减式 $I(x) = I_0 e^{-\alpha x}$ 中的 α 来表示]

这里要指出的是,用电子振子模型对光在晶体中的色散问题的解释,在定性上是相当成功的,但是要真正定量计算即使是非常简单的离子晶体的折射率也是极其困难的,所以实际上经常使用的是一些半经验公式.这些公式通常缺乏严格的理论根据,而是利用实验结果决定公式中的常量,使其在实验误差范围内尽可能地符合真实情况.利用这些半经验公式,我们可以推算大范围内不同频率对应的 n 值,如第五章就给出一些常用晶体的色散公式,计算结果定性符合,但即使最简单的折射率的色散关系,也很难准确计算得到,只能用塞尔迈尔(Sellmeier)公式,用实验结果决定其中的常量. $n^2 = A + \dfrac{B_1}{\lambda^2 + B_2}\dfrac{C_1}{C_2 - \lambda^2}$ 对不同材料,A、B_1、B_2、C_1、C_2 都不同.

以上我们的讨论是对电子极化和离子极化分别加以处理的,但在高频场作用下,两种极化机制应该同时存在.电子极化可能对应不止一种频率的电子振子极化,离子极化也可能对应不止一种频率的离子振子极化,应当是复杂的.但幸好电子位移极化在紫外区,离子位移极化集中在红外区,只有接近某种振子机制的共振频率时,折射率色散曲线变化才剧烈,而其他振子机制引起折射率的变化就比较平滑,也就是只有固有频率最靠近光频率的一种机制起作用,问题也就简单多了.如果我们将相对介电常量的实数部分对应的不同频率的曲线描绘出来,将会出现如图 3.9 所示的情况,在紫外区域电子极化的固有频率将会出现一个反常色散,再经紫外区域一直到可见光区域.此时距离离子极化固有频率甚远,主要是受电子极化的色散曲线的长波长一侧所控制,只是稍微受到离子极化的色散曲线的短波侧的影响,因为这时离子振动还来不及跟上光波电场的迅速变化,所以总的来说曲线比较平坦.当远红外区逐渐接近离子极化的反常色散,折射率又开始变化.在远红外区离子位移的固有频率处又出现一个折射率剧烈变化,频率进一步降低时一直到静电场的情况逐渐平坦下来,对于可见光区域,主要电子极化起作用的相对介电常量我们称为高频相对介电常量 $\varepsilon_r(\infty)$,而在低频(例如无线电频率或静电场)下,电子和离子极化和取向极化同时起作用的相对介电常量为 $\varepsilon_r(0)$,称为静电相对介电常量,总是 $\varepsilon_r(0) > \varepsilon_r(\infty)$,两者数值差异是不小的.

图 3.9 是从静电到紫外段色散曲线的示意图.图中紫外区出现的反常色散是电子位移极化引起的,红外区的是离子位移极化引起的,在微波频率区的是固有电偶矩转向极化造成的,它对光学性质影响不大.

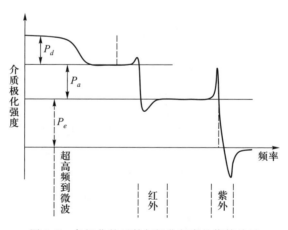

图 3.9 各极化的贡献与极化频率的依赖关系

§3.4　晶体中的介电极化常量及其测量

（一）各向异性材料中的介电极化

在电学中大家都知道，介质在电场中会被极化，在此过程中通常有三个矢量被提及：电场 E、电极化矢量 P（每单位体积内的电矩或垂直于极化方向的单位面积的极化电荷）、电位移矢量（或电通量密度）D.

在各向同性介质中有

$$P=\chi\varepsilon_0E, \quad D=\varepsilon_0E+P=\varepsilon_0(1+\chi)E=\varepsilon_0\varepsilon_rE \tag{3.34}$$

这里 $\varepsilon_r=1+\chi$ 为相对介电常量，是标量；χ 为电极化率（electric susceptibility），是标量，$\varepsilon=\varepsilon_0\varepsilon_r$ 为介电常量（dielectric constant），也是标量，真空中的电极化率 $\chi=1$. D_i 与 E_i 是同方向的，即施加某一方向的电场只能在同一方向测得电极化.

$$P_1=\chi_0\chi_1E_1, \quad P_2=\chi_0\chi_2E_2, \quad P_3=\chi_0\chi_3E_3, \tag{3.35}$$

$$D_1=\varepsilon_0\varepsilon_{r1}E_1, \quad D_2=\varepsilon_0\varepsilon_{r2}E_2, \quad D_3=\varepsilon_0\varepsilon_{r3}E_3 \tag{3.36}$$

在各向异性的晶体材料中，D_i 不仅与同方向上的电场有关而且在不同方向施加电场也能在该方向引起极化. D_i 与 E_i 之间有

$$P_i=\sum_j\varepsilon_0\chi_{ij}E_j, \quad i,j=1,2,3, \quad \chi_{ij}\text{为电极化率，二阶张量} \tag{3.37}$$

$$D_i=\sum_j\varepsilon_0\varepsilon_{rij}E_j, \quad i,j=1,2,3, \quad \varepsilon_{rij}\text{为相对介电常量，二阶张量} \tag{3.38}$$

$$\varepsilon_{rij}=\chi_{ij}+\delta_{ij}, \quad i,j=1,2,3, \quad \delta_{ij}=\begin{cases}1 & i=j\\0 & i\neq j\end{cases} \tag{3.39}$$

D_i 与 E_i 之间有一角度 α（称为离散角，在第五章晶体光学中我们将详细介绍）. 晶体电介质在电场中的 E 和 P 的方向一般是不相同的，它们之间的矢量关系如图 3.10 所示.

晶体在平板电场中极化及 E、D、P 各矢量之间的方向关系如图 3.10 所示.

在电场下各向异性的晶体材料中，极化矢量 P_i、电位移矢量 D_i、电场 E_j 均为矢量. 而极化常量 χ_{ij}、相对介电常量 ε_{rij} 是二阶张量. 在外场下晶体极化强度 P_i、电位移矢量 D_i 与场强 E_j 之间关系也可用如下矩阵形式来表示：

$$P_i=\sum_j\varepsilon_0\chi_{ij}E_j, \quad \begin{pmatrix}P_1\\P_2\\P_3\end{pmatrix}=\varepsilon_0\begin{bmatrix}\chi_{11}&\chi_{12}&\chi_{13}\\\chi_{21}&\chi_{22}&\chi_{23}\\\chi_{31}&\chi_{31}&\chi_{33}\end{bmatrix}\begin{bmatrix}E_1\\E_2\\E_3\end{bmatrix} \tag{3.40}$$

$$D_i=\sum_j\varepsilon_0\varepsilon_{rij}E_j, \quad \begin{pmatrix}D_1\\D_2\\D_3\end{pmatrix}=\varepsilon_0\begin{pmatrix}\varepsilon_{r11}&\varepsilon_{r12}&\varepsilon_{r13}\\\varepsilon_{r21}&\varepsilon_{r22}&\varepsilon_{r23}\\\varepsilon_{r31}&\varepsilon_{r32}&\varepsilon_{r33}\end{pmatrix}\begin{bmatrix}E_1\\E_2\\E_3\end{bmatrix} \tag{3.41}$$

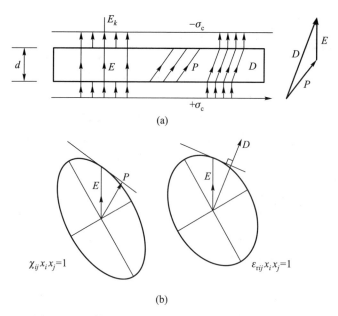

图 3.10 晶体在平板电场中极化及各矢量之间的关系

$$\varepsilon_{rij} = \delta_{ij} + \chi_{ij}, \quad \begin{bmatrix} 1+\chi_{11} & \chi_{12} & \chi_{13} \\ \chi_{21} & 1+\chi_{22} & \chi_{23} \\ \chi_{31} & \chi_{32} & 1+\chi_{33} \end{bmatrix} \quad (3.42)$$

$\chi_{ij}, \varepsilon_{rij}$ 在不同晶系中有不同的非零项,可以在附录 B 中查到对应不同晶系的非零元素.它们也都是二阶对称张量,而且可以主轴化,也可以用一个二次曲面来表示.

(二) 介电极化弛豫与介电损耗

1. 介电极化弛豫(dielectric polarization relaxation)

电介质极化包括电子(原子)、离子、分子(固有取向)极化.当电介质突然加上电场时,一般要经过一段时间(弛豫时间)极化强度才能达到最大值,这称为极化弛豫,主要是取向极化随电场转向造成的.

2. 介电极化损耗(dielectric polarization loss)

在某一频率范围内,供给电介的能量,有一部分消耗在强迫固有偶极矩转动上并变为热能消耗掉.介质损耗是由于极化落后于电场变化的一种表现.宏观的介质损耗反映了微观的极化弛豫过程.

如果在电介质上加一交变场 $E = E_0 \cos \omega t$,由于极化弛豫存在,P 和 D 都相对于 E 有一落后相位 δ.

$$D = D_0 \cos(\omega t - \delta) = D_0 \cos \delta \cos \omega t + D_0 \sin \delta \sin \omega t \quad (3.43)$$

令 $$D_1 = D_0 \cos \delta, \quad D_2 = D_0 \sin \delta$$

一般电介质 D_0 与 E_0 成正比,且比值 D_0/E_0 与频率有关.

为描述这种情况,引入两个与频率有关的介电常量:

$$\varepsilon_1(\omega) = \frac{D_1}{E} = \frac{D_0}{E_0} \cos \delta$$

$$\varepsilon_2(\omega) = \frac{D_2}{E_0} = \frac{D_0}{E_0} \sin \delta \tag{3.44a}$$

正切损耗为 $$\tan \delta = \frac{\varepsilon_2(\omega)}{\varepsilon_1(\omega)} \tag{3.44b}$$

相位角 δ 与频率有关,当频率趋近于 0 时, $\varepsilon_1(\omega)$ 就是静电场下的介电常量 ε_s,

$$\varepsilon_2(\omega) = 0$$

可以证明: $\varepsilon_2(\omega)$ 与介质中的能量损耗,即介质中以热的形式所消耗的能量成正比,能量损耗与 $\sin \delta$ 成正比,为损耗因子.较小时 $\tan \delta$ 近似等于 $\sin \delta$. $\tan \delta$ 也称损耗因子, δ 为损耗角,与电场强度、温度以及电场有关.

电介质损耗越大,性能越差,制作器件时要注意.

(三) 相对介电常量测量与测量频率有关

相对介电常量的测量的原理都是比较空气平行平板电容器电容 C' 和充满介质后电容 C'',从电磁学中可知二者之比 $C''/C' = \varepsilon_r$.电容的测定则利用交流回路共振法,原理如图 3.11 所示,将待测电容 C 与标准可调电容 C_s 并联再和一电感串联,当电容 C 中未放进晶体和放进晶体后,调节 C_s 保持电路处于共振状态,满足已知频率 $\omega_0 = 1 / \sqrt{L(C_s + C)}$,由两次 C_s 的电容值即可确定 C' 及 C''.

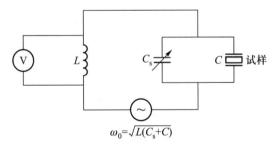

图 3.11　相对介电常量测量装置示意图(试样放置在平行平板电容器 C 内)

在静电场或低频下测量相对介电常量,由于试样表面漏电和内部经常会有微弱的导电电流,实验结果常有很大误差.因此,我们应尽量使用较高频率的交流信号,甚至采用微波频率的测量技术.使用微波测量时,通常是通过测定在试样中微波辐射的波长和真空中波长之比,通过下式推算相对介电常量 ε_r:

$$\lambda_{(真空中)} / \lambda_{(试样中)} = (\mu_r \varepsilon_r)^{1/2}$$

式中,μ_r 为介质的相对磁化率.

*§3.5   离子晶体的静电击穿

作为绝缘材料的应用,介质击穿是人们关心的性质.激光出现以后,高功率的激光实际上就是一个极强的高频电场,也可以导致光诱导的电击穿,这种击穿将引起光学元件的损伤.

作为绝缘材料,在静电或交变电场作用下,可以引起两种形态的击穿.一种是热效应击穿.具有离子性的介质材料多少具有离子导电的性质,由于离子导电产生的焦耳热,或者交变电场的热损耗,都可引起介质温度的升高,离子导电性随着温度升高而增加,将产生更多的焦耳热.如此循环最后导致介质局部热熔化而遭到破坏,这种击穿场强阈值与温度关系较大(通常在 100℃ 以上),温度越高,击穿强度越低,这种击穿的时间较慢,在加电场数秒后发生.另一种是电击穿.当温度较低时不发生前一类型击穿却可发生后一种击穿,击穿时间短达 10^{-8} s.击穿电场强度的阈值与温度的关系不大,甚至随温度降低而有所降低,称为电击穿.下面主要讨论电击穿的情况.

电击穿的场强,发生在百万伏每厘米的量级.目前认为产生这种击穿是由于晶体导带中的少量导电电子,被强的电场所加速.如果这些电子从电场加速中能够获得足够的能量,把仍旧束缚在晶格离子上的电子撞到导带中来,那么被撞击的电子也会被电场加速,又可撞击别的电子.这个过程如此反复进行,使电子迅速倍增,导带中电子像雪崩那样暴增,可在短于 10^{-8} s 的时间内,导致介质的破坏,所以这种电击穿有时称为雪崩击穿.

现在,我们来仔细分析一下,导带电子的倍增过程和雪崩的条件.为阐述容易明白起见,分以下几步来讨论.

(一)未加电场时,导带中电子的状况

离子晶体在温度不高(例如室温附近)虽为绝缘体,但是导带也不完全是空的,总存在少量电子,可能来源于浅的杂质局部能级上的电子,而具有一定能量的导带电子,它们的波长矢量 k 可以不同,即具有不同的动量 hk_i,电子能量

$$E = \frac{h^2 |k_i|^2}{2m^*} \quad (以导带底部能级作为能量的零值)$$

展开三维坐标时可表示为

$$\frac{h^2}{2m^*}(k_x^2 + k_y^2 + k_z^2)_i = E \tag{3.45}$$

（3.45）式表示，有相同能量的电子，波矢量的绝对值彼此相等，但方向可以不同，即运动方向不同，对称地均匀分布在 k 空间的一个球面上，有能量 E 的所有电子的总动量 $=\sum hk_i=0$. 就是说所有电子运动的总效果不会有总的电流动，那电流为零.

（二）加电场后，导带电子的状况

每个电子受到电场力 $-e\boldsymbol{\varepsilon}$（为避免与能量 E 混淆，本节电场用符号 $\boldsymbol{\varepsilon}$ 表示）的作用下产生加速度. 如果作用时间 t 后，每个电子所增加的速度改变为

$$\frac{hk_i}{m^*}-\frac{e\boldsymbol{\varepsilon}}{m^*}t \tag{3.46}$$

（3.46）式为矢量和，凡是 k 和 $\boldsymbol{\varepsilon}$ 有同一方向的分量运动的电子被减速了，凡是 k 和 $\boldsymbol{\varepsilon}$ 有相反方向分量的电子，这个方向上速度分量就增加了. 所以所有电子的速度变化效果不能彼此抵消，矢量和不为零，（3.46）式对所有电子求和，其中第一项求和为零，所以有一个净的定向速度 $\boldsymbol{v}$ 为

$$\boldsymbol{v}=\frac{N_0\boldsymbol{\varepsilon}t}{m^*} \tag{3.47}$$

N_0 为单位体积内电子的数目.

这是所有电子在电场作用下的总效果，可以提供电流密度 $e\boldsymbol{v}$，并且随 t 增加而增加. 加上一个固定电场 $\boldsymbol{\varepsilon}$ 后，电流可以随时间增加，这种现象在一般条件下是不可能的（除非具有超导电性的物质）. 导体一般符合欧姆定理，加一定的 $\boldsymbol{\varepsilon}$，有一稳定的电流密度. 出现这样的不合理现象，原因在于上述分析中，我们忽略了导电过程中存在的能量耗散. 只有从电场中获得的能量刚好等于能量耗散过程中失去的能量时，才能达到一个稳定电流的情况. 晶体中导电电子运动的能量耗散，主要是电子和晶体中的杂质、缺陷与声子的碰撞引起的. 在碰撞中，电子不但损失一部分能量变为晶格振动能量和激发其他粒子能量. 同时，使其动量改变，即电子运动方向也要改变. 由于碰撞的随机性，所以很多电子从电场中获得的定向运动的总效果，又可以通过碰撞而使其重新杂乱无章，丧失其定向运动的效果. 这是导电中的一对矛盾，只有这对矛盾相对稳定时，才能建立起稳态电流的过程. 如果设想给晶体某一瞬间加上电场后又很快地去掉，开始所有电子有一个总的定向电流，当电场去掉后，平均经过时间 τ 后，电子必将通过碰撞而又恢复杂乱运动状态. 这个时间称为弛豫时间，所以 τ 是反映电子在某晶体中被碰撞散射的强烈程度的量. 电子与杂质、缺陷、声子交互作用越强，τ 就越短，所以说在晶体中即使一直加上静电场，那么由于电场加速而获得的定向运动，平均经过时间 τ 后又全部丧失，又得从头来起. 所以电子只能得到某一稳定的定向速度，也就是定向速度的积累最多到时间 τ 为止，这个速度 u 称为迁移速度：

$$u = \frac{N_0 e\varepsilon \cdot \tau(E)}{m^*} \tag{3.48}$$

$\tau(E)$是电子能量为 E 的弛豫时间.

（三）导电电子从电场中获得的能量

如果稳定电流得以建立,那么每个电子单位时间内平均从电场获得的能量为电场力乘上迁移速度,即得能量增加速率

$$(e\varepsilon) \cdot \left(\frac{u}{N_0}\right) = \frac{e^2\varepsilon^2\tau(E)}{m^*} \tag{3.49}$$

此时,这部分能量增加率正好等于能量的耗散速率$(dE/dt)_{耗}$.

但是能量的耗散速率是有限度的.如果增大电场强度 ε,一旦(3.49)式表示的能量获得的速率大于$(dE/dt)_{耗}$,稳定条件即遭到破坏,电子能量就会不断积累.如果电子这时所具有的能量 E 高到足以离化一个束缚电子的能量 E_b,雪崩过程即发生.所以说产生雪崩击穿的临界条件是

$$\frac{e^2\varepsilon^2\tau(E)}{m^*} = \left(\frac{dE}{dt}\right)_{耗} \qquad (此时\ E = E_b) \tag{3.50}$$

这个条件,表示积累的能量完全耗散之前,电子已具有的能量就足以离化出其他电子.满足(3.50)式的电场强度是可产生雪崩击穿的最小场强,称为击穿场强阈值.明显可看出击穿场强取决于 $\tau(E)$ 和$(dE/dt)_{耗}$.根据不同晶体的具体情况,将有不同的 $\tau(E)$ 和$(dE/dt)_{耗}$,所以不同的晶体将有不同的击穿场强.混合的晶体比纯晶体有更大的散射电子的能力,所以 $\tau(E)$ 也比纯晶体小.实验上也观察到混合的晶体比纯晶体有更高的击穿强度.

对于介质击穿,大体过程如上所述,理论计算上主要是 $\tau(E)$ 的计算和耗散过程估计,而对于晶体内部这种过程的细节和正确的参量我们还没有完全了解清楚.因此,针对这个过程某些细节,目前已有好几种具体理论计算的模型.加之数学上的困难,至今我们只对卤化碱金属这样简单的离子晶体进行了计算,结果大致只能在数量级上相符.这也就说明对电击穿所提出的机制大体上是对的,一些简单卤化物晶体的实验击穿场强列于表 3.1 中.

表 3.1 静电击穿场强与激光击穿光强的对照

晶体	NaF	NaCl	NaBr	NaI	KF	KCl	KBr	KI	RbCl	RbBr	RbI
静电击穿场强/ $(10^6\ V/cm)$	2.40	1.50	0.83	0.69	1.80	1.00	0.69	0.57	0.83	0.58	0.49
激光波长/ μm	1.06	1.95	0.91	0.79	2.40	1.39	0.94	0.72	0.93	0.78	0.63

电场强度单位为 10^6 V/cm,激光电场强度值取光电场的均方根值 $\sqrt{\varepsilon^2}$.

* §3.6 晶体的激光电击穿(激光击穿损伤)

激光器的功率密度可高达 10^{12} W/cm^2 的量级.一般的巨脉冲激光器也可达 10^8 W/cm^2 的量级,这时光的电磁波的场强已达到 10^6 V/cm 的量级,足以引起光学材料(基质晶体,非线性光学元件,窗口,反射镜……)的电击穿,因此,激光损伤是高功率激光器材的重要实际问题.激光引起的损伤有很多种类型,损伤的阈值(产生损伤的最小光强)也有很大差异,我们将在第六章作较全面的简单介绍,这里主要介绍完全类似于上节静电击穿的类型,即激光的雪崩电击穿.

激光与静电击穿的差别仅仅在于以下两点.

(1)激光是一种高场强的光频的交变电场,它的频率极高($10^{14} \sim 10^{15}$ Hz).

(2)高功率激光器通常在脉冲状态下工作,光脉冲的宽度很短($10^{-12} \sim 10^{-8}$ s),只有这样短时间内才有电场作用.

既然有上述差别,那么为什么会产生与静电介质击穿同样的机制呢? 首先是从实验事实得到启发,从表 3.1 中我们看到 F、Cl、Br、I 四种卤素的卤化碱金属晶体,相应静电击穿场强和 1.06 μm 激光击穿光强折算成的电场强度的均方根 $\sqrt{E^2}$,不但在同一数量级,而且按 F、Cl、Br、I 化合物的次序击穿场强递减的次序也完全一致的.(光强和相应电场强度可按下式换算 $\dfrac{c_0}{2}\varepsilon_0\varepsilon_r\sqrt{E^2}=I$,$c_0$ 为真空中光速,ε_r 为相对介电常量,ε_0 为真空中介电常量,I 为光强,因是交流电场应取平方平均值的平方根,称均方根值).

由此可见两种击穿,出于同一原因是很有可能的.现在的问题是光频交流电场下,光脉冲又极短促的情况下,导带中电子是否能得到足够的能量来产生次生电子呢? 是否有足够的时间来得及倍增好多次而达到雪崩的程度呢? 回答这两个问题的关键在于晶体中 τ 究竟在什么量级.如果 τ 在 10^{-15} s 的量级,那么静电场与交变电场的作用就没有多大差别了,因为一般常用高功率激光器的工作频率大致为 10^{15} Hz,也就是说最快也得在 10^{-15} s 后才会使电场强度方向倒转过来,和 τ 的量级差不多.在电子碰撞的弛豫时间内,电子受力方向始终不变,和静电情况一样,因而从电场获得能量的速率仍为 $e^2\varepsilon^2\tau/m$,只不过这里场强取 $\overline{E^2}$(对时间的均方值).因此,电子获得能量的速率并不比静电情况下小多少.因此有理由认为激光击穿电场强度和静电击穿场强在同一量级.第二个问题的回答也很简单.如

果 τ 真是 10^{-15} s 量级的话,那么巨脉冲激光的通常脉宽即使短到 10^{-12} s,那么在此期间内,每个电子每经一个 τ 的时间至少可以增殖另一个电子,所以至少可以增殖 $10^{-12}/10^{-15}=1\,000$ 次.那么一个电子最后可以变为 $2^{1\,000}$ 个电子,这是多么庞大的数目!实际上原先能带中大约有 10^{18} 个/cm³ 电子.如果增殖 40 代,即 $2^{40}\times10^{18}$ 个/cm³ $\approx10^{30}$ 个/cm³ 的电子就足以导致击穿了.

正如上节所述,离子晶体中精确地计算 $\tau(E)$ 有很大困难,实验上依靠光导电的电导率推算也有很大困难,但大体作出一个估计还是可能的.例如金属导电电子的 τ 比较易于确定,对能量较高的电子 τ 大约在 10^{-14} s 量级.金属中对电子的散射主要是晶格热振动引起的,由此可推测离子晶体中的声频支热振动对电子的散射也应该相当于这个量级.此外离子晶体与金属单原子晶格不同,还应有光频支热振动.加上这部分对散射电子的贡献,就应该比 10^{-14} s 更小些,因而认为离子晶体中 τ 大约为 10^{-15} s 量级似乎是合理的.如果 τ 的数量级比交流电场变化方向周期(频率 ν 的倒数)大,那么在弛豫时间内电场倒转好几次,同一个电子一会儿被加速,一会儿被反方向加速,就不能从电场中得到足够的能量,因此击穿场强必然会升高,甚至这种雪崩式击穿成为不可能.因此,$\nu^{-1}>\tau$ 的激光波段内,击穿强度不会有显著变化.而在 $\nu^{-1}\approx\tau$ 情况下,随着 ν 增加,击穿场强就会略有升高.$\nu^{-1}\ll\tau$ 时,雪崩击穿不可能出现,可能出现其他破坏阈值更低的激光损伤机制.

最后我们要指出,这类损伤是属于材料本性决定的体内损伤,而实际损伤的阈值场强往往比这个值低得多.例如表面上的缺陷、体内缺陷会引起局部电场集中而降低损伤阈值,在进行激光损伤实验工作中,应该排除这种外来因素的干扰,同时尽可能地使激光器工作稳定并在单模工作.

第三章习题

3.1 在整个空间充满介电常量为 ε 的电介质中,有一点电荷 q,求场强分布并与真空中的点电荷产生的场强比较.

3.2 电介质处于均匀外场中,介质中宏观场强是外场 E_0 和介质中极化引起的表面束缚电荷的贡献之和 $E_{宏}=E_0+NP$,N 是退极化因子.在下列情况下,求 N 的值.

(1)平行板,外场垂直于平板平面.

(2)细长圆柱体,外场垂直于圆柱轴.

第四章　晶体的铁电、压电、热释电及多铁性

§4.1　晶体的铁电性

有些晶体在一定温度范围内具有自发极化,而且自发极化的方向可因外电场的作用而转向,这样的性质称为铁电性(ferroelectricity),这样的晶体被称为铁电体(ferroelectrics).铁电体的名称并非因为晶体中含铁,而是因为和铁磁体具有磁滞回线一样,铁电体具有电滞回线.一般的介电晶体当电场缓慢增加再反向的过程中不出现滞后现象.

铁电体在诸多高技术领域中(如电子计算技术中的记忆元件和开关线路的元件)都有重要应用.铁电体都具有压电性,其中不少也是重要的压电体.近年来,我们又发现某些铁电体中的多畴结构可使非线性效应比单畴结构增强许多倍(详见非线性光学部分),这对于激光倍频器件和光参量振荡器件的制作是一个值得注意的研究课题.另外,研究铁电体的相变以及电畴的变化有助于相变理论的研究.

本节首先介绍铁电体的一般性质和实验结果,然后介绍铁电体的宏观热力学理论,它与实验规律符合较好,缺点是比较抽象.随后介绍铁电体的微观理论,其物理图像比较具体,但定量计算结果尚不能与实验很好地吻合,还有待进一步发展.因此本章重点放在用宏观理论讨论铁电体的一些重要性质.

4.1.1　铁电体的一般性质

晶体的对称性可以划分为 32 种类型,在无中心对称的 21 种晶体类型中除 432 点群外其余 20 种都有压电效应,而这 20 种压电晶体中又有 10 种具有热释电现象.热释电晶体(pyroelectric crystal)是具有自发极化的晶体,但因表面电荷的补偿作用,其极化电矩不能显示出来,只有当温度改变,电矩(即极化强度)发生变化,才能显示固有的极化,这可以通过测量一闭合回路中流动的电荷来观测.热释电就是指改变温度才能显示电矩的现象,铁电体又是热释电晶体中的一小类,其自发极化强度可以因电场作用而反向,因而极化强度 P 和电场 E 之间形成电滞回线(见图 4.1),这是铁电体的一个主要特性.

（一）电滞回线

铁电体中有电畴存在,电畴是指自发极化相同的区域,电畴与电畴之间的边界为畴壁,每个电畴的极化强度只能沿一个特定的晶轴方向.为简单起见,设极化强度的取向只能沿一种晶轴的正向或负向,即这种晶体中只有两种电畴,极化方向互成180°.当外电场不存在,即 $E=0$ 时,晶体的总极化强度为零,即晶体中两种电畴的比例大致相等.当施加外电场时,极化强度与电场方向一致的电畴变大,而与之反平行方向的电畴则变小,这样总极化强度 P 随外电场增加而增加(见图 4.1 OA 曲线).电场强度的继续增大,最后使晶体中电畴都取向一致时,极化强度在 B 点达到饱和.再继续增加外电场,则极化强度随电场线性增加(BC 曲线),与一般电介质相同.如将线性部分反向外推到电场为零时,在纵轴上的截距 P_s 即称为饱和极化强度,或自发极化强度.若电场开始减小,则 P 也随之减小,在 $E=0$ 时,存在剩余极化强度 P_r(D 点).当电场反向达 $-E_c$ 时(F 点),剩余极化全部消失($P=0$).反向电场再增大,极化强度就开始反向,E_c 称矫顽电场强度.以后当电场继续沿负方向增加时,极化强度又可达反向饱和值(G 点).若电场再由负值逐渐变为正值时,极化强度沿回线另一支回到 C 点,形成闭合回线.

电滞回线可以用图 4.2 的装置显示出来,以铁电晶体作介质的电容 C_x 上的电压 V_x 是加在示波器的水平电极板上,与 C_x 串联一个恒定电容 C_y(即普通电容)上的电压 V_y 加在示波器的垂直电极板上.很容易证明 V_y 与铁电体的极化强度 P 成正比,因而示波器显示的图像,纵坐标反映 P 的变化,而横坐标 V_x 与加在铁电体上的外电场 E 成正比,由此就可直接观测到 $P\text{-}E$ 的电滞回线.

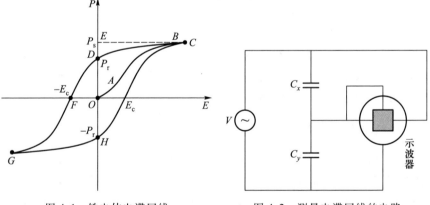

图 4.1 铁电体电滞回线　　　　图 4.2 测量电滞回线的电路

下面证明 V_y 和 P 的正比关系,因

$$\frac{V_y}{V_x}=\frac{\dfrac{1}{\omega C_y}}{\dfrac{1}{\omega C_x}}=\frac{C_x}{C_y} \tag{4.1}$$

式中 ω 为图中电源 V 的圆频率.

$$C_x = \varepsilon_r \frac{\varepsilon_0 S}{d}$$

ε_r 为铁电体的相对介电常量,ε_0 为真空介电常量,S 为平板电容 C_x 的面积,d 为平行平板的间距,代入(4.1)式得:

$$V_y = \frac{\varepsilon_r \varepsilon_0 S}{C_y d} V_x = \frac{\varepsilon_r \varepsilon_0 S}{C_y} E \qquad (4.2)$$

对于铁电晶体,$\varepsilon_r \gg 1$,故

$$P = \varepsilon_0 (\varepsilon_r - 1) E \approx \varepsilon_0 \varepsilon_r E = \varepsilon_0 \chi E \qquad (4.3)$$

代入(4.2)式,

$$V_y = \frac{S}{C_y} P \qquad (4.4)$$

因 S 与 C_y 都是常量,故 V_y 与 P 成正比.图4.2是测量电滞回线的电路,在实验室中就可自行搭建.

（二）居里点 T_C

当温度高于某一临界温度 T_C 时,晶体的铁电性消失,这一温度称为铁电体的居里点,由于铁电性的消失或出现总是伴随着晶格结构的转变,所以是个相变过程.已发现铁电体存在两种相变,一级相变同时伴随着比热的突变和潜热的吸放,二级相变则仅呈现比热的突变,而无潜热发生.又因为铁电相中自发极化总是和电致形变联系在一起,所以铁电相的晶格结构对称性要比非铁电相低.如果晶体具有两个或多个铁电相时,那个最高的铁电-顺电相变温度才称为居里点,其他则称为过渡温度或相转变温度.

（三）居里-外斯定律

由于极化的非线性,铁电体的相对介电常量不是常量,而是依赖于外加电场的.一般以 OA 曲线(见图4.1)在原点的斜率代表相对介电常量,即在测量相对介电常量 ε_r 时,所加外电场很小.铁电体在过渡温度附近时,相对介电常量具有很大的数值,数量级达 $10^4 \sim 10^5$.当温度高于居里点时,相对介电常量随温度的变化遵守居里-外斯定律:

$$\varepsilon_r = \frac{C}{T - T_0} + \varepsilon_\infty \qquad (4.5)$$

式中 T_0 称特征温度,一般低于或等于居里点,C 称为居里常量,而 ε_∞ 代表电子位移极化对相对介电常量的贡献.因为 ε_∞ 的数量级为1,所以在居里点附近 ε_∞ 可以忽略不计.

4.1.2 常用铁电体的实验规律

传统的铁电晶体大致可以分为四种类型:罗谢尔盐(酒石酸盐)型、KDP 型、

TGS 型、氧化物型(包括钙钛矿型及畸变钙钛矿型),各类型中部分晶体的居里温度(T_C)及饱和极化强度数据列于表 4.1 中.

表 4.1　部分晶体的居里温度及饱和极化强度

铁电晶体类型	分子式	T_c/K	$P_s/(\mu C/cm^2)$	P_s测量温度/K
罗谢尔盐型	$NaKC_4H_4O_6 \cdot 4H_2O$	297	0.25	275
KDP 型	KH_2PO_4	123	4.75	96
	KD_2PO_4	213	4.83	
	RbH_2PO_4	147	5.6	90
	RbH_2ASO_4	111		
	KH_2ASO_4	96	5.0	80
	KD_2ASO_4	162		
	CSH_2ASO_4	143		
	CSD_2ASO_4	212		
TGS 型	三甘氨酸硫酸盐 $(CH_2NH_2COOH)_3H_2SO_4$	322	2.8	293
	三甘氨酸硒酸盐 $(CH_2NH_2COOH)_3H_2SeO_4$	295	3.2	273
钙钛矿型	$BaTiO_3$	393	26	296
	WO_3	32	3	4
	$KNbO_3$	708	30	293
	$PbTiO_3$	763	52	500
畸变钙钛矿型	$LiTaO_3$	893	50	720
	$LiNbO_3$	1483	50	293

表中数值主要取自 Yuhuang Xu "Ferroelectric materials and their application", 1991 年, North-Holland Publisher.

前三种类型(即罗谢尔盐型、KDP 型和 TGS 型)晶体易溶于水,易潮解,力学性质软,居里温度低,熔点低,而钙钛矿型及畸变钙钛矿型晶体不溶于水,力学性质硬,居里点高,熔点高.下面分述几种常用的,也是上述几种类型中晶体的实验结果.

(一)罗谢尔盐($NaKC_4H_4O_6 \cdot 4H_2O$,酒石酸钾钠)

罗谢尔盐是酒石酸钾钠的复盐,具有两个过渡温度,$-18\ ℃$ 及 $24\ ℃$,只有在此两个温度之间才有铁电性,高于 24 ℃ 或低于−18 ℃ 时,它具有正交晶系的正菱面体结构(点群 222),在铁电相时晶体的对称性降低,是单斜结构(点群 2,a 轴与 c 轴不再垂直),只能沿一个轴极化,即原来正菱面体 a 轴的正向或负向.

罗谢尔盐沿三个轴 a、b、c 方向的相对介电常量如图 4.3 所示.沿 a 轴方向的相对介电常量 ε_{ra} 在过渡温度附近可高达约 4000 K,在高于 24 ℃ 的温度区间,ε_{ra} 和温度的关系满足居里−外斯定律.

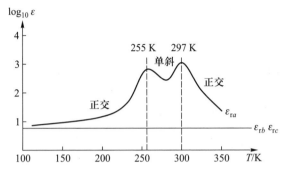

图 4.3 罗谢尔盐沿三晶轴 a、b、c 方向的相对介电常量和温度的关系

$$\varepsilon_{ra} = \frac{C_1}{T-T_1}$$

式中 $C_1 = 2240$ K,$T_1 = 296$ K,在温度低于−18 ℃ 时,也有

$$\varepsilon_{ra} = \frac{C_2}{T-T_2}$$

式中 $C_2 = 1180$ K,$T_2 = 255$ K.

罗谢尔盐的自发极化强度和温度的关系如图 4.4 下面的一条曲线,如果将罗谢尔盐中的氢用氘替代,则自发极化强度变大,并且铁电性的温度范围也变宽,如图 4.4 上面的一条曲线.表明罗谢尔盐的极化与氢键有关.罗谢尔盐在相变时,比热发生突变,但没有潜热,因而是二级相变.

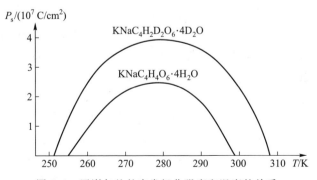

图 4.4 罗谢尔盐的自发极化强度和温度的关系

（二）磷酸二氢钾（KDP，KH_2PO_4）

磷酸二氢钾只有一个过渡温度，即居里点 $T_C = 123$ K.在此温度之上，它具有四方晶系结构（点群 $\overline{4}2m$，三个互相垂直的轴是 a、b、c），而 T_C 以下，对称性降低变为正交晶系（点群 mm2），自发极化沿 c 轴和罗谢尔盐一样只有一个极化轴，并且也是二级相变的铁电体.图 4.5 和图 4.6 分别表示 KH_2PO_4 的饱和极化强度 P_s 以及相对介电常量 ε_r 和温度的关系.在温度高于居里点时，相对介电常量遵从居里-外斯定律：

$$\varepsilon_r = \varepsilon_\infty + \frac{C}{T-T_0}$$

式中 $\varepsilon_\infty = 4.5$，$T_0 = 123$ K，$C = 3100$ K.衍射实验表明 KH_2PO_4 的铁电性质与氢键有关.

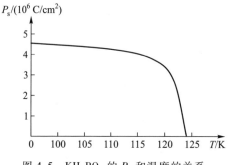

图 4.5 KH_2PO_4 的 P_s 和温度的关系

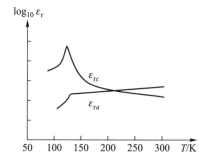

图 4.6 KH_2PO_4 的相对介电常量和温度的关系

（三）钛酸钡（$BaTiO_3$）

钛酸钡的晶体结构在已发现的铁电体中算是最简单的一种.它的化学性能和力学性能稳定，在室温就有显著的铁电性，又容易制成各种形状的陶瓷（即多晶体）元件，具有很大的实用价值.

从晶格结构来看，钛酸钡中的氧形成八面体，而钛位于氧八面体的中央，钡则处在 8 个氧八面体的间隙里，如图 4.7(a) 所示.具有氧八面体结构的化合物很多，统称为氧八面体族，钛酸钡属于八面体族中一个子族，钙钛矿型.这一族的化学式可以写成 ABO_3，其中 A 代表一价或二价的金属，B 代表四价或五价的金属.在钛酸钡中，钡是二价金属，钛是四价金属.原胞结构如图 4.7(a) 所示，图 4.7(b) 为 BO_6 八面体三维结构，在高于 120 ℃的非铁电相具有立方结构（点群 m3m），Ba^{2+} 离子处于立方体顶角，Ti^{4+} 离子在体心，而 O^{2-} 离子在面心上，因每一顶角离子是八个原胞所共有，因此每个原胞平均有一个 Ba^{2+} 离子；又每一个面心离子是两个原胞所共有，因此每个原胞平均有三个 O^{-2}；另外每个原胞有一个 Ti^{4+}，三种离子数目正好满足 ABO_3 分子式.

当温度降至 120 ℃ 时，其结构转变为四方晶系（点群 4mm，$a = b < c$，$c/a = 1.01$），呈现显著铁电性.自发极化沿 c 轴，即原来立方晶系的<001>方向产生，如

图 4.8(a) 所示,有三个等价的极化轴.当温度降至 5 ℃附近时,晶体结构转变为正交晶系(点群 mm2),仍具铁电性质,自发极化方向沿原来立方体的[011]方向[见图 4.8(b)],有六个等价的极化轴.如温度继续降低至-80 ℃附近,晶体结构变为三方晶系(点群 3m,$a=b=c$),铁电极化沿原来立方晶系的[111]方向,如图 4.8(c),有四个等价的极化轴.

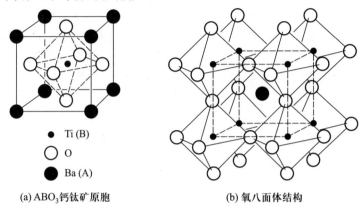

- ● Ti(B)
- ○ O
- ● Ba(A)

(a) ABO$_3$钙钛矿原胞　　　　(b) 氧八面体结构

图 4.7　BaTiO$_3$的晶体结构

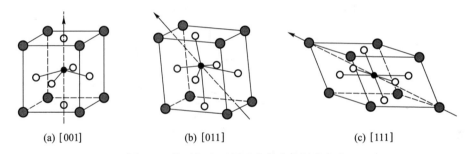

(a) [001]　　　　(b) [011]　　　　(c) [111]

图 4.8　钛酸钡在不同温度的自发极化方向

　　综上所述,钛酸钡有三个铁电相,三个过渡温度,最高的一个(120 ℃)称居里点.温度越低,晶格对称性越低,而极化轴的数目越多,表 4.2 列出三个铁电相的温度范围内自发极化方向以及对应的晶体结构.

表 4.2　三个铁电相的极化方向和晶体结构

温度范围	极化方向	晶体结构
120 ℃以上	顺电相	立方(m3m)
5~120 ℃	[001]	四方晶系(4mm)
-80~5 ℃	[011]	正交晶系(mm2)
-80 ℃以下	[111]	三方晶系(3m)

钛酸钡的相对介电常量和温度的关系示意如图4.9所示,在三个过渡温度都出现了反常增大,有两点和罗谢尔盐、KH$_2$PO$_4$不同.

(1)罗谢尔盐和KH$_2$PO$_4$沿极化轴的相对介电常量大于其垂直于极化轴的相对介电常量(见图4.3和图4.6),而BaTiO$_3$沿极化轴方向的相对介电常量ε_{rc}则远小于垂直极化轴的介电常量ε_{ra}.例如在室温附近ε_{rc}约为160,ε_{ra}约为4000,ε_{rc}远小于ε_{ra}可能表明:在外场作用下,BaTiO$_3$中的离子易产生垂直于极化轴方向的位移.

(2)在三个相变温度附近,相对介电常量(见图4.9)和饱和极化强度(见图4.10)在升温和降温时并不重合,这是相变过程中的热滞现象.当温度高于T_c(120 ℃)时,相对介电常量与温度之间关系满足居里-外斯定律:

$$\varepsilon_r = \frac{C}{T-T_0}$$

式中$C=1.7\times10^5$ K,与罗谢尔盐、KH$_2$PO$_4$不同之处是T_0不等于居里点温度,此处T_c-T_0为10 ℃左右(见表4.3).

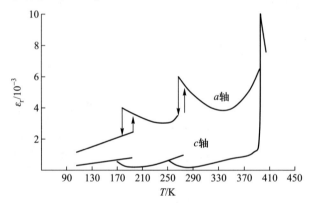

图4.9 BaTiO$_3$的相对介电常量和温度的关系

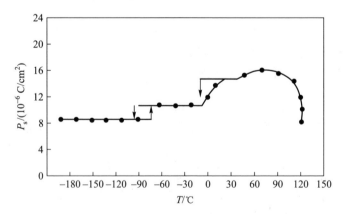

图4.10 钛酸钡自发极化强度和温度的关系

表 4.3 几种晶体的一些参量

晶体	居里常量 $C/(10^4 K)$	T_C/K	T_0/K
$BaTiO_3$	17	381	370
$KNbO_3$	27	683	623
$PbTiO_3$	11	763	693
KH_2PO_4	0.3	123	123

图 4.11 显示在 120 ℃ 居里点附近也有明显热滞现象,而且 P_s 有突变(这是一级相变的特点).罗谢尔盐与 KH_2PO_4 在居里点附近 P_s 是连续变化的(二级相变),如图 4.4 和图 4.5 所示.

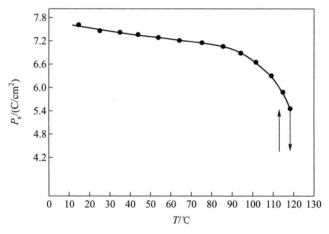

图 4.11 $BaTiO_3$ 钛酸钡自发极化强度和温度的关系

钛酸钡从非铁电相转变为铁电相时有潜热发生,从四方结构转为正交结构以及从正交结构转为三方结构时都有潜热发生,属于一级相变,上述热滞现象就是一级相变特征.此外在稍高于居里点(120 ℃)的温度,施加很强的交变电场于钛酸钡,还会出现如图 4.12 所示的双电滞回线.这种回线的出现也是一级相变的特征,当温度稍高于居里点 1~2 ℃ 时,如无外电场,钛酸钡不具有铁电性,但当加上电场增至一定临界值后,晶体的极化强度迅速增加(AB 段),将电场减小到一定程度后,晶体又变成非铁电相,在电场反向时,也出现一个对称的电滞回线.

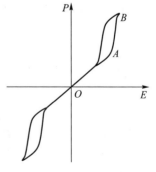

图 4.12 $BaTiO_3$ 的双电滞回线 P-E 关系曲线

4.1.3 铁电体的相变热力学

实验结果表明,铁电体从非铁电相转变为铁电相或从一种铁电相转为另一种铁电相,总是伴有结构的变化.从热力学的观点,这种相变问题,不论其微观机制如何,总可以采用热力学的方法来处理.后面可以看到微观理论目前尚存在许多困难,而热力学理论对铁电体宏观性质作出的一些结论能很好地概括铁电性的实验事实.热力学方法是将研究的铁电体看成一个热力学系统,以自由能极小作为系统稳定条件,而无须知道其具体的微观结构就可得到结果.

根据热力学第一定律:系统的内能的变化(dU)等于系统从外界吸收的热量(dQ)和外界对系统所做的功(dW),即

$$dU = dQ + dW \tag{4.6}$$

又根据热力学第二定律,对于可逆过程,系统吸收的热量等于系统的温度(T)与系统的熵的变化(dS)的乘积,即

$$dQ = TdS \tag{4.7}$$

代入(4.6)式得

$$dU = TdS + dW = TdS + SdT - SdT + dW = d(ST) - SdT + dW$$

或

$$d(U - ST) = -SdT + dW$$

即

$$dF = -SdT + dW \tag{4.8}$$

式中 $F = U - ST$ 称为系统的自由能.

现在考虑外界对铁电体所做的功 dW,为简单起见,第一只考虑应力等于零的情形,也就是不考虑应力所做的功,只考虑外电场所做的功;第二只考虑单极化轴的情形,且外电场 E 与极化轴有相同方向,也就是相当于一维的情形.由于电介质中电场能量密度可以表示为

$$U' = \frac{ED}{2} = \frac{D^2}{2\varepsilon_0 \varepsilon_r}$$

D 为电位移矢量.此处 E、D 都只有沿同一方向的分量(可视为标量),因而

$$dU' = \frac{DdD}{\varepsilon_0 \varepsilon_r} = EdD$$

又 $D = \varepsilon_0 E + P$,$dD = \varepsilon_0 dE + dP$,代入上式得:

$$dU' = d\left(\frac{\varepsilon_0 E^2}{2}\right) + EdP = dW \tag{4.9}$$

电介质中能量密度的增加也就是外电场对电介质所做的功,可以分成两部分: $\varepsilon_0 E^2/2$ 为在真空中形成电场 E 时所做的功,$d(\varepsilon_0 E^2/2)$ 为电位移变化 dD 时,真空中电场能密度的变化.EdP 是电介质中极化强度变化 dP 时,外电场所做的功,称极化功.将(4.9)式代入(4.8)式得

$$dF = d(U - ST) = -SdT + d\left(\frac{\varepsilon_0 E^2}{2}\right) + EdP$$

将 $\varepsilon_0 E^2/2$ 并入内能 U 中即得

$$dF = -SdT + EdP \tag{4.10}$$

此为铁电体的热力学基本方程.上式表明自由能 F 是温度 T 和极化强度 P 的函数,即 $F = F(T, P)$ 并有

$$\begin{cases} E = \left(\dfrac{\partial F}{\partial P}\right)_T \\ S = -\left(\dfrac{\partial F}{\partial T}\right)_P \end{cases} \tag{4.11}$$

从电滞回线可以看出,电场强度与极化强度之间存在非线性关系,电场强度可用极化强度展开为

$$E = f(P) = C_2 P + C_3 P^2 + C_4 P^3 + C_5 P^4 + C_6 P^5 + \cdots$$

根据 $E = \left(\dfrac{\partial F}{\partial P}\right)_T$ 求积分得:

$$F(T, P) = F_0(T) + \frac{1}{2} C_2 P^2 + \frac{1}{3} C_3 P^3 + \frac{1}{4} C_4 P^4 + \cdots \tag{4.12}$$

式中 $F_0(T)$ 是 $P = 0$ 时的自由能,系数 C 与温度有关,又因为在极化强度反向时,晶体的自由能保持不变,故(4.12)式中只能包含 P 的偶次项:

$$F - F_0 = \frac{1}{2} C_2 P^2 + \frac{1}{4} C_4 P^4 + \frac{1}{6} C_6 P^6 + \cdots \tag{4.13}$$

如果能求得 $C_2, C_4, C_6, \cdots$ 与温度的关系,即可得到各种温度下 F 与 P 之间的函数关系.晶体处于平衡状态时,其自由能为极小,通过自由能值在自由能曲线 $F(P)$ 中的分布情况,即可解释铁电体相变时的各种性质.

系数 C_2、C_4、C_6 可通过如下方式来确定.

C_2 可用居里-外斯曲线求得.当 $T > T_C$ 时,相对介电常量服从 $\varepsilon_{r\perp} = C/(T - T_0)$,根据(4.3)式电极化率 $\chi \approx \varepsilon_r$,故有

$$\chi_\perp = C/(T - T_0) \tag{4.14}$$

$\chi_\perp$ 和 $\varepsilon_{r\perp}$ 分别表示居里温度以上的极化系数与相对介电常量,按(4.3)式、(4.11)式、(4.13)式有

$$E = \left(\frac{\partial F}{\partial P}\right)_T = C_2 P + C_4 P^3 + C_6 P^5 + \cdots \tag{4.15}$$

$$\frac{1}{\chi} = \left(\frac{\partial E}{\partial P}\right)_T = C_2 + 3 C_4 P^2 + 5 C_6 P^4 + \cdots \tag{4.16}$$

当 $T > T_C$, $P_s = 0$ 时,电场引起的极化强度很小,故有

$$C_2 = 1/\chi_{\perp} = (T - T_0)/C \tag{4.17}$$

C_4 和 C_6 可以通过测量 $T < T_C$ 时自发极化强度 P_s 及 $E = 0$ 时的电极化率求得,即从(4.15)式、(4.16)式和(4.17)式有

$$(T - T_0)/C + C_4 P_s^2 + C_6 P_s^4 = 0$$

$$(T - T_0)/C + 3C_4 P_s^2 + 5C_6 P_s^4 = 1/\chi_{E=0} \quad (忽略 P 的高次项) \tag{4.18}$$

P_s 可从自发极化强度和温度的关系曲线(§4.2 节)得到,电极化率 $\chi_{E=0}$ 就从零场下的相对介电常量的测量获得.然后从(4.18)式可解得 C_4 和 C_6.实验测得 C_4、C_6 的数值很小,随温度变化也很小,可近似视为常量.

在获得上述系数,写出自由能函数之后,任意给定温度下,热平衡状态时的自发极化强度 P_s 的数值应由自由能 F 为极小值的条件来确定,即

$$\left(\frac{\partial F}{\partial P}\right)_T = C_2 P + C_4 P^3 + C_6 P^5 + \cdots = 0 \tag{4.19a}$$

$$\left(\frac{\partial^2 F}{\partial P^2}\right)_T = C_2 + 3C_4 P^2 + 5C_6 P^4 + \cdots \geqslant 0 \tag{4.19b}$$

对于 $T > T_C$ 时的非铁电相,$P_s = 0$ 正是所要求的解,总是满足(4.19a)式的,则根据(4.19b)式必须 $C_2 > 0$.当 $T < T_C$ 时,有自发极化存在,此时 $P_s = 0$ 不是所要求的解,$P_s = 0$ 时自由能应为极大值(因 $\partial F/\partial P = 0$),即 $\partial F^2/\partial P^2 < 0$,故必须 $C_2 < 0$.因此要显示铁电性,要求 $C_2(T)$ 当温度自 T_C 以上降至 T_C 以下时,连续地从正值变为负值,(4.17)式 $C_2 = (T - T_0)/C$ 中,只要 $T_C = T_0$,即能满足这一要求,而且当 $T = T_C$ 时,$C_2 = 0$.

如前面所述,铁电体有两种相变,一级相变有潜热产生,二级相变无潜热产生,但比热有突变.下面用热力学理论分别对这两种相变及其在居里点附近的宏观特性加以说明.

(一) 二级相变

罗谢尔盐及磷酸二氢钾等属于这种情形.

前面已知道当 $T = T_C$ 时,$C_2 = 0$,如果 C_4,C_6,$\cdots$ 在居里点上下均为正值,则可以证明这样的相变属于二级相变.

(4.19a)式可以写成:

$$P(C_2 + C_4 P^2 + C_6 P^4 + \cdots) = 0$$

在 C_2 由正值变为负值的前提下,自发极化强度 $P_s \neq 0$ 的解应由下式决定:

$$C_2 + C_4 P_s^2 + C_6 P_s^4 + \cdots = 0 \tag{4.20}$$

满足自由能极小的条件,如果在居里点附近 C_4、C_6 均为正值,并忽略 P^4 及其以上的高次项,则有:

$$P_s^2 = -C_2/C_4 \tag{4.21}$$

由于 C_2 是温度的连续函数,P_s 也必为温度的连续函数,而且在 $T = T_C$ 时,因 $C_2 = 0$,故 $P_s = 0$,按照(4.11)式和(4.13)式:

$$S = -\left(\frac{\partial F}{\partial T}\right)_P = S_0 - \frac{1}{2}P_s^2\left(\frac{\partial C_2}{\partial T}\right) - \frac{1}{4}P_s^4\left(\frac{\partial C_4}{\partial T}\right) + \cdots \quad (4.22)$$

S_0 为未极化时($P_s = 0$)晶体的熵,又因 $C_4, C_6, \cdots$ 近似与温度无关,故有:

$$S - S_0 = -\frac{1}{2}P_s^2\left(\frac{\partial C_2}{\partial T}\right) \quad (4.23)$$

当 $T = T_C$ 时,$P_s = 0$,所以在相变过程中熵不变,即无潜热产生.

比热是 1 g 分子物体温度升高 1 ℃时所需的热量,即比热应为 $T(\partial S/\partial T)$,按照(4.23)式,$T = T_C$ 时比热的变化应为

$$T_C\left(\frac{\partial S}{\partial T} - \frac{\partial S_0}{\partial T}\right)_{T=T_C} = T_C\frac{\partial}{\partial T}\left[-\frac{1}{2}P_s^2\left(\frac{\partial C_2}{\partial T}\right)\right]_{T=T_C} \quad (4.24)$$

将(4.17)式及(4.21)式代入上式,得到比热的变化为 $\dfrac{T_C}{2C_4C^2}$,是一常量,说明相变时系统的比热有突变.

又按照(4.21)式,有

$$P_s^2 = -C_2/C_4 = (T_C - T)/CC_4 \quad (4.25)$$

当 $T > T_C$ 时,P_s 为虚数,即不存在 $P_s \neq 0$ 的解;当 $T < T_C$ 时,有 $P_s \neq 0$ 的解,图 4.13 所示为二级相变中 P_s 随温度的变化.在 $T = T_C$ 时按照(4.24)式

$$\left(\frac{\partial P_s^2}{\partial T^2}\right)_{T=T_C} = 2\left(P_s\frac{\partial P_s}{\partial T}\right)_{T=T_C}$$

必须有固定值,而此时 $P_s = 0$,故($\partial P_s/\partial T) = \infty$,即图 4.13 中 T_C 处曲线斜率应为无穷大.

二级相变的自由能与极化强度的关系如图 4.14 所示.当 $T \geq T_C$ 时,自由能只在 $P_s = 0$ 处有极小值,当 $T < T_C$ 时,自由能在 $P_s \neq 0$ 处有极小值,在 $P_s = 0$ 和 $P_s \neq 0$ 处不可能同时出现两个极小值,即无两相并存的现象.

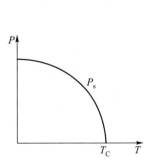

图 4.13 二极相变中 P_s 随温度的变化

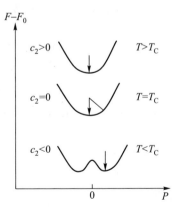

图 4.14 二极相变中自由能函数曲线

现在讨论二级相变时的电极化率χ,在居里点以上,(4.17)式给出:

$$1/\chi_{\perp} = C_2 = (T-T_0)/C$$

另外在居里点温度以下按(4.15)式、(4.16)式

$$E = (\partial F/\partial P)_T = C_2 P + C_4 P^3 \qquad (忽略部分高次项)$$

$$1/\chi_{\overline{F}} = (\partial E/\partial P)_T = C_2 + 3C_4 P^2 \qquad (4.26)$$

$\chi_{\overline{F}}$代表居里点之下的电极化率,因电场较弱,故$P=P_s$,将(4.21)式代入(4.26)式得到:

$$1/\chi_{\overline{F}} = C_2 + 3C_4(-C_2/C_4) = -2C_2 = 2(T_C-T)/C \qquad (4.27)$$

(4.17)式与(4.27)式给出了在居里温度上下电极化率的倒数和温度的关系,表示于图4.15(a)中,值得注意的是在铁电区$1/\chi$斜率正好为非铁电区的两倍,图4.15(b)给出了 TGS 晶体的结果与理论一致.

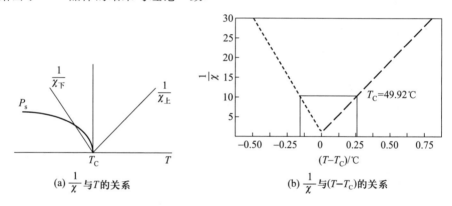

(a) $\dfrac{1}{\chi}$ 与 T 的关系　　(b) $\dfrac{1}{\chi}$ 与 $(T-T_C)$ 的关系

图 4.15　TGS 晶体

（二）一级相变

钛酸钡从非铁电相到铁电相的转变是属于一级相变.

前面已经证明自由能表式中系数 C_2 在居里点以下为负值,系数 C_4 为正值时,铁电体的相变为二级相变,若在居里点以下 C_2、C_4 均为负值,而系数 C_6 为正值时,则可证明铁电体的相变是一级相变,即相变过程有潜热产生,两相可以同时并存.

一级相变在 T_C 附近时,自由能同时存在两个极小值,即在 $P_s = 0$ 和 $P_s \neq 0$ 处,如图 4.16 所示,可以看出在 $T=T_C$ 时两个极小值位于同水平,即

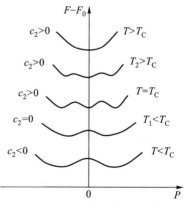

图 4.16　一级相变中自由能函数曲线

$$F(T_C, P_s) = F_0(T_C, 0)$$

再从(4.13)式得到

$$0 = \left(\frac{1}{2} C_2 P_s^2 + \frac{1}{4} C_4 P_s^4 + \frac{1}{6} C_6 P_s^6 + \cdots \right)_{T=T_C} \tag{4.28}$$

又由自由能极小为条件 $\left(\dfrac{\partial F}{\partial P} \right)_{T=T_C} = 0$ 得到:

$$(P_s)_{T=T_C} = 0 \tag{4.29}$$

$$(C_2 + C_4 P_s^2 + C_6 P_s^4 + \cdots)_{T=T_C} = 0 \tag{4.30}$$

由(4.28)式和(4.30)式可得

$$(P_s^2)_{T=T_C} = -\frac{3}{4} \frac{C_4}{C_6}$$

$$(P_s^4)_{T=T_C} = \frac{3C_2}{C_6} \tag{4.31}$$

因而

$$C_2 = \frac{3}{16} \frac{C_4^2}{C_6}$$

$$(P_s)_{T=T_C} = \pm \sqrt{-\frac{3}{4} \frac{C_4}{C_6}} \neq 0 \tag{4.32}$$

因 C_4 为负值,C_6 为正值,故(4.32)式为实数解.(4.29)式和(4.32)式说明 $T = T_C$ 时 $P_s = 0$ 突变为 $P_s \neq 0$,也就是说自发极化强度发生不连续变化(如图4.17所示),而二级相变中 P_s 是连续变化的(如图4.13所示).

又由(4.23)式可知在居里点温度熵也有突变,故有潜热产生,而 $P_s = 0$ 和 $P_s \neq 0$ 两个解的同时存在说明非铁电相与铁电相可以两相同时并存,故属于一级相变.

由于两相可以并存,还能说明相变时(如图4.10和图4.11所示)热滞现象的存在,因为如图4.16所示,晶体从居里点以上(自由能极小值在 $P_s = 0$ 处)降温至 $T = T_C$ 时,它的极小值并未消失,因而晶体仍可保留非铁电相.直到降至 $C_2 = 0$,$T = T_1 < T_C$ 处,$P_s = 0$ 相的自由能才失去了极小值产生铁电相,反之,如果从铁电相存在的温度升上去,当 $T = T_C$ 时,$P_s \neq 0$ 的自由能极小值仍然存在,直到某一温度 $T_2 (T_2 > T_C)$ 该极小值消失时才又从 $P_s \neq 0$ 的铁电相转为非铁电相 $P_s = 0$,$T_1 \neq T_2 \neq T_C$ 就是热滞现象.

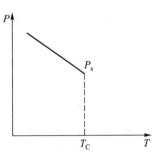

图 4.17 一级相变中 P_s 随温度的变化

前面已经讲过 $P_s = 0$ 处自由能从极小值变为极大值时 C_2 必经由正值变为负值,$C_2 = 0$ 对应的温度

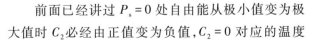

T_1是 $P_s=0$ 处既非极大也非极小的（即 $\dfrac{\partial^2 F}{\partial P^2}=0$）温度即 $C_2=(T-T_0)/C$ 中的

T_0.从图 4.16 中可以看出 $T=T_C$ 是两相自由能极小值相等时的温度,显然 $T_0(=T_1)<T_C$,这与§4.2 中实验规律是一致的,即 $BaTiO_3$ 与罗谢尔盐和 KH_2PO_4 不同,$T_0<T_C$.

　　现在再看居里点上下的电极化率χ,与考虑二级相变时的方法类似,当 $T>T_C$ 时,由于电场引起的极化强度很小,自由能中 P 的高次项可以忽略不计,则有

$$F(T\cdot P)-F_0(T)=\frac{1}{2}C_2P^2$$

$$\frac{1}{\chi_{\perp}}=\left(\frac{\partial^2 F}{\partial P^2}\right)_{T>T_C}=C_2=\frac{T-T_0}{C} \tag{4.33}$$

当 $T<T_C$ 时,自发极化发生不连续变化,要计入 P^4 和 P^6 的贡献,P^6 以上的高次项仍忽略不计,此时:

$$F(T,P)-F_0(T)=\frac{1}{2}C_2P^2+\frac{1}{4}C_4P^4+\frac{1}{6}C_6P^6$$

因而

$$\frac{1}{\chi_{\text{下}}}=\left(\frac{\partial^2 F}{\partial P^2}\right)_{T<T_C}=C_2+3C_4P_s^2+5C_6P_s^4 \tag{4.34}$$

将(4.31)式中有关项代入(4.34)式中得到

$$\frac{1}{\chi_{\text{下}}}=C_2+3C_4\left(-\frac{3}{4}\frac{C_4}{C_6}\right)+5C_6\left(\frac{3C_2}{C_6}\right)=4C_2=4\frac{T-T_0}{C} \tag{4.35}$$

存在 $\dfrac{1}{\chi_{\text{下}}}=4\dfrac{1}{\chi_{\text{上}}}$ 关系,如图 4.18 所示.

　　图 4.18 所示为 $1/\chi$ 与温度的关系,由于 $T_0\neq T_C$,故在 T_C 处 $1/\chi\neq 0$,与二级相变不同.

　　我们曾经指出,在稍高于居里温度时,若以很强的交变电场施于钛酸钡晶体,会出现一级相变特征的双电滞回线,今以自由能函数说明之.在一级相变中当 $T=T_C$,无外电场做功时,$F(T_C,P_s)=F_0(T_C,0)$,当 $T>T_C$ 时,施加外电场 E,非铁电相的自由能降低为 $F(T)-EP$,当降低到等于居里点 T_C 时 $F_0(T_C)$ 的值,晶体发生相变,出现自发极化,此称为感应相变.显然,这种感应相变在电场弱时不会发生,所以晶体显示如图 4.12 所示的双电滞回线.

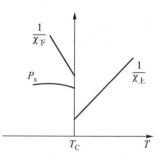

图 4.18　一级相变中 $1/\chi$ 与温度的关系

4.1.4 铁电体相变的微观机制

由于铁电现象和铁磁现象表观上相似,我们很容易联想到它们内在微观机制的类似.最早的铁电体微观理论就是认为自发极化的产生是由于分子的固有偶极子转向并通过洛伦兹内场相互带动而趋于相同方向的结果.这个理论可以定性地说明若干现象,例如高于居里点的居里-外斯定律,低于居里温度下自发极化的产生等.但定量结果与实验结果差异太大,例如,关于罗谢尔盐的饱和极化强度,从其中 H_2O 分子的固有偶极矩计算得到的 P_s 值,比实验值大了 40 倍.另外,有许多具有极性分子的液体和水并非铁电体,而高温立方相并无固有偶极矩的钛酸钡随着温度降低倒是显示出具有显著的铁电性质,因此,关于自发极化产生的固有偶极子转向的微观理论没有进一步发展.

实验表明,从非铁电相到铁电相的过渡总伴随着晶格结构的改变,并且晶体的对称性总是降低的,铁电现象可能与离子偏离于平衡点的位移有关.由于离子偏离平衡点,晶体中出现了偶极矩,而偶极矩间的互作用使得离子过渡到新的平衡位置,因而结构发生了变化并产生具有固定值的极化强度.下面分述两种典型铁电体中自发极化产生的微观机制.

(一) KH_2PO_4(KDP)的自发极化

KH_2PO_4 的原胞结构如图 4.19 所示.这个长方体结构原胞中,与铁电性质有关系的组元是 $(PO_4)^{3-}$ 和 H^+,而 K^+ 在相变过程中位置没有改变.$(PO_4)^{3-}$ 形成四面体结构,四个氧在四面体的顶角的位置,磷在中央,称其为磷氧四面体.在整个晶体原胞中,这些磷氧四面体排列成层状.图中第一层四个磷氧四面体在长方体的顶角处,第二层在原胞 1/4 处,两个磷氧四面体分别在原胞侧面,第三层是一个

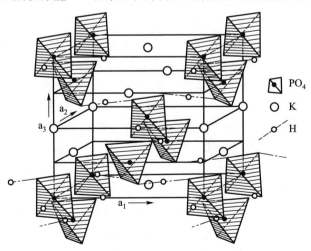

图 4.19 KH_2PO_4的原胞结构

磷氧四面体在原胞中心,第四层两个磷氧四面体在原胞另一侧面 3/4 处,第五层四个磷氧四面体在长方体原胞底层四个顶角处,与第一层的位置相同.这样的五层磷氧四面体构成了 KH_2PO_4 的原胞结构.每个 $(PO_4)^{3-}$ 磷氧四面体又在其他四个的 $(PO_4)^{3-}$ 所组成的四面体的中央,这从图上中央的一个 $(PO_4)^{3-}$ 最容易看出(中央的磷氧四面体在两个第二层磷氧四面体及两个第四层磷氧四面体构成的四面体中央).在由这五个磷氧四面体组成的四面体中,每一个磷氧四面体 $(PO_4)^{3-}$ 顶角的氧(圆圈代表)由氢键与周围四个磷氧四面体顶角的氧联系起来.从图中可看出中央四面体上部顶角上的氧和相邻第二层上的两个四面体下部顶角上的氧由氢键连接,这个四面体下部顶角上的氧又和第四层上两个相邻的四面体上部顶角上的氧通过氢键连接.这样,平均地讲,有两个黑点代表的 H^+ 属于一个 $(PO_4)^{3-}$ 组成 $(H_2PO_4)^-$.但质子 H^+ 的位置并不是在两个氧连线的正中,而是偏于某个氧的一方,如图 4.20 所示,这样在氧的连线上,每个质子有两个势能相等的平衡位置.

现在来考虑一个 $(H_2PO_4)^-$,每个 $(PO_4)^{3-}$ 的周围有四个键,即有四根氧的连线,H^+ 质子在此连线上的两个平衡位置,一个接近于所考虑的 $(PO_4)^{3-}$,另一个位置则远离它.每一根氧的连线上只有一个质子,这样质子在 $(PO_4)^{3-}$ 周围四根氧的连线上的分布方法共有 $2^4 = 16$ 种.其中只有 6 种分布,对应于有两个质子是在接近于所考虑的 $(PO_4)^{3-}$ 的位置上,把这种情况看作是 $(H_2PO_4)^-$,而把一个或三个质子接近的,分别看作是 $(HPO_4)^{2-}$ 或 H_3PO_4.斯莱特指出:在 KH_2PO_4 的结构中,$(HPO_4)^{2-}$ 或 H_3PO_4 组态比 $(H_2PO_4)^-$ 所需的能量高得多,出现的概率小得多,因而只考虑后一种情况.在 $(H_2PO_4)^-$ 中,接近于 $(PO_4)^{3-}$ 的两个质子如全在"上"方,总偶极矩沿 c 轴;如两个质子全在"下"方,则总偶极矩沿 $-c$ 轴.其余四种可能情况则对应一个接近的质子在"上"方,另一个在"下"方,总偶极矩方向垂直于 c 轴.当晶格对称性降低(即从四方晶系转为正交晶系)时,两个质子全在"上"方或全在"下"方的分布所对应的能量比其他四种分布为低,出现的概率较大,所以晶体沿 c 轴极化,这种质子有序化的相变过程已为一系列 X 射线和中子衍射实验所证实,这个理论常被称为斯莱特(Slater)质子的有序化理论,可以说明 KH_2PO_4 的一系列性质,例如相对介电常量 ε_r 对温度的依赖关系、相变时熵的突变等.

(二)钛酸钡中的离子位移极化

钙钛矿型 ABO_3 结构的特点是具有氧八面体结构,氧八面体的中心有一个半径较小的金属离子,例如 $BaTiO_3$ 中的 Ti^{4+} 半径较小.在 $BaTiO_3$ 中各离子半径 r 为 $r_{Ba} = 1.43 \times 10^{-8}$ cm,$r_O = 1.32 \times 10^{-8}$ cm,$r_{Ti} = 0.64 \times 10^{-8}$ cm,即氧八面体中的空隙比 Ti^{4+} 的体积大得多,因此 Ti^{4+} 容易产生偏离中心的位移.关于钛酸钡电性的微观理论模型,首先是针对 Ti^{4+} 的位移而发展的.

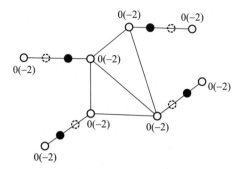

(a) $(H_2PO_4)^-$ 四面体与周围相连的氢键上质子的位置（实心圆或者虚线圆圈），实心圆圈为占位的质子，虚线为未占位

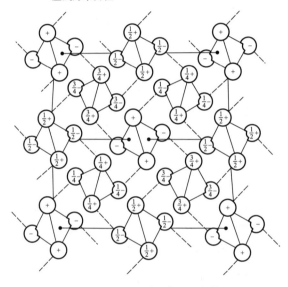

(b) 四面体在（001）面上投影

图 4.20   KDP 的氢键系统

首先看一下四方结构的钛酸钡的衍射数据，特别是有关离子位移的数据．当温度从高于 120 ℃降至 120 ℃以下时，$BaTiO_3$ 的结构从立方对称转变为四方对称．Ti^{4+}、O^{2-} 等离子都有位移，以立方对称时的平衡位置为参考，沿 c 轴位移的大小以 δ_z 表示，δ_{zO_I} 和 $\delta_{zO_{II}}$ 分别表示在（001）和（010）面心的位置上 O^{2-} 离子的位移 [在（100）面心位置上 O^{2-} 的位移 $\delta_{zO_I} = \delta_{zO_{II}}$]．在四方对称的铁电相时，以 Ba^{2+} 离子为坐标原点，则 $BaTiO_3$ 原胞中各离子的坐标为 [见图 4.21（c）]

Ba: $0, 0, 0$

Ti: $\dfrac{1}{2}, \dfrac{1}{2}, \dfrac{1}{2} + \delta_{zTi}$

$O_I:\ \dfrac{1}{2},\dfrac{1}{2},\delta_{zO_I}$

$O_{II}:\ \dfrac{1}{2},0,\dfrac{1}{2}+\delta_{zO_{II}}$ 和 $0,\dfrac{1}{2},\dfrac{1}{2}+\delta_{zO_{II}}$

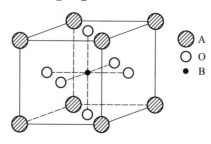

(a) 钛酸钡的原胞

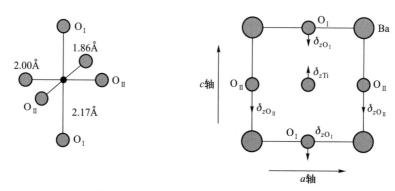

(b) 氧八面体的畸变   (c) 在四方晶系(010)面上的投影

图 4.21   BaTiO₃晶体在四方晶相时的结构

这些坐标是以原胞边长为单位的($a=b=3.99$ Å,$c=4.03$ Å),Ti^{4+}沿 c 轴的正向移动和 O_I沿 c 轴负向移动,使 Ti 和"上"方的 O_I间的距离缩短,而和"下"方的 O_I间的距离则伸长[见图 4.21(b)],如以 O_{II}的位置的坐标原点($c/2$ 处),则室温时 δ_z的数据见表 4.4.

表 4.4   室温时 BaTiO₃中各离子的 δ_z值(以 O_{II}为标准)

δ_z	δ_{zO_I}	-0.03 Å
	δ_{zTi}	$+0.12$ Å
	δ_{zBa}	$+0.06$ Å
Ti 和 O 间的距离	O_I(上)	1.86 Å
	O_{II}	2.00 Å
	O_I(下)	2.17 Å
轴长	a	3.99 Å
	c	4.03 Å

从这些衍射数据,我们可以估计 Ti^{4+} 离子位移对自发极化的贡献.立方相 $BaTiO_3$ 没有固有偶极矩,故四方相自发极化包括两部分,一部分是直接由于离子的位移,另一部分是由于电子云的形变,由洛伦兹内场(见第三章)可得相对介电常量与电子位移极化率和离子位移极化率之间关系(克劳修斯-莫索提方程)为

$$\frac{\varepsilon_r - 1}{\varepsilon_r + 2} = \frac{4\pi}{3} \sum (N_i \alpha_{ei} + N_i \alpha_{ai}) \tag{4.36}$$

式中 α_{ei} 和 α_{ai} 分别表示属于第 i 种离子的电子和离子位移极化率,由 $BaTiO_3$ 的折射率 $n = 2.4$,可求得电子极化率对相对介电常量的贡献为

$$\varepsilon_{r\infty} = n^2 = 5.76$$

故得

$$\frac{4\pi}{3} \sum (N_i \alpha_{ei}) = \frac{\varepsilon_{r\infty} - 1}{\varepsilon_{r\infty} + 2} = 0.61 \tag{4.37}$$

代入(4.36)式得

$$\frac{\varepsilon_r - 1}{\varepsilon_r + 2} = \frac{4\pi}{3} \sum N_i \alpha_{ai} + 0.61 \tag{4.38}$$

因为自发极化产生时,ε_r 变得很大,故近似有 $\left(\dfrac{\varepsilon_r - 1}{\varepsilon_r + 2}\right)_{\varepsilon_r \to \infty} = 1$. 于是得到

$$\frac{4\pi}{3} \sum N_i \alpha_{ai} = 0.39 \tag{4.39}$$

所以离子的位移极化只占总极化的 39%.$BiTiO_3$ 在室温时的极化强度 $P_s = 2.6 \times 10^{-5}$ C/cm^2,而原胞体积为 $V_0 = 3.99^2 \times 4.03 \times 10^{-24}$ cm$^3 = 6.415\ 8 \times 10^{-23}$ cm^3,因此每个原胞的偶极矩为 $P = P_s V_0$,其中离子位移极化只占 39%,而且把 39% 完全看成 Ti^{4+} 位移的贡献,则:

$$4e\delta_{zTi} = P_s V_0 \times 39\% = 2.6 \times 10^{-5} \times 6.415\ 8 \times 10^{-23} \times 39\% \ \text{C} \cdot \text{cm}$$

而 $e = 1.6 \times 10^{-19}$ C,故得

$$\delta_{zTi} = 1.0 \times 10^{-9} \ \text{cm}$$

与表 4.4 所列 δ_{zTi} 的数据符合得较好.可见离子位移极化部分主要是钛离子位移的贡献.

由于离子位移极化率 α_{ai} 和电子位移极化率 α_{ei} 与温度无关,并假设克劳修斯-莫索提方程(4.36)式适用于居里点之上,则 ε_r 与 T 的居里-外斯定律要求晶格作非线性振动,即钛离子运动的势阱(势能和离子位移的关系曲线)应包含非线性项,由于晶格非线性振动导致热膨胀,从而引起 N_i 的改变,当 N_i 改变时就会产生 ε_r 随 T 的变化.定量推导如下:令 α 表示原胞极化率,N 表示单位体积原胞数,则(4.36)式可写成

$$\frac{\varepsilon_r - 1}{\varepsilon_r + 2} = \frac{4\pi}{3} N\alpha = \beta N \tag{4.40}$$

式中 $\beta = 4\pi\alpha/3$，将上式对 N 求微商得

$$\frac{\mathrm{d}}{\mathrm{d}N}\left(\frac{\varepsilon_r - 1}{\varepsilon_r + 2}\right) = \beta$$

即

$$\frac{\mathrm{d}\varepsilon_r}{\mathrm{d}(\beta N)} = \frac{1}{3}(\varepsilon_r + 2)^2 \tag{4.41}$$

由于 ε_r 很大，故 βN 的微小变化可以导致 ε_r 的很大变化.

将(4.40)式对温度 T 求微商，得

$$\frac{3}{(\varepsilon_r + 2)^2}\frac{\mathrm{d}\varepsilon_r}{\mathrm{d}T} = \beta\frac{\mathrm{d}N}{\mathrm{d}T} \tag{4.42}$$

再将(4.40)式代入(4.42)式得

$$\frac{1}{(\varepsilon_r + 2)(\varepsilon_r - 1)}\frac{\mathrm{d}\varepsilon_r}{\mathrm{d}T} = \frac{1}{3N}\frac{\mathrm{d}N}{\mathrm{d}T}$$

因线膨胀系数 $\xi = \frac{1}{3N}\frac{\mathrm{d}N}{\mathrm{d}T}$，而 $(\varepsilon_r + 2)(\varepsilon_r - 1) \approx \varepsilon_r^2$，于是

$$\int\frac{\mathrm{d}\varepsilon_r}{\varepsilon_r^2} = -\int\xi\mathrm{d}T \tag{4.43}$$

积分得

$$\varepsilon_r = \frac{1/\xi}{T - \theta} \tag{4.44}$$

这是居里-外斯定律，特征温度 θ 以积分常量的形式出现，而居里常量 $C = 1/\xi$ 对于 $BaTiO_3$，$\xi = 10^{-5}\ \mathrm{K}^{-1}$，而居里常量的实验值为 $1.7 \times 10^5\ \mathrm{K}$，二者符合得较好.

基于钛离子位移模型的理论：关于内场的定量计算还有问题.另外，也不能说明当温度降低时，$BaTiO_3$ 的自发极化方向改变的次序为 [001]、[011]、[111]，因而此后又发展了氧离子位移模型的理论.虽然能解释极化轴改变的次序，但中子衍射实验表明钛酸钡由立方晶相转为四方晶相时，氧八面体的畸变很小，即氧离子的位移很小，比较此模型计算得到的位移小很多，因此氧离子位移模型还缺少实验依据.

§4.2   晶体的压电性能

压电晶体和压电陶瓷最早用作检测和发生声波的换能器.20 世纪初用石英晶体产生水下声能是当时的重要应用，此后由于晶体的内耗小，温度稳定性好，作为压电振子可以使电子振荡频率在很大范围内随温度变化极小，所以压电晶

体广泛用于频率的控制和时间标准.另外压电晶体作为晶体滤波器有很高的选择性,近年来在长距离通信的载波系统和微波电话系统中,压电振子滤波器的用量极大,常常是供不应求.在激光器件中也是声光调制、声光调 Q、声光锁模等单元技术中必需的元件(见第八章).

4.2.1 晶体的压电效应

(一)正向压电效应

当应力加到压电晶体上时,就会产生极化强度 P,它的大小与应力成正比,这就称正向压电效应.例如在 x-切割石英晶片上加应力 σ,则设 x 方向的极化强度 P 为

$$P = d\sigma \tag{4.45}$$

d 称为压电系数(或压电常量).

为什么加上压力后,压电晶体会出现极化强度呢? 这是压电晶体的具体结构决定的.图 4.22 表明石英在受到应力作用时的情况:图 4.22(a)是未受应力时,在 xy 面上电偶极矩分布情况,此时 $|\boldsymbol{P}_1| = |\boldsymbol{P}_2| + |\boldsymbol{P}_3|$,三个极矩在 x 轴上投影总和为

$$P_1 + (-P_2\cos 60° - P_3\cos 60°) = 0$$

在 y 轴上投影为

$$P_2\cos 30° - P_3\cos 30° = 0$$

所以在未受应力时,总极化矢量为 0.当受到沿 x 方向压力时,如图 4.22(b)所示,整个点阵在 x 方向缩小,在 x 方向的极化强度就不为 0,P_1 减小 P_2、P_3 增大,总极化强度沿 x 负向,束缚电荷左正右负.因而在 x 方向上出现如图 4.22(b)所示的电荷符号.当沿 x 方向有张应力时,P_1 增大 P_2、P_3 减小,总极化强度沿 x 正向,表面束缚电荷左负右正,如图 4.22(c)所示.

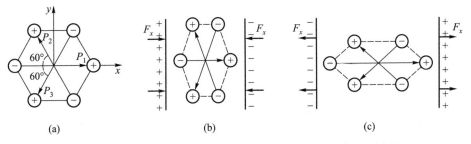

图 4.22 外力作用下晶体畸变引起的极化电荷(压电效应的起源)

在各向异性晶体中,应力有 9 个分量,而每一个分量对极化强度都有贡献,因而可写为

$$P_1 = d_{111}\sigma_{11} + d_{112}\sigma_{12} + d_{113}\sigma_{13} + d_{121}\sigma_{21} + d_{122}\sigma_{22} + d_{123}\sigma_{23} + d_{131}\sigma_{31} + d_{132}\sigma_{32} + d_{133}\sigma_{33}$$

$$(4.46)$$

用通用写法可写成

$$P_1 = \sum_{jk} d_{1jk}\sigma_{jk} \qquad (j,k = 1,2,3)$$

对 P_2、P_3 有类似表式,可写为

$$P_i = \sum_{jk} d_{ijk}\sigma_{jk} \qquad (i,j,k = 1,2,3) \tag{4.47}$$

应力 σ_{jk} 是二阶张量,极化强度 P_i 是一阶张量(矢量),按第一章的介绍 d_{ijk} 是一个三阶张量.又因应力为对称张量,即 $\sigma_{jk} = \sigma_{kj}$,故 $d_{ijk} = d_{ikj}$,因而 27 个 d_{ijk} 分量中只有 18 个独立分量,(14.47)式可写成矩阵表式:

$$\begin{pmatrix} P_1 \\ P_2 \\ P_3 \end{pmatrix} = \begin{pmatrix} d_{11} & d_{12} & d_{13} & d_{14} & d_{15} & d_{16} \\ d_{21} & d_{22} & d_{23} & d_{24} & d_{25} & d_{26} \\ d_{31} & d_{32} & d_{33} & d_{34} & d_{35} & d_{36} \end{pmatrix} \begin{pmatrix} \sigma_1 \\ \sigma_2 \\ \sigma_3 \\ \sigma_4 \\ \sigma_5 \\ \sigma_6 \end{pmatrix} \tag{4.48}$$

式中 $d_{i1} = d_{i11}, d_{i2} = d_{i22}, d_{i3} = d_{i33}, d_{i4} = d_{i23} + d_{i32}, d_{i5} = d_{i13} + d_{i31}, d_{i6} = d_{i12} + d_{i21}$.或简写为

$$P_i = \sum_j d_{ij}\sigma_j \quad (i=1,2,3; \ j=1,2,3,4,5,6) \tag{4.49}$$

上式是外电场不存在时的关系式,而 $E = 0$ 时,$D = P$,故亦是电位移矢量与应力的关系:

$$D_i = \sum_j d_{ij}\sigma_j \quad (i=1,2,3; \ j=1,2,3,4,5,6) \tag{4.50}$$

这里的 σ_j 是简化足符.由于晶体的对称性,压电系数的独立分量的数目可进一步减少(见附录 B).

(1) 32 点群

$$\begin{pmatrix} d_{11} & -d_{11} & 0 & d_{14} & 0 & 0 \\ 0 & 0 & 0 & 0 & -d_{14} & -2d_{11} \\ 0 & 0 & 0 & 0 & 0 & 0 \end{pmatrix} \tag{4.51}$$

对于石英,$d_{11} = -2.3 \times 10^{-12}\,\text{C/N}$,$d_{14} = 0.67 \times 10^{-12}\,\text{C/N}$.(因 $P \cdot D$ 的单位是 C/m^2,σ 的单位是 N/m^2.)代入(4.50)式有

$$D_1 = d_{11}\sigma_1 - d_{11}\sigma_2 + d_{14}\sigma_4, \quad D_2 = d_{14}\sigma_5 - 2d_{11}\sigma_6, \quad D_3 = 0 \tag{4.52}$$

由上式 $D_3 = 0$,可知石英沿 z 轴(光轴)方向无压电效应.由第一式可以看出在 σ_1、σ_2、σ_4 的作用下石英只能在 x 轴方向产生压电效应,在 y 轴方向不能产生压

电效应.又由第二式看出,在 σ_5、σ_6 作用下只能在 y 轴方向产生压电效应.

（2）3m 点群

$$\begin{pmatrix} 0 & 0 & 0 & 0 & d_{15} & -2d_{22} \\ -d_{22} & d_{22} & 0 & d_{15} & 0 & 0 \\ d_{31} & d_{31} & d_{33} & 0 & 0 & 0 \end{pmatrix} \qquad (4.53)$$

对于 LiNbO$_3$,$d_{15} = 69 \times 10^{-12}$ C/N,$d_{22} = 21 \times 10^{-12}$ C/N,$d_{31} = -1 \times 10^{-12}$ C/N,$d_{33} = 6 \times 10^{-12}$ C/N.

（3）立方晶系 23 点群

$$\begin{pmatrix} 0 & 0 & 0 & d_{14} & 0 & 0 \\ 0 & 0 & 0 & 0 & d_{14} & 0 \\ 0 & 0 & 0 & 0 & 0 & d_{14} \end{pmatrix} \qquad (4.54)$$

对于 Bi$_2$GeO$_{20}$,$d_{14} = 4 \times 10^{-11}$ C/N.

（4）六方晶系 6 mm 点群

$$\begin{pmatrix} 0 & 0 & 0 & 0 & d_{15} & 0 \\ 0 & 0 & 0 & d_{15} & 0 & 0 \\ d_{31} & d_{31} & d_{33} & 0 & 0 & 0 \end{pmatrix} \qquad (4.55)$$

对于压电陶瓷材料(如 BaTiO$_3$ 等)沿 z 轴极化,则在垂直于 z 轴平面上具有横向各向同性,所以压电系数与 6mm 点群相同.

从以上数据可以看出石英的压电系数较 LiNbO$_3$、Bi$_2$GeO$_{20}$ 小得多,但由于石英具有极小的内耗值、最好的温度稳定性以及优良的机械性能,故至今仍为使用量最大的压电材料.

（二）反向压电效应

正向压电效应是加应力出现电场,而反向压电效应正相反,是加电场时出现应变,而且应变 e 大小正比于电场强度 E,类似于正向压电效应,可用下式表示:

$$e_j = \sum_i d_{ij} E_i \quad (i = 1,2,3; \quad j = 1,2,3,4,5,6) \qquad (4.56)$$

从热力学上很容易证明这一比例常量与正向压电系数相同.压电晶体加电场后,内能的变化不仅由于电场做的功,而且还有应力做的功,有:

$$dU = \sum_{i,j} \sigma_{ij} de_{ij} + \sum_i E_i dD_i + T dS \qquad (4.57)$$

$$\phi = U - \sum_{i,j} \sigma_{ij} e_{ij} - \sum_i E_i D_i - TS \qquad (4.58)$$

ϕ 在热力学上称吉布斯函数,对(4.58)式求微分并利用(4.57)式可得

$$d\phi = -\sum_{i,j} e_{ij} d\sigma_{ij} - \sum_i D_i dE_i - S dT \qquad (4.59)$$

又因 ϕ 是 (σ_{ij}, E_i, T) 的函数,又可写成

$$\mathrm{d}\phi = \sum_{i,j} \left(\frac{\partial \phi}{\partial \sigma_{ij}} \right)_{E,T} \mathrm{d}\sigma_{ij} + \sum_i \left(\frac{\partial \phi}{\partial E_i} \right)_{\sigma,T} \mathrm{d}E_i + \left(\frac{\partial \phi}{\partial T} \right)_{\sigma,E} \mathrm{d}T \qquad (4.60)$$

比较上面两式得

$$\left(\frac{\partial \phi}{\partial \sigma_{ij}} \right)_{E,T} = -e_{ij}, \quad \left(\frac{\partial \phi}{\partial E_i} \right)_{\sigma,T} = -D_i, \quad \left(\frac{\partial \phi}{\partial T} \right)_{\sigma,E} = -S \qquad (4.61)$$

将 (4.61) 式第一式对 E_k 求微分,第二式对 σ_{ij} 求微分,并将 E_i、D_i 换成 E_k、D_k,则有:

$$-\left(\frac{\partial^2 \phi}{\partial \sigma_{ij} \partial E_k} \right) = \left(\frac{\partial e_{ij}}{\partial E_k} \right)_{\sigma,T} = \left(\frac{\partial D_k}{\partial \sigma_{ij}} \right)_{E,T} = d_{ijk}^T \qquad (4.62)$$

d_{ijk}^T 表示恒定温度下的压电系数,由此证明了 (4.50) 式和 (4.56) 式中正向和反向压电系数是相等的,因而它完全和正向压电效应相对应,例如石英晶体中电场 E_1 只能产生 e_1、e_2、e_4 的应变,E_2 只能产生 e_5、e_6 的应变.

压电效应的物理图像是:晶体中离子在外力作用下产生位移造成晶体中正负电中心不再重合,形成电偶极矩,从而产生极化电荷,这是正向压电效应的物理机制.而反向压电效应图像是:在外电场作用下,晶体中正负离子在不同方向上移动,因而造成了材料畸变,产生应变,这是反向压电效应的物理机制.在 32 种点群的电介质材料中,具有非对称中心的 21 种点群,其中除高对称的 432 点群外的 20 种点群材料都具有压电效应.

4.2.2 晶体的对称性对压电系数的影响

压电系数共有 18 个独立分量,考虑到晶体对称性的影响,独立压电系数的数目将进一步减少.下面举例说明晶体对称性对压电系数的限制.

例 1 对称中心对压电系数的影响.

采用坐标变换方法,也就是变换矩阵的方法可以比较容易地看出对称中心对压电系数的影响.

对称中心的变换矩阵为

$$a_{ij} = \begin{pmatrix} -1 & 0 & 0 \\ 0 & -1 & 0 \\ 0 & 0 & -1 \end{pmatrix}$$

因此,压电系数的坐标变换可以写成

$$d_{ijk}' = a_{il} a_{jm} a_{kn} d_{lmn} = -d_{ijk}$$
$$d_{ijk}' = d_{ijk}$$

同时,在中心对称操作前后,晶体性质应该相同,有 $d_{ijk} = -d_{ijk}$.因此,$d_{ijk} = 0$.

在 32 种点群中,具有中心对称的点群有 11 种,不显示压电性.在不具有对

称中心的 21 种点群中,432 点群由于对称性很高,也不显示压电性,其余的 20 种点群都可以有压电性,它们常常也被称为压电晶类(点群).

例 2　2 次轴对压电系数的影响.

对于非三方和六方晶系,可以使用下标变换法.

设 2 次轴平行于 x_3 方向,则在 2 次对称操作下,坐标轴将按照如下方式变换:

$$x_1 \to -x_1, \quad x_2 \to -x_2, \quad x_3 \to x_3$$

则压电系数的各分量可以按照如下形式变换下标:

$$1 \to -1, \quad 2 \to -2, \quad 3 \to 3$$

如果下标变换后改变符号,则该分量必为零.

例如,$d_{133} \to -d_{133}$,$d_{133} = 0$.

显然,在 d_{ijk} 的所有分量中,只有下标中有一个或者三个"3"的压电系数不为零,即 $d_{113}(d_{15})$,$d_{123}(d_{14})$,$d_{213}(d_{25})$,$d_{223}(d_{24})$,$d_{311}(d_{31})$,$d_{322}(d_{32})$,$d_{312}(d_{36})$,$d_{333}(d_{33})$ 不为零.因此,在有 2 次轴的情况下,晶体的独立压电系数分量由 18 个减少到 8 个.压电系数在简化下标后的矩阵表示为

$$\begin{pmatrix} 0 & 0 & 0 & d_{14} & d_{15} & 0 \\ 0 & 0 & 0 & d_{24} & d_{25} & 0 \\ d_{31} & d_{32} & d_{33} & 0 & 0 & d_{36} \end{pmatrix}$$

例 3　$\overline{4}2m$ 点群的压电系数.KDP、ADP 晶体就属于这类点群.

$\overline{4}2m$ 点群的对称性显示在如图 4.23 所示的极射赤平投影中.

该点群的对称元素包括一个沿 x_3 方向的 4 次倒反轴,两个沿 x_1 和 x_2 方向的 2 次轴,还有两个沿对角线方向的对称面.

对于四方晶系,仍然可以使用下标变换法.

首先考虑沿 x_3 方向的 4 次旋反操作,坐标变化形式为

$$x_1 \to -x_2, \quad x_2 \to x_1, \quad x_3 \to -x_3$$

对应的下标变换方式为

$$1 \to -2, \quad 2 \to 1, \quad 3 \to -3$$

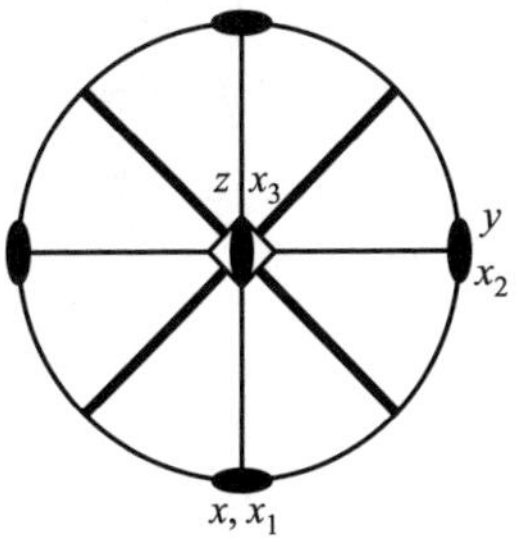

图 4.23　极射赤平投影

在此变换下,显然有一些分量消失有一些分量相等.

比如 $d_{13} \to d_{133} = -d_{233} \to -d_{23}$,而同时 $d_{23} \to d_{233} = d_{133} \to d_{13}$,因此,$d_{13} = -d_{23} = -d_{13} = 0$.

再比如 $d_{14} \to d_{123} = d_{213} \to d_{25}$,而同时 $d_{25} \to d_{213} = d_{123} \to d_{14}$,因此 $d_{14} = d_{25} \neq 0$.

按照上述方法,压电系数的 18 个分量逐个进行比较,得到简化后的压电系数的矩阵表示为

$$(d_m) = \begin{pmatrix} 0 & 0 & 0 & d_{14} & d_{15} & 0 \\ 0 & 0 & 0 & d_{15} & d_{14} & 0 \\ d_{31} & d_{31} & 0 & 0 & 0 & d_{34} \end{pmatrix}$$

只有 4 个独立分量.

第二步考虑沿 x_1 轴的 2 次对称操作.

坐标变化形式为

$$x_1 \to x_1, \quad x_2 \to -x_2, \quad x_3 \to -x_3$$

对应的下标变换方式为

$$1 \to 1, \quad 2 \to -2, \quad 3 \to -3$$

此时只需要针对 4 次旋反操作后得到的四个独立分量进行推演:

$$d_{14} \to d_{123} = d_{123} \to d_{14} \neq 0, \quad d_{15} \to d_{113} = -d_{113} \to -d_{15} = 0$$

$$d_{31} \to d_{311} = -d_{311} \to -d_{31} = 0, \quad d_{36} \to d_{312} = d_{312} \to d_{36} \neq 0$$

由此得到的压电系数的矩阵表示为

$$(d_m) = \begin{pmatrix} 0 & 0 & 0 & d_{14} & 0 & 0 \\ 0 & 0 & 0 & 0 & d_{14} & 0 \\ 0 & 0 & 0 & 0 & 0 & d_{36} \end{pmatrix}$$

如果继续考虑其他的对称操作,并不能得出更多的结果,因此,$\overline{4}2m$ 点群的压电系数只有两个独立分量,即 d_{14} 和 d_{36}.

例 4 32 点群的压电系数.

32 点群(石英晶体属于此点群)的对称元素包括一个沿 x_3 方向的 3 次轴和三个互成 120°且垂直 x_3 方向的 2 次轴(其中一个沿 x_1 方向).

对于三方晶系,只能采用基本的坐标变换法来推算压电系数的独立分量.

首先考虑沿 x_3 方向的 3 次对称操作,其相应的(正交)坐标变换矩阵为

$$(a_{ij}) = \begin{pmatrix} -\dfrac{1}{2} & \sqrt{3}/2 & 0 \\ -\sqrt{3}/2 & -\dfrac{1}{2} & 0 \\ 0 & 0 & 1 \end{pmatrix}$$

根据三阶张量变换法则:

$$d_{ijk} = a_{il} a_{jm} a_{mn} d'_{lmn}$$

对各分量逐项代入坐标变换矩阵元进行展开求和,凡是遇到任何一个 a_{ij} 为零的,则该项为零.再利用对称变换前后各分量相等的原则,得到关于 d_{ijk} 的中间结果.

进一步考虑沿 x_1 方向的 2 次对称操作,其坐标变换矩阵为

$$(a_{ij}) = \begin{pmatrix} 1 & 0 & 0 \\ 0 & -1 & 0 \\ 0 & 0 & -1 \end{pmatrix}$$

同样对上述中间结果中 d_{ijk} 不为零的独立分量逐项展开,可以得到 32 点群压电系数简化后的矩阵形式为

$$(d_{ri}) = \begin{pmatrix} d_{11} & -d_{11} & 0 & d_{14} & 0 & 0 \\ 0 & 0 & 0 & 0 & -d_{14} & -2d_{11} \\ 0 & 0 & 0 & 0 & 0 & 0 \end{pmatrix}$$

用坐标变换法推算压电系数的独立分量,涉及的求和项比较多,比较麻烦,但这种方法适用于所有的点群.

表 4.5 中给出了所有具有压电效应的 20 种点群的压电系数的矩阵和独立分量数.

表 4.5　20 种压电晶体的压电系数的矩阵

晶系	点群	压电系数的矩阵	独立分量数
三斜晶系	1	$\begin{pmatrix} d_{11} & d_{12} & d_{13} & d_{14} & d_{15} & d_{16} \\ d_{21} & d_{22} & d_{23} & d_{24} & d_{25} & d_{26} \\ d_{31} & d_{32} & d_{33} & d_{34} & d_{35} & d_{36} \end{pmatrix}$	18
单斜晶系	$2(2/\!/x_2)$	$\begin{pmatrix} 0 & 0 & 0 & d_{14} & 0 & d_{16} \\ d_{21} & d_{22} & d_{23} & 0 & d_{25} & 0 \\ 0 & 0 & 0 & d_{34} & 0 & d_{36} \end{pmatrix}$	8
单斜晶系	$m(m \perp x_2)$	$\begin{pmatrix} d_{11} & d_{12} & d_{13} & 0 & d_{15} & 0 \\ 0 & 0 & 0 & d_{24} & 0 & d_{26} \\ d_{31} & d_{32} & d_{33} & 0 & d_{35} & 0 \end{pmatrix}$	10
正交晶系	222	$\begin{pmatrix} 0 & 0 & 0 & d_{14} & 0 & 0 \\ 0 & 0 & 0 & 0 & d_{25} & 0 \\ 0 & 0 & 0 & 0 & 0 & d_{36} \end{pmatrix}$	3
正交晶系	mm2	$\begin{pmatrix} 0 & 0 & 0 & 0 & d_{15} & 0 \\ 0 & 0 & 0 & d_{24} & 0 & 0 \\ d_{31} & d_{32} & d_{33} & 0 & 0 & 0 \end{pmatrix}$	5

续表

晶系	点群	压电系数的矩阵	独立分量数
三方晶系	3	$\begin{pmatrix} d_{11} & -d_{11} & 0 & d_{14} & d_{15} & -2d_{22} \\ -d_{22} & d_{22} & 0 & d_{15} & -d_{14} & -2d_{11} \\ d_{31} & d_{31} & d_{33} & 0 & 0 & 0 \end{pmatrix}$	6
	32	$\begin{pmatrix} d_{11} & -d_{11} & 0 & d_{14} & 0 & 0 \\ 0 & 0 & 0 & 0 & -d_{14} & -2d_{11} \\ 0 & 0 & 0 & 0 & 0 & 0 \end{pmatrix}$	2
	3m ($m \perp x_1$)	$\begin{pmatrix} 0 & 0 & 0 & 0 & d_{15} & -d_{22} \\ -d_{22} & d_{22} & 0 & d_{15} & 0 & 0 \\ d_{31} & d_{31} & d_{33} & 0 & 0 & 0 \end{pmatrix}$	4
四方晶系	4	$\begin{pmatrix} 0 & 0 & 0 & d_{14} & d_{15} & 0 \\ 0 & 0 & 0 & d_{15} & -d_{14} & 0 \\ d_{31} & d_{31} & d_{33} & 0 & 0 & 0 \end{pmatrix}$	4
	$\bar{4}$	$\begin{pmatrix} 0 & 0 & 0 & d_{14} & d_{15} & 0 \\ 0 & 0 & 0 & -d_{15} & d_{14} & 0 \\ d_{31} & -d_{31} & 0 & 0 & 0 & d_{36} \end{pmatrix}$	4
	422	$\begin{pmatrix} 0 & 0 & 0 & d_{14} & 0 & 0 \\ 0 & 0 & 0 & 0 & -d_{14} & 0 \\ 0 & 0 & 0 & 0 & 0 & 0 \end{pmatrix}$	1
	4mm	$\begin{pmatrix} 0 & 0 & 0 & 0 & d_{15} & 0 \\ 0 & 0 & 0 & d_{15} & 0 & 0 \\ d_{31} & d_{31} & d_{33} & 0 & 0 & 0 \end{pmatrix}$	3
	$\bar{4}2m$ ($2 /\!/ x_1$)	$\begin{pmatrix} 0 & 0 & 0 & d_{14} & 0 & 0 \\ 0 & 0 & 0 & 0 & d_{14} & 0 \\ 0 & 0 & 0 & 0 & 0 & d_{36} \end{pmatrix}_2$	2
六方晶系	6	$\begin{pmatrix} 0 & 0 & 0 & d_{14} & d_{15} & 0 \\ 0 & 0 & 0 & d_{15} & -d_{14} & 0 \\ d_{31} & d_{31} & d_{33} & 0 & 0 & 0 \end{pmatrix}$	4

续表

晶系	点群	压电系数的矩阵	独立分量数
六方晶系	$\bar{6}$	$\begin{pmatrix} d_{11} & -d_{11} & 0 & 0 & 0 & -2d_{22} \\ -d_{22} & d_{22} & 0 & 0 & 0 & -2d_{11} \\ 0 & 0 & 0 & 0 & 0 & 0 \end{pmatrix}$	2
	622	$\begin{pmatrix} 0 & 0 & 0 & d_{14} & 0 & 0 \\ 0 & 0 & 0 & 0 & -d_{14} & 0 \\ 0 & 0 & 0 & 0 & 0 & 0 \end{pmatrix}$	1
	6mm	$\begin{pmatrix} 0 & 0 & 0 & 0 & d_{15} & 0 \\ 0 & 0 & 0 & d_{15} & 0 & 0 \\ d_{31} & d_{31} & d_{33} & 0 & 0 & 0 \end{pmatrix}$	3
	$\bar{6}$m2 ($m \perp x_1$)	$\begin{pmatrix} 0 & 0 & 0 & 0 & 0 & -2d_{22} \\ -d_{22} & d_{22} & 0 & 0 & 0 & 0 \\ 0 & 0 & 0 & 0 & 0 & 0 \end{pmatrix}$	1
立方晶系	23 $\bar{4}$3m	$\begin{pmatrix} 0 & 0 & 0 & d_{14} & 0 & 0 \\ 0 & 0 & 0 & 0 & d_{14} & 0 \\ 0 & 0 & 0 & 0 & 0 & d_{14} \end{pmatrix}$	1

4.2.3 压电方程和机电耦合系数

在吉布斯函数(4.58)式中,以应力、电场强度、温度为独立变量,故而有:

$$e_{kl} = -\frac{\partial \phi}{\partial \sigma_{kl}}, \quad D_m = -\frac{\partial \phi}{\partial E_m}, \quad S = -\frac{\partial \phi}{\partial T} \qquad (4.63)$$

e、D、S 都是 σ、E、T 等独立变量的函数,可写出下面的偏微分方程:

$$de_{kl} = \sum_{i,j} \left(\frac{\partial e_{kl}}{\partial \sigma_{ij}}\right)_{E,T} d\sigma_{ij} + \sum_m \left(\frac{\partial e_{kl}}{\partial E_m}\right)_{\sigma_{ij},T} dE_m + \left(\frac{\partial e_{kl}}{\partial T}\right)_{\sigma_{ij},E} dT$$

$$dD_n = \sum_{i,j} \left(\frac{\partial D_n}{\partial \sigma_{ij}}\right)_{E,T} d\sigma_{ij} + \sum_m \left(\frac{\partial D_n}{\partial E_m}\right)_{\sigma_{ij},T} dE_m + \left(\frac{\partial D_n}{\partial T}\right)_{\sigma_{ij},E} dT \quad (4.64)$$

$$dS = \sum_{i,j} \left(\frac{\partial S}{\partial \sigma_{ij}}\right)_{E,T} d\sigma_{ij} + \sum_m \left(\frac{\partial S}{\partial E_m}\right)_{\sigma_{ij},T} dE_m + \left(\frac{\partial S}{\partial T}\right)_{\sigma_{ij},E} dT$$

括号外的下标符号表示微分时保持恒定值的物理量. 由于这些偏微分都是常量, 可以进行积分, 上三式中 d 均可去掉, 如 $de_{kl} \to e_{kl}$, $d\sigma_{ij} \to \sigma_{ij}$, $dT \to \delta T$ 等. 又这些偏微分都有特定的物理含义:

$$\frac{\partial e_{kl}}{\partial \sigma_{ij}} = \&_{klij}^{E,T}(\text{弹性顺服系数})(\text{第二章弹性系数 } C_{ijkl} \text{的倒数}, E, T \text{ 保持恒定})$$

$$\frac{\partial e_{kl}}{\partial E_m} = \frac{\partial D_m}{\partial \sigma_{kl}} = d_{mkl}(\text{压电系数}) \quad (4.65a)$$

$$\frac{\partial e_{kl}}{\partial T} = -\frac{\partial}{\partial T}\left(\frac{\partial \phi}{\partial \sigma_{kl}}\right) = -\frac{\partial}{\partial \sigma_{kl}}\left(\frac{\partial \phi}{\partial T}\right) = \frac{\partial S}{\partial \sigma_{kl}} = \alpha_{kl}(\text{热膨胀系数})$$

$$\left(\frac{\partial D_m}{\partial E_n}\right)_{\sigma,T} = \varepsilon_{\mathrm{r}\,mn}^{\sigma,T}(\text{相对介电常量})(\sigma, T \text{ 保持恒定})$$

$$\left(\frac{\partial D_n}{\partial T}\right)_{\sigma,E} = -\frac{\partial}{\partial T}\left(\frac{\partial \phi}{\partial E_n}\right)_{\sigma,E} = -\frac{\partial}{\partial E_n}\left(\frac{\partial \phi}{\partial T}\right) = \frac{\partial S}{\partial E_n} = P_n(\text{热释电系数}) \quad (4.65b)$$

$$\left(\frac{\partial D_n}{\partial \sigma_{ij}}\right)_{E,T} = d_{nij} = \left(\frac{\partial e_{ij}}{\partial E_n}\right)_{E,T} \quad (\text{压电系数})$$

$$\left(\frac{\partial S}{\partial \sigma_{kl}}\right)_{E,T} = \frac{-\partial}{\partial \sigma_{kl}}\left(\frac{\partial \phi}{\partial T}\right) = \frac{-\partial}{\partial T}\left(\frac{\partial \phi}{\partial \sigma_{kl}}\right) = \left(\frac{\partial e_{kl}}{\partial T}\right) = \alpha_{kl}(\text{热膨胀系数})$$

$$\left(\frac{\partial S}{\partial E_m}\right)_{\sigma,T} = \frac{\partial}{\partial E_m}\left(\frac{-\partial \phi}{\partial T}\right) = \frac{-\partial}{\partial T}\left(\frac{\partial \phi}{\partial E_m}\right) = \frac{\partial D_m}{\partial T} = p_m(\text{热释电系数}) \quad (4.65c)$$

$$\left(\frac{\partial S}{\partial T}\right)_{E,\sigma} = \frac{\rho C^{\sigma,E}}{T}(\text{单位体积中比热/热力学温度})$$

将(4.65a)式、(4.65b)式、(4.65c)式代入(4.64)式的积分式中得到:

$$e_{kl} = \sum_{i,j} \&_{klij}^{E,T} \sigma_{ij} + \sum_m d_{mkl}^T E_m + \alpha_{kl}^E \delta T$$

$$D_n = \sum_{i,j} d_{nij}^T \sigma_{ij} + \sum_m \varepsilon_{\mathrm{r}\,mn}^{\sigma,T} E_m + p_n^\sigma \delta T \quad (4.66)$$

$$\delta S = \sum_{i,j} \alpha_{ij}^E \sigma_{ij} + \sum_m p_m^\sigma E_m + \frac{\rho C^{\sigma,E}}{T}\delta T$$

式中 e 是应变, ε_{r} 是相对介电常量.

交互作用项 d_{mkl}^T、α_{kl}^E、P_n^σ 仅需一个上角符号,因为另上角符号在测量过程总是保持恒定的,例如 d_{mkl} 是外加电场和应变的比值总是在零应力或恒应力下测量的.

压电晶体的最大应用是激发机械振动,变化很快以至各部分来不及交换热量,实际上是绝热过程,可令熵的变化 $\delta S = 0$,从(4.66)式最后一式解出 δT 代入前两式中可得:

$$e_{kl} = \sum_{i,j} \&_{klij}^{E,S} \sigma_{ij} + \sum_m d_{mkl}^S E_m$$

$$D_n = \sum_{i,j} d_{nij}^S \sigma_{ij} + \sum_m \varepsilon_{r\,mn}^{\sigma,S} E_m$$

式中,

$$\&_{ijkl}^{E,S} = \&_{ijkl}^{E,T} - \frac{\alpha_{ij}^E \alpha_{kl}^E T}{\rho C^{\sigma,E}}$$

$$d_{nij}^S = d_{nij}^T - \frac{P_n^\sigma \alpha_{ij}^E T}{\rho C^{\sigma,E}} \tag{4.67}$$

$$\varepsilon_{r\,mn}^{\sigma,S} = \varepsilon_{r\,mn}^{\sigma,T} - \frac{P_m^\sigma P_n^\sigma T}{\rho C^{\sigma,E}}$$

若不是热电晶体($P_n = 0$,$P_m = 0$),压电系数、相对介电常量的绝热和恒温值是相等的,所以一般将(4.66)式写成:

$$e_{kl} = \sum_{i,j} \&_{klij}^E \sigma_{ij} + \sum_m d_{mkl} E_m$$

$$D_n = \sum_{i,j} d_{nij} \sigma_{ij} + \sum_m \varepsilon_{r\,mn}^\sigma E_m \tag{4.68}$$

如果在吉布斯函数中以应变代替应力作为独立变量,同样可以得到:

$$\sigma_{ij} = \sum_{i,j} C_{ijkl}^E e_{kl} - \sum_m \chi_{mij} E_m$$

$$D_n = \sum_{i,j} \chi_{nkl} e_{kl} + \sum_m \varepsilon_{r\,mn} E_m \tag{4.69}$$

式中 C_{ijkl}^E 是恒定电场下的弹性系数,χ_{mij} 是联系应力与外加电场或联系电位移与应变的压电系数,称为压电应力系数以区别 d_{mij},后者称为压电应变系数.(4.68)式称为压电应变方程,(4.69)式称压电应力方程.将(4.69)式的第一式乘以 $\&_{ijkl}^E$ 即可得:

$$\&_{ijkl}^E \sigma_{ij} = (\&_{ijkl}^E C_{ijkl}) e_{kl} - (\chi_{mij} \&_{ijkl}^E) E_m$$

即

$$e_{kl} = \&_{klij}^E \sigma_{ij} + (\chi_{mij} \&_{ijkl}^E) E_m$$

再与(4.68)式的第一式比较可得:

$$d_{mkl} = \chi_{mij} \&_{ijkl}^E \tag{4.70a}$$

同样有：

$$\chi_{mij} = d_{mkl} C^E_{ijkl} \tag{4.70b}$$

代入(4.69)式的第一式,并当原来无应变($e_{kl} = 0$)的情况,得到：

$$\sigma_{ij} = -\chi_{mij} E_m \tag{4.71}$$

这是压电效应的另一种表示式.

　　压电晶体或陶瓷一个重要的性质是机电耦合系数,如果这一数值很大接近 1 的话,则电能转为机械能在很宽的频率范围有较高效率,对(4.57)式进行积分,并略去热能项,可得

$$U = \sum_i \frac{1}{2} \sigma_i e_i + \sum_m \frac{1}{2} E_m D_m \tag{4.72}$$

用(4.68)式代入上式,并改用矩阵足符得到：

$$U = \sum_{i,j} \frac{1}{2} \sigma_i \&^E_{ij} \sigma_j + \sum_{i,m} \frac{1}{2} \sigma_i d_{mi} E_m + \sum_{m,j} \frac{1}{2} E_m d_{mj} \sigma_j + \sum_{m,n} \frac{1}{2} E_m \varepsilon^\sigma_{rmn} E_n = U_e + 2U_m + U_d \tag{4.73}$$

式中,$U_e = \sum_{i,j} \frac{1}{2} \sigma_i \&^E_{ij} \sigma_j$ 为弹性能,$U_d = \sum_{m,n} \frac{1}{2} E_m \varepsilon_{rmn} E_n$ 为介电能,$2U_m = \sum_{i,m} \frac{1}{2} \sigma_i d_{mi} E_m + \sum_{m,j} \frac{1}{2} E_m d_{mj} \sigma_j$ 为相互作用能,而机电耦合系数 k 定义的是相互作用能对弹性能和介电能的几何平均值的比值,即

$$k = \frac{U_m}{\sqrt{U_e U_d}} \tag{4.74}$$

(4.73)式中包含许多项,但由于晶体的对称性,独立常量的数目减少很多,并且大多数应力分量为 0,因而结果还是比较简单的. k 随模式和传播方向的不同而异,具体计算值见下节.

§4.3　晶体压电性的应用实例——石英

　　为了产生一定的振动模式,而且具有低的频率温度系数、高的机电耦合系数以及振动模式间耦合小等性能,压电晶体可以切成各种取向.下面以石英为例加以说明：

　　z 轴与天然石英晶体的上、下顶角连线重合(即与晶体的 z 轴重合).因为光线沿 z 轴通过石英晶体时不产生双折射,故称 z 轴为石英晶体的光轴.

　　根据光线沿 z 轴通过石英时面对射来光线看去,偏振面是沿逆时针方向旋转(左旋),还是沿顺时针方向旋转(右旋).两者的外形也不同,正好相反.作为压电用左、右旋石英功能相同.如果一块晶体上,若有左、右旋石英同时存在,就称

其为光双晶(巴西双晶).

图 4.24 为石英垂直光轴 z 轴的截面图.电双晶在晶体的同一部位上,由 x 轴相反的两部分组成(即转 180°后两部分重合),这两部分电极性相反为电双晶(道芬双晶).存在这类双晶材料中,同一电场下两部分运动情况会不同.一般具有此类双晶的材料,不应该被使用.

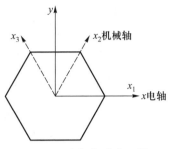

此外,还有裂隙、气泡、针状夹杂等,将石英浸在折射率与其相等的茴香油中,在强光照射下,可看出在晶体中的缺陷.

图 4.24　石英的垂直 z 轴的截面

x 轴与石英晶体横截面上的对角线重合(即与晶体的 x 轴重合),因为沿 x 方向对晶体施加压力时,产生的压电效应最显著,故常称 x 轴为石英晶体的电轴.y 轴与石英晶体横截面对边的中点连线重合,常称为机械轴.沿该轴施加应力产生的形变最大.

石英晶体的压电方程是将石英的弹性顺服系数矩阵元素及压电系数矩阵元素代入(4.68)式即可得到:

$$\begin{cases} e_1 = \&_{11}^E \sigma_1 + \&_{12}^E \sigma_2 + \&_{13}^E \sigma_3 + \&_{14}^E \sigma_4 + d_{11} E_1 \\ e_2 = \&_{12}^E \sigma_1 + \&_{11}^E \sigma_2 + \&_{13}^E \sigma_3 - \&_{14}^E \sigma_4 - d_{11} E_1 \\ e_3 = \&_{13}^E \sigma_1 + \&_{13}^E \sigma_2 + \&_{33}^E \sigma_3 \\ e_4 = \&_{14}^E \sigma_1 - \&_{14}^E \sigma_2 + \&_{44}^E \sigma_4 + d_{14} E_1 \\ e_5 = \&_{44}^E \sigma_5 + 2\&_{14}^E \sigma_6 - d_{14} E_2 \\ e_6 = 2\&_{14}^E \sigma_5 + 2(\&_{11}^E - \&_{12}^E) \sigma_6 - 2d_{11} E_2 \\ D_1 = d_{11} \sigma_1 - d_{11} \sigma_2 + d_{14} \sigma_4 + \varepsilon_{r1} E_1 \\ D_2 = -d_{14} \sigma_5 - 2d_{11} \sigma_6 + \varepsilon_{r1} E_2 \\ D_3 = \varepsilon_{r3} E_3 \end{cases} \qquad (4.75)$$

根据上式可以推知一定取向的晶体具有的振动模式以及机电耦合系数.石英晶体常用的切割方式有多种,见图 4.25,下面分别说明.

图 4.25(a)为石英晶体的主要切割方式.

(一) x-切割晶体(晶面法线平行于 x 轴,电极通常就镀在 x 面上)

从(4.75)式的第一式可以看出沿 x 方向的伸长应变 e_1 可以由沿 x 轴所加电场 E_1 产生,因振动沿厚度(x)方向故称厚度纵模.共振频率与厚度 d($\lambda = 2d$,λ 为振动波长)有关,如果晶片很薄,可获得高频.过去用石英振动来控制振荡的频率,但由于 x-切割晶片温度系数大,已被 AT-切割和 BT-切割厚度横模所代替(下面要讲).然而,x-切割晶片相对 AT-切割、BT-切割制作方便,仍用在产生固

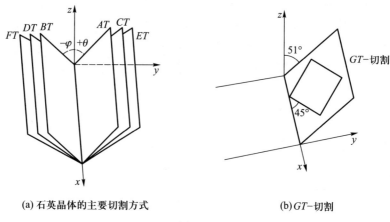

(a) 石英晶体的主要切割方式   (b) GT-切割

图 4.25

体、液体、气体中的超声波,这样的超声波也可用于研究固体结构(包括缺陷)以及材料的探伤.在这一用途中,主要是希望电能尽量多地转化为声振动能.静态机电耦合因子对于 x-切割石英振子,并沿 x 方向传播的纵波而言,$E=E_1$(电极镀在切面上),$\sigma=\sigma_1$,代入(4.73)式和(4.74)式,则得到静态机电耦合因子:

$$k=\frac{U_m}{\sqrt{U_e U_d}}=\frac{\frac{1}{2}\sigma_1 d_{11}E_1}{\sqrt{\frac{1}{2}\&_{11}^E\sigma_1^2\cdot\frac{1}{2}\varepsilon_{11}E_1^2}}=\frac{d_{11}}{\sqrt{\&_{11}^E\cdot\varepsilon_{11}}}=0.095 \quad (4.76)$$

可以证明 k^2 等于输入电能转化为机械能部分所占百分数.此处 $k^2\sim1\%$.但当晶体工作在共振频率时,只要与晶体的等效电容并联一个可调电感,就可使电能几乎全部转化为机械能.然而这种高耦合效率只能在一定频带范围内实现,而且频带范围与 k 值有关,k 越大频带越宽,k 是表示具有较高耦合效率的频率范围(带宽)的一个量度.罗谢尔盐 L-切割晶体的 $k=0.35\sim0.4$,对宽频带工作有利,但 x-切割石英在高频使用(晶片很薄时),具有最好的机械性能.

根据(4.75)式的第二式,沿 x 轴加电场面还可以在 y 轴方向产生伸长应变 e_2,但此时沿晶体长度方向,因此称长度纵模,常用于气体、液体、固体中产生低频振荡.

晶体滤波器中常用$-18°x$-切割和$+5°x$-切割两种切割方式的晶体[见图 4.25(a)],$+5°x$-切割晶体是 x-切割晶体中频率温度系数最小的一种,而$-18°$ x-切割晶体因弹性顺服系数 $\&_{24}=0$,即 x 方向的纵模与 yz 面中的横模无耦合,特别适合作为滤波器.

(二) y-切割晶体(切割面垂直于 y 轴)

当沿 y 轴加电场 E,从(4.75)式表明两种应变 e_5 和 e_6 产生.这两种应变都是切应变,因 y-切割晶体的表面是 xz 面,因此 ε_5 是面切应变,e_6 是厚度切应变.面切应变模式的频率由切面的形状和尺寸所控制,频率比较低,而厚度切变模式的频率由厚度控制可做得很薄,故频率很高.

y-切割晶体最早也用在高频振荡器的控制方面,由于它的频率温度系数比较高,已为 AT-切割和 BT-切割(修正的 y-切割)晶体所取代.y-切割晶体仍用于产生固体中的切变波,它的机电耦合系数比 x-切割的大.例如厚度切变模中,切应变是 e_6,$E=E_2$,故

$$k = \frac{\frac{1}{2}\sigma_6 d_{26} E_2}{\sqrt{\frac{1}{2}\&_{66}^E \sigma_6^2 \cdot \frac{1}{2}\varepsilon_{22} E_2^2}} = \frac{d_{26}}{\sqrt{\&_{66}^E \cdot \varepsilon_{22}}} = 0.142 \qquad (4.77)$$

y-切割(厚度方向)晶体绕 x 轴旋转一定角度 φ,将得到性质好的晶体,如图 4.25(a)所示,y-切割晶体长度方向沿 x 轴,厚度方向(切面的法线方向)与 y 轴有一夹角 φ.图 4.26 示出不同切型的温度系数与旋转夹角的关系,在绕 x 轴转 $+35°15'(\varphi)$ 为 AT-切割,$-49°$ 为 BT-切割.两处的 y-切割晶体的温度系数均为 0,分别称为 AT-切割和 BT-切割晶体.广泛用于高频振荡器的频率控制,是属于厚度切变模式,工作频率比较高,见表 4.6,基频可达 15 兆周,谐频可以工作到 197 兆周.

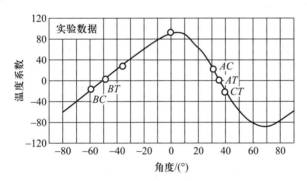

图 4.26 温度系数与 y-切割晶体旋转角的关系

另外两种 CT-切割和 DT-切割晶体为 y-切割晶体绕 x 轴旋转角分别为 $+38°36'$ 及 $-52°$,几乎与 AT-切割,BT-切割晶体相垂直,属于面切变模式,工作频率低(见表 4.6).

表 4.6 不同切割方式的振动模式和频率范围

切割方式	振动模式	频率范围
$AT(+35°15')$	厚度切变	0.5—100 兆周
$BT(-49°)$	厚度切变	5—15 兆周

续表

切割方式	振动模式	频率范围
$CT(+38°36')$	面切变	300—1 000 千周
$DT(-52°)$	面切变	200—500 千周
$GT(+51°30', +45°)$	纵模	100—556 千周
$+5°x$-切割	纵模	60—300 千周
$-18.5°x$-切割	纵模	60—300 千周
$0°x$-切割	厚度纵模	~5—100 兆周
	长度纵模	~40—300 千周

最后还有一种 GT-切割晶体,如图 4.25(b)所示,切割面绕 x 轴旋转 51°30′,长度方向与 x 轴偏离 45°,这种晶体在相当大的温度范围内频率变化极小(图 4.27).所有具有零温度系数的晶体,它的频率与温度的关系可以表示为

$$f = f_0 \left[1 + a_2(T-T_0)^2 + a_3(T-T_0)^3 + \cdots \right] \tag{4.78}$$

式中 T_0 是零温度系数所对应的温度,大多数零温度系数晶体在 T_0 附近频率随温度有抛物线形变化(见图 4.27),它们的曲率取决于 a_2.有两个例外,就是 GT-切割和 AT-切割晶体,$a_2 = 0$,频率变化取决于 a_3,而它很小,所以这两种晶体常用于作为时间标准的精密振荡器中,可以做到长时间内频率变化小于 10^{-9}.

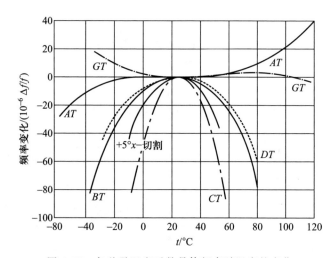

图 4.27 各种零温度系数晶体频率随温度的变化

§ 4.4　晶体的热释电效应及热释电材料

4.4.1　晶体的热释电效应

在存在自发极化的晶体中,当其温度发生变化时,在垂直极轴的端面上显示出数量相等而符号相反的电荷,连接外电路则产生电流这是晶体的热释电(pyroelectric)效应(见图 4.28).如第三章图 3.1 所示,现有的 32 种点群的电介质材料,其中有 10 种具有极性点群的晶体有热释电性.热释电晶体具有自发极化,但因表面电荷的抵偿作用,其极化电矩不能显示出来,只有当温度改变,电矩(即极化强度)发生变化,才能显示出固有极化.热释电晶体的热释电性能的物理本质是:当晶体温度发生变化

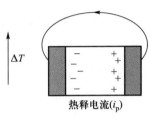

图 4.28　晶体温度变化时,表面产生热释电荷

后,由于热胀冷缩,材料内的带有不同电荷的离子将产生位移,造成晶体中的正负电荷中心不重合,从而在晶体表面形成一定电荷.

（1）在热平衡状态下,通常具有规则排列的自发极化的晶体,其表面束缚电荷被自由电荷(来自样品的带电缺陷、载流子或者空气中的离子、电子吸附)所屏蔽,对外不显示带电性.

（2）当外界温度发生变化时,晶体由于各向异性膨胀(或收缩),其正负电荷中心产生相对位移,自发极化强度及表面束缚电荷变化,原先的自由电荷不能很好地屏蔽束缚电荷,有净剩余电荷和电场出现,对外显示带电性(吸引或排斥空间带电微粒).图 4.29 为热释电晶体表面的自由电荷.

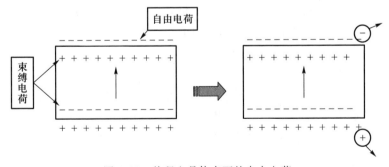

图 4.29　热释电晶体表面的自由电荷

（3）若极性端面连接外电路,则有电流流过,并随升降温而电流反向.

当晶体温度发生均匀的微小变化,电极化强度的变化与温度变化呈如下关系:

$$\Delta P_i = p_i \Delta T \tag{4.79}$$

式中,P_i为电极化强度,p_i为热释电系数,一阶张量,单位为 C·m^{-2}·K^{-1},热释电系数符号通常是相对于晶体压电轴符号定义的.按照无线电工程师学会(IRE, Institute of Radio Engineers)标准的规定,晶轴的正端是沿该轴受到张力时出现正电荷的一端.在加热时,如果靠正端的一面产生正电荷,就定义热释电系数为正,反之为负.铁电体的自发极化一般随温度升高而减小,故热释电系数为负.但相反的情况也是有的,例如罗谢尔盐在其居里点附近自发极化随温度升高而增大.

4.4.2 晶体对称性对热释电效应的影响

自发极化 P 矢量必须沿着晶体的单向极轴方向,即唯一不能通过晶体自身的对称操作与其他方向重合的方向.如 4.1.1 节所介绍的,在 21 种不含对称中心的点群中,除具有高度对称性的 432 点群外的 20 种具有压电性晶体中,只有10 种点群材料具有热释电效应:

1, 2, 3, 4, 6, m, mm2, 3m, 4mm, 6mm

10 种热释电晶类的极化矢量 P 的方向及分量的形式如下.

(1)三斜晶系.

C_1-1:其对称性对 P 的方向没有任何限制,分量形式为(P_1, P_2, P_3).

(2)单斜晶系(x_2轴平行于 y 轴).

C_2-2:矢量 P 平行唯一的 2 次轴(单向、极轴),分量形式为$(0, P, 0)$.

C_s-m:由于在唯一的对称面内任意方向都是单向和极轴方向,所以矢量 P 在对称面内的取向是任意的,分量形式为$(P_1, 0, P_3)$.

(3)正交晶系(x_1, x_2, x_3轴平行于相应的 x, y, z).

C_{2v}-mm2:矢量 P 平行于唯一的 2 次轴(单向,极轴),分量形式为$(0, 0, P)$.

(4)四方、三方和六方晶系(x_3轴平行于 z 轴).

C_4-4:P 平行于唯一的 4 次轴(单向,极轴).

C_{4v}-4mm:P 平行于唯一的 4 次轴(单向,极轴).

C_3-3:P 平行于唯一的 3 次轴(单向,极轴)

C_{3v}-3m:P 平行于唯一的 3 次轴(单向,极轴).

C_6-6:P 平行于唯一的 6 次轴(单向,极轴)

C_{6v}-6mm:P 平行于唯一的 6 次轴(单向,极轴).

上述四方、三方和六方晶系的极化分量形式均为$(0, 0, P)$.

4.4.3 晶体的热释电效应热力学

弹性电介质的热力学状态可由温度 T 和熵 S、电场 E 和电位移 D、应力 σ 和应变 e 这三对物理量来描写.先考虑取 T、E、σ 为独立变量的情况,此时电位移的

微分形式可写为

$$dD_n = \sum_{i,j} \left(\frac{\partial D_n}{\partial \sigma_{ij}}\right)_{E,T} d\sigma_{ij} + \sum_{m} \left(\frac{\partial D_n}{\partial E_m}\right)_{\sigma_{ij},T} dE_m + \left(\frac{\partial D_n}{\partial T}\right)_{\sigma_{ij},E} dT$$

式中下标 $n=1\sim3$, i 或 $j=1\sim6$(简化后),括号外下标指保持恒定的物理量.右边第一和第二项分别反映了压电性和介电性,第三项反映了热释电性.

如果应力和电场保持恒定(为零),则有

$$dD_m = P_m^{E,\sigma} dT$$

现讨论热释电系数与其他参量的关系,因为独立变量为温度、电场和应力,故特征函数为吉布斯自由能[见(4.59)式]:

$$d\phi = -\sum_{i,j} e_{ij} d\sigma_{ij} - \sum_{i} D_i dE_i - SdT$$

又因 ϕ 是 (σ_{ij}, E_i, T) 的函数,又可写成:

$$d\phi = \sum_{i,j} \left(\frac{\partial \phi}{\partial \sigma_{ij}}\right)_{E,T} d\sigma_{ij} + \sum_{i} \left(\frac{\partial \phi}{\partial E_i}\right)_{\sigma,T} dE_i + \left(\frac{\partial \phi}{\partial T}\right)_{\sigma,E} dT$$

比较上面两式得:

$$\left(\frac{\partial \phi}{\partial \sigma_{ij}}\right)_{E,T} = -e_{ij}, \quad \left(\frac{\partial \phi}{\partial E_i}\right)_{\sigma,T} = -D_i, \quad \left(\frac{\partial \phi}{\partial T}\right)_{\sigma,E} = -S$$

参见(4.64)式,(4.65)式,(4.66)式.

将上式[即(4.61)式]的第二式对 T 求微分,第三式对 E_i 求微分,并将 E_i、D_i 换成 E_m、D_m,则有:

$$\left(\frac{\partial^2 \phi}{\partial E_m \partial T}\right)_{\sigma} = -\left(\frac{\partial D_m}{\partial T}\right)_{\sigma} = -p_m^{E,\sigma} \tag{4.80}$$

$$\left(\frac{\partial^2 \phi}{\partial T \partial E_m}\right)_{\sigma} = -\left(\frac{\partial S}{\partial E_m}\right)_{\sigma,T} \tag{4.81}$$

(4.80)式中 $p_m^{E,\sigma}$ 为热释电系数.(4.81)式为电场引起的熵变化,称为电热系数(electrocaloric coefficient).电热效应是热电效应的逆效应.由此两式可得出

$$p_m^{E,\sigma} = \left(\frac{\partial S}{\partial E_m}\right)_{\sigma,T} \tag{4.82}$$

它表明电场与应力恒定时的热电系数等于应力和温度恒定时的电热系数.

再考虑 T、E、e 为独立变量的情况,

$$P_m^{E,e} = \left(\frac{\partial S}{\partial E_m}\right)_{E,T} \tag{4.83}$$

此式表明:电场与应变恒定时的热电系数等于应变和温度恒定时的电热系数.

4.4.4 热释电材料及性能

(一) 热释电及其逆效应(电卡效应)

铁电材料的电卡效应.如图 4.30 所示为电卡效应的循环过程:

（1）无外加电场情况下，具有自发极化的晶体，电矩无序.

（2）外加电场时，电矩沿外场有序排列，该热力学系统的无序度降低，材料的熵减小；绝热条件下，材料温度升高以保持能量守恒.与其他材料或外部环境接触（等温条件下），高温铁电向外部释放热量.

（3）移除电场，电矩有序变无序，材料的熵增加；绝热条件下，材料温度降低以保持能量守恒.与其他材料或外部环境接触（等温条件下），低温铁电从外部吸收热量.

（4）周期性重复（2）、（3）步骤，可获得冷却（或加热）循环.

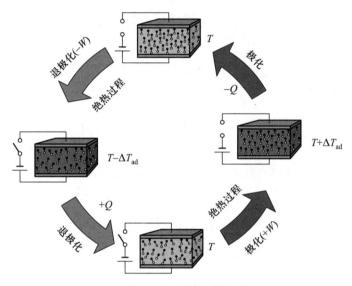

图 4.30 电卡效应的循环过程

［本图取自：M. Ozbolt et al. ,Int. J. Refrig. –Rev. Int. Froid 40,174–188（2014）.］

电卡效应的测量：

直接法.利用绝热量热计、差示扫描量热计和温度传感器，直接测量在施加和移除电场时样品的电卡温度变化和释放热量.

间接法.测量极化值随温度的变化量，并根据如下关系式计算得到等温熵变和绝热温变.

$$\Delta T = -T/C_E \int_{E_1}^{E_2} \left(\frac{\partial P}{\partial T} \right)_E \mathrm{d}E, \quad \Delta S = \int_{E_1}^{E_2} \left(\frac{\partial P}{\partial T} \right)_E \mathrm{d}E$$

（二）几类热释电效应

第一类热释电效应：晶体均匀受热完全夹持.尺寸和形状保持不变，热电效应仅来自晶体中温度均匀改变引起的极化改变，也称一级（初级）热释电效应、恒应变热释电效应.

第二类热释电效应:晶体均匀受热不被夹持,热电效应来自初级和次级热释电效应的叠加,也称恒应力热释电效应.

次级热释电效应:晶体均匀受热不被夹持.受热自由膨胀,通过压电效应改变极化,称为次级热释电效应.

$$p_i = p_i^{(1)} + p_i^{(2)} = p_i^{(1)} + d_{im} c_{mn} \alpha_n$$

式中,d 为压电常量,c 为弹性劲度常量,α 为热膨胀系数.   (4.84)

部分夹持热释电效应:晶体均匀受热,部分夹持(某些方向夹持而另一些方向自由).

第三类(假)热释电效应:晶体非均匀受热不完全夹持,存在温度梯度和应力梯度,任何压电体都可能出现假热释电效应.部分材料的热释电系数:下文列出了一些有机和无机热释电材料在室温下的初级和次级热释电系数.对于某些热释电材料,次级效应可以与一级效应相当甚至更大.

(三) 常用的热释电材料

常用的热释电材料有单晶材料、高分子聚合物、金属氧化物陶瓷等.单晶材料中有 TGS(硫酸三甘肽)、SBN(锂酸锶钡)、$LiTaO_3$(钽酸锂)等,高分子聚合物有 PVF(聚氯乙烯)、PVDF(聚偏二氟乙烯)等,金属氧化物陶瓷有 $PbTiO_3$(钛酸铅)陶瓷、PST(钽钪酸铅)陶瓷、PZT(锆钛酸铅)陶瓷、BST(钛酸锶钡)陶瓷等.

1. 单晶材料

(1) 硫酸三甘肽(TGS)类晶体是最早的实用热释电材料.TGS 晶体具有热释电系数大、介电常量小、光谱响应范围宽、响应灵敏度高和容易从水溶液中培养出高质量的单晶等优点.但它的居里温度较低(49 ℃),易退极化,且能溶解于水,易潮解,制成的器件必须适当密封.通过掺杂可以改进它的性能.

(2) 钽酸锂($LiTaO_3$)晶体材料介电损耗系数很小、居里温度高、性能稳定,是制作热释电灵敏元件的理想材料.但 TGS 与 $LiTaO_3$ 材料的介电常量都偏小,在小面积探测器和非致冷焦平面阵列热像仪中将难以应用.

(3) 铌酸锶钡(SBN)单晶具有显著的热释电效应,加入少量的 Pb、La、Nd 等元素能改善其热释电性能.由于 SBN 晶体的介电常量大不利于高频、大面积的使用.但用于低频、小面积的热释电红外探测器及非致冷红外焦平面阵列热像仪却是优良的材料.单晶材料探测器灵敏度一般都较高,但制备工艺复杂,成本高.

2. 高分子有机聚合物及复合材料

(1) 高分子有机聚合物材料(如 PVDF).

该材料居里温度较高、介电常量小、价格便宜、性能柔软、易制成任何形状、容易制成大面积薄膜,PVDF 薄膜的热释电系数与晶体材料 $LiNbO_3$ 的比较接近,但高分子有机聚合物材料强度不够、不易与微电子技术兼容.

（2）高分子有机聚合物复合材料.

该材料采用两相复合,打破了传统的单晶、陶瓷形式,品质因数较高,表现出优异的性能.它一般是将铁电陶瓷或单晶如 $PbTiO_3$、PLT、PZT（锆钛酸铅）、TGS 等的超细颗粒加入高分子有机聚合物（如树脂、硅胶、PVDF 等）中均匀复合制成.研究表明,这样制备的复合材料能兼具两者的优点,而且通过改变掺入铁电陶瓷或单晶超细颗粒的体积比可以改变复合材料的性能,提高其热释电优值和探测优值.这种材料柔韧结实,可制成大面积器件,工艺简单,成本低.

3. 热释电陶瓷材料

与热释电单晶材料相比,铁电氧化物型热释电陶瓷材料具有一系列优点,如易于制成大面积的器件且成本低,力学性能和化学性能好,便于加工,居里温度高,所以在通常条件下,没有退极化问题.此外,在陶瓷中可以进行多种多样的掺杂和取代,可在相当大的范围内调节其性能,如热释电系数、介电常量和介电损耗等,从而进一步提高热释电材料的性能.

（1）初期研究的金属氧化物热释电陶瓷材料以各种掺杂改性的 $PbZrO_3$、$PbTiO_3$、二元系为主,具有很大的热释电系数,相对介电常量为 $200\sim500$,因此非常适合作为热释电材料.但缺点是其相变温度高于室温,且存在热滞,导致热释电响应的非线性.

（2）热释电性能较高的铁电陶瓷是 PLZT 陶瓷,它是用 La 替代了 $PbZrO_3$-$PbTiO_3$ 中部分 Pb 的固溶体.其组成为 $(Pb_{1-x}La_x)(Zr_{1-y}Ti_y)O_3$,居里温度高、热释电系数也很高,且随 La 的添加量增加,热释电系数上升.除了某些组成的铌酸锶钡外,PLZT 的热释电系数比其他材料高,但其介电常量和介电损耗也较大,这对热释电电压灵敏度不利.

4. 薄膜材料

薄膜热释电红外探测器不仅具有分辨率高、反应快、能与微电子技术兼容等优点,而且能抗氧化、耐高温、耐潮湿、耐辐射等,因此是未来有发展前景的材料.但是薄膜材料的选择和制备工艺受半导体集成电路工艺的限制,因此,研究高性能、大尺寸、易加工的热释电薄膜材料的制备技术是未来红外探测器用热释电材料发展的关键.

有机薄膜材料是近年来大力发展的一种新材料,它主要分为氟系有机薄膜材料 PVDF、PVDF 共聚物以及 P（VDF/TrFE）等和氰系有机材料 P（VDCN/VAC）两类有机薄膜材料.它们的主要优点是容易制备成任意大小和形状的薄膜,薄膜致密轻柔、热应力小、无脆性且工艺简单成本低.虽然热释电系数比无机薄膜材料低一个数量级,但由于介电常量小、热导率低,因此器件的电压响应优值并不低,比较适合制备热释电器件.［取自:红外与激光工程,2006(35):127-132.］

（四）热释电性能的主要评价指标

(4.85)式所示三个优值常用来反映材料热释电性能.

电流响应优值：
$$F_i = \frac{p}{C_v}$$

电压响应优值：
$$F_v = \frac{p}{C_v \varepsilon_r}$$

探测度优值：
$$F_M = \frac{p}{C_v}(\varepsilon_r \tan\delta)^{-\frac{1}{2}} \tag{4.85}$$

p 为材料热释电系数，C_v 为材料体积热容，ε_r 为材料的相对介电常量，$\tan\delta$ 为介电损耗.

从公式要求：热释电系数大，体积热容 C_v 小，介电损耗小.

其他要求：相对介电常量适中（电容匹配），相变温度略高于室温，红外吸收大，漏电流小.

从公式看，相对介电常量应该小，但是实际使用构成探测阵列，微型的元件电容要接近或者略大于放大器的输入电容，所以相对介电常量要适当大一些.

（五）一些材料的热释电性能参量

表 4.7 给出了一些代表性的热电材料的性能，下面的文献也可查出一些材料的热电性能参量.

表 4.7　一些代表性的热释电材料的性能

材料 （温度/℃）	$p/$ ($10^{-4}\mathrm{cm}^{-2}\mathrm{K}^{-1}$)	$\varepsilon_r/$ (1kHz)	$\tan\delta/$ (1kHz)	$d^L/$ ($10^6 \mathrm{Jm}^{-3}\mathrm{K}^{-1}$)	$F_v/$ ($\mathrm{m}^2\mathrm{C}^{-1}$)	$F_d/$ ($10^{-5}\mathrm{Pa}^{-1/2}$)
TGS(35)	5.5	55	0.025	2.6	0.43	6.1
DTGS(40)	5.5	43	0.020	2.4	0.60	8.3
ATGSAs(25)	7.0	32	0.01		0.99	16.6
ATGSP(25)	6.2	31	0.01		0.98	16.8
SBN-50*	5.5	400	0.003	2.34	0.07	7.2
LiTaO₃	2.3	47	0.005	3.2	0.17	4.9
PVDF	0.27	12	0.015	2.43	0.10	0.88
PZ-FN 陶瓷*	3.8	290	0.003	2.5	0.06	5.8
PT 陶瓷*	3.8	220	0.011	2.5	0.08	3.3

* SBN-50 是 $\mathrm{Sr}_{0.5}\mathrm{Ba}_{0.5}\mathrm{Nb}_2\mathrm{O}_6$，PZ-FN 陶瓷是改性的 PbZrO_3-$\mathrm{PbNb}_{2/3}\mathrm{Fe}_{1/3}\mathrm{O}_3$，PT 陶瓷是改性的 PbTiO_3.

从下列文献而可查到一些材料的热电性能参量.[C. R. Bowen et al. Energy & Environmental Science,2014,7:3836-3856.]

表4.8为一些热电体的恒应力、恒应变和部分夹持热电系数.从列出的一些热电体在室温附近的总热电系数 p^σ 和初级热电系数 p^ε 的数值:可看到,在大多数情况下,初级热电系数是总热电系数的主要贡献者.

表4.8   一些热电体的恒应力、恒应变和部分夹持热释电系数

材料	$p^\sigma/(10^{-6}C \cdot m^{-2} \cdot K^{-1})$	$p^\varepsilon/(10^{-6}C \cdot m^{-2} \cdot K^{-1})$	$p^{PC}/(10^{-6}C \cdot m^{-2} \cdot K^{-1})$
CdS(6mm)	−4.0	−2.97	−0.13
CdSe(6mm)	−3.5	−2.94	−0.67
ZnO(6mm)	−9.4	−6.9	−0.35
$LiSO_4 \cdot H_2O(2)$	+86.3	+60	
$LiTaO_3(3m)$	−176	−175	−161
$Pb_3Ge_3O_{11}(3)$	−100	−116	−92
电气石(3m)	+4.0	+0.48	
$Sr_{0.5}Ba_{0.5}Nb_2O_6(4mm)$	−600	−500	−470

表4.9列出了一些有机和无机热释电材料在室温下的初级和次级热释电系数,括号内为对称群.对于某些热释电材料,次级效应可以与一级效应相当甚至更大.

表4.9   一些有机和无机热释电材料在室温下的初级和次级热释电系数

材料	初级热释电系数/ ($\mu C \cdot m^{-2} \cdot K^{-1}$)	次级热释电系数/ ($\mu C \cdot m^{-2} \cdot K^{-1}$)	测量的系数/ ($\mu C \cdot m^{-2} \cdot K^{-1}$)
（A）非铁电			
CdS (6mm)	−3.0	−1.0	−4.0
CdSe (6mm)	−2.94	−0.56	−3.50
ZnO (6mm)	−6.9	−2.5	−9.4
BeO (6mm)	−3.39	−0.01	−3.40
电气石(tourmaline)(3m)	−0.48	−3.52	−4.0
$Li_2SO_4 \cdot 2H_2O(2)$	+60.2	+20.1	+80.3
（B）铁电			
$LiNbO_3(3m)$	−95.9	+12.9	−83

续表

材料	初级热释电系数/ ($\mu C \cdot m^{-2} \cdot K^{-1}$)	次级热释电系数/ ($\mu C \cdot m^{-2} \cdot K^{-1}$)	测量的系数/ ($\mu C \cdot m^{-2} \cdot K^{-1}$)
$LiTaO_3(3m)$	−178	+2.0	−176
$NaNO_2(2mm)$	−135	−5.0	−140
$Pb_5Ge_3O_{11}(3)$	−110.5	+15.5	−95
$Sr_{0.5}Ba_{0.5}Nb_2O_6(4mm)$	−529	−21	−550
$Ba_2NaNb_5O_{15}(2mm)$	−141.8	+41.8	−100
$TGS(2)$	−330	+60	−270
$PVDF(2mm)$	−14	−13	−27
$BaTiO_3(\infty m)$	−260	+60	−200
$Pb(Zr_{0.95}Ti_{0.05})O_3(\infty m)$	−305.7	+37.7	−268
$Pb(Zr_{0.52}Ti_{0.48})O_3(\infty m)$	−110	+60	−50

X. Li et al. Journal of Materials Chemistry C, 2013, 1: 23−37.

（六）热释电电流的测量

热释电系数的测量常用电荷积分法(4.86)式：

$$p = \frac{\Delta P}{\Delta T} = \frac{Q}{A\Delta T} = \frac{1}{A\Delta T} \int_0^t A J dt \qquad (4.86)$$

A 为样品电容的有效面积. 其他还有电压法、电流法、电滞回线法、光学法等.

常用测量热释电电流的方法来判定某晶体是否具有热释电效应. 热释电电流区别于其他电流的特征表现在下述三个方面:(1)热释电电流是在加热或冷却过程中出现的电流,而且在加热或冷却过程中无其他外界场影响,也无其他机制(如电荷注入机制)等起作用;(2)热释电电流大小正比于温度改变率 dT/dt,而不是材料所处的温度本身的值;(3)当温度改变率相同时,在加热过程中出现的电流与冷却过程中出现的电流应当相等,方向相反.

图 4.31 为对甲苯磺酸盐聚双炔有机宏观大晶体(PTS)的热释电电流,(a)为致冷过程,(b)为加热过程.

4.4.5 热释电效应的应用

1. 民用

热释电效应可用于机械和工业生产过程中监控、安全监视、防火报警、非接触式快速测温、红外热成像、变频空调自动控制、车辆及飞机的自动驾驶辅助装置、废物及污染物检测和医疗诊断、野生动物监控等.

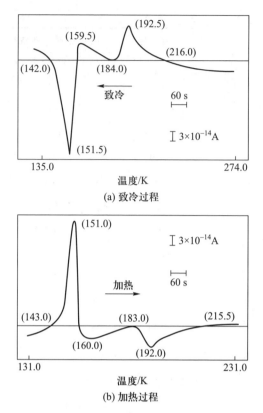

图 4.31 对甲苯磺酸盐聚双炔有机宏观大晶体的热释电电流

2. 军事

用热释电靶代替光电导靶的热释电摄像器件,可用于空中与地面侦察、夜视、入侵报警、战地观测、火情观测、医用热成像、环境污染监视及其他领域.

热释电材料的应用非常广泛,有兴趣的读者可查阅相关文献.

§4.5 非热释电效应的其他热电效应

前文已叙述,当热释电晶体所处温度变化时,在晶体的表面会产生束缚电荷,这是热释电效应.而除热释电效应外,还可观测到诸多不同原理的热电(thermoelectricity)现象及其应用.当两个不同的金属被连接在一起,如图 4.32(a)所示,如果这两个连接处的温度不同,此时将同时发生几个物理现象.在电路里的热流和电流的流动将引起焦耳热和热导.而这些流动的驱动力是三个相互有关的热电现象:泽贝克效应(Seebeck effect),佩尔捷效应(Peltier effect)和汤姆孙效

应(Thomson effect).下面分别介绍一下:

(一)泽贝克效应

通常用的热电偶[图 4.32(b)],当金属的两个连接处(两个结点)是处于不同温度时,结点间将产生一电压.通常,一个结点保持在恒温(常常是冰水共存的 0 ℃),测量作为第二个结点温度函数的开路电压.如果参考温度是 0 ℃,电压能够被表示为 $V = \alpha T + \beta T^2 + \gamma T^3 + \cdots$,这里 T 的单位是摄氏温度(℃),而这些系数与电偶金属材料的选择有关.如果热偶的冷端不是在 0 ℃,那只要加上一个常量项即可.

泽贝克系数被定义为 $\alpha = \lim\limits_{\Delta T \to 0} \dfrac{\Delta V}{\Delta T} = \dfrac{\mathrm{d}V}{\mathrm{d}T}$,这里 ΔT 是两种金属 a 和 b 的两个结点的温度差.ΔV 是产生的开路电压.如果两种不同的(半)导体连接成回路,且两接头的温度 T_1 和 T_2 不同时,则回路中产生电动势,会有电流出现(温差生电).

(二)佩尔捷效应

当图 4.32(a)电偶回路中接有电池时,如图 4.32(c)所示,电路内流动的电流 I 将引起焦耳热($I^2 R$).除此以外,这里还有由佩尔捷效应引起的附加的热效应.在两金属连接处(结点)可能吸热或放热(电致冷或致热),这取决于流过这两个金属 a 和 b 之间的连接处的电流方向.佩尔捷系数 π 被下列关系所确定:$Q = \pi I$.Q 是每秒从连接处产生(或失去)热,而 I 是通过结点的电流.

佩尔捷系数 π 可以由两个金属连接处通过一个确定的电流并测量它的温度随时间的变化而得到.知道了温度变化率和结点的热容将给出其与周围环境热交换率,在修正 $I^2 R$ 损耗后可得到佩尔捷系数.基于这些测量,人们发现佩尔捷热是线性正比于电流 I,且当 I 方向反转时,佩尔捷热也反转(由吸热变为放热或反之),佩尔捷系数大小与材料和温度有关,即当有电流通过不同的(半)导体组成的回路时,除产生不可逆的焦耳热外,在不同(半)导体的连接处随着电流方向的不同会分别出现吸热、放热现象(电致冷或致热).

(三)汤姆孙效应

如图 4.32(d)所示,当两个结处于不同温度时,在导线中将有一均匀的热梯度,热将沿着热偶的两根线传导.当电路内连接一电池且电线中有了电流流动如图 4.32(d)所示,此时必须加热才能保持导线中温度梯度恒定.考虑到焦耳热,必须吸热或放热才能恢复导线中原来的温度梯度.

为测量在导线中的汤姆孙热,我们令一定的电流通过一根已知温度梯度的导线.在这导线和环境之间转移的汤姆孙热的比率是等于在导线中耗散的能量比率减去它被传导损失的比率.在校正了焦耳热和热导率后,可得汤姆孙热.

汤姆孙热为

$$\mathrm{d}Q = \gamma I \mathrm{d}T$$

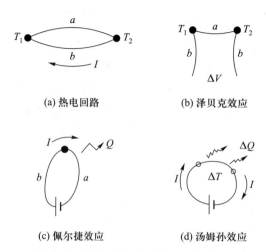

图 4.32　热电现象(取自参考文献[3])

其中 Q 是热量,T 是热力学温度,I 是电流,γ 是汤姆孙系数.该系数大小与金属和微分元的有效温度有关.汤姆孙和佩尔捷系数的符号随电流而反转.即存在温度梯度的均匀(半)导体中通有电流时,(半)导体中除了产生和电阻有关的焦耳热以外,还要吸收或放出热量.

*§4.6　铁性材料的多铁性能

1970 年,Aizu 根据铁电、铁磁、铁弹三种性质的相似点将其归结为一类,提出了铁性体(ferroic)的概念.多铁性材料(multiferroics)是同时存在铁电、铁磁或者铁弹等两种或者两种以上铁性序的材料,后来的研究又拓展到铁涡性的体系.本节首先介绍多铁性材料研究中出现的几种铁性序:铁电、铁磁、铁弹和铁涡性,然后概述磁电多铁性材料的研究背景、应用及研究现状.

4.6.1　几种铁性序

铁电性是多铁性材料研究中非常重要的一类铁性序,其基本概念已在本章 4.1 节中有所介绍,这里重点阐述在多铁性材料研究中发现的一些新颖的铁电现象.传统的钙钛矿型铁电体是研究最为广泛的一类铁电材料.这些铁电体通常为本征铁电体,即发生铁电相变时,自发极化为主要序参量,可以用软模理论来解释其铁电来源.其本征铁电机制主要分为两类:一类是孤对电子机制,主要见于钙钛矿 A 位具有 $6s^2$ 孤对电子构型(Bi^{3+} 和 Pb^{2+} 离子)的钙钛矿氧化物,如 $BiFeO_3$;另一类为二阶扬-特勒(Jahn-Teller)效应,通常要求钙钛矿 B 位为具有空 d 轨道(即 d^0 构型)的过渡金属离子,如 Ti^{4+}、Nb^{5+}、Ta^{5+}、W^{6+} 等.其中后者与磁性对于过渡金属离子 d 轨道部分填充的要求是不同的,从而导致了铁电性和铁磁性两种有序状态的互斥性.

随着多铁性材料研究发展,一些新颖的铁电机制不断涌现,通常为非本征铁电性.在非本征铁电体中,铁电相变时铁电极化非主要序参量,来源于与其他序参量的耦合效应,如多面体的扭曲、电子的自旋、电荷及轨道序等.在钙钛矿超晶格及 RP(Ruddlesden-Popper)相的层状钙钛矿材料,如 $Ca_3Ti_2O_7$ 中发现,八面体的旋转、倾斜扭曲与极性位移模式存在三线性耦合效应,导致由八面体旋转驱动的杂化非本征铁电性.类似的由结构几何效应驱动的非本征铁电性也存在于非钙钛矿结构,如六角的几何铁电体 $YMnO_3$,其形成 MnO_5 三角双棱锥面内共顶点连接的层状结构,铁电性来源于三角双锥多面体的倾斜.另外,关联电子体系中电子的电荷、轨道和自旋自由度耦合非常强烈,可能导致电子铁电性的出现.磁性诱导的铁电性是非本征铁电性中研究最为广泛的一类,其通常需要特殊磁序破坏空间反演对称,因而常见于具有特殊磁结构的过渡金属氧化物,如具有螺旋自旋结构的钙钛矿锰氧化物 $TbMnO_3$.目前已发现的磁性诱导的铁电体种类众多,在几类铁氧体材料:尖晶石、磁铅石和稀土铁氧体中都发现了磁性诱导的铁电体.在一些窄带的强关联电子体系中,电荷载流子在低温下会局域化,形成电荷有序化的周期结构,若电荷有序的排列方式破坏了中心反演,如 $LuFe_2O_4$,也有可能出现宏观电极化.图 4.33 显示了多铁性材料研究中出现的一些铁电性机制及代表性材料.

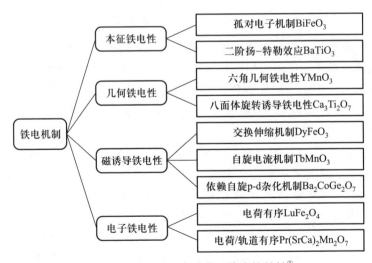

图 4.33 铁电性机制分类及代表性材料[1]

---

[1] 见张俊廷 2013 年的南京大学博士学位论文.

铁磁性是另一类常见的铁性序,其目前的应用也最为广泛.在现代工业中,铁磁性材料广泛地应用于电子、电气以及通信、测量、印刷、计算机等方面,主要的用途有发动机、电动机和变压器等的磁芯,磁存储和记录材料及磁微波材料等.近年来,利用磁与力、热、光、电的交叉耦合效应,人们已深入研究了磁光、磁电阻、磁电、磁致伸缩及磁致冷等功能转换材料,如图 4.34 所示.

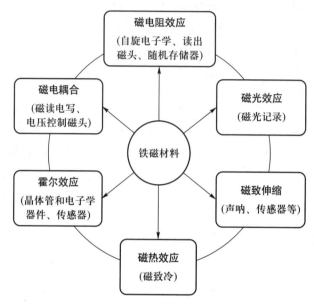

图 4.34 铁磁材料里发现的各种耦合效应及应用[①]

具有铁磁性的材料称为铁磁体.铁磁体在低于居里温度 T_C 时具有自发磁化.类似铁电体电极化强度随外加电场的变化,铁磁体的自发磁化随着外加磁场的变化也呈现出一个滞后回线的特征,称为磁滞回线,如图 4.35 所示.其中 B_r 为剩余磁化强度,B_s 为自发磁化强度,H_c 为矫顽场.磁滞回线的形成与铁磁畴在外加磁场下出现的畴壁移动及畴转向有关.铁磁畴的出现源于电子磁矩直接或间接交换作用的结果.常见的交换作用有直接交换(包括动态交换),超交换与双交换,局域磁矩之间通过传导电子传递的 RKKY 交换作用及巡游电子的交换作用等.超交换作用在固体磁性氧化物中起着重要作用,其通常导致反铁磁耦合,因此大多数绝缘体磁性氧化物是反铁磁体或亚铁磁体. 双交换作用一般出现在具有不同价态磁性离子的材料里,如掺杂钙钛矿锰氧化物.交换作用源于 d 电子在磁性离子之间的真实跃迁过程,因此,具有双交换作用的磁性材料一般为铁磁金属.

---

① 见张俊廷 2013 年的南京大学博士学位论文.

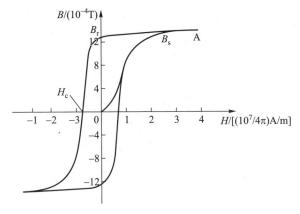

图 4.35　铁磁体磁滞回线示意图

铁磁性材料种类众多,难以完全分类概括,这里列举了一些常见的铁磁体种类:

(1) 铁磁金属及合金,典型的铁磁金属材料为铁、钴、镍,铁磁性基于巡游电子模型,需要用能带图像来解释.

(2) 铁氧体材料,如尖晶石、石榴石、磁铅石及稀土正铁氧体,铁磁性需要用局域电子模型来解释.

(3) 有机铁磁体,其顺磁中心可以是各种过渡金属离子,也可以是含有各种未配对电子的有机自由基,甚至是孤子、极化子等有自旋的准粒子.其中单分子磁体被认为有希望突破传统磁存储材料纳米尺寸限制的困境,可以大幅提高数据存储能力,是目前的研究热门.

(4) 铁磁性半导体及半金属铁磁体.近年来,由于自旋电子学的兴起,稀磁半导体和半金属铁磁体材料受到了重视.稀磁半导体是指过渡金属离子掺杂的非磁性半导体材料,因兼具半导体和磁性的性质,可以在同种材料里同时应用电荷和自旋两种自由度.半金属铁磁体的能带结构中,两个自旋子带分别具有金属性和绝缘性,从而可以产生自旋完全极化的传导电子,这一特性使得它在自旋极化输运及自旋电子学领域具有重要的应用价值.

一般晶体的弹性性质在弹性极限内应力和应变之间的关系为线性关系,但有些晶体在一定温度以下,其应变和应力的关系不是线性的,而是形成如图 4.36 所示的滞后回线,类似铁电体的电滞回线和铁磁体的磁滞回线,称为铁弹回线.最早在研究 $Gd_2(MoO_4)_3$ 晶体位移相变时,发现应变 S 对应于外力 T 的变化有图 4.36 中所示的滞后现象,并使用了铁弹性一词.具有铁弹性的晶体称为铁弹体.其主要特征为:① 应力为零

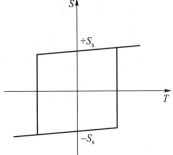

图 4.36　铁弹体的应力、应变回线示意图

时,晶体中存在一定的应变,称为自发应变,而且还可能存在两种以上稳定的取向.这些不同取向的自发应变状态在晶体中形成一定区域,称为铁弹畴.② 当对铁弹体施加一定的应力时,晶体中的应变状态可以从一种过渡到另一种,即晶体中的应变状态必然有两种以上,这是形成回线的原因.

铁弹体的自发应变是由晶体结构决定的.一般认为,其自发形变起源于各等同部分原子对的互换位移.在无应力作用时,铁弹体的任何两个取向态(畴态)呈镜面对称.在 32 种晶体学点群中,共有 16 种满足:$1(C_1)$,$\bar{1}(C_i)$,$2(C_2)$,$m(C_s)$,$2/m(C_{2h})$,$222(D_2)$,$mm2(C_{2v})$,$mmm(D_{2h})$,$\bar{4}2m(D_{2d})$,$3(C_3)$,$\bar{3}(S_6)$,$3m(C_{3v})$,$32(D_3)$,$\bar{3}m(D_{3d})$,$422(D_4)$,$4/mmm(D_{4h})$.分属于三斜、单斜、正交、三方和四方 5 种晶系共 94 种空间群,其中兼有铁电性的铁电-铁弹体有 42 种.

铁弹体的所有偶数阶极性张量能随应力而转向,其偶数阶极性张量与应力间关系呈滞后回线.利用二阶张量(自发应变、矫顽应力、介电常量、电导率、膨胀系数、热传导系数)和四阶张量(弹性模量、电致伸缩率和弹性系数)随应力而转向的特点,借助铁弹体状态变化和铁弹相变导致的物理性能变化,可以做成各种力敏元件.铁弹半导体、铁弹超导体、铁光弹体和铁电铁弹体等新型多功能铁弹体,在能量转化、信息变换和存储等方面都有着广泛的应用前景.但是由于缺乏性能优越的铁弹材料,目前尚未有实际应用.

铁涡性的概念是在多铁性材料研究过程中提出的.原子自旋或轨道产生的磁矩按照首尾相连的排列方式会产生一涡旋矩,这一特性矩可以用一极化矢量 $T=1/2\sum_{i}S_i\times r_i$ 来描述,其中 S_i 和 r_i 分别为第 i 个磁矩及其位置矢量.最简单的磁涡旋如图 4.37 所示,一个圆环面上套有电流线圈,而每个电流线圈都对应着一磁矩,这一系统会表现出一个垂直于圆环面的磁涡旋矩.其具有内在的磁电耦合效应,圆环面所在平面内的磁场 H 会导致沿平面内某一方向上环状电流的聚集,导致沿这一方向的电极化 P.

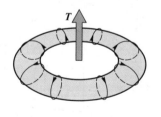

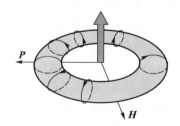

(a) 铁涡性的磁涡旋矩   (b) 磁电耦合效应

图 4.37 磁涡旋[Nature,2007(449):702.]

　　磁涡旋矩有序排列的系统就是铁性磁涡旋系统,称为铁涡性.磁涡旋矩可以作为铁涡性的序参量,用来描述多铁性材料中电极化和磁性序参量的耦合.一般具有铁电性和铁磁性的多铁性系统中 $T \propto P \times M$,但实际上不一定需要铁电性和铁磁性才能产生宏观的铁涡性.目前已发现一些典型的铁涡性材料,如 $GaFeO_3$、$LiCoPO_4$ 和 $LiNiPO_4$.然而,目前对铁涡性的研究尚处于起步阶段,对它与多铁性材料之间的关系还没有统一的认识.

　　铁涡性会导致光学磁电效应,其包含两类效应.一方面,它会导致与光波极化方向无关的二色性或双折射效应,与起源于同光波极化方向相关的法拉第旋转不同,可能来源于磁电效应在光频范围内由光波的磁场分量导致的极化.另一方面,在多铁性材料中还存在二次谐波效应.这一效应具有潜在的应用价值,可以用来探测铁性磁涡旋以及多铁性系统中磁畴和铁电畴之间的耦合.

　　从对称性的角度来看,物理系统可以用其在空间和时间反演对称性下的变化特性来表征.前面提到的四种铁性序分别具有不同的时间和空间反演对称.铁电性破坏空间反演对称而在时间反演对称下保持不变,铁磁性破坏时间反演对称而在空间反演下保持不变,铁弹性在空间和时间反演下都保持不变,而铁涡性同时破缺了时间和空间反演对称,如图 4.38 所示.

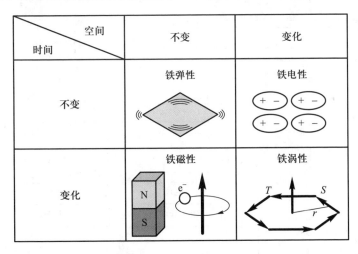

图 4.38　各种铁性序中的时间和空间反演[科学通报,2008(53):1098.]

4.6.2　多铁性材料定义及应用

　　1994 年,瑞士日内瓦大学的 Schimid 教授首次将多铁性定义为同时存在铁电、铁磁或铁弹等两种或者两种以上铁性序的材料.由于铁电-铁磁体较为少见,通常把铁电与反铁磁或亚铁磁共存的体系也称为多铁性材料.后来在多铁性材料研究中又提出了铁涡性的概念并将其作为一种基本的铁性序.实际上,由于铁弹性一般伴随着铁电性出现,且目前缺少适合应用的铁弹体,而铁涡性的研究尚未成熟.因此,多铁性材料研究主要集中在铁电和铁磁共存的体系,即磁电多铁性材料.

多铁性材料首先可以集成不同铁性体的功能性质,如利用铁电体和铁磁体在存储方面的应用实现四态逻辑存储.更为重要的是,多铁性材料不同铁性序参量之间存在耦合效应,如图 4.39 所示,为设计新型电子器件提供了可能.一个重要的耦合效应为铁电与铁磁之间的耦合,即磁电耦合.基于磁电耦合效应有望实现外场对铁性序的交叉调控,如利用电场控制磁化和利用磁场控制电极化,如图 4.40 所示.这些特点使多铁性材料在自旋电子器件、传感器和数据存储等领域有着广阔的应用前景.

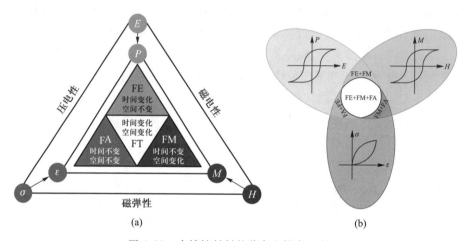

图 4.39 多铁性材料的共存和耦合示意图

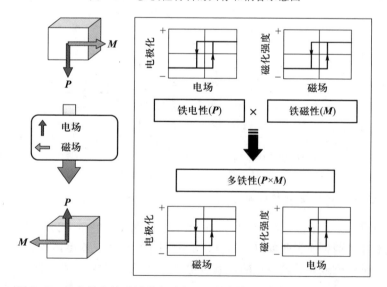

图 4.40 铁电性和铁磁性共存及相互调控[科学通报,2008(53):1098.]

通过磁电耦合效应实现电场控制磁性提供了结合铁电随机存储器(FeRAM)和磁性随机存储器(MRAM)各自优点的可能.FeRAM 写入快但读取相对较慢,MRAM 读取快但具有较高的写入能耗,利用磁电耦合效应可实现磁读电写.利用电场来替代电流转换磁信息不仅可以减少写入过程的能耗,还可以实现超高速率数据读写过程.图 4.41 显示了一个基于多铁性材料磁电耦合效应设计的磁电随机存储器(MERAM)原型.磁性隧道结(存储单元)状态由铁磁层磁化方向(大白箭头)决定.读入过程类似于 MRAM,通过测量磁性隧道结的高低电阻态即可.写入过程利用多铁性材料的磁电耦合及界面交换耦合,实现电场转换铁磁自由层的磁化,从而转换存储状态.

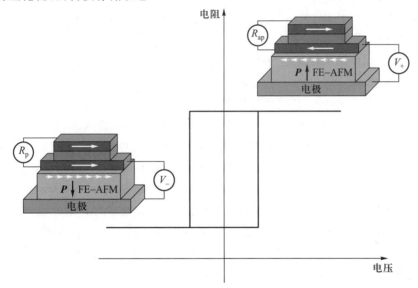

图 4.41　设计的磁电随机存储器示意图[Nature Materials,2008(7):425.]

4.6.3　多铁性研究历史

早在 1894 年,皮埃尔·居里(Pierre Curie)就通过对称分析预言,在一些晶体中存在本征的磁电耦合效应.这种效应为线性磁电耦合效应,即诱导的极化(磁化)的变化正比于外加磁场(电场)的变化,

$$\Delta P = \alpha_{ME}\Delta H, \quad \Delta M = \alpha_{EM}\Delta E$$

其中 α_{ME}、α_{EM} 分别为磁电和逆磁电耦合系数.1960 年科学家们发现单晶 Cr_2O_3 在 80 K 到 330 K 的温度范围内存在磁电效应.为了克服钙钛矿结构中铁电性和铁磁性对 B 位过渡金属离子构型的互斥性要求,苏联科学家提出在 B 位同时引入具有 d^0 构型的铁电激活和具有磁性的过渡金属离子.1961 年,他们首次合成了铁电反铁磁共存的 $Pb(Fe_{2/3}W_{1/3})O_3$.此后,人们陆续发现和合成了一系列铁电

磁体,包括成为目前研究热点的 $BiFeO_3$ 材料. 此阶段发现的多铁性材料从结构上可以大致分为如下几类:

(1) B 位含有过渡金属离子的钙钛矿结构,典型的代表材料为 $Pb(Fe_{1/2}Nb_{1/2})O_3$ 和 $BiFeO_3$.

(2) 引入了 $BiFeO_3$ 单元的黛眼蝶(aurivillius)相层状钙钛矿铁电体,如 $Bi_6Ti_3Fe_2O_{18}$.

(3) 六角的稀土锰氧化物 $RMnO_3$,其中 R = Ho、Er、Tm、Yb、Lu、Y、Sc,为三角双棱锥面内顶点连接的结构,Mn 离子占据三角双棱锥中心.

(4) 方硼石类化合物,分子式为 $M_3B_7O_{13}X$,其中 M = Cr、Mn、Fe、Co、Ni、Cu,X = Cl、Br、I. 在 $Ni_3B_7O_{13}I$ 材料中,铁电和磁相变点一致,且外加磁场方向的旋转能够导致自发极化的改变.

(5) 八面体结构氟化物 $BaMF_4$,其中 M = Mn、Fe、Co、Ni. MF_4 八面体顶点连接,形成被 Ba 离子隔开的层状结构.

除了以上的化合物,被报道的还有一些其他结构的铁电磁体. 除了 $Fe_3B_7O_{13}I$ 和 $Mn_3B_7O_{13}I$ 为天然晶体外,其他铁电磁体材料均为实验合成. 在当时被发现的这些多铁性材料里,大多数为铁电反铁磁体. 由于它们的磁电耦合较弱且居里温度低而未能得到实际应用,随后多铁性材料的研究陷入了沉寂.

近十几年来,随着一些代表性多铁性材料被发现,多铁性材料研究开始迎来复兴. 2003 年,美国马里兰大学 Ramesh 研究组率先合成了具有很强铁电性和弱铁磁性的 $BiFeO_3$ 薄膜,首次在单相材料里实现室温以上铁电性与铁磁性的共存,掀起了多铁性研究的热潮. 同年,研究人员在钙钛矿锰氧化物 $TbMnO_3$ 中发现,其螺旋磁序能够诱导电极化,且可通过外加磁场调控铁电极化的方向,从而拉开了第二类多铁性材料研究的序幕. 随后,人们陆续发现了一些典型多铁性材料,并实现了磁电耦合与交叉调控. 多铁性机制的理论研究也迎来蓬勃发展,多铁性材料成为当前凝聚态物理和材料科学的一个热门领域.

多铁性材料首先可以分为单相和复合多铁性材料. 单相多铁性材料根据铁电性来源机制的不同可分为两类:具有本征铁电性的多铁性材料如 $BiFeO_3$,被称为第一类多铁性材料,对其磁电耦合方面的研究主要致力于实现电场控制磁性;具有非本征铁电性的多铁性材料,以磁性诱导铁电体为主,称为第二类多铁性材料. 这类多铁性材料通常具有本征的磁电耦合效应,有望实现磁场调控铁电极化.

4.6.4 复合多铁性材料研究

虽然磁电耦合效应最早在单相多铁性材料 Cr_2O_3 里被观测到,但在过去的几十年中,它的主要突破并不是在单相多铁性材料取得的,而是另辟蹊径在磁电复合材料中取得的.复合多铁性材料是将铁电/压电材料和铁磁材料整合在一起,利用压电效应和磁致伸缩效应,通过两相界面之间的应力传递耦合,实现磁电耦合效应.从 1974 年 van Run 等人报道 $BaTiO_3$-$CoFe_2O_4$ 复合陶瓷的磁电耦合系数比 Cr_2O_3 大近两个数量级以来,复合磁电材料开始引起研究人员的关注.按两相连接结构划分,复合材料可以分为 0-3 颗粒复合、2-2 叠层结构、1-3 柱状结构等.最简单的复合多铁性材料是将片状的压电/铁电材料和磁致伸缩材料叠在一起形成层状结构.还有其他一些形式的复合多铁性材料,如颗粒形式的复合以及自组织生长的纳米尺度柱状复合,如图 4.42 所示.

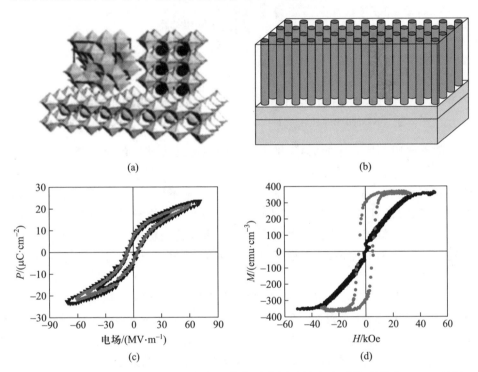

图 4.42 $CoFe_2O_4$/$BaTiO_3$ 柱状复合纳米结构示意图及铁电和磁滞回线 [Science, 2004 (303):661.]

块体复合磁电材料按其相组分大致可以分成陶瓷复合材料(如 $BaTiO_3$-或 PZT-铁氧体复合陶瓷)、陶瓷-磁性合金复合材料(如 PZT 与 Terfenol-D 的黏结复合材料)和高分子基复合材料(如 Terfenol-D 和 PZT 颗粒与高分子基体组成的三相复合材料)等.复合磁电块体材料通常在室温和较小偏压下,可以表现出较大的磁电耦合效应,因而有希望在设计的磁电器件上应用,包括磁传感器(交流和直流场)、电流传感器、换能器、回转器、可调谐器件、共振器、滤波器、振荡器、相移器等.最近几年,磁电复合块材在磁传感器和能量收割机(设计原型如图 4.43 所示)方面的研究取得了重要进展.

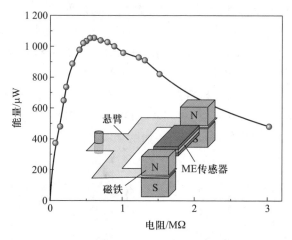

图 4.43　基于 Terfenol-D/PZT/Terfenol-D 的能量收割机原型
[Advanced Materials,2011(23):1062.]

随着薄膜制备技术的成熟,纳米结构的磁电复合薄膜的研究越来越多.常用的薄膜沉积技术有激光脉冲沉积(PLD)、分子束外延(MBE)和金属有机化学气相沉积(MOCVD)等.这种薄膜外延沉积技术不仅可以制备功能材料的超结构和新相,而且可以通过选择衬底施加应力,来修饰材料的功能性质.与块材磁电复合材料相比,薄膜磁电复合材料具有独特的优越性,可以实现不同化合物在原子水平的连接,及在原子尺度控制自旋、轨道、电荷与晶格的耦合,如图 4.44 所示.

从应用的观点来说,薄膜磁电复合材料有希望应用在集成磁电器件上,比如传感器、微电机系统、高密度存储器和自旋电子器件等.一个突出的例子是应用在读头上,传统的磁电阻读头需要一个恒定的直流电流去探测操作过程的电阻变化,而基于磁电效应的读磁头不需要该探测电流.在读取过程中,磁场的变化可以通过磁电效应直接诱导读头两端电压变化,因而避免了读过程中产生的焦耳热损耗.最近,研究人员演示了基于铁磁/铁电双层膜的磁电读头原型,如图 4.45 所示,双层膜的输出电压波形和激励的交流磁信号完全一致,显示了多铁性复合薄膜作为磁电读头的可靠性.

4.6.5　单相多铁性材料研究

第一类单相多铁性材料的研究主要以 $BiFeO_3$ 为主,它是目前发现的少数在室温以上具有强铁电性和铁磁性的单相多铁性材料之一.2006 年,研究人员发

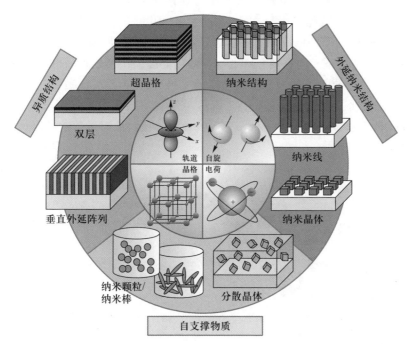

图 4.44 薄膜沉积系统可实现的各种纳米结构及多重自由度的调控[张俊廷.南京大学博士学位论文,2013.]

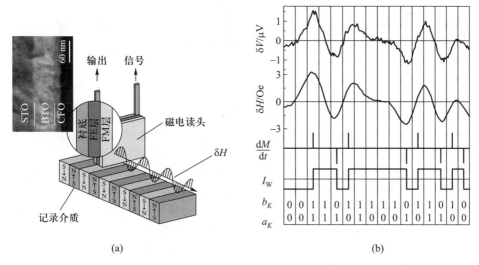

图 4.45 基于铁磁/铁电双层膜的磁电读头传感器示意图和磁场变化与输出电压信号[Applied Physics Letters,2008(92):152510.]

现在BiFeO$_3$薄膜中存在铁电极化与磁性的耦合效应,如图 4.46 所示,铁电极化的方向与反铁磁平面始终垂直在一起,通过外加电场转换极化可以旋转反铁磁平面.这项发现引领了基于 BiFeO$_3$薄膜实现电场控制磁性的研究.由于 BiFeO$_3$薄膜本身为倾斜反铁磁,具有弱铁磁性,研究人员提议在其表面沉积一层铁磁薄膜,如 CoFe 合金或 LaSrMnO$_3$ 等.利用界面交换作用可实现铁磁层磁化方向与BiFeO$_3$反铁磁平面的耦合,如图 4.47 所示.当极化方向在电场作用下进行 71°或 109°翻转时,界面处的 BiFeO$_3$反铁磁方向将跟着旋转,从而带动铁磁薄膜磁化方向的转换.

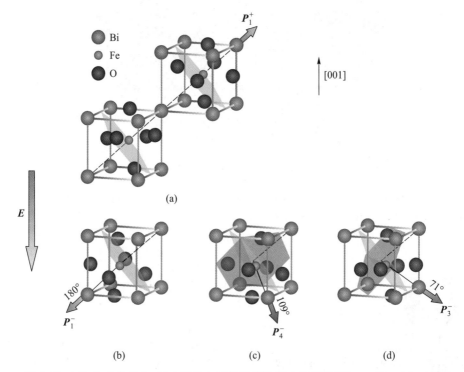

图 4.46 BiFeO$_3$晶体结构,和电极化与反铁磁平面耦合示意图[Nature Materials,2008 (7):478.]

在 2008 年,研究人员根据提议的方案在 BiFeO$_3$薄膜表面沉积了铁磁的 (Co$_{0.9}$Fe$_{0.1}$)薄膜,通过 PFM 和 XMCD–PEEM 成像观察到了铁电畴和铁磁畴的一对一耦合,且证实外加电场可以实现铁磁薄膜磁化的 90°旋转,如图 4.48 所示.当再次施加电场转换 BiFeO$_3$极化时,磁化方向继续回到初始方向.

磁性存储器件中磁状态的改写通常需要实现磁化方向的 180°翻转.在 2011 年,研究人员采用(110)取向的 DyScO$_3$作为衬底生长 BiFeO$_3$/CoFe 薄膜,最终实现了电场对磁化方向的 180°翻转.DyScO$_3$提供的各向异性应力使 BiFeO$_3$薄膜生

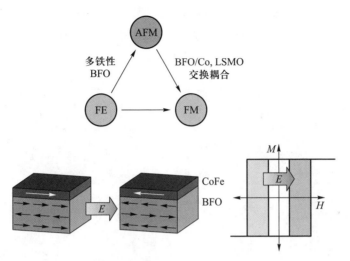

图 4.47 BiFeO₃中实现电场控制铁磁性示意图[Materials Today,2007(10):16.]

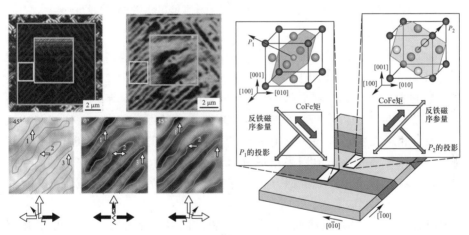

图 4.48 BiFeO₃/CoFe 薄膜铁电畴和铁磁畴的一一对应耦合(图左)及外加电场实现磁
化方向 90°转换(图右)[Nature Materials,2006(5):823.]

长成(001)取向的 71°条纹畴结构,其在面内有一净极化分量.由于 BiFeO₃薄膜
的磁电耦合效应,其电极化方向始终垂直于反铁磁矢量与诱导的弱铁磁分量.在
单个铁电畴内部,其极化和弱铁磁的面内分量均与反铁磁面内分量垂直,因此他
们的面内分量平行.弱铁磁矢量通过交换作用与 CoFe 薄膜铁磁方向耦合在一
起,建立了 BiFeO₃薄膜铁电畴与 CoFe 薄膜铁磁畴的一一对应,如图 4.49 所示.
当沿着净极化方向的相反方向施加电场时,每个条纹畴均发生了 71°的转换,相
当于每个条纹畴的极化面内分量进行 90°旋转,转到与相邻条纹畴面内极化分
量相反的方向,得到了与初始方向相反的净极化.与此同时,由于铁电畴内极化

与铁磁薄膜铁磁矢量的耦合,宏观磁化也转到了与净铁电极化一致的方向,实现了电场对磁化的 180°翻转.当再次施加反方向电场时,磁化方向重新回到初始位置.

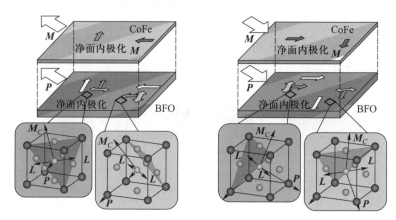

图 4.49　BiFeO$_3$/CoFe 薄膜条纹畴及电场对磁化方向 180°转换［Physical Review Letters,2011(107):217202.］

　　除了电场控制铁磁性的研究,BiFeO$_3$ 外延生长的薄膜里发现的类似 PZT 的准同型相界现象成为无铅压电材料研究的一个重要进展.2009 年,研究人员在(001)取向的 LaAlO$_3$ 和 YAlO$_3$ 衬底上生长的 BiFeO$_3$ 薄膜里均观察到了三方(R)和四方相(T)共存的现象.如图 4.50 所示,他们用高分辨 AFM 成像观察到了混合相条纹状结构.图中黑色条纹为 R 相,条纹间距为 30~50 nm,条纹区域表面起伏为 2~3 nm.他们采用低分辨和高分辨的 TEM 分别观察到了条纹相混合区域和原子尺度三方四方相共存现象,并研究了混合区域赝立方晶格常量的变化.

　　随后,研究人员详细研究了 BiFeO$_3$ 薄膜准同型相界附近的压电性,并解释了电场诱导应变的来源.他们发现混合相诱导的压电系数(115 pm/V)远大于纯 T 相(30 pm/V)和纯 R 相(53 pm/V)薄膜,如图 4.51 所示,电场可诱导混合相到 T 相,再经过反向电场复原到混合相.相变时相界的可逆移动产生的应变超过 5%.通过原位 TEM 电学和力学测量,证实了大的应变来源于混合相相界的移动,相界的移动改变了混合相的稳定性.他们提出这种纳米尺度混合相观察到的大的可逆机电耦合现象可以在微纳米无铅压电材料领域具有潜在应用.

　　第二类多铁性材料铁电性的出现与其他序参量有关,如电子的自旋、电荷及轨道自由度等.图 4.52 显示了这类多铁性材料根据不同诱导极化机制的大致分类及示例.其中,磁性诱导铁电体是这类多铁性材料中最广泛的一类.2003 年,研究人员发现 TbMnO$_3$ 的螺旋自旋序可以诱导铁电极化,且外加磁场会导致

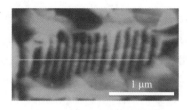

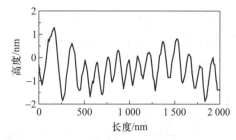

(a) 混合相区域高分辨AFM成像   (b) 条纹相表面起伏高度

(c) 混合相区域低分辨TEM成像

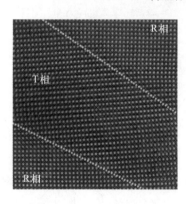

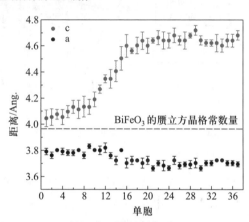

(d) 相界附近高分辨TEM成像   (e) 面内面外晶格常量变化

图 4.50 BiFeO$_3$/LaAlO$_3$ 薄膜 [Science, 2009(326):977.]

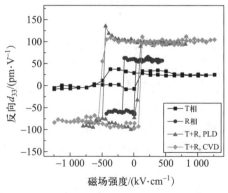

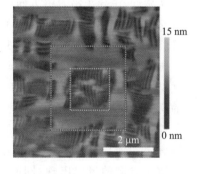

(a) T相、R相和不同方法生长的混合相的压电回线   (b) 电场诱导混合相到纯T相相变，再经过反向
电场复原到混合相的高分辨AFM成像

图 4.51 BiFeO$_3$ 薄膜 [Nature Nanotechnology, 2011(6):97.]

极化方向的变化,为磁诱导铁电性的研究拉开了序幕.之后,人们陆续寻找到一系列磁性诱导铁电材料.同时,关于磁诱导铁电性的理论研究也开展起来.提出的自旋电流机制(逆 DM 相互作用)能够成功解释螺旋自旋结构诱导的铁电性.

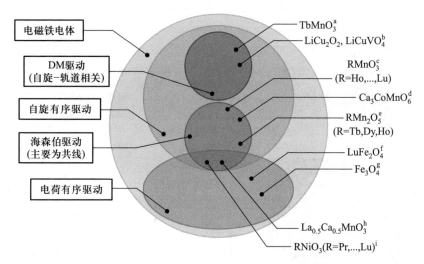

图 4.52　电子铁电磁体根据极化来源机制的分类和示例[Journal of Physics Condensed Matter,2009(21):303201.]

　　2004 年,研究人员在 $TbMn_2O_5$ 中实现了磁场对诱导的电极化连续可重复翻转,使得磁记录铁电存储器成为可能.$TbMn_2O_5$ 极化来源于自旋交换伸缩机制,与形成的 Mn^{3+}-Mn^{4+} 电荷序链和沿着链方向上上下下(↑↑↓↓)自旋序有关,如图 4.53 所示.由于交换能作用,在磁转变温度以下,自旋平行的 Mn^{3+}-Mn^{4+} 离子会相互靠近,诱导了沿着链方向的电极化的出现,而磁场对极化的连续翻转与磁场引起的 Tb 子格磁序的改变有关.

　　目前发现的大多数磁性诱导铁电体为反铁磁结构,难以用磁场调控,而完全的铁磁序不破坏中心反演对称.因此,从具有宏观磁矩的亚铁磁材料去寻找多铁性材料,是解决这一困境的有效办法.尖晶石类多铁性材料 $CoCr_2O_4$ 就是这样的例子.2006 年,研究人员在具有圆锥状螺旋序相的尖晶石 $CoCr_2O_4$ 里观测到了铁电极化和小磁场对极化的翻转现象.图 4.54 显示了其晶体结构、圆锥状螺旋序和诱导极化示意图.根据自旋电流模型,面内螺旋分量会诱导面内垂直于波矢方向的极化出现,同时,其具有统一的垂直于底面的铁磁分量,因而具有宏观磁矩.外磁场翻转铁磁分量时,改变了面内螺旋结构的手性,从而反转极化方向.如图 4.55 所示,外磁场对宏观磁化翻转的同时,电极化也跟着翻转.

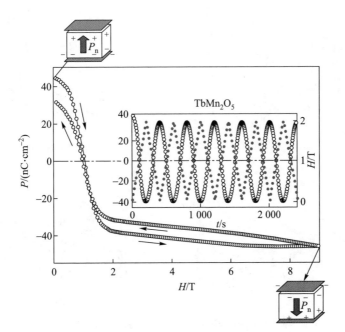

(a) TbMn$_2$O$_5$电极化随磁场的变化，其中插图为随时间变化的
交变磁场及随之改变的电极化

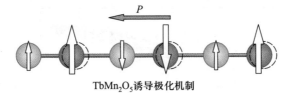

TbMn$_2$O$_5$诱导极化机制

(b) Mn^{3+}-Mn^{4+}电荷序链上诱导极化的交换伸缩机制

图 4.53   TbMn$_2$O$_5$[Nature Materials,2007(6):13.]

从应用的观点来看,磁性诱导铁电材料研究的一个主要挑战是寻找室温以
上的多铁性材料.而铁氧体材料种类众多,磁结构复杂,且通常具有较高的磁序
温度,因此是实现室温多铁性的良好选择.2005 年,研究人员在六角 Y 型磁铅石
Ba$_{0.5}$Sr$_{1.5}$Zn$_2$Fe$_{12}$O$_{22}$中实现了室温以上外加磁场对极化的控制.该材料基态为螺
旋磁结构,由于螺旋面垂直于螺旋波矢,无极化产生.当沿着面内方向施加外磁
场时,系统经历了连续的变磁性相变,极化伴随着磁场诱导的长波螺旋磁结构同
时出现.外磁场的旋转可以导致极化连续旋转,如图 4.56 所示.除了在磁电耦合
器件上的潜在应用,这种磁场对极化的旋转效应,使其在磁场控制电光相应器件
上具有潜在的应用前景.

随后,在 2010 年研究人员在 Z 型磁铅石 Sr$_3$Co$_2$Fe$_{24}$O$_{41}$中实现了室温低磁场
对极化的调控.Sr$_3$Co$_2$Fe$_{24}$O$_{41}$具有同 Ba$_{0.5}$Sr$_{1.5}$Zn$_2$Fe$_{12}$O$_{22}$一样的结构单元部分,它

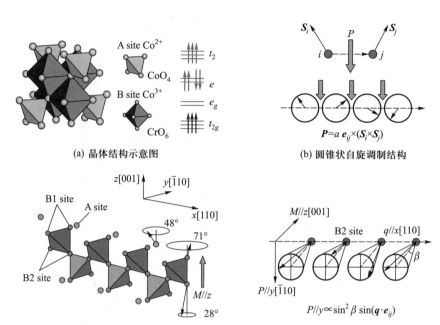

(a) 晶体结构示意图

(b) 圆锥状自旋调制结构

(c) 螺旋序和诱导极化的自旋电流模型

(d) 极化、宏观磁化和螺旋波矢关系示意图

图 4.54　CoCr$_2$O$_4$[Physical Review Letters,2006(96):207204.]

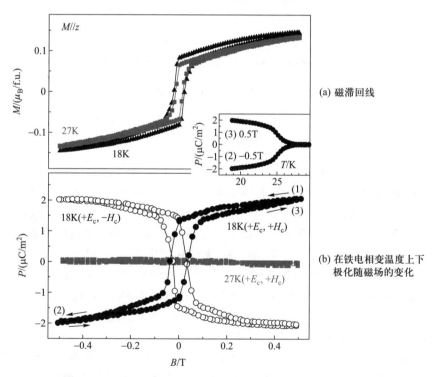

(a) 磁滞回线

(b) 在铁电相变温度上下极化随磁场的变化

图 4.55　CoCr$_2$O$_4$[Physical Review Letters,2006(96):207204.]

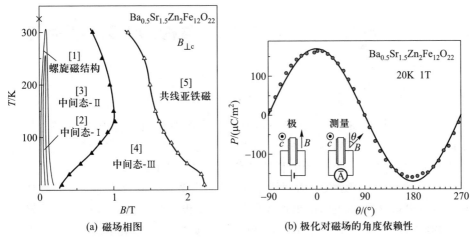

图 4.56 $Ba_{0.5}Sr_{1.5}Zn_2Fe_{12}O_{22}$[Physical Review Letters,2005(94):137201.]

们的磁化曲线形状相似,且极化均来自螺旋自旋结构下的自旋电流机制.相比 $Ba_{0.5}Sr_{1.5}Zn_2Fe_{12}O_{22}$,其具有更好的绝缘性和软磁性质,可以在室温以上用较小的磁场实现对极化的连续可重复改变.从图 4.57 可以看出,磁电系数的符号可由极化电场翻转,这种现象揭示了其在非挥发存储器和磁电器件上的潜在应用.

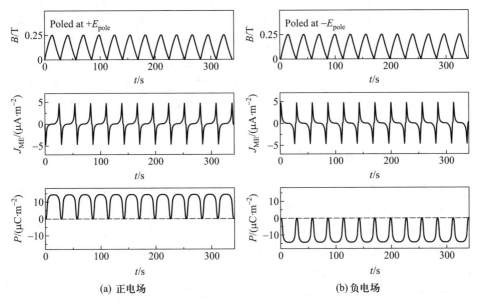

图 4.57 正负电场极化处理的 $Sr_3Co_2Fe_{24}O_{41}$ 样品,在随时间变化的外磁场下,极化电流和极化的同步变化现象[Nature Materials,2010(9):797.]

*§4.7　铁电材料中的电畴：形成、结构、动性及相关性能

4.7.1　引言

铁电材料是指在一定温度范围内具有自发电极化，且极化方向能被外加电场改变的材料.铁电材料的铁电性一般只在特定的温度范围内存在，在此范围之外则具有顺电性，铁电相与顺电相的转变温度称为居里点 T_c.

铁电材料常常用宏观电滞回线来表征，而在微观上其重要的特点是在铁电相时有铁电畴存在.铁电畴的出现是材料在高低温时的结构不同而引起.当高温顺电相经历居里温度 T_c 发生结构相变时，为释放由于高低温相结构不同而引起的内应力，以及避免巨大的退极化电场，铁电体内形成了一些称为电畴的小区域结构.在同一电畴内，所有电偶极矩的排列方向是一致的，而不同区域的电极化矢量方向则可能各不相同.在特定的表面、不均匀性和机械约束下，形成相对稳定的畴构型，同时这种畴构型又可能随着外部的应力、电场、温度等条件变化而发生变化.

铁电畴作为一种介观结构是铁电体的基本组成部分，它的形成、结构、动性及相关性能与铁电体的一些基本特征：居里点、电滞回线、自发极化、永久极化、矫顽场等密切相关，而且其存在以及形态演变对于铁电材料传统的宏观力、热、光、电等性能有着非常显著的影响，随着现代微加工技术的发展，更是展现出在纳米器件及微信号处理方面的巨大应用潜力.在铁电材料发现、研究和开发的近百年里，关于铁电畴的各方面报道就不断涌现.特别是 21 世纪以来，随着各种先进的微观表征技术的发展，对于铁电畴形态和动性的研究以及设计调控受到了前所未有的重视，相关报道不胜枚举.

4.7.2　铁电畴结构的群论分析

铁电材料的晶体结构（空间群对称性）遵从母群（顺电相）与子群（铁电相）的关系.顺电相中晶体的对称性较高，有若干个方向在晶体学上和物理性质方面都是等同的.铁电相中对称性降低，原来相互等价的若干个方向之一成为唯一的高次轴，也就是电极化方向.并且晶体中分成若干小的畴区，每个畴区的极化方向各异.畴区与畴区之间的边界称为畴界（或畴壁），畴界的类型则由两侧畴区内极化方向的夹角所定义，而此夹角等于原来的顺电相中对称等效方向之间的夹角.

总的电畴结构取决于顺电相的对称性以及自发极化的方向.理想情况下，多

畴晶体的总体宏观对称性等于顺电相的对称性.

需要说明的是,在大部分铁电材料中,顺电相都是高温相,随温度降低进入铁电相,进一步降低温度则可能出现具有不同对称性的铁电相.通过考察高温顺电母相和低温铁电子相的空间群的相互关系,可以得到低温铁电子相中可能出现的畴界以及畴结构类型.

随温度降低,假设晶体从空间群为 G 的高温母相转变到空间群为 H 的低温铁电子相,这里 H 必定是 G 的一个子群.G 可以分解为与 H 有关的左陪集:

$$G = H + P_2 H + P_3 H + \cdots + P_n H \tag{4.87}$$

其中,n 是 H 在 G 中的指数,且 $P_i(i=2,3,\cdots,n)$ 是 G 在转变过程中丢失的对称性操作.但是,这些丢失的对称操作仍然会在相变以后的畴组态上反映出来.换句话说,不同畴之间的对称关系在转变后再现时已被限定,畴组态实质上是被 P_i 系列操作所决定的.

（一）$SrBi_2Ta_2O_9$ 的畴结构的群论分析

我们首先以 $SrBi_2Ta_2O_9$（SBT）为例来说明畴结构群论分析方法的应用.SBT 是一种可应用于铁电存储的、具有无开关疲劳性的层状钙钛矿结构的铁电材料.

刘建设等分析了 SBT 中的畴界类型.SBT 在室温铁电相的空间群是 $H = A2_1am$,而高温时具有 $I4/mmm$ 或 $F4/mmm$ 对称性.它们的母相一般都可以表示为 $I4/mmm$ 或 $F4/mmm$,在低于相变温度以后,钙钛矿层的顶点氧与 $(Bi_2O_2)^{2+}$ 层中的 Bi 之间形成强的 Bi-O 键,从而使氧八面体产生正交扭转.相邻的八面体在 b 方向(或 a 方向,m 奇偶不同而异)反向位移,这种情况下的单胞将会发生变化.对于分别包含奇数和偶数钙钛矿层的不同情况下的铁电相的空间群为 $A2_1am$ 和 $B2cb$,或对称性更低.为了与铁电相的单胞一致,相应母相的空间群 G 应取 $F4/mmm$.

可以采取一种最大子群链的方式将 G 分解为左陪集,

$$F4/mmm\text{---}Fmmm\text{---}F2mm\text{---}A2_1am$$

在此过程中 $F4/mmm$ 的对称元素按下列顺序逐步被去除:一个 4 次轴、一个 2 次轴、沿对角线的一个 1/2 平移.分解可按照下列步骤进行:

$$F4/mmm = \left[\{1\} + \{4^+\, 0,0,z\} \right] \qquad Fmmm$$
$$\downarrow$$
$$\left[\{1\} + \{2^+\, 0,0,z\} \right] \qquad F2mm$$
$$\downarrow$$
$$\left[\{1\} + \{t(1/2,1/2,0)\} \right] \qquad A2_1am$$

$$F4/mmm = \left[\{1\} + \{4^+\, 0,0,z\} \right]\left[\{1\} + \{2^+\, 0,0,z\} \right]\left[\{1\} + \{t(1/2,1/2,0)\} \right] A2_1am$$

$$F4/mmm = \sum_{i=1}^{s} P_i A2_1am = \sum_{i=1}^{s} P_i H \tag{4.88}$$

其中

$$P_1 = 1$$
$$P_2 = t(1/2,1/2,0)$$
$$P_3 = 2[001]$$
$$P_4 = 2[001] \cdot t(1/2,1/2,0)$$
$$P_5 = 4^+[001]$$
$$P_6 = 4^+[001] \cdot t(1/2,1/2,0)$$
$$P_7 = 4^-[001]$$
$$P_8 = 4^-[001] \cdot t(1/2,1/2,0)$$

如果 H 代表畴的一种基本状态,则 $P_i H$ 代表畴的另外一种状态.考虑到 $P_1 = 1$,H 与其他 7 种畴态之间可以形成 7 种畴界以及 7 种畴组态,即(4.88)式中 $S=8$,而畴界类型最多有 $S-1 = 8-1 = 7$ 种.进一步考虑到 P_5 和 P_7 的等价性 ($P_5 = P_7^{-1}$),以及 P_6 和 P_8 的等价性($P_6 = P_8^{-1}$),最终不等价的畴组态只有 5 种.它们是:

(1) I_{12}:H 与 $P_2 H$ 构成的反相畴.

(2) I_{13}:H 与 $P_3 H$ 构成的 $180°$ 畴.

(3) I_{14}:H 与 $P_4 H$ 构成的 $180°$ 反相畴.

(4) I_{15}:H 与 $P_5 H$ 构成的 $90°$ 畴.

(5) I_{16}:H 与 $P_6 H$ 构成的 $90°$ 反相畴.

图 4.58 为 SBT 的典型畴构型示意图.丁勇等通过透射电镜在 SBT 中观测到该 5 种电畴如图 4.59 所示,证实了上述群理论分析结果.

(二) $PbZr_x Ti_{1-x} O_3$ 和 $BaTiO_3$ 畴结构的群论分析

$PbZr_x Ti_{1-x} O_3$(PZT)和 $BaTiO_3$(BTO)的顺电相即立方相的空间群都为 $G = m\bar{3}m$,室温铁电相的空间群都是 $H = P4mm$.它们属于位移型相变,方式为:两种阳离子平行或反平行地由其中心位移.自发极化伴随着偏离中心位移的产生而产生,从而由顺电相进入铁电相.

将群 G 对群 H 展开成陪集,列于表 4.10 中.对 H 展开成 6 个陪集,则畴界的类型最多有 5 种,分别由表 4.10 中 2、3、4、5、6 号陪集表征.可以看到,2 号陪集内的 $3^-[1\bar{1}1]$ 与 5 号陪集内的 $3^+[1\bar{1}1]$ 互为逆操作,2 号陪集内的 $3^+[1\bar{1}1]$ 与 3 号陪集内的 $3^-[1\bar{1}1]$ 互为逆操作,3 号陪集内的 $3^+[1\bar{1}1]$ 与 4 号陪集内的 $3^-[1\bar{1}1]$ 互为逆操作.因此 $I_{12} = I_{13} = I_{14} = I_{15}$,为正交畴,$90°$ 畴界;I_{16} 自成一类型,为反平行畴,$180°$ 畴界.由于母相与子相的操作全部都是点式操作,所以畴界都是取向畴,而无平移畴.

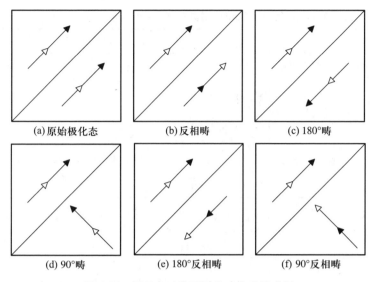

(a)原始极化态　　　(b)反相畴　　　(c) 180°畴

(d) 90°畴　　　(e) 180°反相畴　　　(f) 90°反相畴

图 4.58　SBT 中五种不同的畴构型示意图

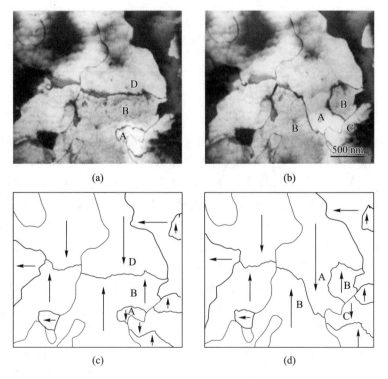

图 4.59　透射电镜下 SBT 中的电畴结构,(a)、(b)为不同时间相同衍射条件的 TEM 暗场像,(c)、(d)标出了(a)、(b)中各畴区的极化方向

表 4.10 群 $G = \mathrm{Pm\bar{3}m}$ 对其子群 $H = \mathrm{P4mm}$ 的陪集展开

序号	畴类型	陪集	陪集中的基本对称操作
1	$V[001]$	$H = \mathrm{P4mm}$	$1,4^+[001],2[001],m[100],m[010],m[110],m[1\bar{1}0]$
2	$V[100]$	$3^-[1\bar{1}\bar{1}]H$	$3^-[1\bar{1}\bar{1}],4^+[010],2[101],3^+[111],3^-[\bar{1}\bar{1}1],3^-[\bar{1}1\bar{1}],$ $m[\bar{1}01],\bar{4}^-[010]$
3	$V[010]$	$2[011]H$	$2[011],3^-[111],3^+[\bar{1}11],4^-[100],m[0\bar{1}1],\bar{4}^+[100],$ $3^+[1\bar{1}\bar{1}],3^-[\bar{1}\bar{1}\bar{1}]$
4	$V[\bar{1}00]$	$2[\bar{1}01]H$	$2[\bar{1}01],3^-[\bar{1}11],3^+[\bar{1}\bar{1}1],4^-[010],\bar{4}^+[010],m[101],$ $3^-[1\bar{1}1],3^+[111]$
5	$V[0\bar{1}0]$	$3^+[\bar{1}1\bar{1}]H$	$3^+[\bar{1}1\bar{1}],2[0\bar{1}1],4^+[100],3^-[\bar{1}\bar{1}\bar{1}],3^-[111],3^+[\bar{1}11],$ $m[011]$
6	$V[00\bar{1}]$	$2[110]H$	$2[110],2[100],2[010],2[\bar{1}10],4^+[001],4^-[001],\bar{1},$ $m[001]$

4.7.3 畴结构与宏观力学谱

材料的力学性质在实际应用中是非常重要的,力学谱技术测量力学模量及力学损耗随外界机械扰动频率和温度的变化,就是一种常用的研究方法.滞弹性理论研究表明材料点缺陷的弛豫、位错的弛豫、晶界(包括界面)的弛豫及材料相变等均可引起材料的力学损耗.机械振动产生内耗的原因主要是应变落后于应力,即在一定的时间内(弛豫时间),越过一定的势垒(激活能).力学损耗和介电损耗相似,都对相变和弛豫过程(如点缺陷的跃迁、畴壁的黏性运动、点缺陷与畴壁的相互作用等)十分敏感,只是介电损耗研究更侧重于荷电单元的运动.对于铁电体,在介电损耗方面的研究很多,而在力学损耗方面的研究相对较少.铁电材料中电畴的极化方向常与特定的晶格畸变和离子位移联系在一起,因此一些极化翻转也伴随着应力的产生以及相应的铁性畴转变.或者反过来说,施加外部机械应力能够迫使畴结构发生改变,这一改变往往通过畴壁的移动或新畴的产生来完成.在此过程中如果外场(应力)和铁性畴/畴壁的响应(应变)之间不同步,则在外场和响应(应力和应变)之间将有相位差,从而产生力学损耗.如果将外场推广到电场和磁场,将外场下材料中的响应推广到极化和磁化,则出现介电损耗和磁性损耗.需要说明的是,通常力学损耗也被称为内耗,而损耗异常以内耗峰的形式出现.下面我们用两个实例说明畴结构与内耗谱的关联.

(一) 五磷酸镧钕单晶中弹性畴密度变化引起的内耗峰

孙文元等用 Marx 三节组合振子法测量了五磷酸镧钕 $La_{1-x}Nd_xP_5O_{14}$(LNPP)晶体的力学损耗温度谱,并同时用光学显微镜对其铁弹畴组态随温度的变化进行同步实时观察.内耗测量的结果显示,除了居里温度 T_C 附近观察到一个尖锐的由结构相变引起的力学损耗峰 P_1 外,还在 T_C 以下几摄氏度观测到另一个损耗峰 P_2,并在此温度同时观察到相应的畴密度变化.王业宁等指出:在铁电或铁弹相,铁电畴和铁弹畴的密度 N 随温度 T 升高而增大,当温度接近 T_C 时,N 近似正比于 $\frac{1}{T_C-T}$.损耗峰 P_2 的出现则是因为畴(壁)密度较低时,畴壁之间距离足够大而互作用很弱以至可以忽略,此时畴壁动性很好,应力与应变基本同步,力学损耗小;随温度升高 N 增加,畴壁动性减弱,力学损耗与 N 成比例上升,内耗值 Q^{-1} 增大;当温度再升高,畴壁数量以及密度持续增加时,畴壁间的距离变小,畴壁的应变场重叠,畴壁之间的相互作用使得畴壁动性降低,进而内耗值 Q^{-1} 降低.因此,在适当的畴壁密度(也即在适当温度)下会有内耗峰 P_2 出现.这一类现象已在磷酸二氢钾 KH_2PO_4(KDP)、硫酸三甘肽 $(NH_2CH_2COOH)_3H_2SO_4$(TGS)等多种铁弹、铁电材料中被观测到.

(二) Bi 系铁电陶瓷中与畴壁荷电缺陷相关的内耗峰

内耗对相变和弛豫过程非常敏感,而弛豫过程除了点缺陷之间的相互作用之外,点缺陷与位错之间的相互作用,以及点缺陷与畴壁之间的相互作用也可以引起内耗峰.铁电材料的应用之一就是信息存储,其中开关疲劳特性就是影响存储单元寿命的重要指标.在一般的铁电氧化物材料中,常常有大量的氧空位缺陷以及伴随较大应变的 90° 畴壁,而 90° 畴壁与氧空位缺陷之间的相互作用对铁电疲劳特性有着重要影响.针对这一问题,李伟等利用音频内耗方法进行了有效的研究.他们选择 $Bi_4Ti_3O_{12}$(BiT)和 $Bi_{3.15}Nd_{0.85}Ti_3O_{12}$(BNT)为研究对象,是因为这两种铁电材料具有几乎相同的组分和晶格结构,但却具有截然不同的抗疲劳特性:BiT 的抗疲劳性能很差,而 BNT 几乎不疲劳.

图 4.60(a) 为 BiT 和 BNT 陶瓷的内耗温度谱.BiT 陶瓷在 380 K 处有一个很高的内耗峰,在稍高一点的温度则有一个肩状峰;BNT 陶瓷的峰形与 BiT 类似,只是峰温在 450 K 附近.通过高斯分峰,BiT 和 BNT 的内耗峰分别被分解为 P_1、P_2 和 P_1'、P_2'.可以证实 P_1 及 P_1' 峰是由氧空位在不同位置之间跃迁引起的.由于 BNT 中 Nd 对 Bi 的替代,减少了 Bi 的挥发,从而降低了氧空位浓度,使得 P_1' 峰相比于 P_1 峰的峰高明显降低.

$P_2(P_2')$峰也与氧空位浓度有关,可以认为是由氧空位和90°畴壁之间的相互作用引起的,这个力学损耗过程对应于畴壁被氧空位的钉扎和脱钉.图4.60(b)显示 BNT 陶瓷在加电场极化前后的内耗变化.由于极化造成畴壁减少从而引起 P_2' 内耗峰高度降低,确证该 P_2' 峰与畴壁有关.

在 BiT 与 BNT 中,P_2峰和P_2'峰峰高几乎相同.结合 TEM 观察发现(详见下面4.7.4),BiT 陶瓷中的 90° 畴壁比较平直,而 BNT 陶瓷中的 90°畴壁则比较弯曲.90°畴壁对氧空位具有吸收性,且吸收性的强弱和畴壁的形貌有关,弯曲的畴壁(BNT)对氧空位的吸收性大于平直的畴壁(BiT).尽管 BNT 中 Nd 掺杂使得氧空位减少,但 BNT 对氧空位的吸收仍不少于 BiT,因此 P_2'峰和 P_2峰峰高几乎相同.

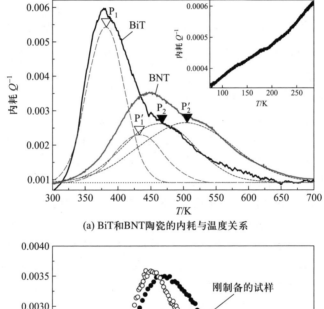

(a) BiT和BNT陶瓷的内耗与温度关系

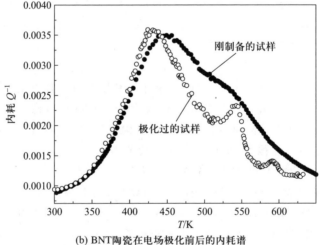

(b) BNT陶瓷在电场极化前后的内耗谱

图 4.60　铁电陶瓷中与氧空位缺陷相关的内耗峰

可以定量地分析 90°畴壁对氧空位的吸收性.假设材料结构中对应于一个 Bi 离子所产生的氧空位浓度为 x,那么 BiT 中氧空位的浓度就可以表示为 $4x$,BNT 中氧空位的浓度表示为 $3.15x$.定义 P_1 峰和 P_2 峰所对应的氧空位浓度分别为 A 和 B,由于 P_1' 仅为 P_1 峰的 31.11%,而 P_2' 峰和 P_2 峰高度基本相同,因此可以得到下面的方程:

$$4x = A + B \tag{4.89}$$

$$3.15x = 31.11\%A + B \tag{4.90}$$

对此方程求解,得到 $A = 1.234x$,$B = 2.766x$.可见,69.15%的氧空位被 BiT 中平直的 90°畴壁吸收,87.81%的氧空位被 BNT 中弯曲的 90°畴壁吸收.这些数据形象地表达了上面提到的观点,即 90°畴壁对氧空位具有吸收性,弯曲的 90°畴壁吸收性大于平直的 90°畴壁.

4.7.4 畴结构与宏观铁电特性

铁电材料早期的电学应用主要是针对极化后的陶瓷,利用其单畴化之后优良的介电、压电、热释电等性质.而其本征铁电性的应用较为滞后,直到 20 世纪 80 年代末,铁电薄膜制备技术的发展才使得铁电极化用于存储记忆成为可能.但是在很多材料中由于畴壁和界面钉扎等原因,在连续的存储以及读出操作之后,铁电开关被抑制,极化值明显下降,使得器件可靠性及寿命下降,因此铁电开关疲劳相关的研究对于铁电存储的应用是非常重要的.

(一) 畴壁钉扎对开关疲劳的影响

铁电开关是电偶极矩取向随电场方向而改变的现象,也被理解为铁电畴在新方向成核成长的过程.开关疲劳与多种因素有关:比如畴壁被缺陷钉扎、畴反向生长时籽晶成核被抑制、电子空穴从电极注入产生钝化表面层、氧空位重新分布、电极界面电荷集聚等.一般认为,新畴成核在电极与铁电体(薄膜)界面比较容易发生,因而电极界面在铁电开关过程中起着重要作用,当界面被污染使得新畴成核变得困难时就会出现开关疲劳.众所周知传统的铁电材料如 PZT 和 BiT 中的开关疲劳现象非常显著,而新型的 Bi 系层状结构材料 SBT、$Bi_{3.25}La_{0.75}Ti_3O_{12}$(BLT)和 BNT 等材料中该现象则不明显.

丁勇等通过 TEM 观察,发现 SBT 中 180°畴在开关过程中不仅可以在电极界面成核,而且也可以在反相畴界面上成核成长,也即反相畴在极化反转过程中提供了额外的新畴成核界面,使得 SBT 在铁电开关过程中新畴成核生长不会严重地依赖电极界面.即使在电极界面上成核受到严重抑制时,新畴也可以通过在反相畴界上成核完成反转,这是 SBT 不开关疲劳的原因之一.这种反相畴在 BLT、BNT 中也存在,因而这一类材料不存在铁电开关疲劳问题,可以用于铁电存储器制备.从群论分析的角度来说,90°畴、180°畴和反相畴也可能出现在铁电相的 BiT 晶体内,但是因反相畴在 BiT 中的界面能太高而不能形成稳定的界面,因而在 BiT 中 TEM 并未观测到反相畴的存在.但是在 La 掺杂后的 BLT 中,由于 La 离子半径大于 Bi 离子半径,La 对 Bi 的替代将加剧晶格畸变,此时反相畴的界面能可能被降低,从而使反相畴的出现成为可能.

苏东等在抗疲劳性能很差的铁电材料 Bi_3TiTaO_9(BTT)中也观察到了反相畴.通过比较 BTT 和 SBT 的畴结构,他们提出了一个新的观点:90°畴壁的结构与材料的疲劳性能也有着密切关系.研究表明 90°畴壁有两种构型,在一些材料里它表现出弯曲的结构,如 SBT、BLT、BNT、$SrBi_4Ti_4O_{15}$(SBTi)、SBTi-BLT 中;在另外一些材料里 90°畴界却很平直,如在 $CaBi_2Ta_2O_9$(CBT)、Bi_3TiNbO_9(BTN)、BiT、SBTi-BiT 中.具有弯曲 90°畴壁的材料抗疲劳性能好,而具有平直 90°畴壁的材料抗疲劳性能较差.随后,他们对几十种铁电材料的畴结构进行了观察,发现均符合这个规律.

研究认为材料中的应变能、正交因子 $[r=(a-b)/(a+b)]$ 的大小与 90°畴壁的弯曲度有关.大 r 值对应较大的自发应变以及平直的 90°畴界,如在 CBT(6.05×10^{-3})、BTT(6.92×10^{-3})、BTN(8.4×10^{-3})、BiT(6.15×10^{-3})中,通常这些材料具有开关疲劳特性.而小的 r 值($<3\times10^{-3}$)对应较小的自发应变及弯曲的 90°畴界,如 BLT(3.16×10^{-3})、SBT(6.87×10^{-4})、SBTi(1.47×10^{-3})等材料具有开关不疲劳性.

比起 180°畴壁,90°畴壁处八面体沿 a 轴方向倾斜,造成了势阱,使得以氧空位为主的点缺陷容易在 90°畴壁处聚集,降低局域静电和应力场,从而抑制 180°反转畴的成核,导致疲劳现象出现.而弯曲的 90°畴壁表面积较大,相对缺陷钉扎密度变低,并且弯曲的 90°畴壁动性更强,即使开关很多次在畴壁处都没有聚集到足够密度的点缺陷来抑制 180°畴成核成长.因而 180°畴除了在电极-薄膜界面和晶界处成核之外,还可以在内部 90°畴壁处成核生长,且在 90°畴界密度较大的材料中起主导作用,因而具有弯曲 90°畴界的材料在性能测试中表现出无疲劳特性.PZT 中的自发应变较大(比层状钙钛矿大一个数量级),它的 90°畴界面平直类似于 BiT,并且密度很小,这时候 90°畴界作为内部成核区作用不明显,疲劳机制由界面效应决定,因此 PZT 中会出现开关疲劳.

（二）晶粒尺寸对电畴动性的影响

在器件集成化发展过程中,有两个效应是不可忽视的,就是尺寸和应力效应.一方面,提高存储单元的密度必然要降低材料的尺寸,铁电材料的尺寸效应是非常明显的;另一方面,在集成工艺中,由于存在衬底以及覆盖层等多种原因,应力是不可避免的.尺寸的降低以及应力的施加对材料原有的电畴状态无疑会产生影响,也会由此影响材料的宏观电学性能.早期只有少量相关研究,主要报道尺寸对传统的 ABO_3 型钙钛矿结构材料 PZT 剩余极化的影响,其表观规律和内在机理都不清楚.

任晓兵等用 TEM 对无衬底的 $PbTiO_3$ 薄膜的电畴结构进行了研究,通过对非晶 $PbTiO_3$ 薄膜中不同区域用不同剂量电子束照射,使薄膜中生长出大小不同的 $PbTiO_3$ 晶粒,发现在不同大小的晶粒中铁电畴的结构是不同的.在较大晶粒内电畴通常呈现具有较多畴界的多畴状态,而在较小晶粒中电畴一般为单畴态.施加拉伸应力时,大晶粒由于是多畴结构,其畴界易动.而小晶粒是单畴组态,在同样应力下畴界不易移动.这一结果可以较好地解释不同晶粒材料的性能差异.吕笑梅等发现,如果通过电场极化改变晶粒中的电畴结构,使得多畴态变成与电场平行的单畴态,则开关电荷量以及开关时间都会增加,表明可翻转电畴区域增大而畴壁动性增强,此外还研究了晶粒大小及薄膜厚度对铁电性能的影响.

（三）应力对电畴结构及动性的影响

为了研究应力的影响,吕笑梅等利用课题组自行开发的外加应力装置,系统研究了沿着薄膜平面的单轴应力对 Bi 系层状钙钛矿结构材料铁电存储相关性能的影响,于 2000 年首先观察到 SBT 薄膜在张应力下剩余极化增大,而压应力下剩余极化变小.随后吴秀梅、吕笑梅等在 BLT 和 BNT 中也观察到类似现象,并且发现张应力和压应力都能导致薄膜的极化开关时间延长,疲劳性质改善并且在大晶粒样品中更为明显[图 4.61(a)、(b)].刘云飞等的进一步研究表明,在面内拉伸应力驱使剩余极化增大的同时,BNT 薄膜电容的介电常量和损耗也同步增大,并且变化幅度与测量电场和温度正相关.徐婷婷等对比研究了 BLT 和 PZT 薄膜的老化特性,发现面内压应力能够强化 BLT 剩余极化的老化而弱化了矫顽场的老化,但是压应力对 PZT 的剩余极化和矫顽场的老化都起到弱化作用.

在这一系列宏观电学测量的基础上,他们提出了机械应力诱导电畴重新取向进而改变畴壁动性的应力效应解释模型如图 4.61(c)所示,并且指出该效应因材料晶体结构而不同.在 Bi 系层状结构材料中电畴极化主要沿最短的 a 轴方向,在面内张应力作用下原来一些平行于膜面,在外电场下不能翻转的铁电畴转向垂直于膜面,成为在外场下可以翻转的电畴,导致剩余极化增大、介电常量增大;压应力则使得薄膜中更多的电畴从垂直于膜面转向平行于膜面,因而外场下可翻转的铁电畴数量减少,剩余极化减少、介电常量减小.这一过程也伴随畴的粗化以及畴界密度下降,特别是在原来多畴态占优的大晶粒样品中更容易发生,晶粒更多地从多畴态向单畴态转变,由此改善了开关疲劳特性.与之不同,PZT 中铁电极化沿着最长的 c 轴,因此面内张应力和压应力对电畴取向的影响与 Bi 系材料中相反,张应力下电畴倾向于沿着膜面而压应力下倾向于垂直膜面.这一解释模型经过了朗道理论分析以及 XRD 实验验证,并且阚益等利用压电力显微镜(PFM)原位观察到了 BLT 薄膜中电畴在应力诱导下的重新取向[图 4.61(d)].

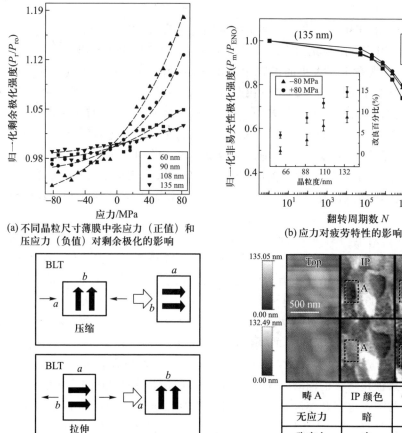

(a) 不同晶粒尺寸薄膜中张应力（正值）和
压应力（负值）对剩余极化的影响

(b) 应力对疲劳特性的影响

(c) 应力下电畴重新取向示意图

(d) 张应力诱导电畴取向的压电力显微镜原位观察

图 4.61   BLT 薄膜的应力效应

4.7.5   扫描探针显微镜与畴工程

人们越来越多地认识到铁电畴的组态及其在外场下的动性对材料宏观性能的重要影响.比如晶体中人工制造的畴阵列能够实现特殊的非线性光学性能,复合陶瓷中经过设计的畴构型可用于获得优越的压电性能等.为了达到在微观层次精确调控电畴的目的,人们对于铁电畴的开关和形态控制机制就需要有更加深入的了解.在这一过程中,压电力显微镜(PFM)就成为非常有用的原位研究工具.

（一）BiFeO$_3$ 多晶薄膜中铁电畴开关分析

PFM 对铁电畴取向的探测主要基于反压电效应,因此对于各向异性度较大的以及取向明确的单晶或者外延薄膜样品中极化取向的判断比较容易,对于多晶样品中畴结构的表征则相对比较困难.

基于二维压电力显微镜(2D-PFM),金亚鸣等发展了一种分析多晶材料中电畴翻转(开关)角度的数据处理方法,并且在单相多铁性材料 BiFeO₃(BFO)中进行了成功的应用(图 4.62).该方法大致思路为:利用第一性原理计算的材料压电张量,根据晶体结构允许的几种翻转角度,在设定的外电场条件下计算出压电位移的理论值,与实验测量的极化翻转前后的 2D-PFM 信号相结合,通过对联立方程组进行数值求解的方式得到电畴翻转(极化开关)角度.通过对溶胶凝胶法制备的多晶 BFO 薄膜的研究发现,该薄膜中可以发生 3 种不同角度的翻转:71°、109°和 180°;不仅初始面外(OP)极化逆着电场的畴区可能发生翻转,有高达 34%顺着电场的畴区也能够发生翻转;多晶薄膜中畴翻转受电荷迁移势垒和面内应力势垒的共同影响,电荷迁移势垒正相关于畴翻转角度,而面内应力势垒与晶格取向和极化取向有关.相比于外延薄膜,多晶薄膜的衬底束缚较弱,因此对于多晶薄膜的研究更有利于揭示特定材料中极化翻转的本质特征.这一方法还可以推广到其他随机取向的铁电材料的开关特性研究中去.

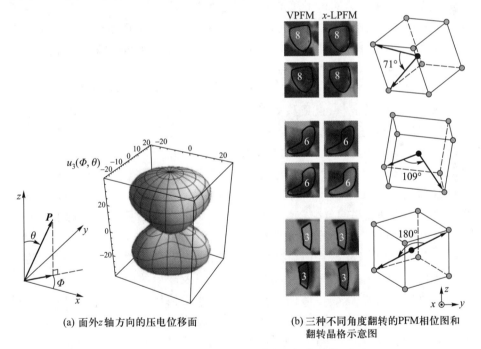

(a) 面外z轴方向的压电位移面

(b) 三种不同角度翻转的PFM相位图和翻转晶格示意图

图 4.62　多晶 BFO 薄膜中的极化开关

(二) LiNbO₃单晶中铁电畴的生长

LiNbO₃(LN)是重要的非线性光学晶体,商业化 z-切割的 LN 晶体中极化沿单一方向,人们常常通过光刻电极极化方法将部分区域电畴反向以形成规则畴阵列,而如何降低该晶体中制备的畴结构周期是限制光学应用向短波长发展的关键基础问题.

阙益等利用压电力显微镜探针施加脉冲电压,在 LN 晶体中定点极化了点状电畴并观察了随后的畴弛豫过程,发现畴的初始半径与脉冲电压成线性正比关系.点状畴只有在大于某个临界初始半径 r_c 时才能在晶体中稳定存在,而该临界半径与晶体的厚度成指数关系[图 4.63(a)、(b)],原因在于探针定点极化电畴以长短轴相对固定比例的半椭球形向晶体内部延伸,只有当椭球纵向长度超过晶片厚度到达另一界面时,表面屏蔽电荷才能够帮助该畴区稳定.当晶片厚度从 15 μm 增加到 134 μm,临界稳定畴半径则从 281 nm 增加到 636 nm.如果制备点状畴阵列,则相邻畴的间距也存在临界稳定值,该临界值由畴的半径以及极化电场共同决定.

薄惠丰等进一步给出了探针线扫描极化条形畴的稳定宽度,其与晶片厚度也成指数关系,但是同样的晶片厚度下,条形畴的临界稳定宽度几乎只达到上述点状畴临界稳定直径的一半,这主要与极化电场施加过程的差异以及电畴形态的差异有关.杜颖超等探讨了条形畴的形态控制问题[图 4.63(c)、(d)],发现 LN 中的电畴界面倾向于沿着特定的包含 Li-Nb 原子的晶面生长,因此,相比于其他晶面方向,如果条形畴沿着 Li-Nb 晶面则生长速度快,畴界较为平整.

(三)电畴弛豫的动力学特征

关于极化翻转动力学的研究由来已久.一般认为,极化翻转的过程由极化沿着电场方向的电畴成核、已成核电畴的纵向伸长(平行电场方向)和横向生长(垂直电场方向)构成,成核过程和成长过程在不同的情况下各占优势.对于极化翻转的动力学分析应用最广泛的是 KAI(Kolmogorov-Avrami-Ishibashi)模型.电畴的成核需要较大的激活能,其分析涉及成核时间、成核概率、成核分布等统计学因素.而电畴生长往往被看成畴壁在电场下的移动过程.研究发现,除了驱动电场对畴壁移动速率起着决定性的作用之外,畴壁的局域曲率半径对于畴壁运动乃至电畴的最终大小和形态也起着重要作用.

阙益等利用 PFM 探针面扫描极化方式在 LN 晶体中诱导了部分畴区的极化翻转(图 4.64),发现翻转畴区的面积形态以及随后的回转弛豫特性都与极性扫描电压密切相关.翻转畴的初始构型由极化偏压决定,而其初始构型则直接决定了畴区即将经历的弛豫过程.尺寸较小的翻转畴极不稳定,快速地回转到初始极化状态,并且曲率较大的畴壁在畴区的弛豫过程中移动速度较快.

进一步利用 KAI 模型对弛豫过程的畴区回转现象进行了动力学分析.

$$f(t) = f_0 + A\exp\left[-\left(\frac{t-t_0}{\tau}\right)^n\right] \tag{4.91}$$

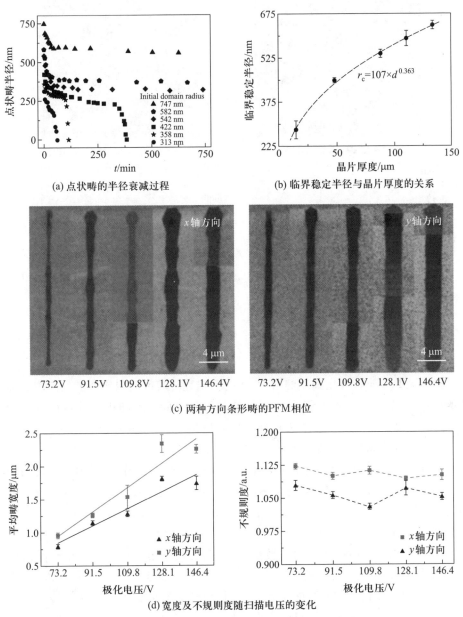

(a) 点状畴的半径衰减过程

(b) 临界稳定半径与晶片厚度的关系

(c) 两种方向条形畴的PFM相位

(d) 宽度及不规则度随扫描电压的变化

图 4.63　LN 晶体中的电畴生长

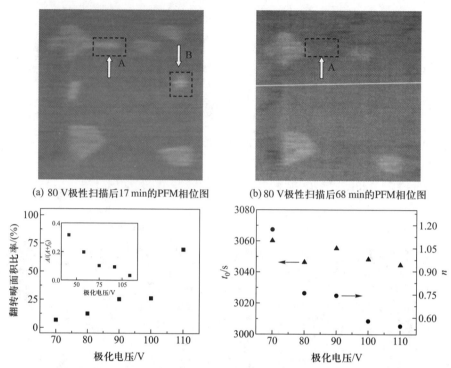

(a) 80 V极性扫描后17 min的PFM相位图   (b) 80 V极性扫描后68 min的PFM相位图

(c)最终稳定翻转畴面积比率随极化电压的变化   (d) 回转畴成核时间和生长维度随极化电压的变化

图 4.64　LN 晶体中的极化弛豫

　　分析显示,随着极化偏压的增大,最终稳定翻转畴区面积比率 f_0 逐渐增大而回转畴区总面积比率 A 逐渐减小.回转畴的成核时间 t_0 不随极化偏压的变化而变化,这主要是由 LN 晶体样品本身的性质所决定的.也就是说,对于固定的样品,其回转畴的成核时间是固定不变的.

　　回转畴的生长维度 n 是和回转畴的立体角密切相关的,后者则由回转畴的畴壁长度和曲率共同决定.畴壁曲率越小,立体角越小,回转畴的生长维度也就越小.随着极化偏压的增大,尺寸较小和畴壁曲率较大的翻转畴明显减少,因而回转畴及其生长维度逐渐减小.

　　回转畴的弛豫时间 τ 是由回转畴的总面积、畴壁运动速度以及回转畴的生长维度共同决定的.在较低的极化偏压情况下,虽然回转畴的总面积较大,但由于回转畴的尺寸较小和畴壁曲率较大,使得回转畴的生长维度和畴壁运动速度都较大.因此,会在较短的时间内完全回转到初始极化状态.而在较高的极化电压情况下,虽然大尺寸和小畴壁曲率导致了回转畴的生长维度和畴壁运动速度都较小,但由于回转畴的总面积也较小,所以回转畴也能在很短的时间内完成极化回转,达到最终稳定状态.由此,实验显示回转畴的弛豫时间随极化偏压的增大先增大后减小,在某个偏压下存在最大值.

（四）电畴的异常翻转现象

在使用探针定点脉冲极化方式写入点状电畴的时候,常常会出现一种特殊的异常翻转现象.这一现象首先在 BTO 中被发现.以 PFM 探针加电压诱导的电畴呈环形,其周边呈环形的电畴与电场方向一致,为正常翻转区;而在探针正下方的内部电畴与外加电场方向相反,为异常翻转区.随后,许多研究组陆续在 LiTaO₃(LT)、LN、PZT 等材料上观察到类似的现象.关于这一现象的成因,主要有应力诱导和电荷注入这两种.

阙益等发现,在 LN 晶体定点脉冲极化后,当 PFM 压电响应检测时间与脉冲偏压的撤去时间间隔很短时(2 min),就能够探测到异常翻转现象(图 4.65).针对这一现象的系统考察表明,正常畴区的外径仍旧与脉冲偏压强度呈线性关系,与脉冲偏压宽度(脉冲时间)成指数关系.但是中心异常翻转畴区的初始尺寸随

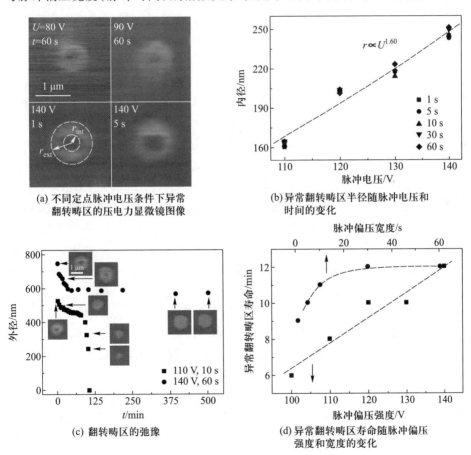

(a) 不同定点脉冲电压条件下异常
翻转畴区的压电力显微镜图像

(b) 异常翻转畴区半径随脉冲电压和
时间的变化

(c) 翻转畴区的弛豫

(d) 异常翻转畴区寿命随脉冲偏压
强度和宽度的变化

图 4.65　LN 晶体中的电畴异常翻转

着脉冲偏压强度而指数增加,1.60 的指数显示实验的环境湿度较低,而脉冲宽度的变化却对异常翻转畴的半径几乎没有影响.中心异常翻转畴区很不稳定,在极短的时间内就会极化回转至与外围正常畴区的极化方向一致.其寿命与脉冲偏压强度呈线性关系,随着脉冲偏压宽度的增加,异常翻转畴区的寿命逐渐增加,最终达到一个饱和值.分析认为,异常翻转畴的形成主要来源于探针定点脉冲极化过程中的电荷注入.在极化电压撤去的时候,注入电荷与接地探针之间的电场会造成中心区域的极化反转.随着注入电荷的移动扩散,异常翻转畴区逐渐回转消失.极化电场的大小及分布会影响注入电荷量及分布,由此影响异常翻转区的尺寸及寿命.

4.7.6　铁电畴研究的新现象

随着微观表征技术的发展,人们开始将目光更多地投向铁电畴和畴壁自身,意图揭示这种微观层次结构的特殊性质,并将其作为功能单元直接应用于纳电子器件.其中最具代表性的就是电畴的拓扑结构以及畴壁的电导特性.

（一）铁电拓扑畴

铁电拓扑畴简单来说就是不同极化取向畴围绕某个"核心"聚集的状态.2010 年,Cheong 课题组在稀土六角锰氧化物 $RMnO_3$ 中观测到具有 $Z_2×Z_3$ 对称性的拓扑涡旋畴.2012 年 Balke 等在 BFO 外延薄膜中探针扫描极化区域的边界造出了交替的正反涡旋阵列.2017 年,清华大学 Cheng 等利用同伦群理论对六角锰氧化物中存在的非六重涡旋进行了拓扑分类.Kim 等进一步表明,探针电场能改变 BFO 纳米片中涡旋的数目和回旋数.如果样品的外部尺寸降低,那么随着样品形态的变化,还会呈现出各种特殊形态的拓扑畴结构,比如华南师范大学 Li 等在离子刻蚀(自上而下)制成的圆柱形 BFO 纳米点(<100 nm)中呈现出的中心型拓扑畴,以及清华大学 Ma 等在自组装(自下而上)的正方外形 BFO 纳米岛(200 nm)中展示的正方形拓扑畴组态.此外,极化拓扑畴还可能带来更多的奇异物性.例如涡旋核心被探测到较高导电率(异常输运效应),Ramesh 小组发现 $PbTiO_3/SrTiO_3$ 超晶格中涡旋畴阵列导致负电容现象等.铁电拓扑畴存在拓扑保护的内在根源在于铁电畴壁以及涡旋核心周围的应力与电荷聚集.因此,它们一旦形成就可以稳定存在.相比于易受外场(比如外电场、退极化场甚至吸附电荷)影响的独立畴区而言,铁电拓扑畴的稳定优势非常明显.

李阳等给出了关于正、反极性涡旋的明确定义,并且采用探针定点极化的方式在外延 BFO 薄膜不同的原始畴区位置造出了不同的正反涡旋对组合畴(图 4.66).针对(001)外延并且 71°畴壁占优的 BFO 薄膜样品,利用 PFM 在 71°条纹畴壁附近、条纹畴中央和条纹畴末端进行点极化,分别制造出 3、2、1 对正、反涡旋.对于不同结构涡旋的稳定性研究发现,畴壁附近产生的涡旋结构的中心存在异常翻转区,因此弛豫现象较为明显.而其他两处的涡旋结构经过微小的弛豫很快就稳定了.在这些涡旋畴的弛豫过程中,虽然涡旋畴的形态、极化区域面积、涡旋核的位置会一定程度上发生变化,但涡旋数目和涡旋回旋数作为弛豫过程中的拓扑不变量而保持不变.更加有趣的是,利用 PFM 针尖电场对涡旋畴区进行面极化与点极化都可以擦除涡旋畴,并且擦除过程几乎不对原始畴区产生影响.利用图论说明了涡旋成对出现的合理性,并分析了 BFO 中人造涡旋结构,发现复杂的涡旋结构可以通过一些简单的结构拼接而成,并且这些结构的几何特征量之间满足简单的数学关系[(4.92)式].这些几何特征量包括:畴区(面)数 F、畴壁(边)数 E、畴壁围成的圈数 C、顶点的连通度 γ 和涡旋(顶点)数 V.由于涡旋成对出现,所以 V 为偶数.

$$\begin{cases} F+E+2C = \dfrac{(4\gamma-3)V}{2}, V=2, \gamma=4 \\ F+E+2C = (2\gamma-3)V+1, V\geq 4, \gamma=4 \end{cases} \tag{4.92}$$

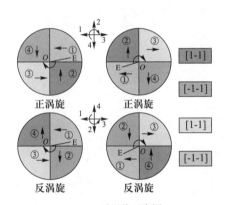

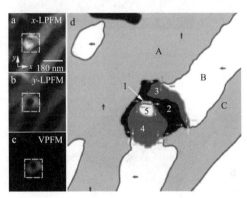

(a)正、反涡旋示意图　　　　(b)BFO薄膜中原71°畴壁附近定点极化形成的3对涡旋畴

图 4.66　铁电拓扑畴

(二)铁电畴壁电导

铁电材料本身一般都是绝缘体.在畴壁上,材料的结构与电畴内部不同,具有较大的应力,且极化强度降到最低,可能带来与电畴内部不同的输运性质.2007 年在 $C_6H_{17}N_3O_{10}S$ 中发现铁电畴壁导电现象,诱发了对纳电子器件应用的期待.随后在 BFO、LN、$Pb(Zr_{0.2}Ti_{0.8})O_3$、$RMnO_3$(R = Y、Er、Tb、Ho)等多种材料中发现了这一现象.比如,BFO 中 109° 和 180° 畴壁比 71° 畴壁导电性强,而 71° 畴壁也远比畴区内部导电性好;BFO 环形畴壁的电导随局域曲率而变化.$RMnO_3$ 晶体中存在各向异性电导,其中尾-尾畴壁导电性较强;而 BTO 晶体中则发现头-头畴壁较为导电.上述结果展示了同一种材料中不同畴壁导电性可能有很大差异,甚至可以跨越金属性和绝缘性.伴随着这些新现象的发现,人们尝试用各种数据

分析和理论计算来剖析畴壁导电的内在机制.

金亚鸣等结合原子力显微镜的压电力(PFM)和电流(cAFM)模式,发现在(001)外延 BFO 薄膜中尾-尾(T-T)畴壁的导电性明显大于畴区内部以及头-尾(H-T)、头-头(H-H)畴壁(图 4.67).第一性原理计算表明这是 BFO 的本征现象,尾-尾畴壁的费米面相比头-头畴壁来说更靠近价带顶附近的态密度峰,说明

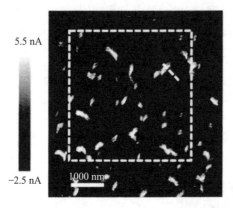

(a) cAFM图像和畴结构示意图

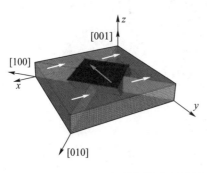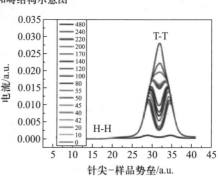

(b) 模拟模型示意图和针尖-样品势垒对电流的影响

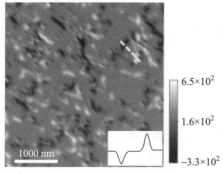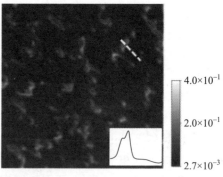

(c) 模拟电势和电流图像

图 4.67 BFO 薄膜中的畴壁电导

通过热激发,本征 BFO 的尾-尾畴壁处的载流子密度会比头-头畴壁处的载流子密度大,体现出较强的导电性.同时,弱 P 型 BFO 薄膜中空穴载流子聚集在尾-尾畴壁附近,使得尾-尾畴壁处的导电性进一步增强.提出了偶极子-隧穿模型,并很好地模拟出了 BFO 中的电流分布图.分析揭示尾-尾畴壁处相比其他位置拥有更高的薄膜法线方向的电势梯度,而畴壁附近的双电流现象则主要来源于探针-样品表面势垒,当势垒足够小时,双电流峰趋于单峰.

肖疏雨等在周期极化的 LN 单晶中发现畴壁的非对称导电现象,即 C+畴壁的右侧导电性明显大于左侧(图 4.68).考虑了两步隧穿过程(样品内部以及样品-针尖)的偶极子-隧穿模型同样适用于该单晶样品的模拟分析.认为 LN 中 180°畴壁的非对称导电性主要来源于畴壁的倾斜以及少量的电子载流子,而畴壁的倾斜通过切连科夫(Cherenkov)二次谐波方法进行了测量验证.进一步通过模拟计算以及实验考察,发现畴壁倾斜角度以及畴壁粗糙度能够显著影响畴壁电流的大小,这将为调控畴壁电导提供新的自由度.肖疏雨等还利用导电畴壁的荷电缺陷聚集特性,在(001)外延 BFO 薄膜中实现了扫描探针下导电畴壁的人工制造和方向调控.这些工作能够推进铁电畴壁在纳米电子器件领域的应用.

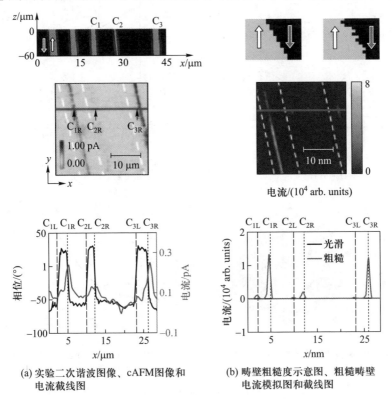

(a) 实验二次谐波图像、cAFM图像和电流截线图

(b) 畴壁粗糙度示意图、粗糙畴壁电流模拟图和截线图

图 4.68　LN 晶体中的畴壁电导

（三）铁电畴的其他发展和应用

铁电畴和畴壁还有更多可开发的发展和应用空间.低维材料制备技术的发展,不但使得薄膜中晶胞生长方向一致的外延制备成为现实,而且使得生长出来的薄膜样品中电畴取向一致甚至规则排列成为可能.规则有序的畴分布不但自身可具有特殊的物理性质,其作为一种各向异性的拓扑结构甚至可以通过界面耦合实现多信号调控.

雎长城等首先制备了具有规则条形 71° 畴壁的 BFO 薄膜(铁电和反铁磁材料),随后以此为衬底制备了多种厚度 $La_{0.7}Sr_{0.3}MnO_3$(LSMO)薄膜(顺电和铁磁材料)(图 4.69).由于这两种材料同时又都是铁弹材料,与 71° 铁电畴相伴生的 BFO 中的周期性应变被完美地传递到 LSMO 中形成了结构畴.此时,LSMO 在平行于条形畴方向的电阻率和垂直方向有明显差异,低温下各向异性度最高达 800%.甚至在 LSMO(20 nm)/BFO(20 nm)厚度配置下,300 K 以下样品平行方向呈现金属性而垂直方向呈现绝缘性.如果利用与 71° 条形畴垂直的 109° 条形畴 BFO 作为衬底,则可以实现 LSMO 电输运易轴的 90° 旋转.

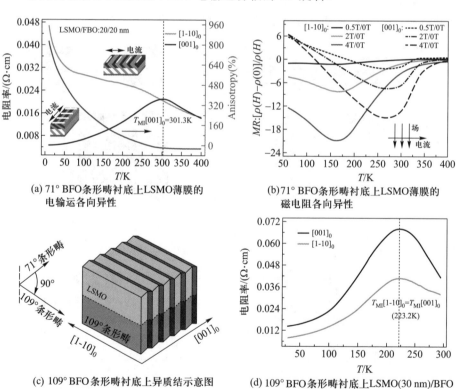

(a) 71° BFO条形畴衬底上LSMO薄膜的电输运各向异性

(b) 71° BFO条形畴衬底上LSMO薄膜的磁电阻各向异性

(c) 109° BFO条形畴衬底上异质示意图

(d) 109° BFO条形畴衬底上LSMO(30 nm)/BFO(30 nm)样品的电输运各向异性

图 4.69   LSMO/BFO 异质结

杨春斌等的初步工作还揭示了另一个很有趣的现象，就是通过原子力显微镜探针对 BFO 外延薄膜施加直流偏压和压应力，发现外电场和压应力分别使得探针和样品间的摩擦力降低了约 35% 和 40%，分析认为可能源于电荷注入或者压应力导致的 BFO 表面退极化场的削弱.这一工作似乎预示着铁电材料在纳米摩擦学领域的前景.

4.7.7 铁电畴研究总结与展望

铁电畴是铁电材料最重要的组成部分,电畴的结构、组态、动性等对铁电材料的宏观性能有着重要的影响.除此之外,随着集成工艺和器件小型化的发展,人们对电畴的微观调控和应用的关注度和需求也在不断上升.本节首先介绍了铁电畴形成的群论分析以及畴结构观察,然后展示了畴构型及动性对宏观力学谱和电学性能的影响,最后综述了利用压电力显微镜研究铁电畴开关的微观动力学特征以及拓扑畴、畴壁电导等新现象的近期工作进展.

我们认为,未来铁电材料的研究中,人们将日益重视铁电畴的微观结构设计与调控,以期显著增强铁电材料原有的性能,并且进一步发掘新的性能和应用.这里列举几个可能的方向:

(1) 通过畴结构设计提升铁电材料的传统性能.铁电材料传统的压电、热释电、热卡、电光、声光、非线性光学、高介电等性能已经有着广泛的应用背景,其中压电系数的增强和光学、存储特性的改善已经见诸若干报道,而近年来通过特殊设计的畴结构改变电滞回线从而增大储能效率更是引起人们极大的关注.但是很多实际应用的高质量的材料都含有对环境不利的铅元素,因此如何通过畴结构设计提升无铅材料各方面的性能仍将是一个需要努力的方向.未来期望通过材料基因工程、多相固溶或复合、集成制备和精细加工等方法精确设计和调控铁电畴结构,获得可以替代铅基材料的高性能、环境友好的信息和机电类材料.

(2) 铁电拓扑畴及畴壁相关新现象研究.铁电拓扑畴是 2010 年以来发现和研究的一种新型拓扑结构,它的连通性、高度稳定性和初步展现的电学、光学等新奇性能足以吸引众多铁电工作者的兴趣.通过透射电镜、扫描探针显微镜以及各种高分辨光谱学方法研究拓扑畴的结构、形成条件、演化规律和调控方式,结合多种物性探测手段揭示与应力和电荷在拓扑畴及畴壁附近聚集相关的电、磁、光、声、热等特异性质和效应,在理论上必将为铁电物理学以及拓扑学的研究提供丰富的现象和内涵,而在实践上可望通过拓扑畴和畴壁的特殊构型设计获得新型纳电子以及其他多功能材料.

(3) 基于铁电性、铁弹性、铁磁性及相互耦合的多铁性能.铁电极化往往与晶格畸变有关,因此,除了 180° 畴之外,铁电畴常常同时又是铁弹畴.如果利用具备特殊铁电畴结构的铁电材料作为衬底,制备异质外延的磁性或者其他拓扑材料,则有希望通过应变耦合在外延材料中获得具有同样各向异性的电输运、磁阻变、光折变等物理性能,并进一步通过精细的电场施加调控局域的材料结构和性能.此外,还可以研究不同外场作用下,不同铁性畴之间的耦合新效应,拓展在多学科交叉领域的应用前景.

我们相信,在铁电工作者的不懈努力下,人们会逐渐加深对铁电畴结构的微观特性及调控规律的认识,深入揭示畴结构与物理性能的内在关联,由此将开发出更加广阔的铁电物理学的研究空间,更好地达成对铁电材料结构、性能的设计和实现,拓宽铁电材料的应用范围,助力基于铁电材料的新型功能材料和元器件的开发推广.

[§4.7 取自:物理学报,2020(69):127704.]

第四章习题

4.1 一级铁电相变中,在 T_C 处有二相共存 $F(T_C, P_S) = F(T_C, 0)$. 求证 $T_C - T_0 = 3C_4^2 C/16C_6$

4.2 在二级铁电相变中,若考虑压强和极化的耦合 $K\Phi P^2$(K 为与温度、压强无关的常量,Φ 为压强,P 为极化强度),试证明铁电相变的居里温度与压强的关系为

(1) $T_C(P) = T_C - 2K\Phi/\beta$.

(2) 在相变点以下自发极化强度和极化率分别为

$$P_S^2 = \frac{-2K}{C_i}\left[P + \frac{\beta}{2}(T-T_C)/K\right]$$

$$\chi_{T_C}^{-1} = -4K\left[P + \frac{1}{2}\beta(T-T_C)/K\right]$$

4.3 试证明石英晶体的压量张量(32 点群)具有如下形式

$$\begin{pmatrix} d_{11} & -d_{11} & 0 & d_{14} & 0 & 0 \\ 0 & 0 & 0 & d_{15} & -d_{14} & -2d_{11} \\ 0 & 0 & 0 & 0 & 0 & 0 \end{pmatrix}$$

4.4 试写出 $LiNbO_3$(3m 点群)的压电应变方程,并分别讨论 x-切割、y-切割、z-切割晶片所有可能的振动模式.

第五章 晶体光学

本章主要叙述各向异性介质中光传播的性质,是后面第六章"晶体的倍频与参量频率转换"、第七章"晶体的电光效应及其应用"、第八章"晶体的声光效应及其应用"几章的预备知识,其中某些内容已在光学、电磁学课程中进行过介绍,重要的部分也将进行必要的复习.

§5.1 晶体的光学各向异性

晶体和各向同性的介质如玻璃、水等在光学传播过程中最显著的不同是存在双折射的现象.在光学课中我们已经知道,所谓双折射,就是晶体中传播的光,在两个相互垂直的方向上偏振而且具有不同的传播速度.这种光的传播特性,下面我们将要看到,是晶体在光学上的各向异性造成的.

晶体的光学各向异性,就其根源而言,是组成晶体的原子、离子或分子及其集团的各向异性的特性以及它们结合成晶体时的方式(即晶体结构类型)造成的,属于立方晶系的晶体一般不具有各向异性的光学性质.下面我们也将看到非立方晶系的晶体,按照对称性类型的不同,光学性质上分为单轴晶体和双轴晶体.即使同一种化学组分的物质,例如 $CaCO_3$,结合成不同的晶形——方解石和霰石,前者属于三方晶系,后者属于正交晶系,在光学性质上也有不同,前者为单轴晶体,后者为双轴晶体.总之光学各向异性与结构对称性存在密切联系.

从光的电磁理论来看,光在介质中传播,是电磁波和物质相互作用的结果,伴随着介质的极化过程,在各向同性性质中光速 $v = c/\sqrt{\varepsilon_r}$,即折射率 $n = \dfrac{c}{v} = \sqrt{\varepsilon_r}$ $\left(\varepsilon_r\right.$ 是表征介质极化过程的宏观量——相对介电常量,c 为真空中光速,等于 $\dfrac{1}{\sqrt{\varepsilon_0 u_0}}\Big)$. 而对于极化表现为各向异性的晶体而言,单一的相对介电常量已不复存在,而代之以相对介电张量 ε_{rij}.根据相对介电张量定义,它是 $\boldsymbol{E}$ 和 $\boldsymbol{D}$ 之间的比例系数,取

二阶张量的三个主轴则可表示为

$$
\begin{pmatrix} D_1 \\ D_2 \\ D_3 \end{pmatrix} = \varepsilon_0 \begin{pmatrix} \varepsilon_{r1} & 0 & 0 \\ 0 & \varepsilon_{r2} & 0 \\ 0 & 0 & \varepsilon_{r3} \end{pmatrix} \begin{pmatrix} E_1 \\ E_2 \\ E_3 \end{pmatrix} \tag{5.1}
$$

ε_{r1}、ε_{r2}、ε_{r3}为三个主轴的方向上的主值.此时单一的折射率也失去意义,所以必将出现光传播速度的各向异性,而折射率将与传播方向有关,总之光学上的各向异性其实质是介电极化的各向异性.在第三章中,我们只处理了各向同性的和具有立方对称晶体的介电极化问题,因而无法说明极化的各向异性问题.我们知道,固态物质中近邻之间的原子(或离子)靠得很近,它们之间的电磁相互作用是非常强烈的,理论上严格处理还存在很大的困难,而介电极化的各向异性恰恰来源于这种相互作用,因此这里只能作一些定性的说明.我们以双折射最强的方解石($CaCO_3$)晶体为例,它属于三方晶系,其结构中存在组成等边三角形的氧离子集团,其中央为碳原子.Ca^{2+}离子作为孤立离子来看极化近似地是各向同性的,Ca^{2+}离子离开氧离子集团又较远,可以忽略它们之间的相互作用,也就是说Ca^{2+}离子对各向异性极化没有什么贡献.碳原子的价电子已给了氧,对高频的极化也没有大的贡献,所以只需考虑氧离子集团对各向异性极化的贡献.如图 5.1(a)所示为组成三角形平面的氧离子集团,外电场在这个平面内,长箭头表示直接由外加电场极化造成的偶极矩,它平行于外场方向.离子的这个"基本"偶极矩,还可以和近邻的其他两个离子相互作用,短箭头表示其他离子的基本偶极矩的电场对该离子提供的附加偶极矩,如 B 离子中↑a及↑c就是离子 A、C 使 B 离子产生的附加偶极矩的两个分量(平行于外场和垂直于外场).附加偶极矩的大小和方向,取决于近邻离子基本偶极矩在该离子处所提供的附加电场强度大小和方向(见图 5.2).这个电场大小与方向又取决于近邻离子和该离子的距离与方位.图 5.1(a)中显示 A、C 离子沿外场方向上附加偶极矩基本抵消,而 B 离子则在外场方向上增加了.再看图 5.1(b),外场垂直于氧离子平面,三者附加偶极矩都在外场相反方向.可见外电场加在不同方向所产生的极化出现了差异.因此(5.1)式中三个值中有两个相等,另一个可以与此不等,介电性能出现各向异性.

原来具有立方对称结构的晶体由于一些外加因素,例如外加静电场或外加应力,都可能使晶体发生不对称的形变,因而也就改变了内部原子和近邻之间的相对位置,破坏了原有的对称性,也就会引起人为的介电极化的各向异性,即引起人为的双折射.这就是第七章谈到的二次电光效应(即克尔效应)和第八章中光弹效应发生的物理原因.

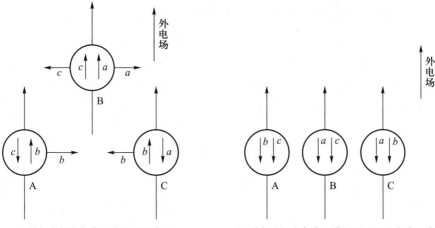

(a) 外加电场在氧离子集团平面内，
基本的离子极化和附加极化

(b) 外加电场在氧离子集团平面垂直方向，离子
基本极化和附加极化偶极矩的示意图

图 5.1 $CaCO_3$ 中氧离子集团的各向异性极化

注意：(b)图是沿氧离子集团平面侧视图，A、B、C 并不在一直线上，而是呈三角形。

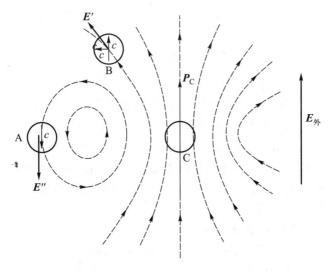

图 5.2 离子 C 的基本偶极 P_C 对离子 A 及 B 处提供的附加电场示意图，虚线表示
电场线分布 $P_C /\!/ E_外$，而 P_C 在 B 离子处产生的电场 E'，有平行于 $E_外$ 和垂直于 $E_外$
的分量，故附加偶极矩在两个方向均有分量，在 A 离子处附加电场 E'' 只有逆着 $E_外$
的分量，附加偶极矩也与 $E_外$ 相反

§5.2   光在各向异性介质中传播的特点

从光的电磁理论出发,要解决晶体中光的传播问题,完全可以应用麦克斯韦电磁理论的宏观方法.从电磁学课程中我们知道对于光学透明的晶体的麦克斯韦方程组(Maxwell's equations)是:

$$\begin{cases} \nabla \cdot \boldsymbol{D} = 0 \\ \nabla \cdot \boldsymbol{B} = 0 \\ \nabla \times \boldsymbol{H} = \dfrac{\partial \boldsymbol{D}}{\partial t} \\ \nabla \times \boldsymbol{E} = -\dfrac{\partial \boldsymbol{B}}{\partial t} \end{cases} \qquad (5.2)$$

上述麦克斯韦方程组是令自由电荷电流 $I_0 = 0$ 和自由空间电荷密度 $\rho_0 = 0$ 得到的(因为离子晶体一般可视为绝缘体,不存在自由电荷).

此外,各场量之间还存在下列物质方程:

$$D_i = \sum_{j=1}^{3} \varepsilon_0 \varepsilon_{ij} E_j \quad (j = 1, 2, 3) \qquad (5.3)$$

和
$$\boldsymbol{B} = \mu_0 \boldsymbol{H} \qquad (5.4)$$

(5.4)式是考虑到光学晶体一般不是铁磁性材料,可令 $\mu_r = 1$ 而得到的.

从麦克斯韦方程组和物质方程,可以得到电磁波的波动方程,由于物质方程是各向异性的,因而问题要比各向同性介质的情况(即 $D = \varepsilon_0 \varepsilon_r E$)复杂.我们知道任何形式的波动,在数学上都可以分解为无数个不同频率、不同传播方向和速度的单色平面波.因此为了物理上简单明了地显示光的传播特性,我们不去研究普遍解麦克斯韦波动方程的问题,只研究一个单色平面波的传播问题,这样仍不失去其传播特性上的普遍意义.

我们假定场量 E、D、B、H 均有平面单色波的形式:
$$\boldsymbol{A}(\boldsymbol{r} \cdot t) = \boldsymbol{A}_0 \exp[i(\boldsymbol{k} \cdot \boldsymbol{r} - \omega t)] \qquad (5.5)$$
式中 A 和 A_0,可用 E、D、B、H 中任一场量代入.ω 是圆频率,k 为平面波的波矢,[ ]括号内 $(\boldsymbol{k} \cdot \boldsymbol{r} - \omega t)$ 是平面在空间 r、时刻 t 时的场量的振动相位.(5.5)式代表的波动在时刻 t,振动相位完全一样的空间各点连接起来的轨迹是空间的一个平面,这样的等相位面也就是波阵面是一个平面,故称为平面波.假定相位等于常量 δ_0 的面的轨迹是:

$$\boldsymbol{k} \cdot \boldsymbol{r} - \omega t = \delta_0$$

或写为

$$k_1x+k_2y+k_3z=\delta_0+\omega t \tag{5.6}$$

(5.6)式为指定时刻 t 时是一个平面方程.从解析几何关系可知, k_1 、k_2 、k_3 就是该平面法线的三个方向余弦.所以说波矢量 $\boldsymbol{k}$ (三分量为 k_1 、k_2 、k_3)就在波阵面的法线方向上.这个等相面随时间向前推进的速度是:

$$v_\mathrm{p}=\frac{\omega}{|\boldsymbol{k}|}=\frac{\omega}{k} \tag{5.7}$$

这个相位推进的速度 v_p 称为相速度.

由振动与波的关系:

$$\omega=2\pi f,\quad f\cdot\lambda=v_\mathrm{p} \tag{5.8}$$

并考虑到(5.7)式可得:

$$|\boldsymbol{k}|=\frac{\omega}{v_\mathrm{p}}=\frac{2\pi}{\lambda} \tag{5.9}$$

值得特别注意的是光线的速度和传播的方向,应是引起人的感觉器官或检测仪器观察到的方向和速度,必须应是和能量流传播方向及其速度相联系的.根据电磁理论,能量流密度的方向为

$$\boldsymbol{g}=\boldsymbol{E}\times\boldsymbol{H} \tag{5.10}$$

$\boldsymbol{g}$ 称为坡印亭(Poynting vector)矢量(能流矢量),是单位时间内垂直流过单位面积的电磁波能量.下面我们来证明,在各向异性晶体中,光线方向(即能量流方向)和波矢量方向(即相位传播方向)一般是不一致的,只有在各向同性介质中才可以不加区别.为此我们首先将(5.5)式代表的平面波的解代入麦克斯韦方程组(5.2)式的第三、第四方程,可得

$$-\boldsymbol{k}\times\boldsymbol{H}=\omega\boldsymbol{D} \tag{5.11}$$

$$\boldsymbol{k}\times\boldsymbol{E}=\omega\boldsymbol{B}=\mu_0\omega\boldsymbol{H} \tag{5.12}$$

从(5.11)式可以看出 $\boldsymbol{k}$ 和 $\boldsymbol{H}$ 都和 $\boldsymbol{D}$ 垂直,(5.12)式可以看出 $\boldsymbol{k}$ 和 $\boldsymbol{E}$ 都与 $\boldsymbol{H}$ 垂直,据此,可以断定 $\boldsymbol{D}$ 、$\boldsymbol{E}$ 、$\boldsymbol{k}$ 都和 $\boldsymbol{H}$ 垂直,必在同一平面内(见图5.3).此外根据 $\boldsymbol{g}=\boldsymbol{E}\times\boldsymbol{H}$,可知光线方向(即能流方向 $\boldsymbol{g}$)必垂直于 $\boldsymbol{E}$ 和 $\boldsymbol{H}$,所以 $\boldsymbol{g}$ 也在 $\boldsymbol{D}$ 、$\boldsymbol{E}$ 、$\boldsymbol{k}$ 所在平面内,而且和 $\boldsymbol{E}$ 相垂直.而 $\boldsymbol{k}$ 从(5.11)式已证明和 $\boldsymbol{D}$ 相垂直,在各向异性晶体中 $\boldsymbol{D}$ 、$\boldsymbol{E}$ 方向一般是不重合的[从物质方程(5.3)式可以看出],所以 $\boldsymbol{g}$ 和 $\boldsymbol{k}$ 在同一平面内,但方向都不一致(见图5.3),两者之间夹角为 α ,正好是 $\boldsymbol{D}$ 和 $\boldsymbol{E}$ 之间的夹角,这个角度为离散角(详见附录D).在各向同性介质中, $\boldsymbol{D}$ 和 $\boldsymbol{E}$ 方向始终重合, $\boldsymbol{g}$ 和 $\boldsymbol{k}$ 必然重合,所以没有必要区分光线方向和波矢量(相位面法线)传播的方向,这是各向同性和各向异性介质极为重要的差异.

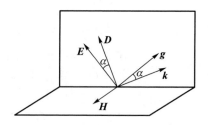

图 5.3 D、E、g、k、H 几个量之间的相对方位关系

以上只解决了在各向异性介质中光的传播中各场量与光线方向和波矢量方向之间的相对方位,还需要解决光的传播速度(相速度和光线速度)的大小和传播方向之间的关系问题,也就是光速的各向异性问题.既然相速 v_p 的大小将依赖于方向,那么单一的各方向为常量的折射率已失去意义.

$$|k| = \frac{\omega}{v_p} = \frac{\omega}{c}\left(\frac{c}{v_p}\right) = \frac{\omega}{c}n \tag{5.13}$$

式中,$n = \dfrac{c}{v_p}$ 即为与方向有关的折射率,那么,

$$k = |k|N = \frac{\omega}{c}nN \tag{5.14}$$

式中 N 为 k 方向的单位矢量,也就是波阵面法线方向.具有(5.14)式的 k 的单色平面波(5.5)式如果确是麦克斯韦方程组的解,那么(5.5)式代入麦克斯韦方程组应该可以得到 k 必须具备的条件.现将(5.5)式直接代入麦克斯韦方程组(5.2)式或者将(5.14)式代入(5.11)式及(5.12)式可得到:

$$-N \times H = \frac{c}{n}D \tag{5.15}$$

$$N \times E = \frac{c\mu_0}{n}H \tag{5.16}$$

将(5.16)式两边用 $N\times$,然后用(5.15)式代入右边,消去 H 得:

$$N \times (N \times E) = -\frac{c^2\mu_0}{n^2}D$$

再利用矢量等式 $A \times B \times C = B(A \cdot C) - C(A \cdot B)$,上式为

$$D = \frac{n^2}{c^2\mu_0}[E - N(N \cdot E)] \tag{5.17}$$

考虑到物质方程 $D_i = \sum\limits_{j=1}^{3} \varepsilon_0 \varepsilon_{rij} E_j$,上式可改为

$$D_1 = \frac{n^2}{c^2\mu_0}\left[\frac{D_1}{\varepsilon_0\varepsilon_{r1}} - N_1 \cdot (\boldsymbol{N}\cdot\boldsymbol{E})\right]$$

因为 $c^2 = 1/\mu_0\varepsilon_0$,上式可写为

$$D_1 = \frac{\dfrac{1}{c^2\mu_0}N_1 \cdot (\boldsymbol{N}\cdot\boldsymbol{E})}{\dfrac{1}{\varepsilon_{r1}} - \dfrac{1}{n^2}} \tag{5.18}$$

(5.18)式为坐标轴 x_1 方向的分量,同样有 D_2 及 D_3 类似的方程没有写出,考虑到 $\boldsymbol{D}$ 和 $\boldsymbol{k}$ 是垂直的,即 $\boldsymbol{D}\cdot\boldsymbol{N} = 0$,故有:

$$\frac{N_1^2}{\dfrac{1}{n^2} - \dfrac{1}{\varepsilon_{r1}}} + \frac{N_2^2}{\dfrac{1}{n^2} - \dfrac{1}{\varepsilon_{r2}}} + \frac{N_3^2}{\dfrac{1}{n^2} - \dfrac{1}{\varepsilon_{r3}}} = 0 \tag{5.19}$$

式中 N_1、N_2、N_3 是 $\boldsymbol{k}$ 方向的单位矢量 $\boldsymbol{N}$ 在三个轴上的投影,$\boldsymbol{k}$ 的三个方向余弦.

  (5.19)式即为著名的菲涅耳公式(Fresnel equation),它规定了单色平面波在晶体中传播时,折射率 n 和 $\boldsymbol{k}$ 方向之间必须满足的条件.(5.19)式是 n^2 的三次方程,不过当 $\boldsymbol{N}$ 方向给定下,n^2 只有两个独立的根,即有 $n = \pm n'$,$\pm n''$.负的折射率是没有物理意义的,所以对应一个给定的波法线方向即波矢量方向的平面波,可以有两个也只能有两个特定大小的折射率 n' 和 n''.换句话说对应同一个波法线方向,可以有两个不同的相速度.但这两个 n' 和 n'' 的数值都将随 $\boldsymbol{N}$ 方向不同而变化,这就是波速的各向异性.这两个折射率为 n'、n'' 的两个波(它们的 $\boldsymbol{k}$ 方向都在给定的某一方向),它们相应的电位移矢量 $\boldsymbol{D}'$ 和 $\boldsymbol{D}''$,可以从(5.18)式中分别代入 n' 和 n'' 数值而求得.我们进一步可证明,这两个波的偏振方向,即 $\boldsymbol{D}'$ 和 $\boldsymbol{D}''$ 的方向是相互正交的,即有 $\boldsymbol{D}'\cdot\boldsymbol{D}'' = 0$.现利用(5.18)式写出 $\boldsymbol{D}'$ 和 $\boldsymbol{D}''$ 的标量积为

$$\boldsymbol{D}'\cdot\boldsymbol{D}'' = \left(\frac{1}{c^2\mu_0}\right)^2 (\boldsymbol{N}\cdot\boldsymbol{E})^2 \left\{\frac{N_1^2}{\left[\dfrac{1}{\varepsilon_{r1}} - \dfrac{1}{(n')^2}\right]\left[\dfrac{1}{\varepsilon_{r1}} - \dfrac{1}{(n'')^2}\right]} + \cdots\right\}$$

或改写为

$$\boldsymbol{D}'\cdot\boldsymbol{D}'' = \left(\frac{1}{c^2\mu_0}\right)^2 (\boldsymbol{N}\cdot\boldsymbol{E})^2 \frac{(n'n'')^2}{(n'')^2 - (n')^2}\left[\frac{N_1^2}{\dfrac{1}{\varepsilon_{r1}} - \dfrac{1}{(n')^2}} - \frac{N_1^2}{\dfrac{1}{\varepsilon_{r1}} - \dfrac{1}{(n'')^2}} + \frac{N_2^2}{\dfrac{1}{\varepsilon_{r2}} - \dfrac{1}{(n')^2}} - \right.$$

$$\left.\frac{N_2^2}{\dfrac{1}{\varepsilon_{r2}} - \dfrac{1}{(n'')^2}} + \frac{N_3^2}{\dfrac{1}{\varepsilon_{r3}} - \dfrac{1}{(n')^2}} - \frac{N_3^2}{\dfrac{1}{\varepsilon_{r3}} - \dfrac{1}{(n'')^2}}\right] \tag{5.20}$$

因为 n' 和 n'' 都是菲涅耳公式(5.19)式的解,所以上式中[ ]应等于零(括号内第一、第三、第五项之和及第二、第四、第六项之和分别为菲涅耳公式),故 $D' \cdot D'' = 0$,这就证明了这两个波的偏振方向是相互垂直的.

以上讨论的电磁波沿着波法线方向 N(即波矢量方向 k)传播,它们的相速度 v_p 即波阵面的各向异性的传播速度.垂直于 k 的场振动为 D,即为光的偏振方向或电位移矢量的方向.此外,我们同样可以研究电磁波沿着光线方向即能流方向 g 传播的性质,与 g 垂直的场振动矢量是 E.如果我们定义光线速度 v_r(它和相速 v_p 不同)方向沿着 S(S 是 g 方向的单位矢量).利用麦克斯韦方程组,用类似的方法,可以同样给出类似方程(5.18)式、(5.19)式的关系,得到类似的结论.在给定的同一光线方向上,有两个不同的光线速度 v_r'、v_r'',这两个波对应的场振动为 E' 和 E'',而且偏振方向相互垂直,$E' \cdot E'' = 0$.当然正如前面分析已指出的,电磁波相位传播方向 k 和光线方向 g,振动矢量 D 和 E,相速 v_p 和光速 v_r 是一一对应的.只要知道了沿 k 方向的传播规律,就可以推得沿 g 方向的传播规律,两者不是完全无关的.

光线方向(即能流方向)和相位传播方向的不重合,以及相应的光速 v_r 和相速 v_p 大小也不一样,以上直接从麦克斯韦电磁波理论得到证明.但从光学的各向异性这一点出发,从直观的描述波动传播的惠更斯原理也可以得到理解.现设想从点 L 出发的光扰动,经过 t 时间后,在空间中扰动到达的面(称为波面)对各向同性介质来说,这个波面必为球面,而对于各向异性介质来说就一定不是一个球面.于是就产生下述极端重要的状况(见图 5.4).在这个面上任意一点 P,那么 LP 连线方向就代表扰动能量传播的方向 g,也就是光线方向 S.而 P 点的波阵面则应是波面在 P 点的切面,而切面的法线方向 N 就是波阵面传播的方向,也就是相位传播的方向 k.各向同性介质波面为球面则两者复合[见图 5.4(a)],假如波面不是一个球面,两者必不复合[见图 5.4(b)].如果我们从 P 点画出两个无限小时间间隔的波阵面,从几何关系上不难求出 v_p 与 v_r 之间的关系为(见图 5.5):

$$v_r \cos \alpha = v_p$$

综合以上对于各向异性介质的光的传播特性的讨论,可以概括如下几点重要结论:

(1)电磁波中 $D \perp N$(或 k),$E \perp S$(或 g),以上四个量同在垂直于 H 的平面之内.

(2)晶体中 D 和 E,光线方向 S(或 g)和波相位传播方向(波阵面的法向)N(或 k)不重合,夹角 α 称为离散角(discrete angle).

(3)电磁波对应于一个给定的 N(或 k)可以有两个特定的相互垂直的独立偏振方向 D_1、D_2,相应有两种不同的折射 n' 和 n''.对于这两个偏振方向的光,它们的传播速度(相速度)分别为$\dfrac{c}{n'}$和$\dfrac{c}{n''}$.同样,给定一个 S(或 g)方向有两个 E (相互垂直的)特定偏振方向,相应有两个不同的光速(线速度)v_r'和 v_r''.n 和 v_r 都 和方向有关,这就是各向异性晶体的双折射现象.

(4) 波矢量 k 为波传播的方向,即波阵面(等相位面)的法向.波阵面的传播 速度(相速度)为 $v_p = c/n = \mathrm{d}R/\mathrm{d}t = \mathrm{d}(r\cos\alpha/\mathrm{d}t) = \mathrm{d}r/\mathrm{d}t\cos\alpha$,而 g 矢量为光线传 播的方向,传播速度(线速度)为 $v_r = \mathrm{d}r/\mathrm{d}t = v_p/\cos\alpha, v_p = v_r\cos\alpha$,如图 5.5 所示. 用惠更斯作图法可知:波阵面上每一点可以作为子波的波源,但在晶体中各方向 传播速度不一,因而 k 和 g 不同.

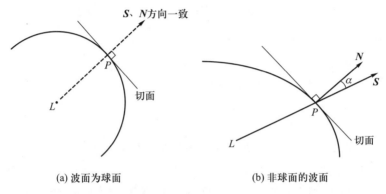

(a) 波面为球面　　　　　(b) 非球面的波面

图 5.4　球面波面和非球面波面中能流方向 S(即光线方向)和波法线方 向 N(波矢量方向)的示意图

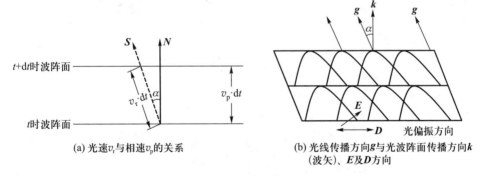

(a) 光速v_r与相速v_p的关系　　(b) 光线传播方向g与光波阵面传播方向k (波矢)、E及D方向

图 5.5　波传播的方向

现在产生了这样一个问题,如果入射到晶体的光,它的偏振不是晶体中那两 个特定偏振 D'和 D''方向上,将会产生什么情况? 回答也是很简单的,入射光中 偏振将在这两个特定方向上分解.因为偏振在这两个方向上的波各自以不同速 度独立地传播,所以晶体中的波总是以纯线性偏振光的形式传播.一个波相对于

另一个波在传播过程中有相位的滞后(因两者在晶体中传播速度不同),等到一旦射出晶体,这两个偏振方向相互垂直的波速度就一样了,会变成椭圆偏振光.

§5.3　折射率椭球和折射率曲面

上节我们从电磁波的传播理论,论证了晶体中光传播的重要特性.但是,这些特性在传统的晶体光学中,常常使用一些辅助几何曲面,更直观地从几何上把这些关系表达出来,使用中将更为方便.最常见的几何曲面是折射率椭球(有些书上称折射率椭球为光率体)和折射率曲面.因为 $|\boldsymbol{k}| = \dfrac{\omega}{c} n$,故折射率曲面也称波矢曲面.

（一）折射率椭球

折射率椭球是被这样的椭球方程所定义:

$$\frac{x^2}{n_1^2} + \frac{y^2}{n_2^2} + \frac{z^2}{n_3^2} = 1 \tag{5.21}$$

这个椭球有这样的性质:如果我们通过坐标原点,画出给定的波矢量方向 $\boldsymbol{N}$(即 $\boldsymbol{k}$),再通过原点作一垂直于 $\boldsymbol{N}$ 的平面,这个平面和椭球交截的轨迹,一般是一个椭圆.椭圆的长轴和短轴方向即表示 $\boldsymbol{N}$ 方向传播的两个特定的相互垂直的偏振方向 $\boldsymbol{D'}$ 和 $\boldsymbol{D''}$.它们的半轴长度分别表示相应的两个波的折射率大小(见图 5.6).这个椭球所以具有这一性质,可以在数学上加以证明,按上述作图法所得结果确与上节的结果是完全一致的,由于篇幅所限,在此不再给出证明.

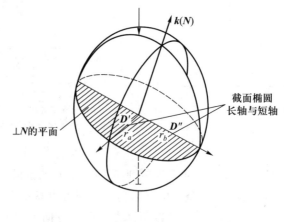

图 5.6　折射率椭球,给定 $\boldsymbol{k}(\boldsymbol{N})$ 时的截面显示的两偏振方向及长短轴所示折射率大小

（二）折射率曲面（或称波矢曲面）

折射率曲面就是代表 §5.2 中（5.19）式的几何曲，如果我们令：

$$n \cdot N_1 = x, \quad n \cdot N_2 = y, \quad n \cdot N_3 = z \tag{5.22}$$

N_1、N_2、N_3 为 N 的方向余弦，所以有

$$n^2 = x^2 + y^2 + z^2 \tag{5.23}$$

将以上关系代入（5.19）式，可以得到这样的曲面方程：

$$(n_1^2 x^2 + n_2^2 y^2 + n_3^2 z^2)(x^2 + y^2 + z^2) - [n_1^2(n_2^2 + n_3^2)x^2 + n_2^2(n_3^2 + n_1^2)y^2 + n_3^2(n_1^2 + n_2^2)z^2] +$$
$$n_1^2 n_2^2 n_3^2 = 0 \tag{5.24}$$

这个曲面为折射率曲面，这是一个双层的曲面，n_1、n_2、n_3 为主折射率. 根据（5.22）式的关系可以看出曲面上任意一个径矢 r 方向就是 N 方向，从（5.23）式看径矢与双层曲面的两个交点到球心的长度 $|r|$ 就是这个方向传播的折射率 n 的两个可能的数值，因（5.24）式有两个根. 这个曲面是一个四次曲面，极为复杂，一般情形下，是一个双层的空间曲面，下面我们将结合晶体对称类型再作具体介绍.

折射率椭球和折射率曲面是从不同角度在几何上反映晶体中光的传播特性，它们之间存在着联系，不是无关的. 原则上从一个曲面得出的结果，同样也可由另一个得出，不过在不同的问题上，使用某一个更为方便而已. 前一个既表示了折射率大小，又明确显示出了两个波特定的偏振方向，即 D' 和 D'' 的方向，所以在大多数场合下，分析晶体的折射现象时比较方便. 后者虽也反映了 k 方向传播的波的两个不同的折射率大小，但是没有直接显示出这两个不同 n 值的波的偏振方向. 不过，它的好处是 n' 和 n'' 的大小都表示在波传播方向的径矢长度方向上，这在处理光波在界面上的折射、反射时更为方便.

（三）单轴晶体与双轴晶体

下面我们结合具体晶体类型应用折射率椭球和折射率曲面来讨论光学传播性质上的不同.

正如 §5.1 节已指出的，光学性质上的不同，来源于相对介电常量 ε_{rij} 对称类型不同. 全部晶体类型，按其对称性质不同可分为三类——立方的、单轴的和双轴的.

1. 立方晶体

ε_{rij} 中三个主值相等，有 $\varepsilon_{r1} = \varepsilon_{r2} = \varepsilon_{r3} = \varepsilon_r$，即 $n_1 = n_2 = n_3 = n$，这时折射率椭球蜕化为球，半径为 n. 不论 N 在什么方向上，垂直于 N 的平面与球的交截线总是半径为 a 的圆，不存在特定的长短轴方向，D 不论在什么方向上偏振都可以，而且折射率均为 n，不会有双折射现象. 所以立方晶体就其光学性质而言与各向同性介质并无差异. 但立方晶体虽然在光学性质即介电性质上与各向同性物质无差别，但在其他性质上可能有差异，例如弹性力学性质.

折射率曲面由 $n_1=n_2=n_3=n$ 代入(5.24)式得到:

$$x^2+y^2+z^2=n^2$$

简化为一球面,也得出各方向折射率相等的结论.

2. 单轴晶体

ε_{rij} 中有两个主值相等,即有:

$$\varepsilon_{r1}=\varepsilon_{r2}\neq\varepsilon_{r3}$$

因此可有:

$$n_1=n_2=n_o,\quad n_3=n_e \tag{5.25}$$

式中,n_o 表示两个相等的主折射率,n_e 是另一主折射率.若 $n_e>n_o$,则称为正单轴晶体;$n_e<n_o$,则称为负单轴晶体(有关正负单轴晶的规定在不同的书中有时会有不同).单轴晶体的折射率椭球,由于 $n_1=n_2=n_o$,所以蜕化为一旋转椭球,与 z 轴垂直的截面为圆,其方程是:

$$\frac{x^2+y^2}{n_o^2}+\frac{z^2}{n_e^2}=1 \tag{5.26}$$

只有 N 沿着晶体折射率是 n_e 的轴(现为 z 轴)传播的光按折射率椭球作图法所得交截轨迹是一圆,其半径为 n_o.所以只有这个方向上光传播是没有双折射的,这样的方向,称为光轴,这种在晶体中只能找到一个光轴的晶体称为单轴晶体(见图5.7).

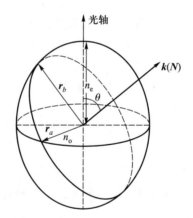

图 5.7　负单轴晶的折射率椭球,短轴 r_a 垂直于主截面,
$|r_a|=n_o$,长轴 r_b 在光轴和波矢量 N 组成的主截面内

当波矢量的方向 N 不在光轴方向且和光轴的夹角为 θ 时,垂直于 N 的平面与球的交截面的轨迹是一椭圆.为寻找两个特定的偏振方向 D' 和 D'' 方向,就必须确定该椭圆的长短轴方向.从旋转椭球的几何特点即可看出,长短轴之一,必定在波矢量方向和晶体光轴(现在 z 轴)决定的平面之内(这个面称为主截面).

随 θ 角变化,这根轴的半轴长度在 n_o 与 n_e 之间变化.此外,长短轴中的另一根必定在垂直于主轴截面的方向上(当然必定也垂直于光轴),N 在任何方向入射,这根轴的长度始终等于 n_o(参见图5.7).根据上述特点,单轴晶体中的 D 的方向即偏振方向垂直于主截面的波,不论 N 在什么方向,折射率始终为 n_o,完全类同于各向同性介质中波的性质,故称为寻常光(ordinary light).而偏振方向在主轴截面内的波,它的折射率大小随 N 和光轴之间的夹角 θ 变化的,称为非常光(extra-ordinary light).非常光的折射率 $n_e(\theta)$ 可根据折射率椭球的几何性质求出.我们已经知道非常光相应的偏振方向在主截面内,故如图5.8所示,取折射率椭球的主截面剖面图.图中通过原点到 (y,z) 点的斜线就是作图法中垂直于 N 的平面在主截面交截线,其中 (y,z) 点的径矢 r 代表非常光偏振方向的椭圆长轴,其半轴长度代表非常光折射率,即有:$|r| = n(\theta)$.

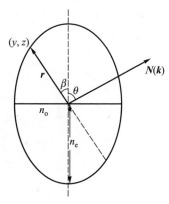

图 5.8 波矢量 N 方向的非常光折射率 $|r| = n(\theta)$

如果主截面在 yz 平面内.图5.8中的椭圆方程可由折射率椭球(5.26)式中令 $x=0$ 得到

$$\frac{y^2}{n_o^2} + \frac{z^2}{n_e^2} = 1 \tag{5.27}$$

如果上式改写为极坐标方程,则有如下关系:

$$\begin{cases} y = |r|\sin\beta = |r|\cos\theta \\ z = |r|\cos\beta = |r|\sin\theta \end{cases} \tag{5.28}$$

代入(5.27)式以及考虑到 $r = n(\theta)$,即可以得到

$$\begin{cases} |r|^2\left(\dfrac{\cos^2\theta}{n_o^2} + \dfrac{\sin^2\theta}{n_e^2}\right) = 1 \\[3mm] \dfrac{1}{n_e^2(\theta)} = \dfrac{1}{|r|^2} = \dfrac{\cos^2\theta}{n_o^2} + \dfrac{\sin^2\theta}{n_e^2} \end{cases} \tag{5.29}$$

在单轴晶体中的折射率曲面,可将(5.25)式代入(5.24)式而得到,这时(5.24)式将简化为

$$(x^2+y^2+z^2-n_o^2)[n_o^2(x^2+y^2)+n_e^2z^2-n_o^2n_e^2] = 0$$

曲面将分解为两个曲面:

$$x^2+y^2+z^2 = n_o^2 \quad \text{和} \quad \frac{x^2+y^2}{n_e^2} + \frac{z^2}{n_o^2} = 1 \tag{5.30}$$

其中一个为球面,一个为椭球面.因而整个曲面是只有在光轴上(现为 z 轴)两者才相接触的双层曲面,如图 5.9 所示.由此明显看到任何一个方向上,总可以有两个波,它们有不同的折射率数值,其中一个波折射率与方向无关就是寻常光,另一个波折射率与方向有关就是非常光.也可以求出折射率和 θ 的关系,结果与(5.29)式一致.寻常光折射率曲面为球面,故光线方向与波矢量方向两者一致,而非常光为非球面,则两者不一致.

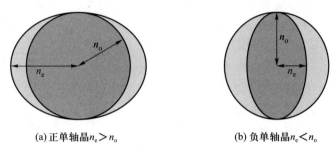

(a) 正单轴晶 $n_e > n_o$ (b) 负单轴晶 $n_e < n_o$

图 5.9 单轴晶体的折射率曲面

3. 双轴晶体

双轴晶体的相对介电常量三个主值各不相等, $n_1 \neq n_2 \neq n_3 \neq n_1$.折射率椭球保持(5.21)式表示的一般椭球,它可以找到两个方向,如果 N 沿着这两个方向则垂直于 N 的平面与折射率椭球的交截面的周界是圆.也就是光在这两个方向上传播晶体不发生双折射,这种晶体有两个光轴(P_1 , P_2),所以称为双轴晶体(见图 5.10).假定主折射率大小,其次序为 $n_3 > n_2 > n_1$,这两个光轴一定在 xz 平面内,对称地和 z 轴之间有同样的夹角.

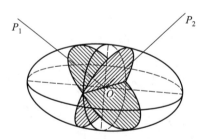

图 5.10 双轴晶体中两个光轴和垂直于光轴的两个光折射率椭球的圆截面

双轴晶体中非光轴方向传播的光波,折射率椭球和垂直于 N 的平面的周界都是椭圆,所以都存在双折射.不过,它的情形比起折射椭球是旋转椭球的单轴晶体来要复杂得多,它不存在折射率与波矢量方向无关的寻常光.两个不同偏振方向的折射率都和波矢量 N 的方位角有关.这种复杂性也可以从双轴晶的折射率曲面看出来.(5.24)式在单轴晶体中分解为双层曲面,其中一个是球面,而在双轴晶体中是极其复杂的双层曲面,其中没有一个是球形的面.现在我们用这个曲面在三个坐标轴平面 xy、yz 和 xz 上的剖面来表示[图 5.11(a)、(b)、(c)],图中假定了 $n_1>n_2>n_3$,(y,z)剖面上[图 5.11(b)]折射率曲面的截线为一个椭圆位于圆内,xy 平面[图 5.11(a)]内是圆,在椭圆内.xz 平面[图 5.11(c)]内也是一个圆和椭圆,但是它们是相交的.所以双轴晶体完整的折射率曲面是一个自相交的双层曲面,图 5.11(d)表示了一个象限内的情形.显然,光轴方向上波矢量只有一个数值,所以在这一个轴上,双层曲面必然会在这里相交在一起.

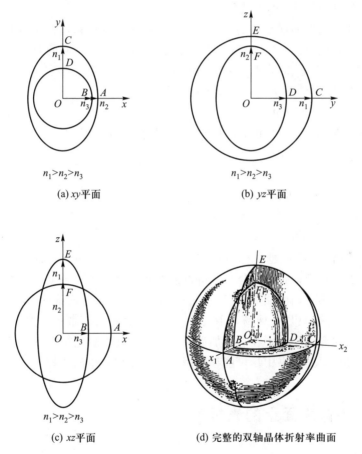

(a) xy平面   (b) yz平面

(c) xz平面   (d) 完整的双轴晶体折射率曲面

图 5.11 双轴晶体折射率曲面在三个坐标轴平面上的截线图及完整的双轴晶体折射率曲面(其中一个象限内显示了自相交内层曲面情况)

（四）其他几何曲面

除上述介绍的两种常用的曲面以外,为了某些场合使用方便,晶体光学中常常还列入如下一些其他辅助曲面.

1. 菲里耳椭球(介电常量椭球)

它的方程是：

$$\frac{x^2}{v_{r1}^2}+\frac{y^2}{v_{r2}^2}+\frac{z^2}{v_{r3}^2}=1 \tag{5.31}$$

式中 v_{r1}、v_{r2}、v_{r3} 表示三个主轴方向的三个光线速度,它是和折射率椭球相对应,作图方法也就完全一样.不过,它以光线方向 S 取代波矢量方向 N,截面上椭圆长短轴表示是垂直于 S 的电场强度 E 的方向(E',E''),半轴长度表示是晶体允许的两个光线速度(v_r',v_r'').这对于已知 S,欲直接知道光线速度时用起来比较方便.

2. 光线速度曲面(即光波面)

它是和折射率曲面相应的,也是一个复杂的双层曲面,现在曲面上一点的径矢方向代表光线方向,径矢长度代表的是光速(不是相速).它的曲面方程只要将(5.24)式中的 n_1、n_2、n_3 分别以 $1/n_1$、$1/n_2$、$1/n_3$ 取代即可得到.它在已知光线方向时,在惠更斯原理作图法中使用起来比较方便.

3. 波法线面(相速度面)

知道了 N(或 k),可通过此曲面得到相速度.可从菲涅耳公式(5.19)式出发,令:

$$x=N_1/n,\quad y=N_2/n,\quad z=N_3/n$$

代入(5.19)式,可得到：

$$n_1^2 n_2^2 n_3^2(x^2+y^2+z^2)-(x^2+y^2+z^2)\left[n_1^2(n_2^2+n_3^2)x^2+n_2^2(n_1^2+n_3^2)y^2+n_3^2(n_1^2+n_2^2)z^2\right]+(n_1^2 x^2+n_2^2 y^2+n_3^2 z^2)=0$$

已知波法线(波矢量),过坐标原点作平行于 k 的直线,它与该曲面的两个交点到坐标原点的距离即代表晶体所允许的两个相速度 c/n.

还有一些不常用的曲面这里不一一介绍,最后要再一次强调,这么多曲面其实质上是等效的,只是某种场合下,其中一个曲面使用起来更方便而已.至于这些曲面之间的等效化也不在这里加以说明了.不过,为避免初学者由于曲面种类多,容易混淆起见,本书中尽可能只使用本节中详细介绍的两种.

§5.4　晶体表面上的光折射

(一) 折射定律与反射定律

以上各节仅仅介绍了晶体内部光的传播规律,但是用晶体制作的所有光学器件,都涉及从表面的入射和出射问题,因而必须知道光学各向异性的晶体表面上光的折射与反射的规律.首先要回答的问题是能否应用通常各向同性介质界面上的折射定律与反射定律呢? 普遍的折射定律、反射定律大家是熟悉的,可表达如下.

（1）入射光线与反射光线、折射光线同在入射平面内（入射面是指界面法线与入射光线决定的平面,见图5.12）.

（2）反射角等于入射角 $i = i'$.

（3）入射角 i 与折射角 r 有如下关系

$$n_1 \sin i = n_2 \sin r \qquad (5.32)$$

事实上,单轴晶体中存在双折射现象,寻常光线（o 光）遵守上述定律,而非常光线（e 光）则常常不遵守上述规律,折射线往往在入射面之外.其实,这是问题的一面,如果

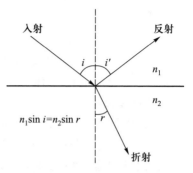

图 5.12 界面上光的折射、反射

我们把普通的折射定律中的光线方向（通常能被观察到）改为光的波矢量的方向（这在各向同性介质中两者当然用不着区别,这样的改动不影响折射对各向同性介质的适用性）,那么这样的折射,反射定律完全可以适用于各向异性晶体表面的情况.修改后的定律,实际上可表达为“入射光、反射光和折射光三者的波矢量在界面上的投影,即沿界面的切分量彼此相等”,这样当然保证了三者波矢量一定同在入射平面之内.实际上“波矢量切分量相等”这一要求,在光的电磁波理论中要求分界面上入射波、反射波和折射波的磁场强度 $\boldsymbol{H}$ 的切分量必须连续而得到证明.从另外的角度来理解的话,可以认为入射光和反射光以及入射光和折射光的光子动量（$h\boldsymbol{k}$）必须守恒,故 $\boldsymbol{k}$ 的切分量也该相等,这样理解更为简单.

在本节,我们无意从普遍的意义上讨论表面折射问题,为使问题简单起见,我们仅仅处理光从各向同性介质入射在单轴晶体表面的折射问题.根据波矢量切分量相等可把折射定律表为

$$n_1 \sin i = n(r_e) \sin r_e \qquad (5.33)$$

$$n_1 \sin i = n_o \sin r_o \qquad (5.34)$$

式中 n_1 为各向同性介质折射率,如为空气则 $n_1 \approx 1$,n_o 为单轴晶体的 o 光折射率,是一常量.$n(r_e)$ 为 e 光折射率,是与 $\boldsymbol{k}$ 方向有关的函数,当然也就是折射角 r_e 的函数.r_e 及 r_o 分别表示 e 光、o 光的折射角.

光线如果从晶体内入射到分界面上,现在折射光线在各向同性介质中,折射定律只要把(5.33)式、(5.34)式中折射角和入射角地位对调即可得到:

$$n(i_e) \sin i_e = n_1 \sin r_e \qquad (5.35)$$

$$n_o \sin i_o = n_1 \sin r_o \qquad (5.36)$$

这种入射条件下,如果是 $n_e > n_1$,$n_o > n_1$（如果 $n_1 \approx 1$ 这个条件总是满足的）,就有可能产生全反射.（一般各向同性介质分界面上产生的全反射可见光学教材.）o 光的全反射临界角 $(i_o)_{\text{临}}$ 为

$$\sin(i_o)_{临} = \frac{n_1}{n_o} \tag{5.37}$$

由于 $n(i_e)$ 光折射率本身随晶轴和入射光波矢量之间夹角不同而在 n_o 到 n_e 之间变化,所以 e 光的全反射临界角也随光轴取向不同而在 $\arcsin(n_1/n_o)$ 到 $\arcsin(n_1/n_e)$ 之间变化.晶体中 o 光和 e 光有不同的全反临界角,常被利用来设计成晶体棱镜偏振器.其中 o 光(或 e 光)被一个界面全反射到旁边,而 e 光(或 o 光)入射角则可小于临界角得以折射通过.

(二) 反射与折射的作图法

因为非常光折射率与波矢量方向有关,用以上各公式计算寻找反射与折射方向的函数关系比较困难与繁杂,因而常常利用折射率曲面用作图法找出折射光的波矢量方向.[在很多书中在处理折射与反射时都利用光线速度面(即光波面),应用惠更斯作图法,其结果是相同的.]分两种情况来讨论:

1. 光在各向同性介质中向界面入射的情况

图 5.13 为光从各向同性介质射向晶体表面时,作图法得到的反射光和折射光的波矢量方向.现以此为例说明作图的方法,纸面作为入射平面,并在晶体表面上光束入射一点 O.以此点为原点,画出各向同性介质 1 中折射率曲面(半径为 n_1 的球),在入射面上的剖面为一圆,只画出分界面以上的半圆.

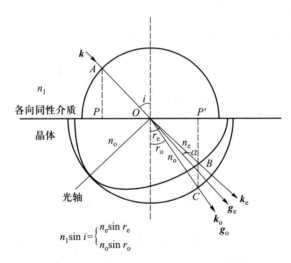

$$n_1 \sin i = \begin{cases} n_e \sin r_e \\ n_o \sin r_o \end{cases}$$

图 5.13　光从空气入射到单轴晶体来时,求折射光线方向的作图法

求折射光线方向的作图法,光从空气入射到单轴晶体表面时,并以 O 点为原点画出单轴晶体的折射率曲面(一球、一旋转椭球)在入射面上的剖面(一圆、一椭圆),这里只画出分界面以下的部分.然后通过 O 点画出入射光波矢量方向,交于入射光所在介质的圆周上 A 点,再从 A 作出向界面的垂直线交于 P 点,在 O

点另一侧取长度相等于 OP 的一点 P'，通过 P' 再向界面作垂直线，分别交于双层曲面的 B 点（椭圆上）和 C 点（圆上），则 $\overrightarrow{OB}$ 和 $\overrightarrow{OC}$ 方向分别表示两个折射波的波矢量方向，前者为非常光，后者为寻常光．图中的几何关系清楚显示出满足 (5.33) 式和 (5.34) 式．由于非常光和寻常光的折射率不同，即相速不同，所以两折射角不同，分别为 γ_e、γ_o．由于非常光的波矢量方向 k_e 并不代表真正光线方向，所以图上另标出一个非常光线方向 g_e，它们之间有离散角 α，附录 D 中将介绍离散角的求法．而寻常光的波矢与光线方向是一致的．

2. 光从晶体内出射到晶体表面的情形

入射光在晶体内，单轴晶体内一般都分解为寻常光和非常光，为了看图清楚起见，入射光为 e 和 o 光时分别画在两张图上．方法和作图 5.13 时的方法相同，不过要注意，o 光入射时 A 点要取在代表 o 光的圆上，e 光入射时，A 点则取在代表 e 光椭圆上 [见图 5.14 (a)、(b)]．

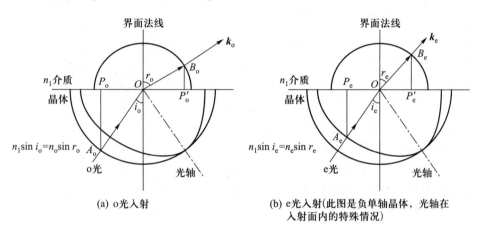

(a) o 光入射

(b) e 光入射（此图是负单轴晶体，光轴在入射面内的特殊情况）

图 5.14 光从晶体内射出界面时的折射作图法

此外，图 5.15 表示一个负单轴晶体中 o 光，已超过全反临界角而发生全反射的情形，即 P_o' 的垂直线和介质 n_1 的球没有相交点即没有折射光线，e 光尚未超过临界角，所以 P_e 点的垂直线和 n_1 仍有交点．

（三）波矢量方向和光线方向的换算

不论从公式计算或是作图法得出的都是波矢量方向 k，而我们在实验上能够观察的必定是能流方向 g，即光线方向．因而必须从 k（波法线方向 N）换算到能流方向 g（光线方向 S）才能得到真正光线的走向．S 和 N 对非常光而言一般是不重合的，它们之间有一离散角 α．这个角度大小依赖于 k 和晶体光轴之间的夹角 θ，如果 θ 已知，不难求得对应于这个波矢量的光线方向．

设波矢量方向 k 和晶体光轴夹角为 θ，光线方向 g 和晶体光轴夹角为 ρ（见图 5.16），那么，两者方向存在极为简单的关系 (5.38) 式，通过 (5.38) 式，已

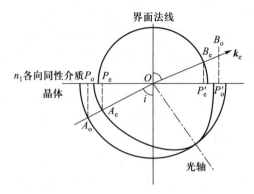

图 5.15   负单轴晶体中 o 光发生全反射, e 光仍有折射光的情形

知 θ 即可求得 ρ, 反之亦然.

$$\tan \rho = \left(\frac{n_o}{n_e}\right)^2 \tan \theta \qquad (5.38)$$

从§5.2 的讨论我们已经知道 $\boldsymbol{D}$、$\boldsymbol{E}$、$\boldsymbol{k}$、$\boldsymbol{g}$ 在同一平面内. 从§5.3 的讨论已经知道非常光的偏振方向 $\boldsymbol{D}$ 矢量在晶体主截面内(即晶体光轴和 $\boldsymbol{k}$ 决定的平面), 因此 $\boldsymbol{D}$、$\boldsymbol{k}$、$\boldsymbol{g}$ 和光轴始终在同一平面, 因而离散角 α、ρ 和 θ 的关系极为简单(见图 5.16).

$$\alpha = \theta - \rho \qquad (5.39)$$

经过不太复杂的运算可以得出离散角 α 和 θ 的关系(见附录 D).

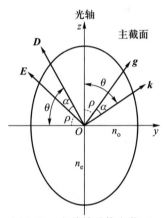

图 5.16   在单轴晶体主截面内各个矢量的关系

$$\tan \alpha = \frac{1}{2} \gamma^2 \left(\frac{1}{n_o^2} - \frac{1}{n_e^2}\right) \sin 2\theta \qquad (5.40)$$

式中

$$\gamma^2 = \left(\frac{\sin^2 \theta}{n_e^2} + \frac{\cos^2 \theta}{n_o^2}\right)^{-1}$$

由(5.39)式或(5.40)式可以看到, 当 $\boldsymbol{k}$ 沿着光轴方向($\theta = 0$ 或 π)和垂直光轴方向($\theta = \pi/2$ 或 $3\pi/2$)时, $\alpha = 0$. 即只有 $\boldsymbol{k}$ 沿这两个方向时, 光线方向和波矢量方向重合. 这是不奇怪的, 因介电常量为二阶张量, 只有 $\boldsymbol{E}$ 和 $\boldsymbol{D}$ 沿着主轴方向时是两者重合. 现在 $\boldsymbol{k}$ 沿着或垂直主轴, 偏振矢量必然沿着坐标的三个主轴之一, 所以 $\boldsymbol{E}$ 和 $\boldsymbol{D}$ 重合, 分别垂直于它们的 $\boldsymbol{k}$ 和 $\boldsymbol{g}$ 也必然重合. 关于离散角的上述性质很有实用意义, 在倍频及参量过程中应用的非线性光学元件, 通常希望光线在没有离散角的方向入射. 而在一些起偏振镜或所谓离散偏振晶体器件的设计应用中又往往选择离散角较大的方向入射.

（四）晶体光学器件举例

现在我们结合三种简单晶体光学器件来讨论晶体表面的折射问题.

1. 离散角光束偏转片

实际上它是表面平行的一块晶片（通常为双折射较大的方解石），光轴和表面有一定倾角［见图 5.17(a)］. 入射光束沿表面法线方向，它具有这样作用：当 o 光入射时，光线沿原光束方向并从 A 处射出晶体. 当 e 光入射时，则光束在晶体内偏离原光束方向而从 B 处折射出来，射出晶体后光线又再平行于原光线. 但从 A 到 B 处平行移动了一个距离，它和晶体开关（它可以利用电压信号，使入射光束从 o 光变 e 光或相反的变化）联合起来，就可以在电信号驱动下，实现光束的自动的平移位置，它可用在电子计算机中作为光学存储器件.

现在来分析一下它的光路. 光束在晶片中一共发生两次表面的折射（一次是入射的前表面，一次是出射的后表面）. 前表面是各向同性介质入射到晶体且入射角 $i=0$，这种垂直入射是很多器件中经常遇到的重要情况. 根据图 5.17(b) 或 (5.33) 式、(5.34) 式看出，不论 o 光或 e 光波矢量都沿原入射光的波矢量方向 $r_o=r_e=0$. 这是不是说没有双折射呢？不是，因为 e 光的波矢方向并不是与光线方向重合. e 光的光线方向和 **k** 有一离散角 α，如果晶片的光轴和表面法线夹角为 r，那么和 **k** 夹角也是 r. α 的大小可从 (5.40) 式算出（式中 θ 用 r 值代入）. o 光的光线方向和波矢一致，所以 o 光将仍沿原光线，而 e 光则将偏离 α 角［见图 5.17(b)］.

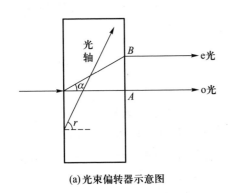

(a) 光束偏转器示意图

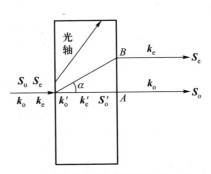

(b) 晶片的前后表面上光的折射，k_o、k_o'、k_e、k_e' 为o光及e光波矢量，S_o、S_e、S_o'、S_e' 为光线方向

图 5.17

现在再看后表面，这是从晶体内射向晶体表面的情况. 这时 o 光、e 光光线方向既然有 α 角的差别，那么是不是两者的入射角 i 有所不同呢？大家务必记住，折射定律考虑的必须是波矢量方向而不是光线方向，两者的波矢量方向刚才已分析都是沿着原光束方向的，所以两者的入射角相等而且 $i=0$，所以出射光的波

矢量方向仍不变(这时光线已进入了各向同性介质,这就是光线方向),最后得出结论:o 和 e 光出射晶体后光线方向是平行的,而且沿着原来光束方向,不过 o 光的折射发生在 A 处,而 e 光折射发生在 B 处而已[见图 5.17(b)].

2. 格兰-汤姆孙(Glan-Thomson)偏振棱镜

偏振棱镜的种类很多,但是它的作用是将 o 光和 e 光尽可能分开或者只让 e 光(o 光)通过,而将 o 光(或 e 光)全反射到旁边.光学课中已介绍过的尼科耳棱镜属于后一种类型的棱镜,它是最常用而且性能较好的一种.但是由于它的结构中有加拿大胶层,如果高功率密度的激光通过,将会引起胶层的损坏,因而它不能作为激光器中的晶体器件.在激光器件中(如电光 Q 开关等),经常使用的是修正的格兰-汤姆孙棱镜.我们以此为例分析一下它的折射和反射的光路.图 5.18 所示为格兰-汤姆孙棱镜的结构示意图,它是一个长方矩形晶体,先将它沿 ABC'D' 面剖开.然后再将其表面通过光胶方法结合在一起,中间仅保留薄薄一层空气层,有时也使用方解石.晶体光轴在垂直表面,沿 AB 方向.入射光束也垂直于棱镜表面,它可以让 e 光通过,而 o 光在 ABC'D' 斜面全反射.

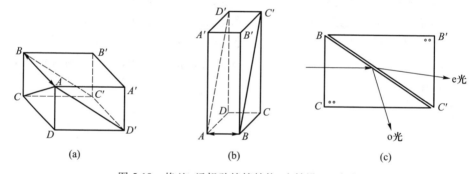

图 5.18   格兰-汤姆孙棱镜结构,光轴沿 AB 方向

图 5.19 表示了 o 光和 e 光在前后两个垂直面以及中间两斜界面上折射时的光线走向.为了有画图的空间,把两斜面间空气层平行错动和拉宽了.图中除了一个斜面上折射之外,其他面上没有详细画出作图法的各种辅助线.读者可以自行画出.不过注意几点:① 现晶体光轴垂直于入射面,折射率曲面在此剖面上轨迹是怎样的? ② 既然入射面垂直于光轴,各个光波的波矢量都垂直于晶体光轴的,各个光波相应的光线方向如何?

3. 沃拉斯顿(Wollaston)棱镜

两块三角形晶片如图 5.20 所示结构.第一块棱镜晶片① ABC 的光轴平行于直角边 AB,第二块棱镜晶片② ACD 的光轴平行 z 轴(垂直 ACD 面),与前者互相垂直.中间用光胶方法结合,即将两面抛光利用范德瓦耳斯力结合,无任何化学胶,避免强激光损伤.

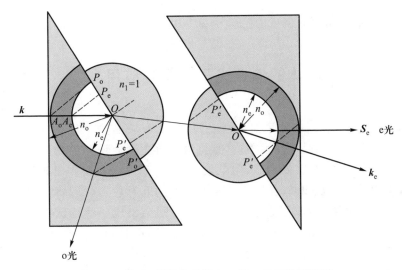

图 5.19　格兰-汤姆孙棱镜中 o 光、e 光光路原理图

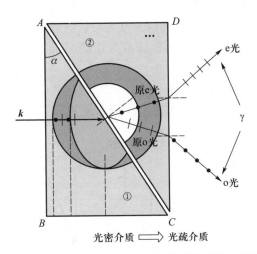

光密介质 ⟹ 光疏介质

图 5.20　沃拉斯顿棱镜光路图(·为垂直于纸面的偏振,-为纸面内偏振)

  光垂直入射到第一个棱镜时,$\theta = 90°$,o 光、e 光不分开(垂直入射).但由于方解石是负单轴晶 $n_e < n_o$ 且两个棱镜的光轴互相垂直,所以在①中的 o 光(偏振面垂直光轴)到第二个镜时,其偏振面在②内变成平行于光轴,原来的 o 光就成了 e 光.第一个晶体中的 o 光传播时为从光密介质到光疏介质(即从 n_o 到 n_e),则它应偏离界面法线.相反,在①中的 e 光是由光疏介质到光密介质,在②中折射接近法线.在达到后界面时,均为从光密介质到光疏介质,进一步两者均偏离法线,最后得到两个分离的、偏振面互相垂直的光.两者之间夹角为 $r = 2\arcsin\left[(n_o - n_e)\tan\alpha\right]$,$\alpha$ 为

棱镜折射角.

$\alpha = 45°$时,由方解石制成的棱镜 $r = 20°40'$.

§5.5 双折射晶体的偏振光干涉及其应用

人们很早就发现,在两个偏振器之间,放上一块晶体,如果用单色平行光照明(见图 5.21),当晶体厚度不均匀时,观察屏上会有明暗的光强分布,若把偏振器之一旋转 90°,明处变暗,暗处变明.如果用白光照明则出现彩色斑纹.如把偏振器之一旋转 90°,各颜色又变为它们的互补色,这是晶体双折射引起的偏振光干涉现象.当改用会聚的光照明时,则会出现一些特殊干涉图样,不同类型晶体以及晶片内光轴方位不同,图样也不同,这也是由晶体双折射引起的干涉现象.

上述偏振光干涉方法是一种检测物质双折射性的非常灵敏的方法,很早就成为矿物学中测定矿物类型的重要手段.由于人为因素如外加电场、应力等引起的人工双折射也将引起这种干涉,其原理是光测弹性力学以及光强调制、光开关、光学隔离器等光学技术应用的基础.本节将介绍偏振光干涉的基本规律.

(一) 平行光下的偏振光干涉

光源、偏振器、晶体、观察屏如图 5.21 所示放置.

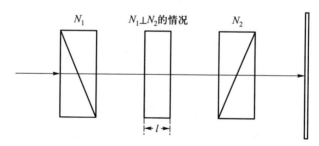

图 5.21 平行光偏振光干涉装置示意图

在屏上出现明暗分布的干涉现象是不难解释的.从偏振器 N_1 出来的线偏振光,在射入晶片后,由于晶体的光学各向异性,必将分解为两个偏振方向互相垂直并以不同速度传播的波,光穿过晶体厚度出射后,两个波的振动必定有一个相位差:

$$\Gamma = \frac{2\pi}{\lambda}(n_2 - n_1) \cdot l \qquad (5.41)$$

式中 n_2、n_1 分别代表两个波的折射率, l 为晶体厚度. 这个相位差与厚度成正比, 若晶体厚度不均匀, 穿过晶体的不同点的两个波相位差也不同. 具有一定相位差的两个波到达检偏器 N_2 时, 由于偏振器 N_2 的作用, 只有平行于某一方向的振动的光波才能通过, 所以这两个波的振动都只有在这个方向上的分量才能通过. 从 N_2 出射两个光波, 偏振方向在一个方向, 它们之间存在相位差 Γ, 频率当然是相同的, 这两个波具备了相干光的一切条件. 从 N_2 出射的两个波的振动可分别表示为

$$\begin{cases} E_1 = A'_{o1}\cos \omega t \\ E_2 = A'_{o2}\cos(\omega t + \Gamma) \end{cases} \tag{5.42}$$

两个波相干后强度是两个振动合成振幅的平方:

$$I = (A'_{o1})^2 + (A'_{o2})^2 + 2A'_{o1}A'_{o2}\cos \Gamma \tag{5.43}$$

现在问题是求出 A'_{o1} 和 A'_{o2} 的大小, 这与 N_1、N_2 偏振方位和两个互相垂直的偏振方向 D'、D'' 的相对取向有关. 现在假定偏振器 N_1 及 N_2 的方向为正交, 晶体中两个速度不同的波的偏振方向为 D_1 及 D_2, 它们的相对取向如图 5.22 所示. 从图上的几何关系立即可写出两个波的振幅在 N_2 方向的投影分量为

$$A'_{o1} = A_o\cos \alpha\sin \alpha = \frac{A_o}{2}\sin 2\alpha$$

$$A'_{o2} = -A_o\sin \alpha\cos \alpha = -\frac{A_o}{2}\sin 2\alpha$$

式中 A_o 为从 N_1 透射的电场振动.

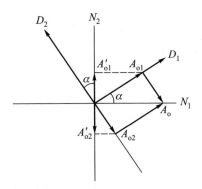

图 5.22 正交偏振光干涉, 振动矢量分解图(N_1、N_2 为正交的偏振器检偏方向, D_1、D_2 为晶体中两个允许的偏振方向, α 为 D_1 和 N_1 及 D_2 和 N_2 之间的夹角)

代入(5.43)式得

$$I_\perp = \frac{A_o^2}{2}\sin^2 2\alpha(1-\cos \Gamma) = A_o^2\sin^2 2\alpha\sin^2\frac{\Gamma}{2} \quad (N_1、N_2正交) \tag{5.44}$$

同理,如 N_1 和 N_2 平行时的干涉强度为

$$I_{/\!/} = A_o^2 \left[1 + \frac{1}{2}\sin^2 2\alpha (\cos \varGamma - 1) \right] = A_o^2 \left(1 - \sin^2 2\alpha \sin^2 \frac{\varGamma}{2} \right) \quad (N_1 \text{、} N_2 \text{平行})$$

(5.45)

从 N_1 和 N_2 正交或平行两种情况下的干涉强度公式(5.44)式、(5.45)式可以明显地看出以下几点:

(1)光强随 $\varGamma$ 值不同而变化.

$$\varGamma = \frac{2\pi}{\lambda}(n_2 - n_1)l$$

当晶体厚度 l 不等时,从晶体不同地点通过的光线,它分解成两个偏振波相位差亦有差异,因而明暗程度上有不同.同时,$\varGamma$ 也与波长有关,当使用白光时(即含有各种波长的多色光),穿过晶体某处的某一定波长,相应的 $\varGamma$ 恰好使光变弱,而别的波长相应 $\varGamma$ 又可能使光强变强,因此,会出现复杂的彩色斑纹.

(2)当 $\varGamma = \pi$ 的奇数倍时,$I_\perp = A_0^2 \sin^2 2\alpha$(最大值),$I_{/\!/} = A_1^2(1 - \sin^2 2\alpha)$(最小值);当 $\varGamma = 0$ 或 2π 整数倍时,则 $I_\perp = 0$(最小值),而 $I_{/\!/} = A_1^2$(最大值).也就是说 N_1 和 N_2 正交和平行两种情况下的光强正好是互补的,一种强时,那么另一种必定弱.这正好说明了前面已经叙述过的实验事实.当 N_1 或 N_2 中的一个转动 $90°$,正好就是从平行转为垂直或者是垂直转为平行,两者呈现的干涉强度正好是互补的,所以明暗分布变化是明处变暗、暗处变明.

(3)干涉后光强亦随 α 而变化,即随着晶体中两个允许的偏振方向之一与偏振器 N_1 取向夹角不同而有变化.α 不变时,$\varGamma$ 从 0 变到 2π,$I_\perp$ 或 $I_{/\!/}$ 它们出现的极大值与极小值之差为 $A^2 \sin^2 2\alpha$,这个和 α 有关的因子将决定干涉图中明暗的反差程度.当 $\alpha = 0$ 或 $90°$ 时,不论 $\varGamma$ 值如何变化,从(5.44)式、(5.45)式可看出强度 $I_\perp$ 和 $I_{/\!/}$ 没有变化,分别呈现全亮或全暗.当 $\alpha = 45°$ 时,$\sin^2 2\alpha = 1$,$I_\perp$、$I_{/\!/}$ 强度随 $\varGamma$ 变化的幅度最大.事实上,$\alpha = 0$ 或 $90°$ 时,晶体中两个偏振方向正好和 N_1 及 N_2 重合,则 N_1 射出的光偏振方向正好和晶体中两个可能的偏振方向之一平行,就不会分解成两个波,干涉也就无从发生了.实验观察也表明,绕通光反向旋转晶片,每当晶体中两个偏振方向与 N_1 或 N_2 方向重合时,干涉图样消失一次.利用此种方法能够非常简便地定出光沿通光方向传播时晶体的两个允许的偏振方向.

原来是各向同性的透明物质如玻璃、塑料等,外加应力或热形变也将使其发生光学上的各向异性,观察其正交偏光干涉图样时,可以很灵敏地反映出来.工程技术制作各种模型应用这种方法来研究零件在受力条件下内部应力分布状况,为工程设计提供资料,这就是光测弹性力学的方法.在光学晶体生长过程中常常有热残余应力和杂质以及各种缺陷导致局部内应力,这种偏光干涉方法是很有用的检测方法.

（二）会聚光的偏光干涉

在会聚光下（平行光通过一透镜会聚后得到,装置见图 5.23）,所得的干涉图样比较复杂,在这种情况下,两个光线在通过晶片后的相位差为

$$\Gamma = \frac{2\pi}{\lambda}\frac{h}{\cos\theta}(n_2 - n_1) \tag{5.46}$$

式中,h 是晶片厚度,θ 是晶片中光线和晶片法线之间的夹角,因而 $h/\cos\theta$ 是光线在晶片内所走的几何路程,n_1 和 n_2 是两个光线在所传播方向上的折射率.对于不同斜度(θ)的光线来说,即使晶片是两面平行的平面晶片($h=$ 常量）,Γ 也是不同的.Γ 将由晶片取向所决定.n_1 和 n_2 的差一定会随着这个取向而变化.

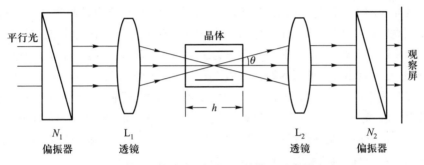

图 5.23　会聚光(锥光)干涉装置示意图

首先介绍一下最简单的情形,晶片是单轴晶体,它的晶轴与表面法线重合,也和会聚在晶片上的光锥的轴线重合.这种情况下,对于以同一 θ 角度入射的光线绕晶体光轴一周是对称的,Γ 的数值也应相同.根据 § 5.3 节(5.29)式,对于波矢量和光轴交角为 θ 的两个波,相应的折射率 n_2 和 n_1 应是

$$n_1 = n_o \tag{5.47}$$

$$\left(\frac{1}{n_2^2}\right) = \frac{\sin^2\theta}{n_e^2} + \frac{\cos^2\theta}{n_o^2} = \left(\frac{1}{n_e^2} - \frac{1}{n_o^2}\right)\sin^2\theta + \frac{1}{n_o^2} \tag{5.48}$$

上式也可以写为

$$n_2 = n_e(\theta) = \left(\frac{\cos^2\theta}{n_o^2} + \frac{\sin^2\theta}{n_e^2}\right)^{-\frac{1}{2}} = \left[\left(\frac{1}{n_e^2} - \frac{1}{n_o^2}\right)\sin^2\theta + \frac{1}{n_o^2}\right]^{-\frac{1}{2}} = n_o\left[1 + n_o^2\left(\frac{1}{n_e^2} - \frac{1}{n_o^2}\right)\sin^2\theta\right]^{-\frac{1}{2}}$$

考虑函数 $\sin\theta$ 很小,利用 $(1+x)^{-\frac{1}{2}} \approx 1 - \frac{x}{2}$ 关系,则

$$n_2 = n_e(\theta) \approx n_o\left[1 - \frac{n_o^2}{2}\left(\frac{1}{n_e^2} - \frac{1}{n_o^2}\right)\sin^2\theta\right]$$

则得到

$$n_2 - n_1 \approx \frac{n_o^3}{2}\left(\frac{1}{n_e^2} - \frac{1}{n_o^2}\right)\sin^2\theta$$

代入(5.46)式得

$$\Gamma = \frac{\pi n_o^3}{\lambda}\left(\frac{1}{n_e^2} - \frac{1}{n_o^2}\right)\frac{\sin^2\theta}{\cos\theta}h \tag{5.49}$$

Γ 仅仅是 θ 的函数,所以相位差相同的光线和光线出射的那个晶体表面相交的轨迹,必是一个以光锥轴线为中心的圆圈.现在虽然不是平行光束,但是把整个光锥分割成无限小的立体角,每个小立体角内光线都可以看作沿 θ 方向传播,因此对每一小立体角来说,(5.44)式和(5.45)式的偏光强度公式仍旧适用于上面谈到的等相位差光线圆圈.根据它的相位差 $\Gamma(\theta)$ 值的大小将形成亮圈或是暗圈,所有的光锥内的光线的干涉圈将是明暗交替的同心环,在白光照明下自然将出现彩色圆环.至于是亮圈还是暗圈,或是什么样的色彩,则视 $\Gamma(\theta)$ 的数值而定.但是,这种干涉环在整个圆圈上强度并不相等,很明显地在两个垂直方向上有一个十字暗区(N_1 和 N_2 正交)干涉图(参见图 5.24),或者有一个明亮的十字亮区(N_1 和 N_2 平行).这是强度公式中的 $\sin^2 2\alpha$ 因子在起作用.因为对现在的问题而言,每一根光线中的两个偏振波,e 光偏振方向总是在法线和光轴(也是锥光中心轴)所决定的主截面内,而 o 光偏振方向总是在主截面的垂直方向上.所以对于那些主截面恰好与 N_1 或 N_2 平行的光线,它们的偏振方向和 N_1 的夹角正好是 $\alpha = 0$ 或 $90°$,反差因子 $\sin^2 2\alpha = 0$,所以总是暗的(N_1、N_2 正交)或者总是亮的(N_1、N_2 平行).实验上观测到的暗十字确实处在两个偏振器 N_1 和 N_2 的方向上,主截面和 N_1 的夹角 α 取其他数值的光线,它们的明暗反差程度得视 $\sin^2 2\alpha$ 大小而定,$\sin^2 2\alpha$ 不大时,此处干涉强度反差仍然很低.所以暗十字区或亮十字区都不是很细的十字线,如图 5.24 所示那样,靠近中间细,越靠近外边越宽,是有一定的角度的十字带.

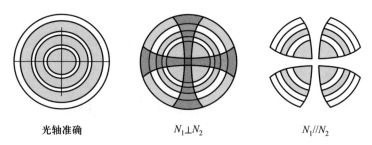

光轴准确　　　　　　$N_1 \perp N_2$　　　　　　$N_1 /\!/ N_2$

图 5.24　单轴晶体正交偏光干涉图样

如果,被观察的晶体光轴和锥光轴稍有偏离,干涉图就将变形(如图 5.25 所示),十字中心将偏离照明光锥的中心.因此,可以利用这个方法简便而精确地测定光轴的取向,测定时一般利用带有精度较高晶台的偏光显微镜.一边观察,一边转动晶台,如果十字中心跟着转动就表示光轴没有精确沿着显微镜的光路.根据偏离的程度进行端面修正,再重复进行检查,直到十字中心看不到晃动时,表示端面已和光轴垂直,光的精度可达 1°左右.

对于双轴晶体情况更为复杂,图 5.26 是锥光中心线沿着两个光轴夹角平分线时的锥光干涉图,不过它的基本成因是完全一样的,其中等相位 Γ 的光线和晶片表面截线轨迹将是一个双纽线状.因为 Γ 不仅仅是 θ 的函数,$\Gamma = 0$ 的光线也不是锥光的中心轴线了,而是在和锥光中心线有一定夹角的两个光轴的方向上,所以双纽线的中心就在这两个光轴方位上.由于 α 的大小和光线方向有关且很复杂,但是既然没有双折射的光线移向双纽线的两个中心,那么暗十字消光线也分裂为两支,分别通过这两个中心也是很自然的.

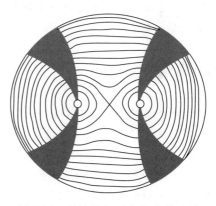

图 5.25　单轴晶体中光轴与锥光不重合时的锥光干涉图

图 5.26　双轴晶体正交偏光锥光干涉图样

经计算 Γ 将是光线方位角 θ 和 φ 的函数:

$$\Gamma \approx \frac{\pi n^3 l}{\lambda}\left[\left(\Delta \sin^2 \theta - \frac{\Delta'}{2}\right)^2 + 4\Delta\Delta' \sin^2 \varphi \sin^2 \theta\right]^{\frac{1}{2}} \tag{5.50}$$

式中

$$\Delta = \frac{1}{n_3^2} - \frac{1}{2}\left(\frac{1}{n_2^2} + \frac{1}{n_1^2}\right) = B_{33} - \frac{B_{22} + B_{11}}{2}$$

$$\Delta' = \frac{1}{n_1^2} - \frac{1}{n_2^2} = B_{11} - B_{22}$$

并有

$$n_3 < n_2 < n_1, \quad \alpha = \varphi - \overset{\circ}{\theta}$$

式中

$$\tan 2\overset{\circ}{\theta} = \frac{\Delta' \cos \theta \sin 2\varphi}{\Delta \sin^2 \theta - \dfrac{\Delta'}{2}(1 + \cos^2 \theta)\cos 2\varphi} \tag{5.51}$$

α 为晶体中 (θ, φ) 方位的光线相应的两特定偏振方向和 N_1' 之间的夹角,光线方位角取法参见图 5.27.(5.50)式、(5.51)式的计算请看附录 E.

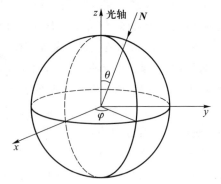

双轴晶体光轴方向的确定同样可以利用锥光干涉图.

此外,直拉法生长的单轴晶体常常由于内部应力的存在,使其局部地区呈现双轴晶的光学性质,利用锥光干涉图也可以定性判断晶体均匀性的质量.通常观测到双光轴头的双纽线形状出现,表明晶体质量较差,双纽线中心分离得越大,表明质量越差.

图 5.27   (5.50)式、(5.51)式中 θ、φ 的定义

第五章习题

5.1   一单轴晶体,折射率为 n_o、n_e.光轴沿 z 轴方向,起偏方向与 x 轴、z 轴的夹角均为 $45°$,入射光沿 y 轴,问:

(1) 晶体中 o 光、e 光偏振方向与光轴夹角是多少?

(2) o 光、e 光折射率为多大?

(3) 入射光振幅为 E_0,则 o 光、e 光的振幅为多大?

5.2   若上题晶体绕 y 轴或 x 轴转 θ 角,分别写出各量大小.

5.3   画出负单轴晶(1) 光轴平行于分界面,(2) 光轴垂直于分界面,(3) 光轴与入射面成 θ 角时,光从空气入射到晶体时折射光的波矢量及光线方向.

5.4   设一方解石晶片($n_o = 1.66$,$n_e = 1.48$)其光轴与表面夹角为 $45°$,有一束直径为 1 mm 的光垂直晶体表面入射,问晶体厚度为多少时,可使 o 光、e 光在出射面完全分离?

5.5   一单轴晶片,两表面有楔角 θ,放在偏光干涉仪中,通光方向与光轴垂直,求干涉条纹间距.

5.6   试写出在双折射均匀性测量中,光从各个光学元件出射后的振幅表示式.已知 $N_1 \perp N_2$,晶体光轴平行于表面,且光轴与 N_1 成 $45°$角.

第六章　晶体的倍频与参量频率转换

在第三章中我们讨论了光(即电磁波)与物质的相互作用问题.当光波通过晶体时,将会引起介质极化(因为光频率是很高的,这个极化主要是由电子位移极化所引起的).此极化决定了光波在介质中的复数折射率,其实数部分决定了光波在介质中的传播速度及其色散关系,其虚数部分则决定了光的吸收.不过光波通过晶体时频率是没有变化的,这是因为假定了介质极化强度与光电场强度存在着线性关系:

$$P = \varepsilon_0 \chi_0 E \tag{6.1}$$

但这种线性关系,在电场强度很大时将不满足,必须考虑到极化为非线性的项:

$$P = \varepsilon_0 (\chi_0 E + \chi_0 \alpha_1 E^2 + \chi_0 \alpha_2 E^3 + \cdots) = \varepsilon_0 \chi_0 E (1 + \alpha_1 E + \alpha_2 E^2 + \cdots) \tag{6.2}$$

式中,$\alpha_1, \alpha_2, \cdots$是非线性项的系数.这种非线性极化项的存在使得光与物质的交互作用更为复杂.似乎可以认为介质的电极化率是$\chi(1 + \alpha_1 E + \alpha_2 E^2 + \cdots)$,它受到电场的调剂.下面将会讨论到这种作用使得介质极化中,出现入射波频率以外的频率.

我们在实验上,也发现了这种现象,例如将 YAG(Nd^{3+}:YAlO$_3$)激光器波长为 1.06 μm 的红外激光照射到 LiIO$_3$ 或其他非线性光学晶体上,在适当条件下将出现波长为 0.53 μm 的绿光,频率恰恰增加了一倍,即所谓倍频.或者两种不同频率 ω_1 及 ω_2 的光同时在非线性晶体中传播时(只要其中一种光很强),在一定条件下出现它们的和频及差频($\omega_1 \pm \omega_2$)的光波,这是混频现象,即所谓参量频率转换.这种非线性光学现象在激光出现以前已经被注意到,但是激光作为极强的光源出现以后才使这种现象特别显著,而且才有可能获得广泛的应用.倍频现象可以使我们从一种频率的激光转换为频率高得多的激光,扩展了人们想获得的激光的频率范围.参量频率转换中出现的和频与差频同样可以向高或低扩展激光的频率范围,同时又可能使红外信号通过和频过程转换到可见光,也就是频率上转换,这些现象都具有很大的实用意义.

本章前一部分将着重分析非线性极化过程实现参量转换的条件,后面几节将具体介绍倍频、参量振荡、频率上转换及其应用.

§6.1　非线性极化

光场振幅(即电场强度)很高的情况下,介质的极化将考虑到它的非线性项的存在.假定我们只取(6.2)式中的 E^2 项,看看将出现什么现象,令极化强度中非线性部分为

$$P_{非} = \varepsilon_0 \, \chi_0 a_1 E^2 = \chi E^2 = 2dE^2 \tag{6.3}$$

(6.3)式中已令 $2d = \varepsilon_0 \chi_0 a_1 = \chi$,这里不是简单地令 $2d = \varepsilon_0 \chi_0 a_1$,而是为符合实用上的习惯的定义. χ 是非线性电极化率.

现在我们假定晶体中同时存在两个频率的行波:

$$\tilde{E} = \tilde{E}_1(z,t) + \tilde{E}_2(z,t)$$

(本章主要处理光波交变电场下的极化行为,因而下面我们都以 $\tilde{P}$ 、$\tilde{\varepsilon}$ 等表示随时间变化的极化强度和电场强度,用 P、E 表示它们的振幅或复振幅.)

$$\tilde{E}_1(z,t) = E_1 \cos(\omega_1 t + k_1 z)$$

$$\tilde{E}_2(z,t) = E_2 \cos(\omega_2 t - k_2 z)$$

将上述关系代入(6.3)式则得到:

$$\tilde{P}_{非} = 2d[E_1^2 \cos^2(\omega_1 t + k_1 z) + E_2^2 \cos^2(\omega_2 t + k_2 z) + 2E_1 E_2 \cos(\omega_1 t + k_1 z)\cos(\omega_2 t + k_2 z)]$$

如果利用三角恒等式

$$\cos^2 x = (1 + \cos 2x)/2 \quad 和 \quad \cos\alpha\cos\beta = [\cos(\alpha+\beta) + \cos(\alpha-\beta)]/2$$

那么 $\tilde{P}_{非}$ 中将出现四种不同频率的非线性极化强度:

$$\begin{cases} \tilde{P}_{2\omega_1} = dE_1^2 \cos[2(\omega_1 t + k_1 t)] \\ \tilde{P}_{2\omega_2} = dE_2^2 \cos[2(\omega_2 t + k_2 t)] \\ \tilde{P}_{\omega_1+\omega_2} = 2dE_1 E_2 \cos[(\omega_1+\omega_2)t + (k_1+k_2)z] \\ \tilde{P}_{\omega_1-\omega_2} = 2dE_1 E_2 \cos[(\omega_1-\omega_2)t + (k_1-k_2)z] \end{cases} \tag{6.4}$$

还有一个直流项:

$$\tilde{P}_{直} = d(E_1^2 + E_2^2)$$

由此可见,非线性极化项的存在,其介质极化波中出现倍频项 $2\omega_1$ 及 $2\omega_2$、和频 $\omega_1+\omega_2$ 及差频 $\omega_1-\omega_2$ 的频率成分.需注意的是(6.4)式表示的是极化波的传播,还

不是相应频率的光波的传播.这个极化波能否产生足够强的倍频光 $2\omega_1$ 和 $2\omega_2$ 以及混频光 $\omega_1+\omega_2$ 和 $\omega_1-\omega_2$,还要取决于干涉加强的条件是否得到满足,这个干涉加强的条件就是所谓相位匹配条件.这个问题我们暂且放一放,留待 §6.5 中详细讨论.

§6.2 非线性极化系数

(一)倍频系数

实验上我们没有办法通过(6.3)式的关系来确定非线性极化 $P_{\text{非}}$ 的瞬时值与电场强度 E^2 瞬时值之间的比例常量 $\varepsilon_0\chi_0\alpha_1$(即 $2d$),但是我们可以通过光倍频和光混频实验来确定(6.4)式中的比例常量 d.例如入射基波频率为 ω_1,振幅为 E_1 的光,通过介质的非线性极化可以得到倍频的介质极化波为

$$\widetilde{P}^{2\omega_1} = P^{2\omega_1}\cos\left[2(\omega_1 t+k_1 z)\right] \tag{6.5}$$

式中 $P^{2\omega_1}$ 是极化波的振幅,与(6.4)式的第一式比较可得:

$$P^{2\omega_1} = dE_1^2(\omega_1) \quad (倍频) \tag{6.6}$$

同样,对混频来说有:

$$\widetilde{P}^{(\omega_1+\omega_2)} = \widetilde{P}^{(\omega_1-\omega_2)} = 2d\,\widetilde{E}(\omega_1)\,\widetilde{E}(\omega_2) \tag{6.7}$$

(6.6)式、(6.7)式都得到实验上的证实,由此可见,倍频系数 d 一旦确定了,那么混频的比例系数 $2d$ 也就知道了,因为两者同源于一个原因——非线性极化.理论上的非线性极化系数 $\varepsilon_0\chi_0\alpha_1$ 也就确定了(即 $2d$).当然,基频 ω_1、ω_2,倍频 $2\omega_1$、$2\omega_2$ 及混频 $\omega_1+\omega_2$、$\omega_1-\omega_2$,频率都不同,应该考虑到 d 的色散的关系,倍频实验的数据 d 并不能用于混频上.不过在整个近紫外到近红外波段,电子位移极化的色散不到 10%,所以以上结论在一般情况下还是适用的.下面我们只要详细讨论倍频非线性极化系数就可以了,它的两倍就是混频(即参量频率转换)的系数.

到此为止,都没有把极化强度 P 和电场强度 E 作为矢量来处理,这是为了表达简单起见,简化成一维问题来处理,而实际上晶体的线性极化和非线性极化都是三维问题.那么,(6.3)式应写为

$$\widetilde{P}_l = \sum_{j,k=1}^{3} \chi_{ijk}^{(2)}\,\widetilde{E}_j(\omega_1)\,\widetilde{E}_k(\omega_2) \tag{6.8}$$

而(6.6)式及(6.7)式则应改为

$$\widetilde{P}_i^{2\omega} = \sum_{j,k=1}^{3} d_{ijk}\,\widetilde{E}_j(\omega_1)\,\widetilde{E}_k(\omega_1) \tag{6.9}$$

$$\widetilde{P}_i^{\omega_1+\omega_2} \text{ 或 } \widetilde{P}_i^{\omega_1-\omega_2} = \sum_{j,k=1}^{3} 2d_{ijk}\,\widetilde{E}_j(\omega_1)\,\widetilde{E}_k(\omega_2) \qquad (6.10)$$

其中 $\chi_{ijk}^{(2)}$ 和 d_{ijk} 都是三阶张量. 根据上述关系显然我们应有:

$$\frac{1}{2}\chi_{ijk}^{(2)} = d_{ijk} \qquad (6.11)$$

$\chi_{ijk}^{(2)}$ 是在理论分析时经常习惯使用的, 而 d_{ijk} 则是实际上习惯使用的符号.

根据三阶张量与晶体对称性的关系 (见 §1.10), 在有对称中心的晶体中所有分量为零没有倍频和混频效应. 其他各晶体对称类型中, 分量 $d_{ijk}(i,j,k=1,2,3)$ 之间存在一定的关系.

从 (6.9) 式可以看出, $E_j(\omega_1)E_k(\omega_1)$ 次序倒一下, 在物理上没有任何区别. 也就是说张量 d_{ijk} 中足符应有 j、k 互换对称性, 故 $d_{ijk}=d_{ikj}$ 独立分量减少到 18 个, 我们可以采用简化足符 (§1.6) 来表示.

d_{ijk} 中的 jk 为: 11, 22, 33, 23(32), 13(31), 12(21).

用一个足符表示为: 1, 2, 3, 4, 5, 6.

三足符的 d_{ijk} 张量用上述双足符表示以后, (6.9) 式可表示为矩阵的形式:

$$\begin{pmatrix} P_1^{2\omega} \\ P_2^{2\omega} \\ P_3^{2\omega} \end{pmatrix} = \begin{pmatrix} d_{11} & d_{12} & d_{13} & d_{14} & d_{15} & d_{16} \\ d_{21} & d_{22} & d_{23} & d_{24} & d_{25} & d_{26} \\ d_{31} & d_{32} & d_{33} & d_{34} & d_{35} & d_{36} \end{pmatrix} \begin{pmatrix} E_1^2(\omega_1) \\ E_2^2(\omega_1) \\ E_3^2(\omega_1) \\ E_2E_3 + E_3E_2 \\ E_1E_3 + E_3E_1 \\ E_1E_2 + E_2E_1 \end{pmatrix} \qquad (6.12)$$

各种对称类型的晶体, 用第一章 §1.10 中的方法, 推算出 d_{ijk} 的矩阵形式列于表 6.1 之中.

(二) 克莱曼对称性条件

克莱曼考虑到在近红外到可见光波段内, 晶体中离子的位移极化跟不上光频场的周期运动, 所以晶体的极化主要由于电子极化起作用. 晶体非线性极化的自由能为

$$F = -\varepsilon_0 \sum_{ijk} \chi_{ijk}^{(2)} E_i E_j E_k$$

由此上式可见 $\chi_{ijk}^{(2)}$ 不仅仅是 j、k 具有互换不变的对称性, i、j、k 三者任意排列都是一样的, 所以独立元素将进一步减少. 既然 χ_{ijk} 如此, $d_{ijk}=1/2(\chi_{ijk})$ 也具有 i、j、k 全部互换对称, 这种全互换对称为克莱曼对称条件. 这个条件一般都能够满足, 只有在远红外区域, 离子位移极化参与了作用, 那时克莱曼条件才会遭到破坏. 满足克莱曼对称的 d_{ijk} 的矩阵形式, 列在表 6.1 中.

表 6.1　非中心对称各点群中 d_{ijk} 的矩阵形式

说明	
（1）● 为零元　　●○ 为非零的元素
（2）●—● 为两元素相等
（3）●—○ 为两元素绝对值相等,符号相反
（4）■—□ 一般情况下,同 ●—○ ,在克莱曼对称下,两者为零
（5）——仅在克莱曼对称下起作用的连线

双轴晶体

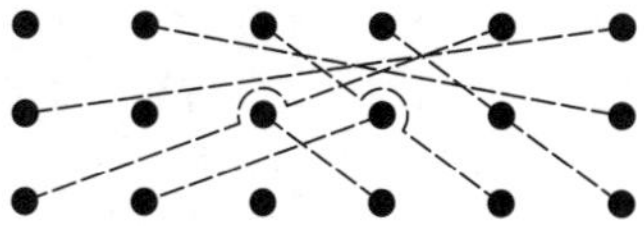

1

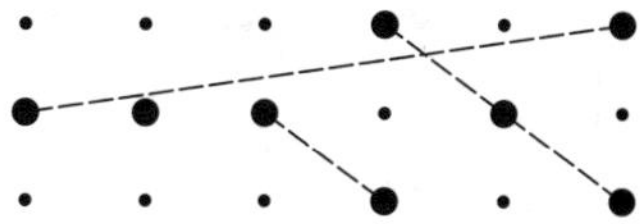

2

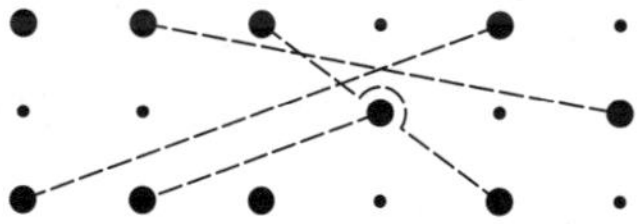

m

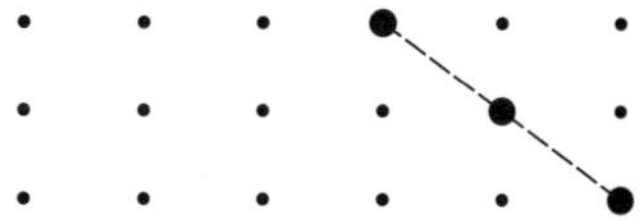

222

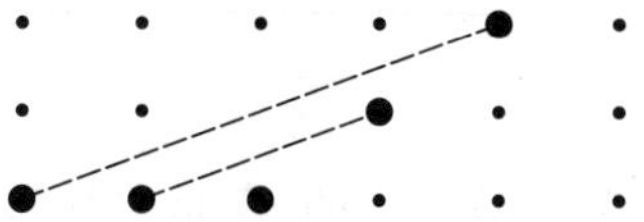

mm2

单轴晶体

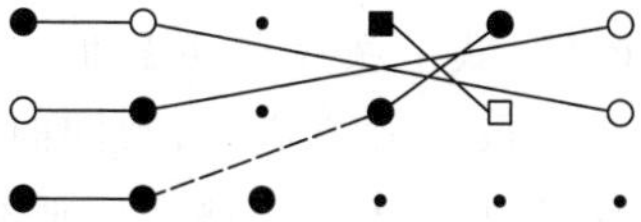

3

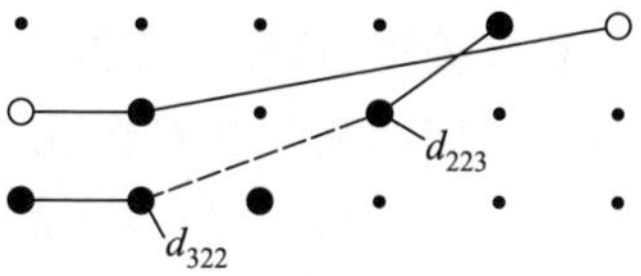

3m

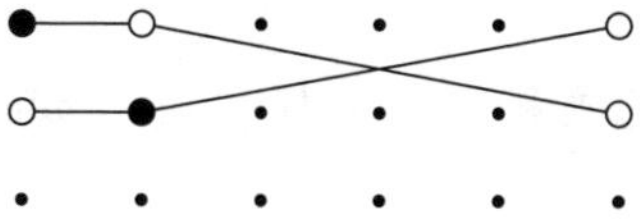

d_{322}　d_{223}

$\bar{6}$

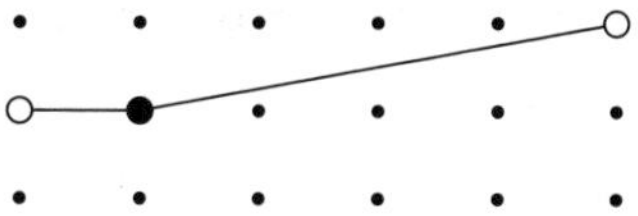

$\bar{6}$m2

续表

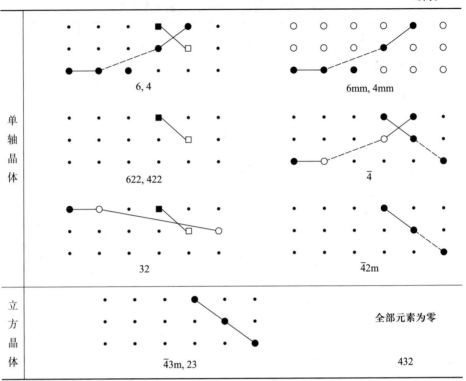

（三）有效倍频系数 d_{eff}

从（6.12）式可以看到，即使基波电场振幅是一样的，但是电场方向不同，那么产生的非线性极化波的大小和方向也是不同的，譬如 $E=E_1$，$E_2=E_3=0$，则极化波三分量为 P_1、P_2、P_3，分别为 $d_{11}E_1^2$、$d_{21}E_1^2$、$d_{31}E_1^2$，如果 $E_1=E_3=0$，$E_2=E$，则为 $d_{12}E_2^2$、$d_{22}E_2^2$、$d_{32}E_2^2$，两种情况的 $\tilde{P}$ 显然不同. $\tilde{P}$ 和 $\tilde{E}$ 之间的联系必须由（6.12）式或（6.9）式张量形式的方程决定，在实际运用时很不方便.现在我们设法化成标量方程来处理，这要方便得多.（6.9）式、（6.12）式的关系告诉我们，电场任意两个分量之间的乘积都对极化强度振幅矢量的每一分量有贡献.同时，从另一方面，我们也知道无论是基波光或倍频的极化波在晶体中传播一定要分解为两个独立传播的波，在单轴晶体中就是分解为 o 光和 e 光，那么我们将四种双折射相位匹配情况分开来加以考虑：

（1）基波中的两个 o 光电场分量的乘积对 e 光极化波的贡献称为 oo-e 匹配.

（2）基波中的两个 e 光电场分量的乘积对 o 光极化波的贡献称为 ee-o 匹配.

（3）基波中的一个 e 光电场分量和一个 o 光电场分量的乘积对 e 光极化波的贡献称为 eo-e 匹配.

（4）基波中的一个 e 光电场分量和一个 o 光电场分量的乘积对 o 光极化波的贡献称为 eo-o 匹配.

当然还可以有 ee-e、oo-o 匹配,但这两种匹配不能满足双折射相位匹配条件,因而暂时不加以考虑.

我们在第五章中已经知道 o 光、e 光的电场方向（即偏振方向）,只要光波的传播方向确定,那么折射率椭球也就可确定了.现在我们分四种情况考虑时,电场和极化方向都已经事先确定了,于是只需要注意它们之间的数量关系,也就可用标量方程表示了.我们在形式上引入一个方程:

$$P = d_{\text{eff}} E' E'' \tag{6.13}$$

P、E'、E'' 分别表示 o 光或 e 光的极化波振幅的大小和基波电场振幅大小.它们实际上是有方向的矢量,由于我们事先已经规定方向了,所以方程中就不必直接反映出来.不过应当记住,(6.13)式只能分别处理上述匹配方式中的任一种贡献.d_{eff} 就是指定的这一种匹配方式下极化波振幅和电场振幅之间的比例常量,称为有效倍频系数.自然,不同的匹配方式得出的 d_{eff} 是不一样的.d_{eff} 应是若干项 d_{ijk}（最普遍情况下是包括所有 d_{ijk}）以及入射基波方位角的函数.假使我们将所有不同对称晶类的各种匹配方式 d_{eff} 事先计算完备,列成表格,使用起来很方便.对于指定的某种匹配方式而言,可以将一个三阶张量方程,简化成一个标量方程.P、E'、E'' 实际上方向并不一致,现在可看成是"一致"的,变成了一个一维问题,这给下面各节具体分析参量过程带来极大的方便.

（四）d_{eff} 计算的实例

1. 常规方法实例

用一实例来说明 d_{eff} 的计算方法:假定入射光的波矢量方向 N,如图 6.1 所示的晶体为 $LiNbO_3$.入射光方向 N 与晶体的光轴夹角为 θ,主截面（光轴与入射方向 N 决定的平面）和 x 轴夹角为 φ,(θ, φ) 决定了 N 的方位.现在计算 eo-o、eo-e 两种匹配方式,也就是可以假定 E' 是 e 光（在主截面内）、E'' 是 o 光（⊥主截面）,根据图 6.1 的几何关系其三个分量可表示为

$$\begin{cases} E' = \begin{pmatrix} E'_1 \\ E'_2 \\ E'_3 \end{pmatrix} = \begin{pmatrix} -E'\cos\theta\cos\varphi \\ -E'\cos\theta\sin\varphi \\ E'\sin\theta \end{pmatrix} \\ E'' = \begin{pmatrix} E''_1 \\ E''_2 \\ E''_3 \end{pmatrix} = \begin{pmatrix} E''\sin\varphi \\ -E''\cos\varphi \\ 0 \end{pmatrix} \end{cases} \tag{6.14}$$

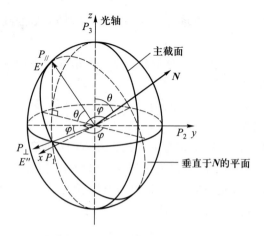

图 6.1 入射波矢 N 和 E'（e 光偏振方向）、E''（o 光偏振方向）以及坐标轴 x、y、z 之间的相对方位

并从表 6.1 中，查得 $LiNbO_3$ 所属群 3m 点群的 d 矩阵，并根据（6.12）式应有

$$
\begin{pmatrix} P_1^{2\omega} \\ P_2^{2\omega} \\ P_3^{2\omega} \end{pmatrix} = \begin{pmatrix} 0 & 0 & 0 & 0 & d_{15} & -d_{22} \\ -d_{22} & d_{22} & 0 & d_{15} & 0 & 0 \\ d_{15} & d_{15} & d_{33} & 0 & 0 & 0 \end{pmatrix} \begin{pmatrix} E_1'E_1'' \\ E_2'E_2'' \\ E_3'E_3'' \\ E_2'E_3''+E_3'E_2'' \\ E_1'E_3''+E_3'E_1'' \\ E_1'E_2''+E_2'E_1'' \end{pmatrix} \tag{6.15}
$$

用简单的三角运算得到

$$
\begin{cases} P_1^{2\omega} = E'E''(d_{15}\sin\theta\sin\varphi - d_{22}\cos\theta\cos 2\varphi) \\ P_2^{2\omega} = E'E''(d_{22}\cos\theta\sin 2\varphi - d_{15}\sin\theta\cos\varphi) \\ P_3^{2\omega} = 0 \end{cases} \tag{6.16}
$$

上式中三个量为二次谐波极化波在 x、y、z 轴上的分量.因为将来极化波发射的电磁波必然也分为 o 光、e 光传播，因而我们特别关心极化波振幅矢量 P 在垂直于主截面内分量和平行主截面的分量，分别表示为 $P_\perp$ 和 $P_{/\!/}$.再将（6.16）式中的 x、y、z 轴上的分量投影到垂直和平行方向.根据图 6.1 中的几何关系有

$$
\begin{cases} P_\perp^{2\omega} = P_1^{2\omega}\sin\varphi - P_2^{2\omega}\cos\varphi \quad \text{（o 光极化波）} \\ P_{/\!/}^{2\omega} = (-P_1^{2\omega}\cos\varphi - P_2^{2\omega}\sin\varphi)\cos\theta + P_3^{2\omega}\sin\theta \quad \text{（e 光极化波）} \end{cases} \tag{6.17}
$$

将（6.16）式代入（6.17）式得

$$
\begin{cases} P_\perp^{2\omega} = (d_{15}\sin\theta - d_{22}\cos\theta\sin 3\varphi)E'E'' \\ P_{/\!/}^{2\omega} = (d_{22}\cos^2\theta\cos 3\varphi)E'E'' \end{cases} \tag{6.18}
$$

我们知道 E' 为基波光 e 光振幅，E'' 为基波光 o 光振幅.于是，我们得到下述两种匹配的 d_{eff}：

$$d_{\text{eff}}(\text{eo-o}) = d_{15}\sin\theta - d_{22}\cos\theta\sin 3\varphi \qquad (6.19)$$

$$d_{\text{eff}}(\text{eo-e}) = d_{22}\cos^2\theta\cos 3\varphi \qquad (6.20)$$

可以看出 d_{eff} 与 θ、φ 有关.当然,我们还可以求出 ee-o 和 oo-e 两种匹配方式的 d_{eff}.但是,在克莱曼对称条件下可以不必计算了,因为此时 d_{ijk} 有足符互换对称,所以预料到,ee-o 的 d_{eff} 和 eo-e 的 (6.20) 式一样,而 oo-e 的 d_{eff} 和 eo-o 的 (6.19) 式一样的.所以在克莱曼对称条件满足时,d_{eff} 的表示式差别只注意到匹配方式中有两个 o,还是两个 e.我们在表 6.2 中列出了克莱曼对称条件满足时,所有 13 种没有对称中心的,属于单轴晶体的点群类型的 d_{eff}(包括 2 个 o 和 2 个 e 两种表达式).

克莱曼对称条件不满足时,情况要复杂一些,四种匹配方式分别有四种表达式.计算方法则是完全一样的,这样的 d_{eff} 表格在激光手册上或有关非线性光学的书和文献上也可以查到.

现在,我们再讨论一下 LiNbO_3 的 d_{eff}:(1) 可以看出 (6.19) 式和 (6.20) 式的表达式中包含 $\cos 3\varphi$ 或 $\sin 3\varphi$ 项,使得 d_{eff} 保持绕 z 轴(即光轴)有三次对称轴的对称性,也就是说入射基波方向保持 θ 角不变,绕 z 轴转动产生倍频的有效作用有三次对称,对于晶体光轴是三次对称轴的铌酸锂来说也是很自然的结果.(2) 从 §6.14 表 6.5 中可查得 LiNbO_3 三个不为零的系数 $d_{15} = -10$,$d_{22} = -5.8$,$d_{33} = -75$(与 KDP 的 d_{36} 相比的相对值),从 (6.19) 式、(6.20) 式可以看出,上述四种匹配方式下 LiNbO_3 的最大系数 d_{33} 在表达式中不出现,也就是无法加以利用的.(3) 在使用 LiNbO_3 晶体倍频时,为了避免晶体中 o 光和 e 光有离散的现象,常常使入射基波方向取 $\theta = 90°$,那么可以从 oo-e 方式 (6.19) 式得到 $d_{\text{eff}} = d_{15}$,而从 eo-e 方式 (6.20) 式得到 $d_{\text{eff}} = 0$.因而,知道了 d_{eff} 以后的好处在于:如果已知一光入射角 θ、φ 以后,很容易将它分为 o 光和 e 光,然后用一标量方程就可得出不同方式匹配的倍频极化波 o 光、e 光分量了.这样就将一张量方程简化为一标量方程.实际上,o^ω、e^ω、$o^{2\omega}$、$e^{2\omega}$ 都是有方向的量,只是我们事先规定好它的方向,就可用标量方程来计算了.所以对于 LiNbO_3 这一类常用非线性光学材料,我们可以看到利用已计算好的 d_{eff} 来讨论各种方式匹配下,观测不同入射方向的光所产生的倍频光的效果很为方便,不必从头开始从张量方程来讨论了.同样,也可用张量变换的方法来求出 d_{eff}.

2. 用张量变换方法计算有效系数

用张量变换的方法来求出 d_{eff},只要先找出主轴系 x、y、z 与 E'、E'' 所在的坐标系 x'、y'、z' 的关系,就可以通过坐标变换的方法得到两者直接关系即为 d_{eff}.

先找出主轴系及与 E'、E'' 所在 x'、y'、z' 坐标系统的关系

$$x' = -x\sin\varphi + y\cos\varphi$$

$$y' = -x\cos\varphi\cos\theta - y\sin\theta\cos\theta + z\sin\theta$$

$$z' = x\cos\varphi\sin\theta + y\sin\varphi\sin\theta + z\cos\theta$$

	x	y	z
x'	$-\sin \varphi$	$\cos \varphi$	0
y'	$-\cos \varphi \cos \theta$	$-\sin \varphi \cos \theta$	$\sin \theta$
z'	$\cos \varphi \sin \theta$	$\sin \varphi \sin \theta$	$\cos \theta$

主轴系下的非线性系数张量为

$$d_{ijk} = \begin{pmatrix} 0 & 0 & 0 & 0 & d_{15} & -d_{22} \\ -d_{22} & d_{22} & 0 & d_{15} & 0 & 0 \\ d_{31} & d_{31} & d_{33} & 0 & 0 & 0 \end{pmatrix}$$

用张量变换方法,求出新坐标系下某一张量d'_{ijk}与老坐标下张量d_{lmn}有如下关系:

$$d'_{ijk} = \sum_{l,m,n=1}^{3} a_{il} a_{jm} a_{kn} d_{lmn}$$

代入相应的d_{lmn}以及a_{ij}即得d'_{ijk}.

如 oo-e 或 oe-o,匹配系数(即两个 o、一个 e 的情况下)d'_{112}或d'_{121}

$$
\begin{aligned}
d'_{112} &= \sum_{lmn=1}^{3} a_{1l} a_{1m} a_{2n} d_{lmn} \\
&= a_{11}a_{11}a_{21}d_{111} + a_{12}a_{11}a_{21}d_{211} + a_{13}a_{11}a_{21}d_{311} + a_{11}a_{12}a_{21}d_{121} \\
&\quad + a_{12}a_{12}a_{21}d_{221} + a_{13}a_{12}a_{21}d_{321} + a_{11}a_{13}a_{21}d_{131} + a_{12}a_{13}a_{21}d_{231} \\
&\quad + a_{13}a_{13}a_{21}d_{331} + a_{11}a_{11}a_{22}d_{112} + a_{12}a_{11}a_{22}d_{212} + a_{13}a_{11}a_{22}d_{312} \\
&\quad + a_{11}a_{12}a_{22}d_{122} + a_{12}a_{12}a_{22}d_{222} + a_{13}a_{12}a_{22}d_{322} + a_{11}a_{13}a_{22}d_{132} \\
&\quad + a_{12}a_{13}a_{22}d_{232} + a_{13}a_{13}a_{22}d_{332} + a_{11}a_{11}a_{23}d_{113} + a_{12}a_{11}a_{23}d_{213} \\
&\quad + a_{13}a_{11}a_{23}d_{313} + a_{11}a_{12}a_{23}d_{123} + a_{12}a_{12}a_{23}d_{223} + a_{13}a_{12}a_{23}d_{323} \\
&\quad + a_{11}a_{13}a_{23}d_{133} + a_{12}a_{13}a_{23}d_{233} + a_{13}a_{13}a_{23}d_{333} \\
&= a_{12}a_{11}a_{21}d_{211} + a_{11}a_{12}a_{21}d_{121} + a_{11}a_{11}a_{22}d_{112} + a_{12}a_{12}a_{22}d_{222} \\
&\quad + a_{12}a_{12}a_{23}d_{223} + a_{11}a_{11}a_{23}d_{113} = d_{15}\sin\theta - d_{22}\cos\theta\sin 3\varphi
\end{aligned}
\tag{6.21}
$$

此式与(6.20)式完全相同.同样方法可得d'_{122}或d'_{221},$d_{\text{eff}}(\text{eo-e}) = d_{22}\cos^2\theta\cos 3\varphi$.

表 6.2　克莱曼对称条件下 d_{eff} 的表示式

晶体对称类型		两个 e 光、一个 o 光(ee-o 及 eo-e)	两个 o 光、一个 e 光(oo-e 及 eo-o)
6	4	0	$d_{15}\sin\theta$
622	422	0	0
6mm	4mm	0	$d_{15}\sin\theta$
$\bar{6}$m2		$d_{22}\cos^2\theta\cos\varphi$	$d_{22}\cos\theta\sin 3\varphi$
3m		$d_{22}\cos^2\theta\cos 3\varphi$	$d_{15}\sin\theta - d_{22}\cos\theta\sin 3\varphi$

晶体对称类型	两个 e 光、一个 o 光(ee-o 及 eo-e)	两个 o 光、一个 e 光(oo-e 及 eo-o)
$\overline{6}$	$\cos^2\theta(d_{11}\sin 3\varphi+d_{22}\cos 3\varphi)$	$\cos\theta(d_{11}\cos 3\varphi-d_{22}\sin 3\varphi)$
3	$\cos^2\theta(d_{11}\sin 3\varphi+d_2\cos 3\varphi)$	$d_{15}\sin\theta+\cos\theta(d_{11}\cos 3\varphi-d_{22}\sin 3\varphi)$
32	$d_{11}\cos^2\theta\sin 3\varphi$	$d_{11}\cos\theta\cos 3\varphi$
$\overline{4}$	$\sin 2\theta(d_{14}\cos 2\varphi-d_{15}\sin 2\varphi)$	$-\sin\theta(d_{14}\sin 2\varphi+d_{15}\cos 2\varphi)$
$\overline{4}2m$	$-d_{14}\sin 2\theta\cos 2\varphi$	$-d_{14}\sin\theta\sin 2\varphi$

§6.3 非线性介质中电磁场耦合方程

电磁波在非线性介质中传播,将使介质产生倍频和混频成分的极化波,极化波从微观的角度来看,它是电子偶极子振动的传播.它必然伴随着发射和它频率相同的电磁波,使非线性介质中传播的电磁波中包含极其复杂的频率成分.这些不同频率的电磁波之间通过介质非线性极化过程,必然会引起能量的耦合.在一定条件下,基波的能量转化为倍频或混频的光波的能量,但要从微观上研究这个问题是很困难的,但我们把介质看作连续介质,从宏观上来处理这个问题将方便得多.本节就是用这个方法处理非线性介质中电磁波的传播方程,这些方程将用来解决倍频和参量频率转换的问题.此外为使问题简化起见,假定晶体为各向同性介质,介质中的麦克斯韦方程组是

$$
\begin{cases}
\nabla\times\tilde{H}=\tilde{i}+\dfrac{\partial\tilde{D}}{\partial t}\\[2mm]
\nabla\times\tilde{E}=-\mu_0\dfrac{\partial\tilde{H}}{\partial t}\\[2mm]
\tilde{D}=\varepsilon_0\varepsilon_r\tilde{E}+\tilde{P}_{非}\\[2mm]
\tilde{i}=\sigma\tilde{E}
\end{cases}
\tag{6.22}
$$

这里 σ 是电导率,假设总的极化强度 $\tilde{P}$ 分为线性与非线性两部分:

$$
\tilde{D}=\varepsilon_0\varepsilon_r\tilde{E}+\tilde{P}_{非}
\tag{6.23}
$$

将(6.23)式代入麦克斯韦方程组(6.22)式中的第一式,可变为

$$
\nabla\times\tilde{H}=\sigma\tilde{E}+\varepsilon_0\varepsilon_r\frac{\partial\tilde{E}}{\partial t}+\frac{\partial\tilde{P}_{非}}{\partial t}
\tag{6.24}
$$

这里 $\varepsilon_r=1+\chi_0^{(1)}$,取(6.22)式的第二式两边用$\nabla\times$,并用矢量恒等式:

$$\bar{\nabla} \times \bar{\nabla} \times \tilde{E} = \bar{\nabla}(\bar{\nabla} \cdot \tilde{E}) - \Delta \tilde{E}$$

各向同性介质当然不会有倍频等效应,但是我们在介质极化强度中引入一项与 d_{eff} 有关的非线性项,这样就可以反映出倍频等效效应.和上节中一样 $\tilde{H}$、$\tilde{D}$、$\tilde{E}$、$\tilde{P}$ 等表示与时间有关的瞬时值,H、D、E、P 等表示相应量的振幅.

$$\bar{\nabla} \times \bar{\nabla} \times \tilde{E} = \bar{\nabla} \cdot (\bar{\nabla} \cdot \tilde{E}) - \Delta \cdot \tilde{E} = -\mu_0 \bar{\nabla} \times \frac{\partial \tilde{H}}{\partial t}$$

离子晶体自由电荷为零 $\nabla \cdot \tilde{E} = 4\pi\rho = 0$,考虑到(6.24)式可以给出:

$$\Delta \tilde{E} = \mu_0 \sigma \frac{\partial \tilde{E}}{\partial t} + \mu_0 \varepsilon_0 \varepsilon_{\text{r}} \frac{\partial^2 \tilde{E}}{\partial t^2} + \mu_0 \frac{\partial^2 \tilde{P}_{\text{非}}}{\partial t^2} \tag{6.25}$$

如果我们用一个沿 z 轴方向传播的平面波进行处理的话,实际上变成了一维问题.同时,我们使用 d_{eff} 的标量方程正如前面已指出的,意味着 $\boldsymbol{P}_{\text{非}}$ 和 $\tilde{E}$ 可以看作方向"一致"的,这样一来完全可以把(6.25)式写成标量形式:

$$\frac{\partial^2 \tilde{E}}{\partial z^2} = \mu_0 \sigma \frac{\partial \tilde{E}}{\partial t} + \mu_0 \varepsilon_0 \varepsilon_{\text{r}} \frac{\partial^2 \tilde{E}}{\partial t^2} + \mu_0 2d \frac{\partial^2 \tilde{E}^2}{\partial t^2} \tag{6.26}$$

为书写简单起见,这里 d_{eff} 写成 d.假定电磁波是如下这里三个具有频率 ω_1、ω_2、ω_3 的三个平面波:

$$\begin{cases} \tilde{E}^{\omega_1}(z,t) = \dfrac{1}{2}\left[E_1(z) e^{i(\omega_1 t - k_1 z)} + \text{c.c} \right] \\[2mm] \tilde{E}^{\omega_2}(z,t) = \dfrac{1}{2}\left[E_2(z) e^{i(\omega_2 t - k_2 z)} + \text{c.c} \right] \\[2mm] \tilde{E}^{\omega_3}(z,t) = \dfrac{1}{2}\left[E_3(z) e^{i(\omega_3 t - k_3 z)} + \text{c.c} \right] \end{cases} \tag{6.27}$$

其中 c.c 是代表括号中前面一项的复数共轭量.总的瞬时场强为

$$\tilde{E} = \tilde{E}^{\omega_1}(z,t) + \tilde{E}^{\omega_2}(z,t) + \tilde{E}^{\omega_3}(z,t) \tag{6.28}$$

将(6.28)式及(6.27)式代入(6.26)式中,我们可以发现,除最末一项之外,其他各项可以归成三部分,分别含有 $e^{i(\omega_1 t - k_1 z)}$、$e^{i(\omega_2 t - k_2 z)}$、$e^{i(\omega_3 t - k_3 z)}$,而最末一项中则会出现其他频率成分的项,例如有:

$$\mu_0 d \frac{\partial^2}{\partial t^2} E_1 E_2 e^{i[(\omega_1 + \omega_2)t - (k_1 + k_2)z]}$$

$$\mu_0 d \frac{\partial^2}{\partial t^2} E_3 E_2^* e^{i[(\omega_3 - \omega_2)t - (k_3 - k_2)z]}$$

一般说来,新的频率$(\omega_1+\omega_2)$、$(\omega_3-\omega_2)$不可能成为驱动频率为ω_1、ω_2、ω_3的电磁波的波源,不过假如ω_1、ω_2、ω_3间存在下列特殊的关系:

$$\omega_3=\omega_1+\omega_2 \tag{6.29}$$

$$\mu_0 d\frac{\partial^2}{\partial t^2}E_1E_2\mathrm{e}^{\mathrm{i}[(\omega_1+\omega_2)t-(k_1+k_2)z]}$$

就可以驱动频率为ω_3的电振动了,好像一个频率为ω_3的电磁波波源.从物理上讲,如果满足(6.29)式,则从ω_1和ω_2的电磁场输送能量到ω_3或者是倒过来输送的过程,这就造成三个波之间能量的耦合.如果取(6.29)式,那么回过头来整理一下(6.26)式,其中只与ω_1有关的各项(包括$\omega_3-\omega_2$项)在方程的左右两边应该相等,我们可写出:

$$\frac{\partial^2}{\partial z^2}E^{\omega_1}=\mu_0\sigma_1\frac{\partial\widetilde{E}^{\omega_1}}{\partial t}+\mu_0\varepsilon_0\varepsilon_{\mathrm{r}1}\frac{\partial^2\widetilde{E}^{\omega_1}}{\partial t^2}+\mu_0 d\frac{\partial^2}{\partial t^2}$$

$$\times\left[\frac{E_3(z)E_2^*(z)}{4}\mathrm{e}^{\mathrm{i}(\omega_3-\omega_2)t(k_3-k_2)z}+\mathrm{c.c}\right] \tag{6.30}$$

另外将(6.27)式代入上式,方程左边可得到:

$$\frac{\partial^2\widetilde{E}^{\omega_1}}{\partial z^2}=\frac{1}{2}\frac{\partial^2}{\partial z^2}\left[E_1(z)\mathrm{e}^{\mathrm{i}(\omega_1 t-k_1 z)}+\mathrm{c.c}\right]$$

$$=-\frac{1}{2}\left[k_1^2 E_1(z)+2\mathrm{i}k_1\frac{\mathrm{d}E_1(z)}{\mathrm{d}z}\right]\mathrm{e}^{\mathrm{i}(\omega_1 t-k_1 z)}+\mathrm{c.c} \tag{6.31}$$

上式中已忽略了$\frac{\mathrm{d}^2 E}{\mathrm{d}z^2}$有关的项,这是因为$d$很小,可以认为:

$$\left|k_1\frac{\mathrm{d}E_1(z)}{\mathrm{d}z}\right|\gg\left|\frac{\mathrm{d}^2 E_1(z)}{\mathrm{d}z^2}\right| \tag{6.32}$$

利用上述关系(6.29)式,可用ω_1来替换(6.30)式中的$\omega_3-\omega_2$,再用$\frac{\partial}{\partial t}=\mathrm{i}\omega_1$(这里对时间求导的化简,需要假定光场是稳态场,也就是振幅不随时间变化的)就可以得到

$$-\frac{1}{2}\left[k_1^2 E_1(z)+2\mathrm{i}k_1\frac{\mathrm{d}E_1(z)}{\mathrm{d}z}\right]\mathrm{e}^{\mathrm{i}(\omega_1 t-k_1 z)}+\mathrm{c.c}$$

$$=(\mathrm{i}\omega_1\mu_0\sigma_1-\omega_1^2\mu_0\varepsilon_0\varepsilon_{\mathrm{r}})\left[\frac{E_1(z)}{2}\mathrm{e}^{\mathrm{i}(\omega_1 t-k_1 z)}+\mathrm{c.c}\right]-\frac{\omega_1^2\mu_0 d}{2}E_3(z)E_2^*(z)\mathrm{e}^{\mathrm{i}[\omega_1 t-(k_3-k_2)z]}+\mathrm{c.c} \tag{6.33}$$

根据波矢量的定义$k_1^2=\dfrac{\omega_1^2 n^2}{c_0^2}$,其中折射率$n^2=\varepsilon_{\mathrm{r}}$,$c_0$是真空中光速$\left(c_0^2=\dfrac{1}{\mu_0\varepsilon_0}\right)$,故

$k_1^2 = \omega_1^2 \varepsilon_r \mu_0 \varepsilon_0$,如果注意到 k_1 这个关系,并且在(6.33)式的各项上乘上 $\dfrac{\mathrm{i}}{k_1}\exp(-\mathrm{i}\omega_1 t + \mathrm{i}k_1 z)$,那么(6.33)式就可以简化为

$$\frac{\mathrm{d}E_1}{\mathrm{d}z} = -\frac{\sigma_1}{2}\sqrt{\frac{\mu_0}{\varepsilon_0 \varepsilon_{r1}}}E_1 - \frac{\mathrm{i}\omega_1}{2}\sqrt{\frac{\mu_0}{\varepsilon_0 \varepsilon_{r1}}}dE_3 E_2^* \times \mathrm{e}^{-\mathrm{i}(k_3-k_2-k_1)z}$$

同样方法,可得出与 ω_2、ω_3 有关的两个方程:

$$\frac{\mathrm{d}E_2^*}{\mathrm{d}z} = -\frac{\sigma_2}{2}\sqrt{\frac{\mu_0}{\varepsilon_0 \varepsilon_{r2}}}E_2^* + \frac{\mathrm{i}\omega_2}{2}\sqrt{\frac{\mu_0}{\varepsilon_0 \varepsilon_{r2}}}dE_1 E_3^* \times \mathrm{e}^{-\mathrm{i}(k_1-k_3+k_2)z}$$

$$\frac{\mathrm{d}E_3}{\mathrm{d}z} = -\frac{\sigma_3}{2}\sqrt{\frac{\mu_0}{\varepsilon_0 \varepsilon_{r3}}}E_3 - \frac{\mathrm{i}\omega_3}{2}\sqrt{\frac{\mu_0}{\varepsilon_0 \varepsilon_{r3}}}dE_1 E_2^* \times \mathrm{e}^{-\mathrm{i}(k_1-k_3+k_2)z}$$

$$(6.34)$$

这就是描述非线性参量互相作用的基本方程,可以注意到,各种频率的波通过有效非线性常量而彼此耦合.

§6.4　光倍频

光倍频首次在实验中的实现是用由红宝石激光器发出的红光($\lambda = 0.694\ \mu\mathrm{m}$)聚焦在石英晶体上转换成倍频光(波长为 $0.347\ \mu\mathrm{m}$).其装置如图 6.2 所示,是 1961 年美国亚利桑那州立大学弗兰肯(Franken)教授完成的首次倍频实验.虽然石英可以实现双折射相位匹配,但是当时的实验没有调节到相位匹配,所以当时的光倍频的转换效率非常之低,只有 10^{-8} 左右.[虽然非线性光学理论早已提出,但直到 1960 年梅曼(Maiman)用红宝石实现第一个激光输出以前,由于转换效率低,不能探测到倍频输出.]而现在由于采用能够实现相位匹配的晶体,且应用相位匹配的技术和用高峰功率的激光器作为基波光源,已能够用一根几厘米长的晶体腔外脉冲倍频,获得较高功率的倍频光输出.倍频技术已成为将长波激光转换为短波长激光的重要手段.

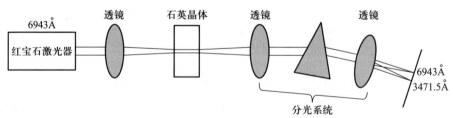

图 6.2　首次倍频实验时的装置示意图,红宝石激光聚焦到石英晶片,产生倍频光经分光系统将 6 943 Å、3 471.5 Å 光束分开

现在我们将从(6.34)式出发,具体分析一下基波到倍频波的能量转化过程.对于倍频实验条件来说,(6.34)式中的三个频率的波中两个是基波的频率,故有 $\omega_1 = \omega_2$,(6.34)式中前两个方程中现在只要考虑其中的一个就够了.现在我们取基波振幅为 E_1,而倍频光波振幅取为 E_3,并且有 $\omega_3 = \omega_1 + \omega_2 = 2\omega$,如果我们忽略材料的吸收,也即 $\sigma_1 = \sigma_2 = \sigma_3 = 0$,那么,最后一个方程可以简化成:

$$\frac{\mathrm{d}\widetilde{E}_3^{2\omega}}{\mathrm{d}z} = -\mathrm{i}\frac{\omega_3}{2}\sqrt{\frac{\mu_0}{\varepsilon_0\varepsilon_3}}d\left[E_1^{\omega_1}(z)\right]^2 \mathrm{e}^{\mathrm{i}\Delta k z} \tag{6.35}$$

式中,

$$\Delta k = k_3 - 2k_1 = k^{2\omega} - 2k^{\omega} \tag{6.36}$$

为了进一步使问题简化,我们假定入射基波衰减可以忽略,相当于认为基波耦合到倍频光中去的功率很小(即所谓小信号近似).如果这个条件得到满足,也就是说可以把 $E^{\omega}(z)$ 视为常量与 z 无关,并且假定在 $z=0$ 处,还没有倍频光,即 $E^{2\omega}(0) = 0$,这样就很容易通过积分(6.35)式得到倍频光振幅经过 l 长的晶体后的增长情况.$\omega_3 = 2\omega_1$,下式中 ω 为 ω_1.

$$E^{2\omega}(l) = -\mathrm{i}\omega\sqrt{\frac{\mu_0}{\varepsilon_0\varepsilon}}d\left[E^{\omega}(z)\right]^2\int_0^l \mathrm{e}^{\mathrm{i}\Delta k z}\mathrm{d}z$$

$$= -\mathrm{i}\omega\sqrt{\frac{\mu_0}{\varepsilon_0\varepsilon}}d\left|E^{\omega}(z)\right|^2\left(\frac{\mathrm{e}^{\mathrm{i}\Delta k l}-1}{\mathrm{i}\Delta k}\right)$$

输出的倍频光强应正比于振幅平方:

$$P^{2\omega} \propto E^{2\omega}(l)E^{2\omega *}(l) = \left(\frac{\mu_0}{\varepsilon_0}\right)\frac{\omega^2 d^2}{n^2}(E^{\omega})^4 l^2\frac{\sin^2\left(\frac{\Delta k l}{2}\right)}{(\Delta k l/2)^2} \tag{6.37}$$

式中,$n^2 = \varepsilon$ 是折射率.如果入射光束集中在面积 A 内,那么单位面积的功率流(即光强)是 $I^{2\omega} = \dfrac{P^{2\omega}}{A}$,而倍频光强应是单位体积内电磁波能量 $\dfrac{1}{2}(E^{2\omega})^2$ 乘上晶体中的光速 c_0/n 故有

$$I^{2\omega} = \frac{P^{2\omega}}{A}\frac{c_0}{n} = \frac{1}{2}\varepsilon_0\varepsilon\ (E^{2\omega})^2\left(\frac{c_0}{n}\right) = \frac{1}{2}\sqrt{\frac{\varepsilon_0\varepsilon}{\mu_0}}(E^{2\omega})^2 \tag{6.38}$$

式中,应用 $c_0 = 1/\sqrt{\mu_0\varepsilon_0}$ 和 $\sqrt{\varepsilon} = n$.(6.38)式建立了 $P^{2\omega}$ 和 $E^{2\omega}$ 之间的关系.此处请注意这里 $P^{2\omega}$ 是倍频光的功率流,不要和极化强度相混淆.由(6.38)式和(6.37)式可得到:

$$I^{2\omega} = 2\left(\frac{\mu_0}{\varepsilon_0}\right)^{3/2}\frac{\omega^2 d^2 l^2}{n^3}\frac{\sin^2(\Delta k l/2)}{\left(\frac{\Delta k l}{2}\right)^2}\left(\frac{P_\omega^2}{A^2}\right) \tag{6.39}$$

由(6.39)式可看出,倍频输出功率除与倍频晶体长度 l、晶体的非线性系数、基波光强 $(I^\omega)^2 = \left(\dfrac{P_\omega^2}{A^2}\right)$ 成正比外,还与一个因子 $\dfrac{\sin^2(\Delta k l/2)}{(\Delta k l/2)^2}$ 有关,该因子称为干涉因子(interference factor).

此外,还可以定义一个倍频转换效率:

$$\eta_{倍} = \frac{P^{2\omega}}{P^\omega} = \frac{I^{2\omega}}{P^\omega/A} \propto I^\omega \qquad (6.40)$$

我们从最后结果(6.39)式和(6.40)式注意到倍频光强与入射基波光强的平方 $\left(\dfrac{P^\omega}{A}\right)^2$ 成正比,二次谐波转换效率则与基波光强一次方 $\dfrac{P^\omega}{A}$ 成正比,说明基波光越强转换效率将越高,所以通常将晶体基波光束适当聚焦以提高基波功率密度对提高转换效率是有利的.

§6.5　光倍频的相位匹配

(一) 倍频干涉因子及其物理意义

在讨论倍频相位匹配以前首先看一下干涉因子的情况.按照(6.39)式倍频光的功率和强度都和如下一个干涉因子有关:

干涉因子 $\qquad \dfrac{\sin^2(\Delta k l/2)}{(\Delta k l/2)^2} = \dfrac{\sin^2 x}{x^2} \qquad (6.41)$

式中, $x = \dfrac{\Delta k l}{2}$.

从(6.39)式可看出,要获得高的倍频输出,不但要有大的有效倍频系数 d,更为重要的是,必须满足 $\Delta k l = 0$,此即为相位匹配条件(其物理意义将在后面介绍),此时干涉因子 $\lim\limits_{x \to 0} \dfrac{\sin^2 x}{x^2} \approx 1$.这时按照(6.39)式,输出倍频功率(或强度)正比于晶体长度的平方 l^2.如果 $\Delta k l \neq 0$,相位匹配条件不能满足时,干涉因子可能小于1,随着长度增加,倍频光的功率输出将按照(6.41)式出现周期性的变化.1962年 P.D.Maker [Phys.Rev.Lett.8,21(1962)] 用波长为 $0.693~\mu m$ 红宝石激光斜入射到一片 $0.782~mm$ 厚的石英晶片中($\Delta k l \neq 0$ 条件下),当石英围绕它的 z 轴旋转改变光在晶片中有效通光长度(光程)时,得到的倍频光强随旋转角度变化而周期变化的输出曲线如图 6.3 所示,此曲线被称为 Maker 条纹.Maker 的原图上所标的是输出的倍频光强峰到峰所对应的基波光在晶体中光程差为 Δt.其上标出 Δt 的理论值为 $13.9~\mu m$,实验值为 $14~\mu m$.值得注意的是这里的 Δt 值是倍频光强从一个峰值到另一峰值时光在晶体中光程差,并不是后面将详细介绍的相干长度l_c.相干长度l_c是对应倍频输出的谷值到峰值的光在晶体中所通过的光程差,即 Maker 原图上 $\Delta t = 2l_c$.(凡用倍频光输出的峰与峰之间对应的光程差来定义的相干长度,这样的长度是真正相干长度l_c值的两倍,即为 $2\,l_c$.)真正的l_c应该是在 $\Delta k l \neq 0$ 时,晶体可以用来产生二次谐波的最大长度,即在不能相位匹配条件下,晶体长度为相干长度或相干长度的奇数倍时[当$l=l_c$或$l=(2n+1)\,l_c$],倍频光强出现一次最大值.基波光经过l_c长度,可以使(6.41)式中$\left(\dfrac{\Delta k l_c}{2}\right)$改变 $\pi/2$,可通过 $l_c = \pi/\Delta k$ 而求得l_c.回到 Maker 实验,在用 0.693 μm 激光使石英倍频时,石英晶体的相干长度$l_c = 13.9$ μm$/2 = 6.95$ μm.(用 e 光折射率计算结果为$l_c = 6.62$ μm,o 光折射率计算结果为$l_c = 6.86$ μm.)有关 $\Delta k l \neq 0$ 时的详细情况及准相位匹配研究将在后面 § 6.7 中予以介绍.

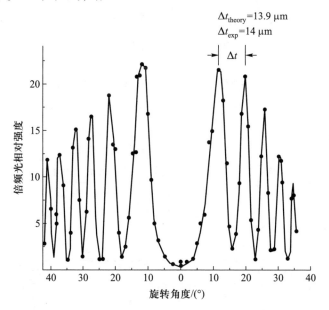

图 6.3　用薄片石英晶体倍频实验的结果称为 Maker 条纹,当旋转晶体以改变它的有效光程长度测得的倍频输出功率与旋转角度关系的曲线,峰到峰的晶体长度差$\Delta t_{\text{theory}} = 2\,l_c = 13.9$ μm(理论值),$l_c = 6.95$ μm,$\Delta t_{\text{exp}} = 2\,l_c = 14.0$ μm(实验值),$l_c = 7$ μm,l_c为峰到谷相应的光在晶体中通光长度差,为相干长度[Phys.Rev.Lett.8,21(1962)]

下面在进一步研究光倍频以前,我们花一些时间讨论一下干涉因子及其对倍频输出的影响.从(6.39)式可看出:若要 $I^{2\omega}$ 大,则干涉因子$\dfrac{\sin^2 x}{x^2}$越大越好,即

要求其出现极值.我们对此因子取极值条件:

$$\frac{\mathrm{d}}{\mathrm{d}x}\left(\frac{\sin^2 x}{x^2}\right) = \frac{2\sin x \cos x}{x^2} - \frac{2\sin^2 x}{x^3} = 0, \quad \cos x = \frac{\sin x}{x}$$

即要求满足 $\tan x = x$,在此条件下干涉因子可得极值.

一般可用图解法来得到结果.如图 6.4 所示:图中曲线为 $y = \tan x$,直线为 $y = x$.两者的交点即方程 $\tan x = x$ 的解.从图中可看到其解分别为 $x = 0, \pm 1.43\pi$, $\pm 2.45\pi, \cdots$.我们将这些解代回原方程即可得到极大值的数值.

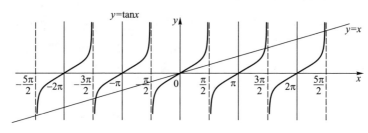

图 6.4 $\tan x = x$ 的图解法

(1)$x = 0$,代入 $\frac{\sin^2 x}{x^2}$,用洛必达法则上下微分得到 $\lim\limits_{x \to 0} \frac{\sin^2 x}{x^2} = 1$,在 $x = \pi$ 时 $\frac{\sin^2 x}{x^2} = 0$.

(2)$x = 1.43\pi \approx \frac{3}{2}\pi$,代入 $\frac{\sin^2 x}{x^2} = \frac{\sin^2\left(\frac{3}{2}\pi\right)}{\left(\frac{3}{2}\pi\right)^2} = \frac{1}{9\pi^2/4} \approx \frac{1}{23}$.

以此类推可得:

x	0	π	$\dfrac{3\pi}{2}$	2π	$\dfrac{5\pi}{2}$	$\cdots$
$\dfrac{\sin^2 x}{x^2}$	1	0	$\dfrac{1}{23}$	0	$\dfrac{1}{56}$	$\cdots$

这样可作出 $\frac{\sin^2 x}{x^2} - x$ 的关系曲线,如图 6.5 所示的 δ 型曲线.第一个峰值出现在 $x = 0$ 处,数值为 1,第二个峰值在 $x = 3\pi/2$、$-3\pi/2$ 处,数值为 1/23,第三个峰值在 $x = 5\pi/2$、$-5\pi/2$ 处,数值为 1/56……

由上面的讨论可看出,当 $x = 0$,即 $x = \frac{\Delta k l}{2} = 0$ 时,倍频输出功率 $I^{2\omega}$[(6.39)式]可得最大值,因而可将 $\Delta k = 0$ 称为倍频相位匹配条件.

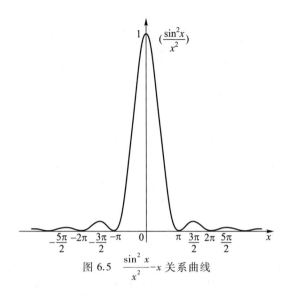

图 6.5 $\dfrac{\sin^2 x}{x^2}$-x 关系曲线

光倍频只有在相位匹配条件 $\Delta k = 0$ 满足时,在数学上才能获得最大倍频光输出.下面简单讨论一些相位匹配条件的物理意义:晶体中光传播的速度为 c/n,相位匹配条件 $\Delta k = 0$,$n^{2\omega} = n^{\omega}$,要求基波光的相速度 $\dfrac{c}{n^{\omega}}$ 等于倍频光的相速度 $\dfrac{c}{n^{2\omega}}$,即相位匹配条件要求基波光与它在晶体中传播过程中在晶体中各处所产生的倍频极化波所辐射的倍频光波的相速度一致,只有这样才能保证晶体各处所产生的倍频极化波在各处辐射的倍频光的相位相同.也只有在相位匹配条件下才能够将整个晶体各处产生的倍频光波叠加起来(它们的相位相同)而得以相干加强(如图 6.6 所示).否则,若 $n_o^{\omega} \neq n_e^{2\omega}$(负单轴晶),则基波光在各处产生的倍频极化波所辐射的倍频光波的相位都不一致,因而不但不能相干加强,可能还会互相抵消.

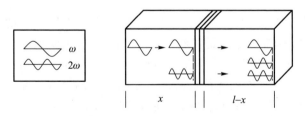

图 6.6 基波光在晶体中所产生的非线性极化波及其辐射的倍频光

当基波光入射到晶体后,随光波的传播其相位也在变化,如图 6.6 所示,假定入射波振幅为 $E = E_0 \cos \omega_1 t$,当基波光传播到 x 时,振幅变为

$$E_1 = E_0 \cos(\omega_1 t - k_1 x), \qquad k = \frac{\omega}{c_0} n$$

晶体中基波光传到每一点都要产生非线性极化波. 假设在晶体 x 处有一小体积元 $\mathrm{d}x \times 1$ (单位面积), 基波光在晶体 x 处产生的非线性极化波为

$$\widetilde{P}_{\text{非}}^{2\omega} = d_{\text{eff}} (E_0^{\omega_1})^2 \cos[2(\omega_1 t - k_1 x)]$$

在 x 处, 该极化波将辐射同相位的倍频光波为 $d_{\text{eff}}(E_0^{\omega_1})^2 \cos 2(\omega_1 t - k_1 x)$. 该倍频光波在 x 处产生后将沿着晶体传播, 当它经过 $(l-x)$ 距离后传到晶体后表面将出射时倍频光波变为

$$d_{\text{eff}}(E_0^{\omega_1})^2 \cos[2\omega_1 t - 2k_1 x - k_2(l-x)] = d_{\text{eff}}(E_0^{\omega_1})^2 \cos[2\omega_1 t - k_2 l + (k_2 - 2k_1)x] \quad (6.42)$$

此外再考虑入射晶体后在晶体中传播的基波光到达后表面时, 所产生的极化波所辐射的倍频光波为

$$d_{\text{eff}}(E_0^{\omega_1})^2 \cos 2(\omega_1 t - k_1 l) = d_{\text{eff}}(E_0^{\omega_1})^2 \cos(2\omega_1 t - 2k_1 l) \quad (6.43)$$

若要求在整个晶体任意处 x 的倍频极化波所产生的倍频光在到达晶体出射表面 (后表面) 时都能相干加强 (这样才能获得倍频高输出), 即要求上面 (6.42) 式、(6.43) 式中相位一致, 即

$$2\omega_1 t - k_2 l + (k_2 - 2k_1)x = 2\omega_1 t - 2k_1 l$$

比较一下等式两边, 如果 $\Delta k = k_2 - 2k_1 = 0$, 即 $k_2 = 2k_1$, 则基波光在晶体各处产生的倍频极化波所辐射的倍频光在出射时相位均相同, 倍频光得以相干加强. 这就是相位匹配条件 $\Delta k = k_2 - 2k_1 = 0$ 的物理意义. 但要注意的是从上述的描述中从基波能量到倍频波能量的转换 (耦合) 都是在小信号近似条件下得到的, 即基波光振幅基本不变的情况下得出的, 如果转换效率很高, 基波光强要不断减少, 则要另外方法处理了.

(二) 实现相位匹配的方法 (第一类相位匹配), 角度匹配

从 (6.39) 式和 (6.41) 式看到相位匹配条件 $\Delta k = 0$, 也就是要求:

$$\Delta k = k^{2\omega} - 2k^\omega = \frac{2\omega}{c_0} n^{2\omega} - \frac{\omega}{c_0} 2n^\omega = \frac{2\omega}{c_0}(n^{2\omega} - n^\omega) = 0 \quad \text{即} \quad n^{2\omega} = n^\omega \quad (6.44)$$

如何才能实现相位匹配呢? 对于各向异性晶体可以利用它的双折射来实现相位匹配. 但在具有正常色散的材料, 寻常光与非常光的折射率都随频率升高而增大, 如图 6.7 所示 KDP 的 n_{o} 与 n_{e} 的色散曲线. 正常情况当倍频波和基波同样是 o 光或 e 光时, 相位匹配条件是无法满足的. 但是如果这两种波分别属于不同类时, 在适当条件下, (6.44) 式就有可能被满足. 为了说明这一点, 下面具体分析一下负单轴晶体中实现相位匹配的方法: 负单轴晶体中, 有 o 光折射率与 θ 无关, 而 e 光折射率 $n_{\text{e}}(\theta)$ 与 θ 角有关, 按第五章 §5.3 的 (5.29) 式有:

$$\frac{1}{n_{\text{e}}^2(\theta)} = \frac{\cos^2 \theta}{n_{\text{o}}^2} + \frac{\sin^2 \theta}{n_{\text{e}}^2} \quad (6.45)$$

式中,θ 为波矢量 N 与 z 轴(晶体光轴)的夹角.

由于色散关系,频率为 2ω 和 ω 时的折射率曲面的大小不同(如图 6.8 所示).在负单轴晶中假如存在 $n_e^{2\omega} < n_o^{\omega}$,那就有可能找到一角度 θ_m,在这个角度 θ_m 上,正好有 $n_e^{2\omega}(\theta_m) = n_o^{\omega}$.换句话说,o 光的基波沿 θ_m 传播时,如果产生的倍频光也沿同一方向传播,但它却是 e 光时,相位匹配条件得以满足.入射光通过适当的角度入射从而满足相位匹配条件为倍频角度匹配,而 θ_m 称为相位匹配角.θ_m 可通过如下方式求得:利用(6.45)式代入相位匹配条件 $n_e^{2\omega}(\theta_m) = n_o^{\omega}$,则可得到:

$$\frac{1}{\left[n_e^{2\omega}(\theta_m)\right]^2} = \frac{\cos^2\theta_m}{(n_o^{2\omega})^2} + \frac{\sin^2\theta_m}{(n_e^{2\omega})^2} = \frac{1}{(n_o^{\omega})^2}$$

解之可得:

$$\sin^2\theta_m = \frac{(n_o^{\omega})^{-2} - (n_o^{2\omega})^{-2}}{(n_e^{2\omega})^{-2} - (n_o^{2\omega})^{-2}} \tag{6.46}$$

n_o^{ω}、n_e^{ω} 表示基波光 ω 主轴方向的 o 光及 e 光的折射率,$n_o^{2\omega}$、$n_e^{2\omega}$ 为倍频光 2ω 主轴方向的 o 光及 e 光的折射率.

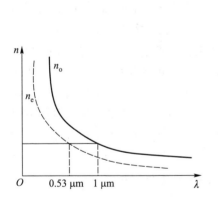

图 6.7　KDP 折射率的色散曲线

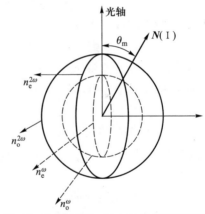

图 6.8　负单轴晶中,在 θ_m 处满足相位匹配条件 $n_e^{2\omega}(\theta_m) = n_o^{\omega}$ 的情况($n_e^{2\omega} < n_o^{\omega}$ 时)示意图

以 KDP 晶体(负单轴晶体)为例,设基波波长 $\lambda_0 = 0.694$ μm,倍频波长为 $\lambda = 0.347$ μm,并以如下折射率数据代入(6.46)式,

$$n_e^{\omega} = 1.465, \quad n_e^{2\omega} = 1.487, \quad n_o^{\omega} = 1.505, \quad n_o^{2\omega} = 1.538$$

得出 $\theta_m = 50.4°$.

是不是所有负单轴晶体都有匹配方向呢?也就是说折射率曲面的椭球面和球面是否一定相交,即 θ_m 要一定有解才行.实际上并不是每种负单轴晶体用上述相位匹配技术都能满足相位匹配条件的.显然从(6.46)式可以看出,要使 θ_m 有解,必须 $\sin^2\theta_m \leqslant 1$,令(6.46)式右边 $\leqslant 1$,即可得到:

$$(n_o^\omega)^{-2} - (n_o^{2\omega})^{-2} \leqslant (n_e^{2\omega})^{-2} - (n_o^{2\omega})^{-2}, \qquad (n_o^\omega)^{-2} \leqslant (n_e^{2\omega})^{-2}$$

即 $n_e^{2\omega} \leqslant n_o^\omega$.

上式两边都减去 n_e^ω 则得到:

$$n_e^{2\omega} - n_e^\omega \leqslant n_o^\omega - n_e^\omega \equiv \Delta B(\omega) \tag{6.47}$$

上式左边是 e 光折射率 n_e 在频率是 2ω 和 ω 时的色散造成的差异,右边是光频率为 ω 时,晶体的 o 光和 e 光折射率的差异(双折射率 $\Delta B = n_o - n_e$),(6.47)式是负单轴晶体可以实现相位匹配时必须有的条件.由此可见,一个负单轴晶体能够实现相位匹配的基本条件要求它具有大的双折射和小的色散(色散大小还和基波和倍频波的频段有关),否则都可能造成这种晶体,不能实现相位匹配.所以有的负单轴晶体不能实现倍频相位匹配,有的晶体基波在某频段内的才能实现相位匹配.要判断一个晶体在某个频率的基波倍频时能否相位匹配,必须根据该晶体的色散和双折射率的数据才能断定,这方面数据在 §6.13 中作了简单介绍.有关晶体在常用的基波频率下的相位匹配角数据可在 §6.6 表 6.4 中查到.

以上介绍的是对于负单轴晶体,可用基波为 o 光、倍频波为 e 光的相位匹配技术.如果我们回顾一下 §6.2(三)关于 d_{eff} 的讨论中的四种匹配方式,就可以看出这里采用了 oo-e 匹配方式(因为现在基波只用 o 光,所以基波分量乘积中两个分量均为 o 光,而倍频光分量由 e 光的倍频极化波产生),所以相应的 d_{eff} 应是 oo-e 的表达式.对于正单晶体($n_o < n_e$)正好相反,它的角度相位匹配技术,必须采用基波 e 光,倍频波为 o 光,即 ee-o 匹配方式.否则,有关的两个折射率曲面不能相交,对正单轴晶体也可以得出类似于(6.46)式中 θ_m 的表式.同时,其能满足相匹配条件时要求 $n_o^{2\omega} - n_o^\omega \leqslant n_e^\omega - n_o^\omega = \Delta B$,大部分正单轴晶体,双折射太小不能实现相匹配.

(三)实现相位匹配的方法(第一类相位匹配),温度匹配

1. 温度相位匹配(90°相位匹配)

我们知道在晶体中,光沿着晶轴或垂直晶轴方向以外的其他方向传播时,o 光和 e 光的光线方向(即能流方向)将有一夹角为离散角.由于光束的孔径总是有限的,在晶体中传播一定距离后,o 光和 e 光光束将完全分离(见图 6.9).而相位匹配技术要求基波和倍频波分别是 e 光和 o 光,所以即使在相位匹配条件满足时,如果 $\theta_m \neq 90°$ 和 $\theta_m \neq 0$,那么,由于双折射的离散效应将使基波光束和倍频波光束完全分离.这时两者之间无法进行能量的耦合,因此只能在一定长度之内才能有效地产生倍频的转换,这个长度 l_α 称为离散效应相干长度,因此限制了晶体实际长度的有效使用.为解决上述问题,我们可以设法使相位匹配角 $\theta_m =$

90°或 $\theta_m = 0$. 当光垂直光轴入射到晶体上时就无离散效应, 这样就可加长晶体长度, 以提高倍频功率.

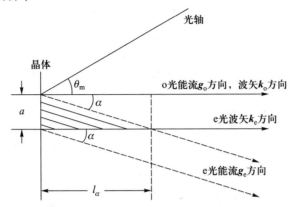

图 6.9 光束离散效应示意图, α 为离散角, $L_\alpha = a/\tan \alpha$, a 为光束孔径

2. 温度匹配(90°相位匹配)的实现

我们知道折射率(尤其是 e 光折射率)是与温度有关的函数. 这是因为折射率与物质的密度有关, 温度变化时物质的密度也要发生变化. 此外折射率 n 与介电极化有关, 而介电极化也与温度有关. 实用上可观测到 e 光折射率随温度变化远大于 o 光折射率的变化, $\dfrac{\mathrm{d}n_e}{\mathrm{d}t} \gg \dfrac{\mathrm{d}n_o}{\mathrm{d}t}$, e 光折射率温度敏感性大, 利用这个性质可以实现 90°相位匹配. 有些负单轴晶体(例如 $LiNbO_3$、KDP、ADP 等), 它们的折射率 n_e 对温度的改变量比 n_o 的改变量大得多, 那么如果我们有可能改变晶体的温度使得倍频 e 光折射率曲面(椭球面)向外扩张, 直到某一温度与基波光 o 光的折射率曲面在 $\theta_m = 90°$ 处相切, 此时 $n_e^{2\omega}(90°) = n_o^\omega$ 实现了相位匹配, 即 $\theta_m = 90°$(如图 6.10 所示), 这种相位匹配技术称为温度匹配或 90°相位匹配, 实现 90°相位匹配时的温度 T_m 称为相位匹配温度. 在 §6.6 表 6.4 中可查到能够实现 90°相位匹配的一些晶体在不同工作波长下相应的相位匹配温度.

同一种材料的相位匹配角 θ_m 随工作波长不同而有差异, 当然相位匹配温度也一样将随工作波长不同而有差异. 更值得指出的是, 往往晶体的组分, 杂质含量将非常敏感地影响相位匹配温度 T_m, 例如同成分配比 $LiNbO_3$ 晶体(Li_2O 占 48.6%、Nb_2O_5 占 51.4%)

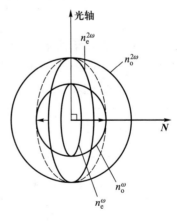

图 6.10 负单轴晶的温度匹配(90°相位匹配)的实现

在 1.06 μm 倍频时, $T_m = -8$ ℃左右, 而 Li_2O 占 50%、Nb_2O_5 占 50% 时, $T_m = 46$ ℃左右.

图 6.11 是不同 Li/Nb 比下的 1.06 μm 倍频相位匹配温度的实验曲线. 又如在 $LiNbO_3$ 中掺 MgO 后的固溶体可以提高其相位匹配温度, 掺入 1% 可使 1.06 μm 倍频相位匹配温度提高 50 ℃左右, 这也成为解决折射率损伤所需的 170℃ 以上的相位匹配温度晶体提供了一条有希望的途径.

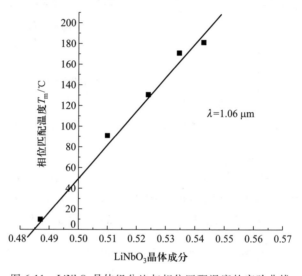

图 6.11 $LiNbO_3$晶体组分比与相位匹配温度的实验曲线

§6.6 第二类相位匹配

上节讨论的正单轴晶体和负单轴晶体实现角度匹配和温度匹配的方式为第一类相位匹配, 其特点是两基波光的偏振方向相同. 除此以外还有第二类相位匹配, 它的特点是两基波光的偏振方向是不同的.

第一类相位匹配	oo-e 方式(适用于负单轴晶体)
	ee-o 方式(适用于正单轴晶体)

第二类相位匹配的方式[即 §6.2(三)中第(3)、第(4)种方式]如下:

第二类相位匹配	eo-e 方式(适用于负单轴晶体)
	eo-o 方式(适用于正单轴晶体)

在分析这类相位匹配方式时,必须注意到,现在非线性极化过程中,不仅仅单纯由基波的 o 光(或 e 光)的分量乘积在起作用,而是 o 光、e 光分量同时在起作用,所以相位匹配条件 $\Delta k = 0$ 不能像(6.43)式中那样写为 $\Delta k^{2\omega} - 2k^{\omega} = 0$,因为基波的 o 光及 e 光折射率不同,$k^{\omega}$ 也就不同,故相位匹配条件必须改写为

$$\Delta k = k_e^{2\omega} - k_e^{\omega} - k_o^{\omega} = 0 \quad (负单轴晶中 eo\text{-}e 方式匹配)$$

$$\Delta k = k_o^{2\omega} - k_e^{\omega} - k_o^{\omega} = 0 \quad (正单轴晶中 eo\text{-}o 方式匹配)$$

考虑到:

$$k_e^{\omega} = \frac{n_e^{\omega}\omega}{c_0} \text{和} k_o^{\omega} = \frac{n_o^{\omega}\omega}{c_0}, \quad k_e^{2\omega} = \frac{n_e^{2\omega}2\omega}{c_0} \text{和} k_o^{2\omega} = \frac{n_o^{2\omega}2\omega}{c_0}$$

从上面两式得到:

$$\begin{cases} n_e^{2\omega}(\theta_m) = \frac{1}{2}\left[n_e^{\omega}(\theta_m) + n_o^{\omega} \right] \\ \\ n_o^{2\omega} = \frac{1}{2}\left[n_e^{\omega}(\theta_m) + n_o^{\omega} \right] \end{cases} \tag{6.48}$$

第一式为负单轴晶情况,第二式为正单轴晶情况.从这里可看出一旦晶体确定,折射率定下,不是所有方向都可以满足,只有当入射光的入射角为某一角度 θ_m 才能满足实现第二类相位匹配条件.此时,两个不同偏振的基波光折射率之和的一半恰好等于倍频光的 e 光折射率(负单轴晶),或等于倍频光的 o 光折射率(正单轴晶).从图 6.12 中可看出在此角度为第二类相位匹配示意图.利用(6.49)式中的两式可分别求得不同晶体中相应的第二类相匹配角 θ_m.

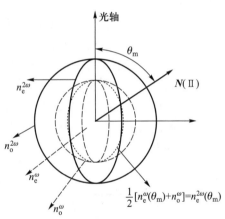

图 6.12 负单轴晶第二类相匹配示意图

在负(正)单轴晶的情况下,从下式所可得到 θ_m:

$$\begin{cases} \left[\frac{\cos^2\theta_m}{(n_o^{2\omega})^2} + \frac{\sin^2\theta_m}{(n_e^{2\omega})^2} \right]^{-\frac{1}{2}} = \frac{1}{2}\left[\frac{\cos^2\theta_m}{(n_o^{\omega})^2} + \frac{\sin^2\theta_m}{(n_e^{\omega})^2} \right]^{-\frac{1}{2}} + \frac{1}{2}n_o^{\omega} \quad (负单轴晶) \\ \\ n_o^{2\omega} = \frac{1}{2}\left[\frac{\cos^2\theta_m}{(n_o^{\omega})^2} + \frac{\sin^2\theta_m}{(n_e^{\omega})^2} \right]^{-\frac{1}{2}} + \frac{1}{2}n_o^{\omega} \quad (正单轴晶) \end{cases} \tag{6.49}$$

第二类相位匹配的 d_{eff} 也可以从 §6.2 中查阅,第二类相位匹配技术将广泛地应用于参量振荡与频率上转换.现将两种相位匹配方式及其相位匹配角公式列于表 6.3 中.

表 6.3 各种相位匹配方式的匹配条件

晶体种类	第一类相位匹配		第二类相位匹配	
	偏振方式	匹配条件	偏振方式	匹配条件
正单轴	ee-o	$n_e^\omega(\theta_m)=n_o^{2\omega}$	eo-o	$\dfrac{1}{2}\left[n_e^\omega(\theta_m)+n_o^\omega\right]=n_o^{2\omega}$
负单轴	oo-e	$n_o^\omega=n_e^{2\omega}(\theta_m)$	eo-e	$\dfrac{1}{2}\left[n_e^\omega(\theta_m)+n_o^\omega\right]=n_e^{2\omega}(\theta_m)$

至于 oo→o、ee→e 的匹配方式,由于晶体色散的存在,必然有 $k_o^{2\omega}\neq2k_o^\omega$ 和 $k_e^{2\omega}\neq2k_e^\omega$,所以根本不能达到相位匹配的目的.只能通过准相位匹配方式实现 oo→o、ee→e 的匹配方式,这在后面介绍.

以上讨论的均属单轴晶体的相位匹配技术,目前主要的非线性晶体均属单轴晶体,但也有少数双轴晶体,例如较受重视的 $Ba_2NaNb_5O_{15}$(BNN,点群为 mm2)或 KTP 即属双轴晶体.由于双轴晶体的折射率椭球不是旋转椭球,所以晶体中独立传播的波没有 o 光、e 光之分,两者的折射率都与波传播方向有关,折射率曲面为复杂的自相交的双层曲面.虽然我们实验上和单轴晶体情况类似,可以利用这两个偏振相互垂直、折射率不同的两种波,使基波属于其中之一,而倍频光属于另一个波而达到相位匹配的目的(相当于单轴晶的第一类匹配),或者基波两个分量分属于不同的波,而倍频波是两波中的一个,这样也可达到相位匹配的目的(相当于第二类匹配),不过由于需要使用计算机进行,本课程不作详细介绍了.

表 6.4 中列出了各种主要倍频晶体,不同基波波长、不同匹配方式及其倍频的相位匹配角.

表 6.4 主要倍频晶体的相位匹配性质

材料	匹配类型	基波波长/μm	相位匹配角 $\theta_m/(°)$	相位匹配温度/℃
KDP	I	0.524 5	90°	
	I	0.694 3	50.4±1	
	I	1.06	41.3	
	I	1.70	58.5	
	II	0.732(min)	90	
	II	0.890	63.6	
	II	1.064	59.1	
	II	1.70(max)	83.2	

材料	匹配类型	基波波长/μm	相位匹配角 θ_m/(°)	相位匹配温度/℃
ADP	I	0.524 5(min)	90	-10
	I	0.694 3	51.9±1	
	I	1.058 2	41.9±1	
	I	1.064	41.7	
	I	1.152 3	42.4	
	I	1.70(max)	59.7	
	I	0.514 5	90.0	～-10
	II	0.750(min)	90	
	II	1.064	61.6	
	II	1.599(max)	90	
LiNbO$_3$	I	1.056(min)	90	23
	I	1.064	83.6	23
	I	1.152 3	67.6±0.3	23
	I	3.756(max)	90	23
	I	1.152 3	90.0	210
	II	1.685(min)	90	23
	II	2.420(min)	90	23
	I	1.064	90.0	～160
BaNaNb$_5$O$_5$	I	1.024(min)	0	
	I	1.064 2	15±2	
	I	6.0(max)	75	
	I	1.642	0($\varphi=0$)	101
	I	1.064 2	0($\varphi=90$)	89
	II	1.434(min)	0	
	II	6.0(max)	75	

材料	匹配类型	基波波长/μm	相位匹配角 θ_m/(°)	相位匹配温度/℃
$Ag_3A_3S_3$	I	1.156(min)	90	
	I	<u>10.590</u>	20.5±0.5	
	I	13.5(max)	30.2	
	I	<u>1.152</u>	90.0	
	II	1.493(min)	90	
	II	10.6	30.9	
	II	13.0(max)	40	
$LiIO_3$	I	0.600(min)	62.8	
	I	0.694 3	50.3	
	I	<u>0.800</u>	36.6	
	I	1.065	29.7	
	I	<u>1.152 3</u>	27.2±0.3	
	I	6.0(max)	5.0	
	II	0.707(min)	90	
	II	0.890	54.2	
	II	1.060	43.1	
	II	6.0(max)	7	
Se	I	1.060	6.5±0.5	
	I	10.6	~10	
Te	I	10.0(min)	15.3	
	I	10.591 5	14.8±0.25	
	I	25.0(max)	5.7	
	II	10.0(min)	15.0	
	II	25.0(max)	5.0	

材料	匹配类型	基波波长/μm	相位匹配角 θ_m/(°)	相位匹配温度/℃
	I	1.131(min)	90	
	I	1.152 3	77.5	
	I	<u>10.6</u>	20.75±0.75	
HgS	I	18.2(max)	90	
	II	1.464(min)	90	
	II	10.6	30.0	
	II	16.5(max)	90	

注：(1) 匹配类型"I"表示第一类相位匹配,"II"表示第二类相位匹配.

(2) 基波波长数字常注明 min 及 max,表示理论计算出可以实现该类相位匹配的最小及最大基波波长.

(3) 基波波长数字下加横线者,其相位匹配角或相位匹配温度为实验测量所得数据.

(4) 热 $LiNbO_3$ 即为非化学比生长的固溶体 $LiNbO_3$ 单轴晶体(见§6.5).

§6.7 准相位匹配

本节我们讨论准相位匹配(quasi-phase-matching,QPM)的概念和技术.一些材料不能实现相位匹配,还有一些可以相位匹配的晶体中,其某些具有较高值的非线性系数因不能相位匹配而不能利用,通过准相位匹配技术我们可以使这些材料得以使用.

(一) 不能实现相位匹配条件下的倍频的相干长度

现在回到倍频实验,在§6.5 中我们讨论了光倍频的相位匹配问题.光倍频只有在相位匹配条件 $\Delta k = 0$ 满足时,才能获得最大倍频光输出.相位匹配条件 $\Delta k = 0$,即(6.44)式 $n^{2\omega} = n^{\omega}$,要求基波光的相速度 $\dfrac{c}{n^{\omega}}$ 等于倍频光的相速度 $\dfrac{c}{n^{2\omega}}$.相位匹配条件要求基波光与它在晶体中各处所产生的倍频光波的相速度一致,只有这样才能保证晶体各处产生的倍频光波得以相干加强.否则,若 $n_o^{\omega} \neq n_e^{2\omega}$(负单轴晶),则基波光在各处产生的倍频光波的相位都不一致,它们不但不能相干加强,可能还会互相抵消.图 6.3 为不能实现相位匹配的石英晶体中所得到在不同有效光程长度下的倍频输出功率的曲线.在非相位匹配时,晶体能产生二次谐波

的最大长度就是 l_c.

如果我们将 l_c 分成 n 小条,每小条倍频光的相位差为 $\dfrac{\pi}{n}$,这样光走完 l_c 后,倍频光与基波光相位差 π.因为基波进入晶体后的第一个 l_c 之内,各处所产生的倍频光波到达晶体出射面时相位相差不会超过 π,还不至于互相抵消,但是进入第二个 l_c 长度内所产生的倍频光波和前一段 l_c 内波的相位差已超过 π,振幅相反,随着长度增加,倍频光不但不能继续增加,反而抵消一部分.换句话说,在第二个 l_c 内,能量是以倍频波向基波倒转,长度为 $2l_c$ 时倍频光总是相互抵消的.相干长度 l_c 定义为"在非相位匹配情况下,能产生二次谐波的晶体最大长度".考虑到 $k^{(\omega)} = \dfrac{\omega n^{\omega}}{c_o}$ 的关系,Δk 与折射率的关系为

$$\Delta k = k^{(2\omega)} - 2k^{(\omega)} = \frac{2\omega}{c_o}(n^{2\omega} - n^{\omega}) \tag{6.50}$$

所以,在正常色散情况下,$n^{2\omega} > n^{\omega}$.相干长度也可表示为

$$\Delta k l_c = (k_2 - 2k_1) l_c = \pi \tag{6.51}$$

$$l_c = \frac{\pi}{\Delta k} = \frac{\pi}{k_2 - 2k_1} = \frac{\pi c_0}{2\omega(n^{2\omega} - n^{\omega})} = \frac{\lambda_0}{4(n^{2\omega} - n^{\omega})} \tag{6.52}$$

这里 λ_0 是真空基波长度,假如我们取 $\lambda_0 = 1 \ \mu m$,$n^{2\omega} - n^{\omega} \approx 10^{-2}$,(6.52)式就给出 $l_c \approx 100 \ \mu m$.如果我们设相干长度从 $100 \ \mu m$ 增加到 $2 \ cm$,那么按照功率可以增加 4×10^4 倍,可见相位匹配条件是否能得到满足是多么的重要.在不能实现相位匹配的晶体中,晶体长度为 l_c 或是 l_c 的奇数倍时,倍频光强就出现一次最大值,l_c 即为晶体的相干长度.在通常情况下 l_c 非常小,不超过 $10^{-2} \ cm$.从(6.52)式可计算出不同基波波长时,不同晶体的倍频相干长度 l_c.

(二)准相位匹配理论与实践

1962 年美国 N. Bloembergen [J. A. Armstrong, N. Bloembergen, J. Ducuing and P. S. Pershan, Phys. Rev. 127, 1968(1962)] 提出了准相位匹配理论,即当材料具有一维空间周期为 $2l_c$ 调制的非线性极化系数时[图 6.13(a)],这种材料可用于非双折射性晶体或虽具有双折射性但不能实现相位匹配的非线性系数的晶体材料的倍频需要.前者如石英材料,后者诸如在 $LiNbO_3$ 晶体中可利用不能实现相位匹配的最大非线性系数 d_{33}(它是通常 $LiNbO_3$ 晶体在实现相位匹配时所用的非线性系数 d_{31} 的 7.5 倍).

我们前面已叙述在不能实现相位匹配的材料中能够提供基波与倍频之间能量转换的最大长度就是相干长度 l_c.光在晶体中行进 l_c 长度后,前后产生的倍频光将产生 π 相位差,再向前传播进入第二个 l_c,将因两者相位差相差 π,而要互相抵消[图 6.13(b)],即超过长度 l_c,基波-倍频波之间能量转化就会倒置.但是

如果在层厚等于 l_c 处改变晶体极化矢量的方向,令其极化方向转 180°,这样当基波光进入第二个 l_c 时所产生的倍频光因其相位转了 180°不再与前面抵消,从而可以继续增强.后面每到光行进一个 l_c 时,都会转 π 相位,让基波-倍频波转换继续增强[图 6.13(c)],此为准相位匹配的基本思路.利用此准相位匹配理论及相应结构的材料,可以将不能相位匹配的材料或不能实现相位匹配使用的非线性系数实现非线性光的输出.

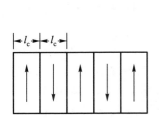 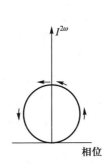 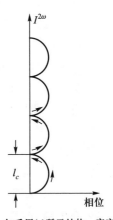

(a) 用于准相位匹配LiNbO₃晶体的周期片状正负畴结构的示意图

(b) 倍频光在第一个 l_c 和第二个 l_c 中的相位变化(到达第一个 l_c 时与开始时差π相位,到达第二个 l_c 时相位与前面完全相反,倍频光互相抵消)

(c) 如采用(a)所示结构,宽度为 l_c 且相邻两段晶体的极化方向相反(差π),则产生的倍频光在 l_c 处相位改变π,结果倍频光可以继续增强,而不抵消

图 6.13

从波矢空间来看,准相位匹配类似于衍射物理中的布拉格(Bragg)定理,晶体的非线性光学系数周期性调制能提供一组倒格矢,在一定条件下倒格矢参与非线性光学过程,补偿参量波之间的波矢失配,使得非线性相互作用的波矢量守恒.

LiNbO₃晶体具有 180°畴结构,正负畴相差 180°相位.在非相位匹配时

$$\Delta k = k^{(2\omega)} - 2k^{(\omega)} = \frac{2\omega}{c_o}(n^{2\omega} - n^{\omega}) \neq 0$$

引入超晶格结构提供倒格矢 G,则倒格矢参与的波矢失配量为

$$\Delta K_q = K(2\omega) - 2K(\omega) - G$$

当准相位匹配条件满足时,可以得到

$$\Delta K_q = 0$$

$$\lambda_g = \frac{2\pi}{G} = \frac{2\pi}{\Delta K} = 2l_c$$

其中 λ_g 为超晶格结构参量,即超晶格周期,是相干长度的两倍[图 6.13(a)].

从倒空间的角度分析,根据傅里叶变换,非线性极化系数周期变化的材料在空间频率域内对应一个倒格矢 G,该倒格矢恰好补偿非线性频率变换过程中介质色散造成的基波与谐波之间的相位失配,使光线在连续通过每个周期畴结构时相互作用不断增强.

科学家为此用石英、LiNbO₃薄片状晶体、外延生长 GaAs-AlGaAs 等多种材料做了尝试.1977 年日本人岗田正胜[M. Okada 等 NHK(Nippon Hoso Kyokai) Tech. 1.29,24(1977)]用同样方法对 24 片水晶和六片厚度为 200 μm 的薄 LiNbO₃晶体片[200 μm 是 LiNbO₃晶体在 1.06 μm 基波时的相干长度3.4 μm的约 59 倍——l_c 的奇数倍,200 μm =(2n+1)l_c]用光胶方法黏合在一起(相邻两片极化方向相反),得到了倍频光强为一片时的光强的 33 倍.但因受片数较少的限制且加工精确的周期控制,无法推广应用.

下面我们以冯端、闵乃本等人[Appl.Phys.Lett.37,607(1980),Acta Phys.Sinica 32,1515,1983]在 LiNbO₃中工作为例,介绍准相位匹配理论的应用.如前所述 LiNbO₃晶体中最大的非线性系数是 d_{33},虽然该系数较相位匹配下使用的 d_{31} 大 7.5 倍,但因不能相位匹配,用常规非线性光学技术是得不到应用的.LiNbO₃晶体具有 180° 铁电畴,两相邻的畴极化矢量相位相差 π,可利用这矢量关系在不能实现相位匹配情况下,实现图 6.13(c),达到倍频增长.冯端等应用准相位匹配理论,首先在用 Czochraski 技术生长 LiNbO₃晶体过程中,通过周期温度波动生长出晶体宽度分别为 l_p 和 l_n 具有较为规则的正负畴结构的 LiNbO₃晶体.而 $l_p+l_n \approx 2l_c$,l_p 为正畴宽度,l_n 为负畴宽度,理想的情况两者应该基本相等,其微观畴结构如图 6.13(a)所示,箭头为极化矢量方向.每一畴宽度近似等于相干长度 l_c,其极化方向在层厚等于 l_c 处改变 π.

LiNbO₃晶体在使用 1.06 μm 为基波激光时,根据(6.52)式可得其 $l_c = 3.4$ μm.

为了使用最大的非线性系数 d_{33},选取如图 6.14 的装置,入射光偏振 E 平行于晶体 z 轴方向,即基波光 $E_3 \neq 0$,光沿晶体 x 轴入射,根据非线性极化公式,使用 LiNbO₃倍频时:

$$\begin{pmatrix} P_1 \\ P_2 \\ P_3 \end{pmatrix} = \begin{pmatrix} 0 & 0 & 0 & 0 & d_{15} & -d_{22} \\ -d_{22} & d_{22} & 0 & d_{15} & 0 & 0 \\ d_{15} & -d_{15} & d_{33} & 0 & 0 & 0 \end{pmatrix} \begin{pmatrix} 0 \\ 0 \\ E_3^2 \\ 0 \\ 0 \\ 0 \end{pmatrix} \tag{6.53}$$

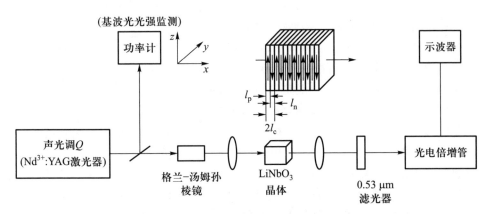

图 6.14 PPLN LiNbO$_3$晶体准相位匹配二次谐波测量实验示意图

此时可得 LiNbO$_3$非线性极化 $P^{2\omega} = P_z^{2\omega} \propto d_{33}E^2$，所有二次谐波发生器(SHG, second harmonic generation)的二次谐波均来自 d_{33}贡献.理论上,利用 d_{33}可比用 d_{31}输出大 $\left(\dfrac{d_{33}}{d_{31}}\right)^2 \left(\dfrac{2}{\pi}\right)^2 \propto 23$.在具有周期为 $l_p + l_n \approx 2l_c$ 的层状畴结构的晶体产生的二次谐波光强为 $I^{2\omega} = I_0^{2\omega}N^2\cos\left[(l_p - l_n)/2l_c\right]$.$I_0^{2\omega}$是厚度为 l_c 单畴结构的晶体的二次谐波光强,N 是畴的数目,$\cos(l_p - l_n)/2l_c$ 是由于 $l_p \neq l_n$ 引入的修正相.结果表明当片数小于 50 时,理论值与实验值很接近.当畴片数增加时,由于畴壁散射及畴宽度不规则造成两者偏离,在 70 余片畴的晶片中获得 12 倍的倍频输出增长.这是准相位匹配的实现的一个较早期的工作.后来随着晶体生长技术的改进,具有更多周期精准的片状畴的晶体,当时称为聚片多畴 LiNbO$_3$晶体,现在称为周期极化铌酸锂晶体(PPLN, periodically poled lithium niobate),更大的倍频输出也得到.

为保证正负极化畴周期的准确性及较多的畴片,祝世宁、朱永元等发展了用微电子光刻技术再加电极化的方法制备周期及片数可以人为控制的周期、准周期、斐波那契(Fibonacci)系列的 PPLN 晶体,实现了频率上下转换[Science 278, 843(1997); Appl.Phys.Lett.82,3159(2003)],并在一块晶体中制备对应于不同频率转换的、宽度不同的相干长度 l_c,从而实现用一块 PPLN 晶体发出红、绿、蓝三基色的光.除此以外,还有 PPKTP、周期极化掺镁铌酸锂晶体(MgO:PPLN)等,甚至 PPLN 光波导,为各种应用提供了新材料(参阅参考文献4).

*(三) 近期准相位匹配频率转换的研究以及对一些概念的拓展的简介

激光频率转换自20世纪60年代激光发现以来一直是非线性光学领域的重要研究内容.激光频率转换需要满足两个条件:一是能量守恒;二是动量守恒或称为相位匹配,包括双折射相位匹配、准相位匹配(QPM)和腔相位匹配(CPM).由于制备技术的进展,准相位匹配(QPM)是近年来的研究热点.利用光学超晶格,闵乃本、朱永元、祝世宁团队在准相位匹配(QPM)频率转换方面作了系统的研究以及对一些概念进行了拓展简介如下.

1. 从周期光学超晶格到准周期,从单一的准相位匹配到多重准相位匹配

1962年布洛姆伯根等提出了利用周期结构(我们称之为周期光学超晶格)来实现准相位匹配的概念.一般来说,周期结构只能完成单一的准相位匹配.受准晶发现的启发,团队将周期光学超晶格拓展至准周期超晶格,提出了多重准相位匹配的概念.理论研究了多重准相位匹配情况下的耦合参量过程:倍频过程和和频过程的耦合.发现了在多重准相位匹配条件下,各参量波之间能量的动力学演化取决于各耦合系数之间的比值(与超晶格的结构参量有关),因而可以通过超晶格结构参量的设计,控制各参量波之间能量转换的方向与速率.实验研究了准周期超晶格中的二次倍频谱和高效直接三倍频的产生.

2. 从线性惠更斯原理到非线性,从传统的准相位匹配到局域准相位匹配

通常的准相位匹配处理的是单纯的频率转换,闵乃本等将线性惠更斯原理拓展至非线性:即基频光在光学超晶格中传播时,将其波前上的每一点既看作基频光的次波源、也看作谐波的波源,利用非线性惠更斯原理设计的光学超晶格可以对谐波的波前进行调控,从而同时完成多个功能,如将倍频、偏转与聚焦集于一身,上述方案得到了实验验证.该方法或可用作光集成,但与传统的方法又有所区别.传统方法是多区域功能集成,如要将倍频、偏转和聚焦三功能集成在一起,则需将光学超晶格的微结构分成三个不同的区域:第一个区域利用非线性光学效应将基频光转换成倍频光,第二个区域利用电光效应将倍频光进行偏转,第三个区域利用电光效应将倍频光聚焦.显而易见,该器件在工作时,除了要有基频光入射外,还需在第二和第三区域外加一定大小的直流电场,因此使用上不是很方便.此外,某一微结构区域的破损会导致聚焦功能的丧失.利用非线性惠更斯原理,通过对光学超晶格微结构的特殊设计对倍频波的波前进行调控,超晶格的任何区域都能够同时实现倍频、偏转和聚焦三个功能,从而克服了传统方法的不足.在整个过程中只利用了非线性光学效应,无须利用电光效应.其物理机制可以用局域准相位匹配概念来解释.

3. 从一维光学超晶格到二维光学超晶格,从共线准相位匹配到非共线准相位匹配

在一维(1D)光学超晶格中,通常的准相位匹配指的是共线的准相位匹配.在二维(2D)光学超晶格中,非共线的准相位匹配占了主要地位:即基波波矢、倒格矢、倍频波矢不共线但组成封闭矢量多边形.在二维六角结构的光学超晶格中,我们发现了一种新的二次谐波效应——由光的弹性散射导致的锥形二次谐波.当满足非共线准相位匹配条件时,锥形二次谐波可被大大增强.随着基波频率的变化,锥的大小和颜色会发生相应的变化.光的弹性散射来源于密度起伏、

结构缺陷等空间不均匀性.同时我们还发现非弹性散射可以通过级联准相位匹配获得增强,产生高强度的拉曼谱及高阶的斯托克斯和反斯托克斯峰.研究表明该拉曼效应起源于入射光与介质中的声子极化激元之间的非弹性散射,产生高强度的、间隙为声子极化激元频率的多峰斯托克斯和反斯托克斯谱,高阶峰产生于多声子过程导致的拉曼频移.

4. 从块体光学超晶格到波导,从完全准相位匹配到部分准相位匹配

传统的完全准相位匹配模式(即基波波矢、倒格矢、倍频波矢可以组成封闭矢量多边形)可以等价为纵向与横向两个准相位匹配过程,原则上它们可以分别独立匹配(部分准相位匹配):若仅为纵向准相位匹配则为非线性切连科夫辐射;若仅为横向准相位匹配,则通常为非线性拉曼-奈斯(Raman-Nath)衍射.在线性光学中,当有界面存在时,界面两侧的波矢量沿界面的切向分量要连续.在波导光学超晶格的非线性切连科夫辐射中表现为部分准相位匹配:基波导模波矢、倒格矢和倍频波矢沿界面的切向分量组成封闭矢量多边形(基波在非线性波导中传播,倍频在衬底中传播).闵乃本等在二维六角结构的光学超晶格光波导中实现了光的切连科夫倍频,还新发现了和频切连科夫效应.这一发现证实了光学超晶格可以调控介质中非线性极化波的相速(相当于控制带电粒子的运动速度),从而改变非线性切连科夫辐射在空间的分布和传播方向.特别是当有两种红外线入射时,能同时产生多组、多色的切连科夫辐射.实验上观察到了犹如圣诞树状的美丽光斑.

5. 超越准相位匹配,从线性全息到非线性全息

传统的 QPM 通常要求基波和谐波都是平面波.光学超晶格的结构参量由准相位匹配条件决定,由此得到的是周期或准周期光学超晶格.如果基波或者谐波不是平面波,譬如基波是平面波、倍频波是球面波,则光学超晶格的具体结构可以用非线性惠更斯原理来设计,其结果可以用局域准相位匹配来理解.而非线性全息可用于更一般情况下的超晶格设计,即基波和谐波可以是任意波形.全息术不同于摄影,是一种记录和再现光场的特殊方法.在线性全息中,利用干涉原理,将物光以干涉条纹的形式记录在一定的介质底片上(全息板),从而得到全部的强度和相位信息.全息板通常为卤化银等感光材料,通过曝光,干涉条纹转化为透过率的变化.在光折变材料中,干涉条纹转化为折射率的变化.将线性全息拓展至非线性全息,其原理是通过非线性极化波和非线性物光(倍频光)的干涉,干涉条纹可以以二阶非线性系数的调制存储在非线性材料中——非线性全息板(即光学超晶格).非线性全息可以是傅里叶(Fourier)全息,也可以是菲涅耳(Fresnel)全息.我们提出了非线性波前调制技术——非线性菲涅耳体积全息技术.实验上演示了倍频艾里(Airy)光束的产生,研究了该光束的无衍射、自加速和自愈性能.

6. 从垂直到平行,从线性塔尔博特效应到非线性塔尔博特效应

用于制备光学超晶格的主要是铁电晶体铌酸锂(LN)、钽酸锂(LT)和磷酸氧钛钾(KTP),其铁电畴的极化方向是沿 c 轴的.在准相位匹配和非线性全息中,基波的传播方向垂直于极化方向;而在非线性塔尔博特(Talbot)效应中,基波则平行于极化方向传播.塔尔博特效应,又叫自成像效应,是指当激光照射到具有周期结构的物体时,在物体后面有限距离处出现物体自身的像.我们将微结构功能材料引入塔尔博特效应的研究,在周期光学超晶格中第一次实验观测到二次谐波塔尔博特效应.与线性光学塔尔博特效应相比,非线性塔尔博特效应反映的是微结构晶体中非线性系数的周期性调制,同时对畴结构成像的分辨率有很大提高.对非线性塔尔博特效应的进一步研究发现了一种新的实现突破衍射极限超聚焦的方法,其基本原理是利用干涉衍射效应实现光的空间相位调控,进而在远场得到超聚焦.[本节(三)为朱永元教授撰写,详细工作读者可自行查阅相关文献.]

§6.8 倍频角度匹配和温度匹配扫描实验曲线

如前所述,当精确处于相位匹配角 θ_m 时,$\Delta k = 0$,倍频功率输出最大,如果波矢量方向在 θ_m 附近略有偏离,将造成失配.失配量 Δk 应与角度偏离量 $\Delta\theta = \theta - \theta_m$ 有关.根据(6.50)式和(6.51)式有

$$\Delta kl = \frac{2\omega l}{C_o}\left[n_e^{2\omega}(\theta) - n_o^{\omega} \right]$$

如果我们将它展开成泰勒级数,仅取前两项,考虑到 $\theta = \theta_m$ 时,$n_e^{2\omega}(\theta_m) = n_o^{\omega}$,则可取得

$$
\begin{cases}
\Delta kl = -\dfrac{2\omega l}{C}\sin(2\theta_m)\dfrac{(n_e^{2\omega})^{-2}-(n_o^{2\omega})^{-2}}{2(n_o^{\omega})^{-3}}\Delta\theta \equiv 2\beta(\theta-\theta_m) \\[4mm]
\beta = -\dfrac{\omega l}{2C}\sin(2\theta_m)\dfrac{(n_e^{2\omega})^{-2}-(n_o^{2\omega})^{-2}}{(n_o^{\omega})^{-3}}
\end{cases}
\tag{6.54}
$$

式中 β 为不包含 θ 在内的常量.

按照(6.39)式及(6.54)式,倍频输出功率应为

$$P^{2\omega}(\theta) \propto \frac{\sin^2\left[\beta(\theta-\theta_m)\right]}{\left[\beta(\theta-\theta_m)\right]^2}$$

图 6.15 中画出上式代表的实验曲线即 $P^{2\omega}$ 与 $(\theta-\theta_m)$ 之间的关系,严格控制的实验条件下(如高度稳定的单横模、单纵模激光源和高精度功率计),常常被用来测量倍频系数,或者用来测定晶体的最大功率输出.可看出在 $\theta = \theta_m$,相位匹

配时 $P^{2\omega}$ 为最大值,如果角度偏离匹配方向将会引起失配,即 $\Delta k \neq 0$,使光强很快按照 δ 函数衰减下来,这种实验曲线称为倍频角度扫描曲线.

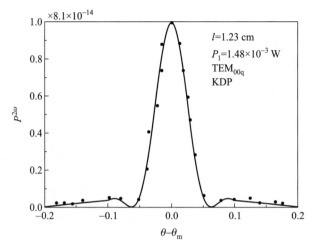

图 6.15　KDP 晶体角度扫描的倍频输出曲线为 $\sin^2[\beta(\theta-\theta_m)]/[\beta(\theta-\theta_m)]^2$ 与 $(\theta-\theta_m)$ 关系曲线,黑点为实验项值

同样,由于晶体温度和相位匹配温度 T_m 有微小偏差,也会引起失配,即 $\Delta k \neq 0$,而失配量也与温度偏离量 $(T-T_m)$ 成正比.温度在 T_m 附近变动的同样可以测得类似角度变化所得的倍频功率输出曲线,这就称为温度扫描曲线[见图 6.16(a)].

由于以上两种扫描曲线与晶体对折射率不均匀性有敏感的联系,实际晶体中在生长过程有应力引入(如溶质原子偏聚、双晶、夹层等缺陷存在),将使晶体内的折射率是不均匀的.那么在基波光斑照射的区域内,并非处处满足相位匹配条件,最大输出功率势必会比理想均匀晶体低.如果稍稍改变角度(或温度),原来正好相位匹配的区域将会失配,另一处原来稍有失配的现在反而落在相位匹配角度上(或落在相位匹配温度上).所以虽然最大输出功率比理想晶体低了,但是随着角度偏转(或温度变化)相对于最大峰值的降落速度比均匀晶体慢了[见图 6.16(b)],换句话说,扫描曲线的半功率宽度增宽了,不均匀性严重变形(出现双峰、多峰或不对称).图 6.16(a)及(b)即均匀性较好和较差的温度扫描曲线的对比.

对于理想的均匀晶体,根据 $\dfrac{\sin^2 x}{x^2}$ 的线形,式中 $x=\Delta kl/2$,我们可以确定一个半功率点,即 $x=\pi/2.2$,此时 $\dfrac{\sin^2 x}{x^2}=\dfrac{1}{2}$,故有

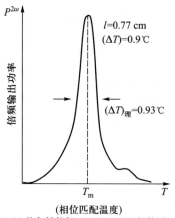

图 6.16　$LiNbO_3$晶体的温度扫描相位匹配倍频输出曲线

$$\Delta k \cdot l = \left(\frac{\pi}{1.1}\right)$$

根据(6.54)式,$\beta \Delta \theta = \Delta k l / 2$,$\beta$ 与 l 有关,β 则可得

$$(\Delta \theta)_{理} = \left(\frac{\pi}{2.2\beta}\right) / l = \beta' / l \tag{6.55}$$

式中 β' 为与 l 无关的常量.由(6.55)式可看出 $\Delta\theta_{理}$ 与晶体长度成反比.假如实验上测得不均匀的实际晶体半功率宽度 $\Delta\theta_{实}$ 变宽了,在形式上可定义一个晶体有效长度 l_{eff}:

$$\frac{(\Delta \theta)_{实}}{(\Delta \theta)_{理}} = \frac{l}{l_{eff}} \tag{6.56}$$

或

$$l_{eff} = \frac{(\Delta \theta)_{理}}{(\Delta \theta)_{实}} \times l$$

均匀性越差,有效长度越短,同样对温度扫描曲线有:

$$\frac{(\Delta T)_{实}}{(\Delta T)_{理}} = \frac{l}{l_{eff}} \tag{6.57}$$

或

$$l_{eff} = \frac{(\Delta T)_{理}}{(\Delta T)_{实}} \times l$$

有效长度可以作为晶体均匀性的量度,同时又反映了晶体能够实现倍频转换的有效长度.

§6.9 内腔倍频

按照§6.5的分析,为获得较大转换效率,必须要有极高的基波功率密度,这对于一般连续激光器来说是不易做到的.然而,如果我们把非线性晶体置于腔内,情况就不同了.腔内的激光单程功率流密度(即光强)将比腔外高出 $(l-R)^{-1}$ 倍.

假如 $R \approx 1$,增长的倍数是很可观的,YAG 连续激光器一般最佳输出耦合在 5%左右[即$(1-R)$为 0.05],可以增大 20 倍.下面我们将要表明,从理论上分析,在适当条件下,可以将基波中可利用的功率全部转换到倍频光中来.为了说明这一点,我们来分析一下内腔倍频下的运转情况,图 6.17 是一台 YAG 内腔倍频激光器的装置图.激光输出镜,用一块对基波波长全反、对倍频波长全透的反射镜.假如这台激光器腔内不放非线性晶体,它具有一个最佳耦合输出镜,应具有透过率为

$$T_{\text{opt}} = \sqrt{g_0 L_i} - L_i \tag{6.58}$$

式中,g_0 为非饱和增益,L_i 为腔内单程损耗.这时激光器将具有最佳的耦合输出.现在我们把输出镜换成了全反镜,但是放进了倍频晶体,基波通过晶体时将把部分功率转换为倍频光.如单程的转换频率为

$$T' \equiv \frac{P^{2\omega}}{P^{\omega}} = kP^{\omega} \tag{6.59}$$

式中,k 定义为耦合常量.实际上根据(6.59)式的定义就是(6.39)式除以 P^{ω},它和晶体长度 l^2、有效倍频系数 d_{eff}^2 以及匹配量 Δkl 等有关.如果我们使得 $T' = (T)_{\text{opt}}$,激光器将工作在最佳耦合"输出"状态,不过现在不是输出基波本身(现在对基波光两端均为全反镜不能输出),而是把这部分输出功率转换为倍频光输出去了.根据 $T' = KP\omega = (T)_{\text{opt}}$ 的条件可以求得最佳的耦合常量 k_{opt}.可以证明这个最佳耦合常量和泵浦功率无关.实验上也证实了耦合常量具有一个最佳值,过高的耦合反而使输出下降.根据上述简单的分析,似乎可以全部提取所有可利用的基波功率,换句话说似乎可以获得 100%的转换功率.事实上,只有在极小功率的 YAG 激光器获得比较接近 50%的有用转换率.一般仅能达到百分之几,如果是声光调 Q,准连续激光器则可达百分之十几的转换功率.

进一步提高内腔倍频的转换功率所遇到的主要困难是因为 T_{opt} 一般只有 4%左右,而倍频晶体放进腔内所引入的单程插入损耗必须非常低(低于 1%),因此,对于晶体的光学质量会有特别苛刻的要求,一般晶体是无法满足的.此外,晶体插入腔内对于腔内激光振荡模会产生有害的干扰,特别是连续或准连续运

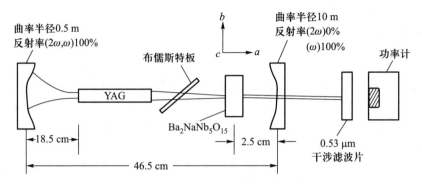

图 6.17　YAG 内腔倍频激光器装置图

转状态下,晶体对于基频和倍频光的微小吸收,都可能使晶体温度变化,大多晶体折射率对温度是敏感的,这就严重干扰了相位匹配的状态,此外由此造成的热透镜效应(由于晶体有温度梯度而造成折射率的梯度,类似于透镜那样使光束的波前畸变)也会破坏共振腔的工作.

为了进一步提高倍频输出的强度,还可以将一端的腔镜改为对倍频波也是全反的,这样双端输出可变为单端输出,似乎可以将倍频输出光强提高一倍,平均功率可能是强了,但是由于前向和背向反射回来的两束倍频光之间要发生干涉,可能出现更为复杂的情况.

总之,内腔倍频虽不能达到理想的 100% 转换效率,但是已经使连续和准连续运转的倍频输出达到较高的功率水平,使得希望有连续或准连续输出倍频光的某些应用得以实现.

*§6.10　光参量放大

参量放大最简单形式是:用一个频率为 ω_3 的光"泵浦"非线性晶体,它的功率可以转换成两个频率分别为 ω_1 和 ω_2 的波,而两者频率有 $\omega_3 = \omega_2 + \omega_1$ 的关系.参量放大问题基本类似于前面几节中介绍的倍频问题,其差别仅在于功率输送的方向.在倍频中功率是从低频(ω)的光场中馈送到较高频率(2ω)的光场中去.而在参量放大中,功率是从高频(ω_3)的光场流向低频(ω_1 和 ω_2)的光场.在特殊情形下,$\omega_1 = \omega_2$,那就完全是倍频的逆过程,这种情况就称为"简并参量放大".

参量放大也可以理解为一种特殊的产生差频的情况.一个弱的"信号"频率 ω_1 的光作用于被较高频率 ω_3 的光"泵浦"的晶体,两者产生的差频 $\omega_3 - \omega_1 = \omega_2$,同时发生高频光功率向频率 ω_1 及 ω_2 馈送的过程,ω_2 称为"空闲"频率."空闲"波

ω_2 与泵浦波产生的差频又正好是 ω_1,当然也伴随着泵浦波同时向 ω_1、ω_2 输送功率."信号"必将被放大,"信号"波以行波方式通过晶体而被放大就是行波参量放大,而空闲波 ω_2 总是和信号波伴生的,这就是参量放大的特点.

（一）行波参量放大的增益

现在我们就用非线性介质中电磁场耦合方程来分析这个具体的参量频率转换过程.我们为了方便引入一个新的场变量,定义为

$$A_l = \sqrt{\frac{n_l}{\omega_l}} E_l \quad (l=1,2,3) \tag{6.60}$$

像(6.38)式那样,频率为 ω_l 的光波,它的单位面积功率流可以给出为

$$\frac{P_l}{A} = \frac{1}{2}\sqrt{\frac{\varepsilon_0}{\mu_0}} n_l |E_l|^2 = \frac{1}{2}\sqrt{\frac{\varepsilon_0}{\mu_0}} \omega_l |A_l|^2 \tag{6.61}$$

如果,我们用光子流密度 N_l（单位时间、单位面积流过的光子数）来描述 P_l/A 的话,可写为

$$\frac{P_l}{A} = N_l h\omega_l = \frac{1}{2}\sqrt{\frac{\varepsilon_0}{\mu_0}} |A_l|^2 h\omega_l \tag{6.62}$$

可见,现在定义的场变量 $|A_1|^2$ 正比于光子流离密度 N_1,三个耦合方程(6.34)式可以用新变量 A_1 写出:

$$\begin{cases} \dfrac{dA_1}{dz} = -\dfrac{1}{2}\alpha_1 A_1 - \dfrac{i}{2}\lambda A_2^* A_3 e^{-i(\Delta k)z} \\[2mm] \dfrac{dA_2^*}{dz} = -\dfrac{1}{2}\alpha_2 A_2^* + \dfrac{i}{2}\lambda A_1 A_3^* e^{i(\Delta k)z} \\[2mm] \dfrac{dA_3}{dz} = -\dfrac{1}{2}\alpha_3 A_3 - \dfrac{i}{2}\lambda A_1 A_2 e^{i(\Delta k)z} \end{cases} \tag{6.63}$$

这里

$$\begin{cases} \Delta k \equiv k_3 - (k_1 + k_2) \\[2mm] \lambda \equiv d\sqrt{\left(\dfrac{\mu_0}{\varepsilon_0}\right)\dfrac{\omega_1 \omega_2 \omega_3}{n_1 n_2 n_3}} \\[2mm] \alpha_l = \sigma_l \sqrt{\dfrac{\mu_0}{\varepsilon_0 \varepsilon_l}} \quad (l=1,2,3) \end{cases} \tag{6.64}$$

现在可以看到使新场变量来代替 E_l 的好处,三个耦合方程中只包含一个耦合参量 λ（请注意不是代表波长）.σ_l 为增益系数.

现在我们来解方程(6.63)式,在表面上（$z=0$）频率为 ω_1、ω_2、ω_3 的波振幅分别为 $A_1(0)$、$A_2(0)$、$A_3(0)$.此外,我们还可以假设 $\omega_1 A_1(z)^2$ 在整个相互作用的区

域内和 $\omega_3 A_3(0)^2$ 相比较小得多.这一近似假设,相当于说,"泵浦"波(ω_3)输送到"信号"波(ω_1)和"空闲"波 ω_2 的功率,相对于它们入射率来说小到可忽略不计,因此可以把 $A_3(z)$ 看作常量 $A_3(0)$(也是所谓小信号近似).最后我们还假定 $\omega_3 = \omega_1 + \omega_2$,$\alpha_1 = \alpha_2 = \alpha_3 = 0$(即假定没有损耗).在以上一系列假设的近似情况下,耦合方程变得简单,而且很容易解,(6.63)式可写为

$$\begin{cases} \dfrac{dA_1}{dz} = -\dfrac{ig}{2}A_2^* \\[2mm] \dfrac{dA_2^*}{dz} = \dfrac{ig}{2}A_1 \end{cases} \tag{6.65}$$

式中,

$$g = \lambda A_3(0) = \sqrt{\frac{\mu_0}{\varepsilon_0}\frac{\omega_1\omega_2}{n_1 n_2}}\, dE_3(0) \tag{6.66}$$

(6.65)式中第一式,对 z 求导数一次并利用第二式可得 $\dfrac{d^2 A_1(z)}{dz^2} = \dfrac{g^2}{4}A_1(z)$. 如果再利用初始条件 $A_1(z)_{z=0} = A_1(0)$,$A_2(z)_{z=0} = A_2(0)$ 和(6.65)式,那么很易求得 $A_1(z)$ 及 $A_2^*(z)$ 的解为

$$\begin{cases} A_1(z) = A_1(0)\cosh\dfrac{g}{2}z - iA_2^*(0)\sinh\dfrac{g}{2}z \\[2mm] A_2^*(z) = A_2^*(0)\cosh\dfrac{g}{2}z + iA_1(0)\sinh\dfrac{g}{2}z \end{cases} \tag{6.67}$$

(6.67)式表示为信号和空闲波在相匹配条件下(因为已假定 $\Delta k = 0$)增长的情况.参量放大的具体情况是,输入波由泵浦光(ω_3)和另外两个波中的一个所构成,譬如说是 ω_1,那么频率为 ω_2 的波,在入射表面处振幅为零,即 $A_2(0) = 0$,我们用光子流密度 $N_i \propto A_i A_i^*$ 的关系,可写出 ω_1,ω_2 的光子流密度随 z 增长的公式:

$$\begin{cases} N_1(z) \propto A_1(z)A_1^*(z) = |A_1(0)|^2\cosh^2\dfrac{gz}{2} \underset{gz\gg 1}{\longrightarrow} \dfrac{|A_1(0)|^2}{4}e^{gz} \\[2mm] N_2 \propto A_2(z)A_2^*(z) = |A_2(0)|^2\sinh^2\dfrac{gz}{2} \underset{gz\gg 1}{\longrightarrow} \dfrac{|A_2(0)|^2}{4}e^{gz} \end{cases} \tag{6.68}$$

式中 $\longrightarrow$ 后面的式子是表示 $gz \gg 1$ 时的近似式,此时两者均按指数增长.确实泵浦光的功率同时会馈送到信号和空闲波上去.如果我们只注意信号波 ω_1 被放大的情况,它的放大因子是

$$\frac{A_1(z)A_1^*(z)}{A_1(0)A_1^*(0)} = \frac{1}{4}e^{gz} \tag{6.69}$$

从(6.69)式可看出 g 相当于行波参量放大的增益系数.

现在我们举一个 LiNbO$_3$ 晶体作为行波参量放大的数值的例子.

$$d_{31} = 5 \times 10^{-23}$$

设

$$v_1 \approx v_2 = 3 \times 10^{14}$$

$$P_3(泵浦光功率密度) = 5 \times 10^6 \, \text{W/cm}^2$$

$$n_1 \approx n_2 = 2.2$$

将 P_3 通过 (6.61) 式换算成 $E_3(0)$, 再代入 (6.66) 式计算行波放大的增益系数 $g = 0.7 \, \text{cm}^{-1}$. 这就表明, 行波参量放大中即使泵浦功率密度高达 MW/cm^2 的量级, 增益系数仍然不是很大. 因而光学行波参量放大器没有什么实用价值. 但是, 在适当条件下这样的增益却足以产生参量振荡, 我们将在 § 6.10 中介绍. 行波参量放大的增益系数实验数据常常用来作为参量振荡器的设计数据, 从这个意义上讲参量放大器不是没有用处的.

(二) 参量放大的相匹配条件

在上面分析中, 我们引入了 $\Delta k = k_3 - (k_2 + k_2)$ 的假定并得出一系列参量转换的结果. 从"泵浦"光 (ω_3) 的光子同时转化为"信号"波 (ω_1) 和空闲 (ω_2) 光子的观点来看, 这个 $\Delta k = 0$ 的条件就是转化前后光子总动量保持守恒, 故相匹配的条件, 又可以表为

$$hk_3 = hk_1 + hk_2$$

或

$$\omega_3 n_3^{\omega_3} = \omega_1 n_1^{\omega_1} + \omega_2 n_2^{\omega_2} \qquad (6.70)$$

式中要求:

$$\omega_3 = \omega_1 + \omega_2 \qquad (6.71)$$

和倍频中一样, 要实现相位匹配, 三个 ω_1、ω_2、ω_3 中至少有一个波是 e 光或两个波是 e 光. 因此也可以用 § 6.6 中表 6.3 所列 I、II 两类相位匹配方式. 和倍频的情况一样, 当克莱曼对称条件满足时 (即三个波都不在远红外波段), 那么只需区分匹配方式是 oo-e 还是 ee-o, 并根据它可查得相应的 d_{eff}.

现以 ω_3 波 (泵浦波) 为 e 光, ω_1 及 ω_2 波为 o 光, 即第一类相位匹配时, 相位匹配条件可具体表示为

$$\omega_3 n_e^{\omega_3}(\theta) = \omega_1 n_o^{\omega_1} + \omega_2 n_o^{\omega_2} \qquad (6.72)$$

利用 (6.71) 式和 (6.72) 式, 对于一定的泵浦频率和一定 θ 角 (即泵浦光传播方向和晶体光轴的夹角) 即可求得满足相位匹配条件的 ω_1 及 ω_2 (当然必须知道晶体的 n_o 和 n_e 的色散数据). 图 6.18 就是利用二硫化镓银 AgGaS$_2$ 晶体的这些数据, 根据 (6.71) 式和 (6.72) 式相位匹配条件绘制的, 不同泵浦频率 ω_3 在一定角度 θ 上, 可以实现相位匹配的 ω_1 及 ω_2 的典型曲线.

如果给定 ω_3 和 θ 角, 而且指定信号频率 ω_1 的数值, 相位匹配条件就不一定满足. 那么在 $\Delta k \neq 0$ 的失配条件下, 参量放大中将出现什么结果呢? 我们现在还

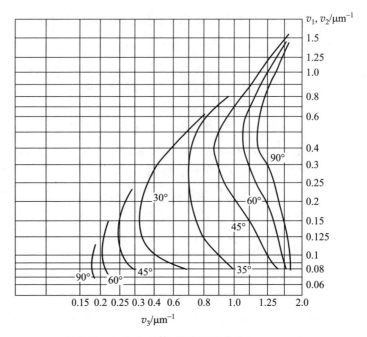

图 6.18　AgGaS$_2$ 晶体，相位匹配曲线（$v_3 = v_1 + v_2$）

是从（6.63）式出发，此时 $\Delta k \neq 0$，但仍然假定 $\theta = 0$，则可以得到：

$$\frac{\mathrm{d}A_1}{\mathrm{d}z} = -\mathrm{i}\,\frac{g}{2}A_2^{*}\,\mathrm{e}^{\mathrm{i}(\Delta k)z}$$

$$\frac{\mathrm{d}A_2^{*}}{\mathrm{d}z} = \mathrm{i}\,\frac{g}{2}A_1\,\mathrm{e}^{\mathrm{i}(\Delta k)z} \tag{6.73}$$

可以预料，现在 $\Delta k \neq 0$ 时，参量放大增益必将下降，为求得这个有效的增益函数 s，我们可以假定（6.73）式的解决如下形式：

$$A_1(z) = m_1 \mathrm{e}^{[s-\mathrm{i}(\Delta k/2)]z}$$

$$A_2^{*}(z) = m_2 \mathrm{e}^{[s+\mathrm{i}(\Delta k/2)]z} \tag{6.74}$$

式中 m_1 及 m_2 为与 z 无关的常量，s 作为待定的有效增益系数. 将（6.74）式代入（6.73）式得到：

$$\left(s - \mathrm{i}\,\frac{\Delta k}{2}\right)m_1 + \mathrm{i}\,\frac{g}{2}m_2 = 0$$

$$-\mathrm{i}\,\frac{g}{2}m_1 + \left(s + \mathrm{i}\,\frac{\Delta k}{2}\right)m_2 = 0 \tag{6.75}$$

m_1 和 m_2 要有非零的解，必须使 m_1 及 m_2 的函数行列者为零. 从这个条件很快可求得：

$$s^2 = \frac{1}{4}\left[g^2 - (\Delta k)^2\right]$$

或
$$s = \frac{1}{2}\sqrt{g^2 - (\Delta k)^2} \qquad (6.76)$$

(6.76)式清楚地显示,由于 $\Delta k \neq 0$,s 将比相位匹配时的增益系数 g 小了,并且必须有 $g \geqslant \Delta k$,否则 s 为虚数,说明 $g < \Delta k$ 时本不可能有增益,此时实际增益为零.(见参考文献[2].)

* § 6.11 参量振荡器

(一) 参量振荡及其阈值条件

如图 6.19 所示,如果我们把非线性晶体放置在共振腔内,两个腔镜的反射率 R 如图标明的那样,可以使泵浦波 ω_3 全透,而对信号和空闲波频率 ω_1 和 ω_2 有高的反射率.可以预料到,泵浦波 ω_3 强度足够时,所提供的参量增益有可能超过信号波和空闲波的损耗,而使参量在频率 ω_1 和 ω_2 同时振荡.在泵浦阈值强度上,相应于此时参量增益恰好与损耗相平衡,这就是参量振荡的物理基础.参量振荡器的实际应用的重要意义在于可以把泵浦激光的输出功率转换到信号和空闲波中去,并且这两个频率在很宽范围内可以被调谐,调谐的方法将在下节中介绍.由于参量振荡器具有这种性能,这就能为某些需要连续可调光源的实际应用(例如激光拉曼光谱仪)提供合适的激光光源.

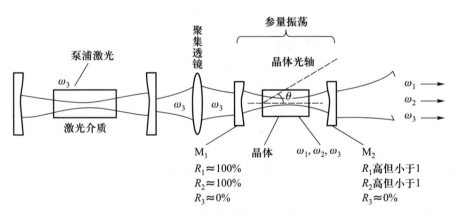

图 6.19 参量振荡器装置示意图

非线性晶体置于共振腔内,两面腔镜的反射要求如下:

镜 M_1	$R_3 \approx 0\%$	镜 M_2	R_1、R_2 高但小于 1
镜 M_1	R_1、$R_2 \approx 100\%$	镜 M_2	$R_3 \approx 0\%$

为了分析参量振荡器的阈值条件,我们还是从(6.63)式出发.取 $\Delta k = 0$,同样忽略泵浦波的衰减,即 $A_3(z) = A_3(0)$,结果(6.63)式变为

$$\begin{cases} \dfrac{\mathrm{d}A_1}{\mathrm{d}z} = -\dfrac{1}{2}\alpha_1 A_1 - \mathrm{i}\dfrac{g}{2}A_2^* \\[3mm] \dfrac{\mathrm{d}A_2^*}{\mathrm{d}z} = -\dfrac{1}{2}\alpha_2 A_2^* + \mathrm{i}\dfrac{g}{2}A_1 \end{cases} \tag{6.77}$$

这里和(6.66)式一样有:

$$\begin{cases} g = \left[\left(\dfrac{u_0}{\varepsilon_0} \right) \dfrac{\omega_1 \omega_2}{n_1 n_2} \right]^{1/2} \mathrm{d}E_3(0) \\[3mm] \alpha_{1,2} \equiv \sigma_{12} \sqrt{\dfrac{u_0}{\varepsilon_{\mathrm{r}1,2}}} \end{cases} \tag{6.78}$$

(6.77)式是描述行波参量放大的耦合方程,我们现在用来描述共振腔内的参量耦合过程,似乎不很恰当.不过,我们如果把共振腔内光的来回传播,考虑为相当于一个折叠的行波光路,应该是可以的.不过,损耗系数 α_1 和 α_2,现在应看作是共振腔内实际的总损耗,这个损耗应该包括因为输出反射镜的反射率低于1,光从镜子输出共振腔带来的"损耗"以及非线性晶体本身的损耗和共振腔的衍射损耗.

假如参量增益足够高,可以克服损耗,稳态振荡就可形成.在这种情况下,有:

$$\frac{\mathrm{d}A_1}{\mathrm{d}z} = \frac{\mathrm{d}A_2^*}{\mathrm{d}z} = 0 \tag{6.79}$$

而且此时功率增益正好和损耗平衡.

取(6.77)式两个方程的左边等于 0 就给出:

$$\begin{cases} -\dfrac{\alpha_1}{2}A_1 - \mathrm{i}\dfrac{g}{2}A_2^* = 0 \\[3mm] \mathrm{i}\dfrac{g}{2}A_1 - \dfrac{\alpha_2}{2}A_2^* = 0 \end{cases} \tag{6.80}$$

为了获得 A_1、A_2^* 非零的解,其系数行列式等于 0,可得到:

$$g^2 = \alpha_1 \alpha_2 \tag{6.81}$$

这就是参量振荡器的阈值条件.

如果,我们把 α_1 和 α_2 分别表示为 ω_1 和 ω_2 时的共振腔 Q 值,则有:

$$\alpha_{1,2} = \frac{\omega_{1,2} n_{1,2}}{Q_{1,2} C_0}$$

利用(6.78)式,则阈值条件可以表示为

$$\frac{\mathrm{d}(E_3)_t}{\varepsilon_0 \sqrt{\varepsilon_{r1}\varepsilon_{r2}}} = \frac{1}{\sqrt{Q_1 Q_2}} \tag{6.82}$$

式中 $(E_3)_t$ 表示泵浦功率为阈值时的电场振幅. 像 (6.38) 式那样把 $(E_3^2)_t$ 换算为相应的阈值功率有关系:

$$(E_3^2)_t = 2\left(\frac{P_\omega}{A}\right)_t \sqrt{\frac{\mu_0}{\varepsilon_0 n_3^2}}$$

此外,将 Q 值表示为共振腔参数有关的表示:

$$Q_l = \frac{\omega_l n_l \cdot l_R}{C_0(1-R_l)} \quad (l=1,2)$$

那么 (6.82) 式又可以表示为阈值功率密度:

$$\left(\frac{P_3}{A}\right)_t = \frac{1}{2}\left(\frac{\varepsilon_0}{\mu_0}\right)^{\frac{3}{2}} \cdot \frac{n_1 n_2 n_3 (1-R_1)(1-R_2)}{\omega_1 \omega_2 l_R d^2} \tag{6.83}$$

式中, l_R 为共振腔几何长度, R_1、R_2 分别为腔输出镜在对 ω_1 及 ω_2 的有效反射率. (所谓有效反射率是将晶体的损耗和衍射损耗部分也折合到腔镜输出损耗中去了, 这个反射率比镜子的反射率应小些.)

下面, 我们用一个数值例子来估计一下, 一般阈值功率要求的量级. 我们使用以下的数据:

$(1-R_1) = (1-R_2) = 2 \times 10^{-2}$ (即估计 ω_1 及 ω_2 的总损耗为 2%).

$(\lambda_0)_1 = (\lambda_0)_2 \cong l$, $l_R = 0.5$ m, $n_1 = n_2 = n_3 = 1.5$

$d_{31} = 5 \times 10^{-23}$ (对 LiNbO$_3$ 而言)

代入 (6.83) 式则得:

$$\left(\frac{P_3}{A}\right)_t \equiv 0.52 \ \text{W/cm}^2$$

这个例子说明, 要求的阈值功率密度并不很高, 不但脉冲激光器可以使泵浦参量振荡器振荡, 而且一般连续激光器的功率也完全足以使泵浦参量振荡器振荡.

(二) 参量振荡器的泵浦饱和

我们知道一般激光振荡器, 不论泵浦功率多高, 建立起稳定振荡之后, 增益总是被限制在阈值水平上, 参量振荡也有类似情况. 当泵浦波电场 E_3 达到阈值水平, 增益刚好等于损耗, 它就可以驱动振荡. 如果超过了阈值水平, 它可以维持振荡, 但它的增益并不能继续增长, 被限制在阈值时的增益水平上. 因为假如增益超过了损耗, 那么信号波和空闲波的能量将不断增加并积累以至达到无穷大, 这在物理上是不可能的, 这就说明不可能建立起稳态的振荡.

在阈值以下, 可以认为增益正比于 E_3, 但在阈值以上的话, 那么腔内的泵浦光场必定会在刚达到稳态振荡之前就达到饱和.增加的泵浦功率并不能再增加腔内 E_3 ,而是把这部分功率输送给信号波和空闲波了.超过阈值功率而多提供的那一部分光子流,每一个光子必将产生频率为 ω_1 和 ω_2 的光子各一个.因而可以输送给 ω_1 和 ω_2 的光子流密度是扣除阈值功率密度以后的多余部分,即为 $[P_3-(P_3)_t]/\omega_3$ 或写为 $\dfrac{(P_3)_t}{\omega_3}\left[\dfrac{P_3}{(P_3)_t}-1\right]$,因此 ω_1 及 ω_2 频率上输出的光子流密度应是

$$\frac{P_1}{\omega_1}=\frac{P_2}{\omega_2}\equiv\frac{(P_3)_t}{\omega_3}[P_3/(P_3)_t-1] \tag{6.84}$$

这就说明:要达到较高的效率,就要求泵浦功率高出阈值功率更多,即要求 $P_3/(P_3)_t\gg1$.图 6.20(a) 就表示了泵浦饱和现象,经过一段建立稳态振荡时间之后,腔内泵浦光强被限制在一固定水平上.图 6.20(b) 表示了信号波输出功率正好正比于泵浦功率超过阈值的那一部分.

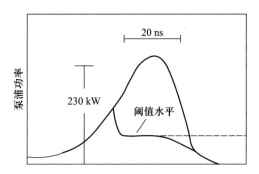

(a) 泵浦激光脉冲穿过振荡器的波形. 虚线是晶体被旋转
而振荡不出现时的波形, 粗线是产生振荡时的波形

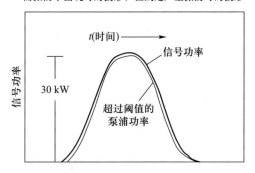

(b) 信号功率与阈值以上泵浦功率的波形, 两者波形是一致的

图 6.20 参量振荡的泵浦饱和现象与功率输出
(参阅参考文献[2])

*§6.12　参量振荡器的调谐方法

我们在§6.10中提到参量放大中给定了泵浦频率 ω_3,以及产生一对信号和空闲频率波 ω_1 及 ω_2,而且 $\omega_3 = \omega_1 + \omega_2$,那么相位匹配条件可以表示为

$$\omega_3 n_3 = \omega_1 n_1 + \omega_2 n_2 \tag{6.85}$$

在参量放大中我们输入一个放大的信号 ω_1,相应的空闲波的 $\omega_3 - \omega_1$,所以 ω_1 和 ω_2 相当于已经给定了.那么要满足相位匹配的话,泵浦光和光轴的夹角被唯一地确定在某一 θ 值上,略为偏离将引起失配,而使增益大幅度降低.

在参量振荡器中,具体的条件是略为不同的.泵浦光的频率当然是给定的,但是我们并没有专门输入一个"信号"波,在参量振荡器中的所谓"信号"波,是原来存在于晶体之中的"噪声"发展起来的("噪声"这个名称是无线电振荡器中借用的名称,实际上是指共振腔内,由于各种不可避免的自然原因,总是存在一些自发发射的微弱的光场存在).这种"噪声"有各种频率、各种传播方向,其中总可以找到一对频率是 $\omega_1 + \omega_2 = \omega_3$,而且恰恰满足相位匹配条件.这一对频率的"噪声",因为有足够的增益而发展成振荡,而其他"噪声",因为是在失配的条件下,得不到足够增益而仍然保持在极微弱的水平上.如果我们把晶体方位略为改变一下,这时泵浦光的传播方向和晶体光轴夹角 θ 也稍有改变.此时,原来正好满足相位匹配条件的一对"噪声"频率现在因失配而振荡熄灭,在新的角度下正好达到相位匹配的另外一对"噪声"取而代之,建立起振荡.这时参量振荡器将输出另一对频率的信号波和空闲波,这就是所谓角调谐的原理.

下面我们具体计算一下,角度改变量 $\Delta\theta$ 和输出信号频移量 $\Delta\omega$ 之间的关系.为简单起见,我们考虑固定的泵浦频率 ω_3 是 e 光,信号波(ω_1)和空闲波(ω_2)是 o 光.原先晶体光轴和共振腔轴线夹角(即泵浦光传播方向 $\theta = \theta_0$),则相位匹配条件为

$$\omega_3 n_3(\theta_0) = \omega_{10} n_{10} + \omega_{20} n_{20} \quad (\theta = \theta_0) \tag{6.86}$$

式中,ω_{10}、ω_{20} 表示 $\theta = \theta_0$ 时,正好相位匹配的一对"噪声"频率.n_{10}、n_{20} 为相应于 ω_{10}、ω_{20} 和 $\theta = \theta_0$ 时的折射率.当晶体取向从 θ_0 改变到 $\theta_0 + \Delta\theta_0$ 后,要发生下列变化:

$$\begin{cases} n_3(\theta_0) \to n_3(\theta_0) + \Delta n_3 \\ n_{10} \to n_{10} + \Delta n_1 \\ n_{20} \to n_{20} + \Delta n_2 \end{cases} \tag{6.87}$$

对能振荡的噪声频率也有改变：

$$\omega_{10} \rightarrow \omega_{10} + \Delta\omega_1$$

由于 $\omega_1 + \omega_2' = \omega_3 = $ 常量

$$\omega_{20} \rightarrow \omega_{20} + \Delta\omega_2 = \omega_{20} - \Delta\omega_1 \tag{6.88}$$

最后一式中有 $\Delta\omega_2 = -\Delta\omega_1$，是因为 $\omega_3 = \omega_1 + \omega_2$ 应维持不变. 这一套变化应刚好满足 $\theta_0 \rightarrow \theta_0 + \Delta\theta$ 变化后的相位匹配条件，所以有：

$$\omega_3(n_{30} + \Delta n_3) = (\omega_{10} + \Delta\omega_1)(n_{10} + \Delta n_1) + (\omega_{20} - \Delta\omega_2)(n_{20} + \Delta n_2) \tag{6.89}$$

略去其中两个极小项 $\Delta n_1 \Delta\omega_1$ 和 $\Delta n_2 \Delta\omega_2$，可以得出：

$$\Delta\omega_1 \bigg|_{\substack{\omega_1 = \omega_{10} \\ \omega_2 = \omega_{20}}} = \frac{\omega_3 \Delta n_3 - \omega_{10} \Delta n_1 - \omega_{20} \Delta n_2}{n_{10} - n_{20}} \tag{6.90}$$

按照我们的假定，泵浦光是 e 光，$n_3(\theta)$ 是角度的函数，应有：

$$\Delta n_3 = \frac{\partial n_3}{\partial \theta} \bigg|_{\theta_0} \Delta\theta \tag{6.91}$$

而信号波和空闲波是 o 光，与角度无关，但由于频率变了，折射率应有色散引起的变化，所以有：

$$\Delta n_1 = \frac{\partial n_1}{\partial \omega_1} \bigg|_{\omega_{10}} \Delta\omega_1$$

$$\Delta n_2 = \frac{\partial n_2}{\partial \omega_2} \bigg|_{\omega_{20}} \Delta\omega_2 \tag{6.92}$$

(6.91)式、(6.92)式代入(6.90)式得：

$$\frac{\partial \omega_1}{\partial \theta} = \frac{\omega_3 \dfrac{\partial n_3(\theta)}{\partial \theta}}{(n_{10} - n_{20}) + \left[\omega_{10}\left(\dfrac{\partial n_1}{\partial \omega_1}\right) - \omega_{20}\left(\dfrac{\partial n_2}{\partial \omega_2}\right) \right]} \tag{6.93}$$

$n_3(\theta)$ 的关系即为(6.46)式，利用该式求出：

$$\frac{\partial n_3(\theta)}{\partial \theta} = -\frac{(n_3)^3}{2} \sin(2\theta) \left[\left(\frac{1}{n_e^{\omega_3}}\right)^2 - \left(\frac{1}{n_o^{\omega_3}}\right)^2 \right] \tag{6.94}$$

(6.94)式代入(6.93)式，最后获得角度改变量和频移量的改变比率为

$$\frac{\partial \omega_1}{\partial \theta} = \frac{-\dfrac{1}{2}\omega_3 n_{30}^3 \left[\left(\dfrac{1}{n_e^{\omega_3}}\right)^2 - \left(\dfrac{1}{n_o^{\omega_3}}\right)^2 \right] \sin(2\theta)}{(n_{10} - n_{20}) + \left[\omega_{10}\left(\dfrac{\partial n_1}{\partial \omega_1}\right) - \omega_{20}\left(\dfrac{\partial n_2}{\partial \omega_2}\right) \right]} \tag{6.95}$$

图 6.21 表示 ADP($NH_4H_2PO_4$)晶体的信号频率与 θ 之间关系的实验曲线,以及按(6.95)式根据 ADP 有关色散数据画的二次近似的理论曲线.角度改变 8°左右,信号频率的频移从 4500Å 到 10000Å 以上,覆盖了很大一个波段.

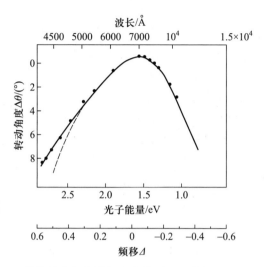

图 6.21 ADP 晶体转角与信号频率的关系,$\Delta\theta$ 是相对于 $\omega_1 = \omega_3/2$ 时匹配角的变化,频移 $\Delta = \left(\omega_1 - \dfrac{\omega_3}{2}\right) \bigg/ \dfrac{\omega_3}{2}$. [Phys.Rev.Lett.,1967(18):905.]

此外,利用折射率随温度的改变也可以得到相位匹配条件变化而引起的信号的频移,这种方法称为温度调谐.这时,(6.90)式同样适用,Δn_1、Δn_2、Δn_3 改变原因主要是折射率随温度的改变,故有:

$$\begin{cases} \Delta n_1 = \dfrac{\partial n_o^{\omega_1}}{\partial T}\Delta T \\[2mm] \Delta n_2 = \dfrac{\partial n_o^{\omega_2}}{\partial T}\Delta T \\[2mm] \Delta n_3 = \left[\dfrac{\partial n_e^{\omega_3}(\theta)}{\partial n_o^{\omega_3}}\left(\dfrac{\partial n_o^{\omega_3}}{\partial T}\right) + \dfrac{\partial n_e^{\omega_3}(\theta)}{\partial n_e^{\omega_3}}\left(\dfrac{\partial n_e^{\omega_3}}{\partial T}\right)\right]\Delta T \end{cases} \qquad (6.96)$$

代入(6.90)式即可得到温度改变 ΔT 和频移 Δ 之间的关系,如图 6.22 所示.为使用 $LiNbO_3$ 为参量振荡器中非线性晶体,保持 $\theta_m = 90°$ 时用温度调谐的实验曲线,图中看出温度 $\Delta T \sim 8℃$ 调谐范围可从 0.96 μm 变化到 1.16 μm 左右(泵浦 $\lambda_p = 0.53$ μm).由于温度的敏感性,在参量振荡器中晶体温度稳定度要求是非常高的,一般应在 ±0.05 ℃以内.

利用 YAG 激光器作为泵浦光源,如果配合换用不同的介质镜,可使 YAG

激光器工作在两个不同的波长上,并且再配合倍频,这样就有 8 个波长不同的泵浦频率.如果用 LiNbO₃ 为参量振荡器的非线性晶体,调谐范围几乎覆盖了从可见到中红外的整个波段(从 0.5 μm 到 4 μm).如果仅需要红外区波段,则直接利用 YAG 激光器常用的 1.06 μm 波长的泵浦光,用 LiNbO₃ 为角调谐晶体,可以使波段覆盖区从 1.5 μm 到 4 μm,这样大覆盖波段内,用不着改换腔镜了.目前在可见光范围内,用参量振荡器作为可调激光源比起染料可调激光器来说还存在结构复杂、价格昂贵的问题,但红外波段的可调光源已经可以和其他可调激光光源相媲美了.

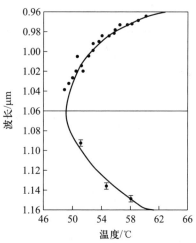

图 6.22 LiNbO₃晶体温度与信号频率及空闲频率之间关系
[Phys.Rev.Lett.,1965(14):973.]

*§6.13 参量频率上转换

参量频率上转换,是利用参量混频作用,使一个频率很低的信号波(ω_1)和一个强的激光(ω_2)产生和频 $\omega_3 = \omega_1 + \omega_2$,输出一频率较高的光信号,比方说可以把一个低频信号转变为可见光信号.

用光子相互作用的观点看,就是信号(ω_1)光子和泵浦激光的光子(ω_2)同时产生一频率为 ω_3 的光子,由能量守恒可得:

$$\omega_3 = \omega_1 + \omega_2 \tag{6.97}$$

由动量守恒可得:

$$k_3 = k_1 + k_2 \tag{6.98}$$

这一条件,就是相位匹配条件,这和参量放大中完全一样,这过程类似于参量放大的逆过程.从光子转换的观点来看,要产生一个 ω_3 的光子,必须要有一个信号(ω_1)光子参与,因此输出的 ω_3 光子流密度绝对不会超过输入的信号光子流密度,是没有任何放大作用的.频率上转换所以具有实用上的意义是在于目前高效率的低噪声的光探测器都在可见光波段,譬如人眼,或者光电倍增管,5 000 Å 的绿光探测灵敏度只要求每秒 10 个光子,但对 1.06 μm 波长的光可能要求每秒 108 个光子.因此,只要有可能把红外线转变为可见光,即使转换效率很低,由于可以用高灵敏度的可见光探测器,还是划算的.其次,大部分红外探测器都要在 4.2 K ~ 77 K 之间工作,而可见光探测器工作在室温(300 K),这是非常有利的条件.因此,频率上转换主要兴趣将用在红外外差式探测器中,和无线电外差接收机类似,信号首先要和本机振荡频率进行混频变成中频信号.红外外差接收是红外信号,和另一可见光激光源,也要通过晶体混频,把信号转到可见光频.图 6.23 是表示频率上转换装置的示意图.

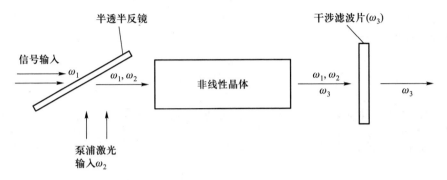

图 6.23 频率上转换装置示意图(信号 ω_1、强激光 ω_2 在晶体中结合产生和频 $\omega_3 = \omega_1 + \omega_2$)

现在我们再从(6.63)式出发来分析,现在泵浦波是 ω_2,我们同样忽略光的振幅衰减,视为常量 $E_2(0)$,并假定没有损耗($\alpha = 0$),那么 ω_1、ω_2 的耦合方程为

$$\frac{\mathrm{d}A_1}{\mathrm{d}z} = -\mathrm{i}\,\frac{g}{2}A_3, \qquad \frac{\mathrm{d}A_3}{\mathrm{d}z} = -\mathrm{i}\,\frac{g}{2}A_1 \qquad (6.99)$$

因为没有损耗,振幅应是实数,故有 $A_2(0) = A_2^*(0)$,式中 g 定义为

$$g = \sqrt{\frac{\omega_1 \omega_3}{n_1 n_3}\left(\frac{\mu_0}{\varepsilon_0}\right)}\, dE_2 \qquad (6.100)$$

这里 E_2 是泵浦激光的电场振幅.令输入表面处($z = 0$)ω_1 及 ω_3 振幅为 $A_1(0)$ 和 $A_3(0)$,则(6.99)式的通解为

$$A_1(z) = A_1(0)\cos\left(\frac{g}{2}z\right) - \mathrm{i}A_3(0)\sin\left(\frac{g}{2}z\right)$$

$$A_3(z) = A_3(0)\cos\left(\frac{g}{2}z\right) - \mathrm{i}A_1(0)\sin\left(\frac{g}{2}z\right) \qquad (6.101)$$

在只有单一信号频率(ω_1)下,在 $z = 0$ 处,ω_3 波振幅 $A_3(0)$ 应当等于零.所以(6.101)式可改为

$$|A_1(z)|^2 = |A_1(0)|^2 \cos^2\left(\frac{g}{2}z\right)$$

$$|A_3(z)|^2 = |A_1(0)|^2 \sin^2\left(\frac{g}{2}z\right) \qquad (6.102)$$

那就应有 $|A_1(z)|^2 + |A_3(z)|^2 = |A_1(0)|^2$.

从上面结果可以看到在 z 处的输出波强度 $|A_3(z)|^2$ 不可能大于输入信号

$|A_1(0)|^2$，这是我们一开始就提到的结果.(6.102)式转换为以功率表示则有：

$$\begin{cases} P_1(z) = P_1(0)\cos^2\left(\dfrac{g}{2}z\right) \\ P_3(z) = \dfrac{\omega_3}{\omega_1}P_1(0)\sin^2\left(\dfrac{g}{2}z\right) \end{cases} \tag{6.103}$$

晶体长度为 l，那么其转换效率是：

$$\frac{P_3(l)}{P_1(0)} = \frac{\omega_3}{\omega_1}\sin^2\left(\frac{g}{2}l\right) \tag{6.104}$$

(6.104)式表示转换效率有一个极大值，是两种光频之比 $\dfrac{\omega_3}{\omega_1}$.大部分情形，转换效率是非常之低的，所以用 $\sin x \approx x$，就可得出：

$$\frac{P_3(l)}{P_1(\theta)} \approx \frac{\omega_3}{\omega_1}\left(\frac{g^2 l^2}{4}\right)$$

用(6.100)式、(6.102)式又可重写如下：

$$\frac{P_3(l)}{P_1(0)} \approx \frac{\omega_3^2 l^2 d^2}{2n_1 n_2 n_3}\left(\frac{\mu_0}{\varepsilon_0}\right)^{\frac{3}{2}}\left(\frac{P_2}{A}\right) \tag{6.105}$$

这里 A 是交互作用区域的横截面积.(可参阅参考文献[2].)

§6.14 非线性光学材料的性能要求

对于非线性光学材料(例如倍频或参量振荡等)综合起来有如下一些要求：
(1) 有较大的非线性光学系数 d_{ijk}；
(2) 有高的透明度和宽的透明波段；
(3) 能实现相位匹配，即要求有较大的双折射和合适的折射率的色散关系；
(4) 有良好的抗激光损伤性能；
(5) 好的光学均匀性以及化学稳定性.

目前人工培养的非线性光学晶体不少，但是各方面性能都满足使用要求而又易于生长大块晶体的却不多.在可见到远红外有 KDP 类(包括 KD*P，ADP，AD*P，CD*A 等)以及 LiIO$_3$ 一类水溶液生长的晶体.此外有 LiNbO$_3$ 类(包括 LiNbO$_3$、Ba$_2$NaNb$_5$O$_{15}$等)用直拉法生长的晶体，红外区有淡红银矿(Ag$_3$AsS$_3$)、碲(Te)和硒(Se)等晶体.

以上几项性能要求，除对 d_{ijk} 和相位匹配要求之外，都是光学晶体的共同要求,下面将分别加以讨论.

(一)非线性系数 d_{ijk} 的要求

常用的非线性晶体的 d_{ijk} 数值列于表 6.5 中,但是 d_{ijk} 的测量由于实验条件的不易控制,各人的数据差异很大.由于绝对值的测定更困难,一般都以 KDP 的 d_{36} 为标准,以相对值 $\dfrac{d_{ijk}}{(d_{36})_{KDP}}$ 表示.由表 6.5 中可以看出铌酸盐和碘酸盐类比 KDP 类有较大的系数.但是,必须指出的是因为在(6.39)式中倍频输出强度正比于因子 $\dfrac{d^2}{n^3}$,因此各种材料非线性效应的实际效果对比应取品质因子 $M\left(M=\dfrac{d^2}{n^3}\right)$ 更为合理.

表 6.5   主要非线性晶体的 d_{ijk} 数值

名称	化学式	对称类型	d 绝对值(MKS 制) $/(10^{-12}\,\text{m/V})$	d 相对值(KDP) $d_{ijk}=d_{ijk}/d_{36}$
KDP	KH_2PO_4	$\bar{4}2m$	$d_{36}=0.63$	1
ADP	$KH_4H_2PO_4$	$\bar{4}2m$	$d_{36}=0.76$	1.21
铌酸锂	$LiNbO_3$	$3m$	$d_{15}=-6.3\,(d_{31})$	10
			$d_{22}=+3.6$	5.0
			$d_{33}=-47$	75
铌酸钡钠 (BNN)	$Ba_2NaNO_5O_{15}$	$mm2$	$d_{31}=-20$	31
			$d_{32}=-20$	31
			$d_{33}=-26$	42
淡红银矿 (人工合成)	Ag_3AsS_3	$3m$	$d_{15}=-20$	20.0
			$d_{22}=13.4$	21.3
α-碘酸	HIO_3	222	$d_{14}=6.6$	10.5
碘酸锂	$LiIO_3$	6	$d_{31}=6.6$	11.9
			$d_{33}=-7.8$	12.4
硒	Se	32	$d_{11}=150$	24.0
	Te	32	$d_{11}=920\,(4\,300)$	1 460
硫化汞	HgS	32	$d_{11}=57$	90

1. 本表取自 Laser Handbook vol 1, p939(North-Holland publishing Comp., Amosterdam).

2. 本表所列绝对值系 MKS 制,但是本书其他部分定义的 d 为:$P=dE^2$,而表中定义为 $P=c_0dE^2$,故书中公式中 d 的数值比表中小 c_0 倍,即(表中数值)$/(10)/4\pi c_0^2$(式中 c_0 为光速),单位是 J/V^3.

表 6.5 中 d 值为 cgsu 制时,$d(\text{cgsu}) = \dfrac{4\pi}{3 \times 10^4} d(\text{MKS})$.

(二)光学透明波段

图 6.24 中近似地表示了常用晶体的透明区,高频端与低频端极限大致表示在透射率每厘米 10% 左右.一般说来,高端吸收限是由于电子的紫外吸收带(紫外反常色散区),低频端由于光频支声子的吸收带(红外反常色散区).不过由于晶体非线性效应引起的双光子吸收可能使高端极限下移,这样透明区更窄一些.KDP、ADP、α-HIO$_3$ 等用重氢代 H 后,声子谱向紫外推移,其透明区低端极限可延展到 0.3 μm 左右.由图中可大致看到,大多数晶体只能工作在可见光近红外区域,只有 ADP 伸展到紫外区域,所以连续进行二次倍频 YAG 激光器,第二次倍频已达到 0.266 μm 的紫外线,通常要使用 ADP 晶体.Ag$_3$AsS$_3$、Se、Te 以及 α-HgS 适用于红外区工作.

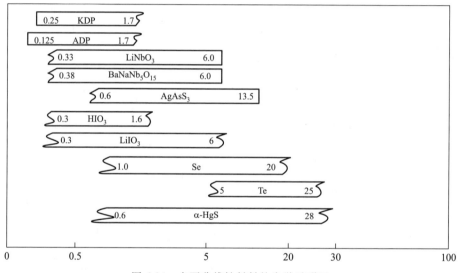

图 6.24 主要非线性材料的光学透明区

透明度对于转换率会产生的严重的影响,图 6.24 中以 10% 标出极限.事实上,对于可见光到近红外区的晶体通常要求指数吸收常量 $\alpha(e^{-\alpha l})$ 低于 10^{-3}.这对于多数高光学质量的氧化物晶体是可以达到的($\alpha = 10^{-5} \sim 10^{-3}$).对于红外区的半导体化合物晶体来说大致可达 $10^{-2} \sim 2$ 范围.晶体的透明度还可能与晶体中生长缺陷与杂质等有关.

(三)相位匹配与双折射要求

一个非线性晶体能否实用,不但 d_{ijk} 大,更为重要的是能否实现相位匹配,更为理想的是能实现 90° 相位匹配.为了确定能否相位匹配,以及相位匹配角多大,

必须知道折射率和双折射率.各种常用材料的折射率(n_o 及 n_e)适用的色散经验公式可写为

$$n^2 = A + \frac{B_1}{\lambda^2 + B_2} \frac{C_1}{C_2 - \lambda^2} \qquad (6.106)$$

式中,λ 为真空中波长(单位用 μm),各种常量 A_1、B_1、B_2、C_1、C_2 列于表 6.6 中.利用此式计算的匹配角精度可达 5% 左右.不过 LiNbO$_3$ 晶体表现出折射率公式中常量和温度有强烈的关系,表中也已证明.

对于非线性晶体来说能否实现相位匹配至为重要.这已在 §6.5 中指出,关键在于晶体双折射是否足够大.有人调查了 600 多种天然的和人工培养的单轴晶体,其中能实现相位匹配的只有 5% 多一点,非线性系数大于 KDP 的还不到此中的一半,能够人工培养成大块优质晶体的更是寥寥无几.

即使是能够实现相位匹配的晶体,也会由于双折射的不均匀性质干扰,主要在直拉法生长的晶体中较为严重.此外使用过程中的热致双折射也是会使相位匹配受到干扰的原因.这对于折射率随温度不敏感的 LiIO$_3$ 来说问题不大,故 LiIO$_3$ 适合于作为高功率连续激光器的内腔倍频晶体,但对 LiNbO$_3$ 等热敏感的晶体,这个问题就比较严重.

表 6.6　色散经验公式中各常量表

材料	光线	A	B_1	B_2	C_1	C_2
KDP	o	2.259276	0.01008966	0.012942625	13.00522+	400
	e	2.132668	0.008637494	0.012281043	3.227992+	400
ADP	o	2.302842	0.01112565	0.013253659	15.102464+	400
	e	2.163510	0.00961676	0.012989120	5.919896+	400
LiNbO$_3$	o	4.9130	0.1173+ 1.65×10^{-8} T^2	0.212+ 2.7×10^{-8} T^2	0.0278++	—
	e	4.5576+ 2.605×10^{-7} T^2	0.0970+ 2.70×10^{-8} T^2	0.201+ 5.4×10^{-8} T^2	0.0244++	—
Ba$_2$NaNb$_5$O$_{15}$	x	4.6008	0.1154	0.03323	—	—
	y	4.9495	0.1570	0.04189	—	—
	z	4.9495	0.1568	0.04331	1733	1000

续表

材料	光线	A	B_1	B_2	C_1	C_2
Ag_3AsS_3	o	9.220	0.4454	0.1264	600	1000
	e	7.007	0.3230	0.1192	—	—
HIO_3	x	3.239	0.5353	0.017226	—	—
	y	3.664	0.6721	0.04234	—	—
	z	3.719	0.1123	0.05132	—	—
$LiNbO_3$	o	3.407	0.5059	0.3049	—	—
	e	2.923	0.3428	0.020	—	—
Te	o	22.800	18.850	3.231	—	—
	e	38.709	28.319	1.047	—	—
HgS	o	7.8113	0.3944	0.1772	604.5	682.5
	e	9.3139	0.5870	0.166	642.6	640.8

（四）抗激光损伤性能

这是激光晶体材料在高功率激光下使用的共同问题.损伤有两大类型,一种是不可恢复的体内损伤和表面损伤,另一类是由激光作用而使晶体折射率出现不均匀的变化,即所谓折射率损伤问题,这个问题是 $LiNbO_3$ 使用中的一个很大问题.这一类损伤在高于一定温度退火后可以恢复.关于损伤问题我们将在第七章 §7.11 中具体讨论.

某些 d 值高的晶体,如 $LiNbO_3$,它们在高功率下使用往往由于上述损伤,致使实际转换效率反而很低,甚至不能使用.譬如 $BaNaNb_5O_{15}$(BNN)和 $LiNbO_3$ 仅能工作在连续激光及连续调 Q 激光的倍频中.即使这种瞬时功率很低的激光倍频中,最大的倍频转换效率也只有百分之十几.而 CD^*A,KD^*P 的 d 值很低,转换效率因子(正比于 d^2)是 BNN 约 1/2 000,但因不易产生损伤,故在高瞬时功率激光倍频中(如脉冲调 Q 或脉冲调 Q 锁模激光器)实际最大转换效率可高达 70%.表 6.7 中列出了几种非线性晶体的性能比较.此外,各种不同瞬时功率相应的激光器,其适用的倍频晶体列于表 6.8 中以供参考.

（五）晶体均匀性和化学的稳定性

KDP 等水溶生长的晶体,一般易于生长大块均匀光学质量晶体,而 $LiNbO_3$、$BaNaNb_5O_{15}$ 等直拉法生长的晶体难免存在光学上的不均匀(包括由于溶质偏聚造成的双折射不均匀,以及残余热应力或者有些晶体在冷却过程中相变过程造成的残余应力),这种不均匀性将严重干扰相位匹配,这种不均匀性可以用特外

曼-格林干涉仪等光学干涉的办法和偏光干涉方法进行检测(在第七章§7.12
中介绍),也可以如§6.7中指出的测量温度或角度扫描倍频输出曲线的半宽
度,以有效长度来表示.

水溶液生长的晶体易于潮解,以及某些半导体化合物的非线性晶体在激光
作用下的表面不稳定性也是使用中存在的问题.

现在的近红外和可见光波段常用几种非线性晶体的综合性能及其特点列于
表6.7及表6.8中.

表 6.7　几种非线性晶体性能比较

晶体	透明波段 /μm	生长方法	主要优缺点
KDP	0.25—1.7	水溶液	易得大块优质晶体,紫外区透明,d 不够高,基本上无折射率损伤,抗激光损伤阈值高,易潮解
KD*P	0.25—3		
ADP	0.15—1.7		
CD*A			
α-LiIO₃	0.33—6	水溶液	能得到大块晶体,d 比 KDP 高 11 倍,但不能 90°相位匹配,折射率随温度变化小,抗激光损伤性能好,也易潮解
LiNbO₃	0.4—5	提拉法 熔点 1 253 ℃	能得到大块晶体,便于实现 90°相位匹配,d 与 LiIO₃相仿,不潮解但易出现折射率损伤,光学均匀性较水溶液生长的差
BaNaNb₃O₁₅ (BNN)	0.4—6	提拉法 熔点 1 050 ℃	生长较 LiNbO₃困难,也便于 90°相位匹配,但不出现折射率损伤,(室温)可能出现双光子吸收

表 6.8　各不同类型激光倍所适用的晶体

激光类型	连续	连续调 Q	连续调 Q 锁模
适用晶体	BNN	LiNbO₃	LiIO₃
激光类型	脉冲	脉冲调 Q	脉冲调 Q 锁模
适用晶体	LiIO₃	CD*A,KD*P	CD*A,KD*P

第六章习题

6.1 试求石英(32 点群)的有效倍频系数.

6.2 对 $LiNbO_3$(3m 点群)晶体,如基波入射方向为 y 轴,偏振方向为 z 轴,试求倍频光的偏振方向及有效倍频系数,在这种情况下,能否实现相位匹配?

6.3 立方晶系中,没有对称中心的 $\overline{4}3m$ 点群晶体能否实现相位匹配?

6.4 $LiIO_3$ 晶体(点群 6,负单轴晶)折射率数据为

$\lambda = 1.06\ \mu m$ $\lambda = 0.53\ \mu m$

$n_o = 1.860$ $n_o = 1.901$

$n_e = 1.719$ $n_e = 1.750$

(1) 该晶体可以实现何种相位匹配?能否实现 90° 相位匹配?

(2) 相位匹配角为多少?

(3) 在角度匹配下,离散相干长度为多少?(光束直径为 1 mm.)

第七章　晶体的电光效应及其应用

介质的折射率因外加电场而发生变化的现象,称为电光效应(electro-optic effect),这在 20 世纪就已经被发现了.折射率与外场成线性地改变称为泡克耳斯效应(Pockels effect),又称线性电光效应.与外场的平方成正比的变化称为克尔效应(Kerr effect),又称二次电光效应.外加电场可以是静电场,也可以是交变电场,其中电场的变化频率可以高达微波甚至是更高的光频范围.电光效应在气体、液体和固体中都存在.不过,泡克耳斯效应在各向同性的介质中是不存在的.由于晶体对称性的限制,泡克耳斯系数是三阶张量,所以只在 20 种不具有中心对称的压电类晶体中存在.由于同一种介质中,泡克耳斯效应要比克尔效应显著得多,所以电光晶体器件大都基于泡克耳斯效应.因此,这里我们将主要介绍关于晶体的线性电光效应.

晶体的电光效应,可以使晶体双折射性能发生变化,通过偏光干涉有可能实现光强的控制.自激光问世以来,电光效应更是在包括信号调制、电光调 Q、锁模以及光偏转等光学技术上获得广泛的应用.本章中,我们在阐述电光效应的基础上,对这些应用也进行简要地介绍,并且对电光材料的一般要求以及存在问题也将作简单讨论.

§7.1　线性电光效应

从第五章我们已知道,在晶体中给定一个方向上传播的光都有不同线偏振方向、相应的折射率也不同的两个光波.要描述这两个互相垂直的偏振方向及其折射率大小,可以利用下列折射率椭球方程:

$$\frac{x^2}{n_1^2} + \frac{y^2}{n_2^2} + \frac{z^2}{n_3^2} = 1 \qquad (7.1)$$

其中,x、y、z 为晶体介电主轴(即晶体二阶张量主轴,参阅第一章内容),晶体的双折射性质完全由这个椭球形状所决定.

线性电光效应的作用就是加外电场让(7.1)式代表的椭球发生变形,这种变化正比于外电场大小.前文已指出这种效应仅仅在没有对称中心的晶体中存在,这个事实可以简单地来理解:譬如电场加在某一方向上,造成主折射率的变化 $\Delta n_i = SE_i$,S 表示一个线性电光效应的特征常量,如果电场的方向旋转 $180°$,即电场方向发生翻转,则折射率变化可写为 $\Delta n_i = S(-E_i)$.而对具有中心对称的晶体,应该具有这样的特点即:任何一个方向的物理性能在晶体沿原方向颠倒过来时应该和原来是一样的,也就是说 $SE_i = S(-E_i)$,这个方程要求 $S = -S$.唯一能满足这个条件只能是 $S = 0$.关于晶体对称性对物理常量(具有张量性质的)的影响,我们在第一章中作了较为系统的介绍.

由于电场对晶体中光的传播特性的影响反映在(7.1)式的椭球形状上,所以我们把电场对主折射率 n_1、n_2、n_3 的影响表示为对 $\dfrac{1}{n_1^2}$、$\dfrac{1}{n_2^2}$、$\dfrac{1}{n_3^2}$ 的影响,这在数学上更为方便.

加上电场后折射率椭球就要变形,(7.1)式中不但三个平方项系数值要变化,还可能要出现交叉项.(椭球三主轴与坐标轴不重合时会出现交叉项.)加电场后椭球方程变为

$$\left(\frac{1}{n^2}\right)_1 x^2 + \left(\frac{1}{n^2}\right)_2 y^2 + \left(\frac{1}{n^2}\right)_3 z^2 + 2\left(\frac{1}{n^2}\right)_4 yz + 2\left(\frac{1}{n^2}\right)_5 xz + 2\left(\frac{1}{n^2}\right)_6 xy = 1 \qquad (7.2)$$

假设坐标轴 x、y、z 为晶体介电主轴(即晶体二阶张量主轴,参阅第一章内容),在没有电场时,即在 $E = 0$ 时,(7.2)式应化为(7.1)式,所以应有

$$\left(\frac{1}{n^2}\right)_1 = \frac{1}{n_1^2}, \quad \left(\frac{1}{n^2}\right)_2 = \frac{1}{n_2^2}, \quad \left(\frac{1}{n^2}\right)_3 = \frac{1}{n_3^2}, \quad \left(\frac{1}{n^2}\right)_4 = \left(\frac{1}{n^2}\right)_5 = \left(\frac{1}{n^2}\right)_6 = 0$$

由于电场的作用,(7.2)式中各系数随电场发生线性变化,其变化可定义为

$$\Delta\left(\frac{1}{n^2}\right)_i = \sum_{j=1}^{3} \gamma_{ij} E_j \quad (i = 1 \sim 6, \, j = 1 \sim 3) \qquad (7.3)$$

此式也可写成矩阵形式:

$$\begin{bmatrix} \Delta\left(\dfrac{1}{n^2}\right)_1 \\[2ex] \Delta\left(\dfrac{1}{n^2}\right)_2 \\[2ex] \Delta\left(\dfrac{1}{n^2}\right)_3 \\[2ex] \Delta\left(\dfrac{1}{n^2}\right)_4 \\[2ex] \Delta\left(\dfrac{1}{n^2}\right)_5 \\[2ex] \Delta\left(\dfrac{1}{n^2}\right)_6 \end{bmatrix} = \begin{bmatrix} \gamma_{11} & \gamma_{12} & \gamma_{13} \\ \gamma_{21} & \gamma_{22} & \gamma_{23} \\ \gamma_{31} & \gamma_{32} & \gamma_{33} \\ \gamma_{41} & \gamma_{42} & \gamma_{43} \\ \gamma_{51} & \gamma_{52} & \gamma_{53} \\ \gamma_{61} & \gamma_{62} & \gamma_{63} \end{bmatrix} \begin{bmatrix} E_1 \\ E_2 \\ E_3 \end{bmatrix} \qquad (7.4)$$

系数 γ_{ij} 共有 18 个元素,称为电光张量.它是三阶张量,这里 $i=1\sim6, j=1\sim3$.

从二阶张量的性质可知,像(7.2)式那样的二次曲面方程的 6 个系数,必具有二阶对称张量的性质,所以每个系数和下列二阶张量符号对应:

$$\begin{cases} \left(\dfrac{1}{n^2}\right)_1 \Rightarrow B_{11}, \quad \left(\dfrac{1}{n^2}\right)_2 \Rightarrow B_{22}, \quad \left(\dfrac{1}{n^2}\right)_3 \Rightarrow B_{33} \\[2mm] \left(\dfrac{1}{n^2}\right)_4 \Rightarrow B_{23}\text{和}B_{32}, \quad \left(\dfrac{1}{n^2}\right)_5 \Rightarrow B_{13}\text{和}B_{31}, \quad \left(\dfrac{1}{n^2}\right)_6 \Rightarrow B_{12}\text{和}B_{21} \end{cases} \tag{7.5}$$

总之, $\left(\dfrac{1}{n^2}\right)_i (i=1\sim6)$ 具有二阶张量的性质,为了书写方便才将双足符的 B_{ij} 改写为单足符 $\left(\dfrac{1}{n^2}\right)_i$ 的形式的.所以考虑(7.5)式的对应关系,(7.3)式用双足符表示时是

$$\Delta B_{ij} = \sum_{k=1}^{3} \gamma_{ijk} E_k \quad (i, j, k \text{ 均为 } 1\sim3) \tag{7.6}$$

这里三阶张量 γ_{ijk} 如果使用的是双足符 γ_{ij} 表示,则 $i=1\sim6, j=1\sim3$.所以说用简化足符时的电光张量 γ_{ij} 有 18 个元素,实际上它是三阶张量 $\gamma_{ijk}(i、j、k$ 均为 $1\sim3)$,共有 27 个元素.根据第一章的讨论,晶体对称性将对一个三阶张量的元素(分量)有限制.譬如,有对称中心的晶体,所有 γ_{ijk} 的 27 个元素全部为零.其他对称类型晶体,可以是某几个元素为零,而且某些元素之间存在一定关系.全部对称类型的晶体的电光张量的矩阵形式列于附录 B 的表中,至于各张量元素的大小,是不能从对称性中得到的,由每种晶体内部原子、离子以及它们具体结构所决定.

§7.2 两种典型材料的电光效应

在这一节中我们将以 KDP(KH_2PO_4)和 ABO_3($LiNbO_3$)两类晶体为例,具体分析一下电场对晶体的折射率椭球的影响.

(一) KDP 类晶体

KDP 晶体属 $\overline{4}2m$ 点群,查表可得到其电光张量形式如下:

$$\gamma_{ij} = \begin{bmatrix} 0 & 0 & 0 \\ 0 & 0 & 0 \\ 0 & 0 & 0 \\ \gamma_{41} & 0 & 0 \\ 0 & \gamma_{41} & 0 \\ 0 & 0 & \gamma_{63} \end{bmatrix} \tag{7.7}$$

其非零的元素只有三个，$\gamma_{41} = \gamma_{52}$ 及 γ_{63}. 考虑到(7.2)式、(7.3)式及(7.7)式可得到加电场 $E_i(E_1, E_2, E_3)$ 后，椭球方程应为

$$\frac{x^2}{n_o^2} + \frac{y^2}{n_o^2} + \frac{z^2}{n_e^2} + 2\gamma_{41}E_1 yz + 2\gamma_{41}E_2 xz + 2\gamma_{63}E_3 xy = 1 \qquad (7.8)$$

其中已经考虑到 KDP 是单轴晶体，折射率主值分别有 $n_1 = n_2 = n_o$，$n_3 = n_e$. 从 (7.8)式中出现交叉项可看出被电场感应后椭球发生了变形，现在椭球的主轴不再和坐标轴重合. 因为 KDP 中 $\gamma_{63} \cong 1.06 \times 10^{-11}$ m/V 而 $\gamma_{41} \cong 8.6 \times 10^{-12}$ m/V，所以使用中主要设法利用和 γ_{63} 有关的项. 这里讨论一个简化的情况，即只沿 z 方向加电场 E_3，令 x、y 方向电场 $E_1 = E_2 = 0$，则(7.8)式可简化为

$$\frac{x^2 + y^2}{n_o^2} + \frac{z^2}{n_e^2} + 2\gamma_{63}E_3 xy = 1 \qquad (7.9)$$

在第一章中，我们介绍了寻找张量主轴的普遍方法. 为了使电场感应后新椭球的主轴坐标系中交叉项消失，这样使用更为方便. 这里只有一个交叉项，较为简单，我们进行了如下坐标变换，使 x 轴、y 轴绕 z 轴转 $45°$，则有：

$$x = x'\cos 45° - y'\sin 45°, \quad y = x'\sin 45° + y'\cos 45° \qquad (7.10)$$

这样即可达到将交叉项 xy 消去的目的. 将(7.10)式代入(7.9)式得到：

$$\left(\frac{1}{n_o^2} + \gamma_{63}E_3\right)x'^2 + \left(\frac{1}{n_o^2} - \gamma_{63}E_3\right)y'^2 + \frac{z'^2}{n_e^2} = 1 \qquad (7.11)$$

(7.11)式就是新椭球的主轴坐标系了，现在新的折射率椭球的主值分别为

$$\frac{1}{(n_1')^2} = \frac{1}{n_o^2} + \gamma_{63}E_3$$

$$\frac{1}{(n_2')^2} = \frac{1}{n_o^2} - \gamma_{63}E_3$$

$$\frac{1}{(n_3')^2} = \frac{1}{n_e^2}$$

考虑到 $\gamma_{63}E_3 \ll n_o^{-2}$，使用 $\mathrm{d}n = -\frac{n^3}{2}\mathrm{d}\left(\frac{1}{n^2}\right)$ 的关系，可以得到：

$$n_1' = n_o - \frac{n_o^3}{2}\gamma_{63}E_3 \qquad (7.12a)$$

$$n_2' = n_o + \frac{n_o^3}{2}\gamma_{63}E_3 \qquad (7.12b)$$

$$n_3' = n_e \qquad (7.12c)$$

可见，原来属于单轴晶体的 KDP，在电场 E_3 的作用下变成为双轴晶体 [见图 7.1(a)]. 沿原来光轴传播的特性会发生最显著的影响. KDP 椭球和 LiNbO$_3$ 椭球在 $E_3 \neq 0$ 时的变形情况一起显示在图 7.1 中.

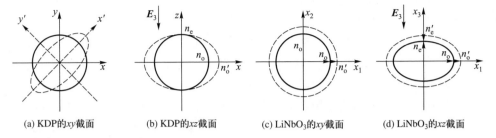

(a) KDP的xy截面　　(b) KDP的xz截面　　(c) LiNbO₃的xy截面　　(d) LiNbO₃的xz截面

图 7.1　折射率椭球变形情况示意图(两个主截面剖面),实线为 $E_3 = 0$,虚线为 $E_3 \neq 0$

(二) LiNbO₃ 类晶体

LiNbO₃ 晶体属 3m 点群,负单轴晶.标准坐标轴的取法是 z 轴取在晶体 3 次轴方向,另外两个轴取法是 x 轴垂直于对称平面,y 轴沿着对称平面,见图 7.2.与 LiNbO₃ 同类的有 LiTaO₃ 等,它的电光系数矩阵为

$$\gamma_{ij} = \begin{bmatrix} 0 & -\gamma_{22} & \gamma_{13} \\ 0 & \gamma_{22} & \gamma_{13} \\ 0 & 0 & \gamma_{33} \\ 0 & \gamma_{42} & 0 \\ \gamma_{42} & 0 & 0 \\ -\gamma_{22} & 0 & 0 \end{bmatrix}$$

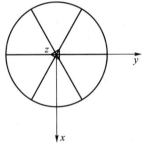

图 7.2　3m 点群标准坐标轴取法

不为零的独立分量有以下四个:$-\gamma_{12} = -\gamma_{61} = \gamma_{22}$,$\gamma_{13} = \gamma_{23}$,$\gamma_{51} = \gamma_{42}$,$\gamma_{33}$,相应的数值是:3.4、8.6、28、30.8($\times 10^{-12}$m/V).其中 γ_{33}、γ_{42} 较大,而 γ_{22}、γ_{13} 较小.从使用的角度上讲,尽可能地选择所加的电场方向,使得电场作用后的椭球方程中有可利用的较大的 γ_{ij} 系数出现.所以电场 E 加在 z 轴方向,所得椭球方程为

$$\left(\frac{1}{n_o^2} + \gamma_{13} E_3\right) x^2 + \left(\frac{1}{n_o^2} + \gamma_{13} E_3\right) y^2 + \left(\frac{1}{n_e^2} + \gamma_{33} E_3\right) z^2 = 1 \quad (\text{外场沿 } z \text{ 轴方向})$$

$$(7.13)$$

从(7.13)式可看出加电场变形后的椭球主轴方向未变,但主折射率数值有了变化:

$$n_1' = n_2' = n_o - \frac{n_o^3}{2} \gamma_{13} E_3 \tag{7.14a}$$

$$n_3' = n_e - \frac{n_e^3}{2} \gamma_{33} E_3 \tag{7.14b}$$

可见晶体在沿 z 轴方向加上的电场后,晶体仍具有单轴晶的性质.变形后椭球的光轴仍沿 z 轴方向(即原来晶体的光轴方向),所以光沿着 z 轴方向传播时仍然

没有双折射效应.但是,如光沿着 x 轴方向或 y 轴方向传播时(在 E_3 电场下),将出现和电场有关的双折射变化.

$E=(0,0,E_3)$ 情况下,折射率椭球的变形参见图 7.1(c)、(d).此外,常用的 4mm 对称的电光晶体 $Ba_xSr_{1-x}Nb_2O_6$ 等在 z 轴加外场完全得到类似 3m 类型晶体 $LiNbO_3$ 的情况.(当然 γ_{ij} 的具体数值是不同的.)

有时由于某种器件,希望沿 z 轴方向通光(譬如 $LiNbO_3$ 45°角全内反电光 Q 开关——§7.7 中介绍),那么外场往往加在沿 x 轴方向,椭球的变形将出现另外的情况.

现将 $E=(E_1,0,0)$ 代入(7.4)式,变形后椭球方程则为

$$\frac{x^2+y^2}{n_o^2}+\frac{z^2}{n_e^2}+2\gamma_{42}E_1xz-2\gamma_{22}E_1xy=1 \tag{7.15}$$

加上外场 E_1 后,变形后的椭球主轴将绕 y 轴、z 轴都有转动,出现较为复杂的情况.

§7.3　电光滞后

上节我们分析了晶体加电场后,折射率椭球的变形情况.这种变形必将造成光沿某方向传播时双折射性能的变化.这种双折射变化和外加电场有关,这就是电光效应用来实现光调制的基础.现仍以 KDP 和 $LiNbO_3$ 晶体为例加以说明,其他晶体可以用同样办法加以分析.

(一) KDP 类晶体

上节已得到,E 在 z 轴方向施加时,折射率椭球方程为(7.11)式.假如我们考虑光是沿 z 轴方向传播,那么它们的双折射性能主要取决于该椭球和垂直于 z' 轴的平面相交的轨迹,令(7.11)式中 $z'=0$,即可得到此轨迹的方程为

$$\left(\frac{1}{n_o^2}+\gamma_{63}E_3\right)x^2+\left(\frac{1}{n_o^2}-\gamma_{63}E_3\right)y^2=1 \tag{7.16}$$

(7.16)式代表一个椭圆,其主轴(即长、短轴)与 x'、y' 重合,也就是两个允许的偏振方向 x'、y' 坐标方向,相应的折射率大小即长短轴的半径长度,由 (7.12a)式和(7.12b)式决定.晶体中两个波的偏振方向互相垂直,光的相速也不一样(即 $n_1'\neq n_2'$),穿过晶体后其中一个波和另一个波在相位上滞后一个相位角 Γ:

$$\Gamma=\frac{2\pi}{\lambda}(n_2'-n_1')L=\frac{2\pi}{\lambda}n_o^3\gamma_{63}E_3L \tag{7.17}$$

其中,λ 为真空中波长,L 为 z 轴方向晶体长度.由于这个相位滞后纯粹是由电光效应所造成的,当然在没有外场的情况下,电光滞后的相位角为 $0(E_3=0$ 时,$\Gamma=0)$,

所以称电光滞后.施加于晶体的电场,通常由晶体两端电极上的电压大小决定(见图7.3).应有 $v = E_3 L$,故(7.17)式又可写为

$$\Gamma = \frac{\omega n_o^3 \gamma_{63} v}{c_0} \qquad (7.18)$$

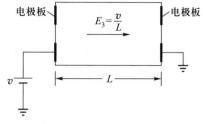

图7.3 纵向调制时,调制电压与晶体内电场的关系

式中 c_0 为真空中光速,其与波长的关系为 $\frac{2\pi}{\lambda} = \frac{\omega}{c_0}$.在§5.5正交偏振光干涉的情况下,根据(5.44)式、(5.45)式,可以将晶体中通过的光强为最大时的情况作为衡量材料电光滞后效应的标准.当刚好产生 π 相位滞后的电压称为半波电压 v_π [之所以称半波电压,是因为从(7.17)式可看到,当 $\Gamma = \pi$ 时,两个波穿过晶体时的光程差要求达到 $(n_2' - n_1')L = \frac{\lambda}{2}$,正好为半波长].通过(7.18)式可得

$$v_\pi = \frac{\pi c_0}{\omega n_o^3 \gamma_{63}} = \frac{\lambda}{2 n_o^3 \gamma_{63}} \qquad (7.19)$$

利用半波电压 v_π 的定义(7.19)式,(7.18)式可改写为

$$\Gamma = \pi \frac{E_3 L}{v_\pi} = \pi \frac{v}{v_\pi} \qquad (7.20)$$

属 $\overline{4}$2m 点群的 KDP 类晶体的 v_π 可根据本章§7.10中表7.1中所列的 γ_{63} 和 n_o 的数值,代入(7.19)式得到.例如 ADP 晶体中当 $\lambda \cong 0.5~\mu\mathrm{m}$ 时,半波电压 $(v_\pi)_{\mathrm{ADP}} = 10000~\mathrm{V}$.

(二) LiNbO$_3$ 晶体

对于 LiNbO$_3$ 晶体,根据§7.2中所述的电场方向和通光方向的两种情况,相位电光滞后可以用完全类似的方法求出.外加电场沿 z 轴方向,通光在 x 轴方向(或 y 轴方向,结果也一样).折射率椭球与 x 轴垂直的平面相交的轨迹可从(7.13)式中令 $x = 0$ 得到

$$\left(\frac{1}{n_o^2} + \gamma_{13} E_3 \right) y^2 + \left(\frac{1}{n_e^2} + \gamma_{33} E_3 \right) z^2 = 1 \qquad (7.21)$$

由(7.21)式可见,椭圆沿着长短轴与坐标轴 y、z 重合(即两个允许的偏振方向).长、短轴的半长度分别为(7.14a)式及(7.14b)式所示的 n_3' 和 n_2'.那么沿 x 轴传播时,相位滞后应是

$$\Gamma_{电} = \frac{2\pi}{\lambda}(n_3' - n_2')L = \frac{2\pi}{\lambda}(n_e - n_o)L + \frac{\pi}{\lambda}(n_e^3 \gamma_{33} - n_o^3 \gamma_{13})E_3 L \qquad (7.22)$$

这里需要特别要注意的是(7.22)式中第一项是自然双折射引起的滞后,而后一项才是电光滞后部分.还要注意到 L 是沿 x 轴方向,即通光方向的长度,不

是晶体沿着电场方向的长度,所以晶体电极上所加电压与 E_3 的关系应是 $E_3 \cdot d = v$,这里 d 是沿电场方向晶体的厚度(参见图 7.4).因而(7.22)式中电光滞后部分可改写为

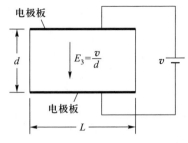

$$\Gamma_{\text{电}} = \frac{\pi}{\lambda}(n_e^3\gamma_{33} - n_o^3\gamma_{13})v\frac{L}{d} \qquad (7.23)$$

我们同样可定义一个半波电压 v_π,使 $\Gamma_{\text{电}} = \pi$ 可以得到

图 7.4 横向调制时调制电压与晶体内电场关系

$$v_\pi = \frac{\lambda}{n_e^3\gamma_{33} - n_o^3\gamma_{13}}\left(\frac{d}{L}\right) \qquad (7.24)$$

那么,(7.23)式同样可表示为(7.20)式的形式:

$$\Gamma_{\text{电}} = \pi\frac{v}{v_\pi} \qquad (7.25)$$

这里,可以看到半波电压不仅与材料的电光系数的数值有关,而且与器件尺寸及设计的使用状态有关,我们从针对 KDP 的(7.19)式及针对 LiNbO$_3$ 的(7.24)式即可看到.并且前者的半波电压和晶体长度无关,而后者则与 $\left(\dfrac{d}{L}\right)$ 即晶体尺寸的长宽比有关,其原因在于前者电场方向和通光方向一致,称为纵向调制,而后者,两者方向互相垂直,称为横向调制.一般情况下,尽可能采用横向调制,因为横向调制有如下两方面的优越性:首先,如果通光方向与电场方向垂直,则电极板不会挡住光路.纵向调制则需在电极上开通光孔,这样做法会造成电场不均匀,并会减少晶体实际有效体积,或者电极要采用透明导电电极才能解决这一问题.其次,横向调制可以改变晶体的长度宽度比以降低半波电压,为器件的设计带来很大自由度.根据以上介绍的分析方法,一旦给出了半波电压或实验上测得了半波电压,那么晶体的电光滞后角度可以表示为(7.25)式的形式.

§7.4 电光调制的原理

之前关于晶体的电光效应的讨论都是基于外加静电场的情况,实际上晶体电极上可以加上交变信号电压,使得晶体受到交变电场的调制.这种差别仅是折射率椭球的变形随信号变化而变化.调制的目的是要使得通过电光调制器后,光的强度随调制信号而变化,或者使光传播的相位将载有信号的信

息.前者称为光的强度振幅调制,后者称为相位调制.电光调制可以用在光通信、激光电视显示、光录像与显示技术等,此外,对于激光技术本身,可应用于如电光调 Q、锁模、光扫描与移频等技术上.现在分别介绍这两种调制原理.

(一) 振幅调制原理

一个典型的振幅调制器装置如图 7.5 所示.电光晶体放置在正交的偏振器之间.晶体加电场后,两个允许的偏振方向应和偏振器方向之间呈 45°夹角.对 KDP 类纵向调制器而言要使 x' 轴、y' 轴方向和偏振器夹角呈 45°,或者说两个偏振方向分别平行于晶体坐标轴 x'、y' 方向.这个装置实际上就是 §5.5 中所述的偏光干涉装置(见图 7.5).另外,光路中要插入一块石英 1/4 波片,它的作用是相位预偏置和补偿自然双折射,该 1/4 波片是一光轴平行于晶体表面的双折射晶体,其厚度正好使光通过后其"快"光和"慢"光(即光速不同的两个偏振波)的相位滞后为 $\frac{\pi}{2}$,光程差为 $\frac{\lambda}{4}$.实际上,在所有通光方向不沿晶体光轴的调制器中都存在自然双折射引起的相位滞后,例如对于在上节提到的 LiNbO$_3$ 晶体中,(7.22)式中等式右边中的第一项就对应着这种情况.

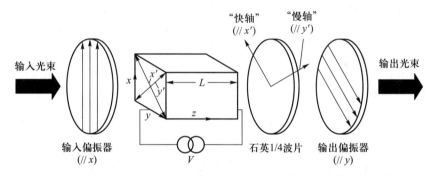

图 7.5 电光振幅调制器,1/4 波片的作用是引入固定的相位滞后的预偏置

根据 §5.5 的分析,依照(5.44)式,从调制器透射的光强可以写成:

$$I = I_0 \sin^2 \frac{\Gamma}{2} \tag{7.26}$$

这里 I_0 相当于(5.44)式中的 A_1^2,是入射光强.如图 7.5 所示安排时,$\alpha = 45°$,故 $\sin^2 2\alpha = 1$,我们暂且不去考虑晶体自然双折射引起的相位滞后[实际上所有通光方向不沿光轴的调制器中都存在自然双折射所引起的相位滞后,如上节(7.22)式 LiNbO$_3$ 中的情况]和 1/4 波片引起的相位滞后,那么透射和入射的光强比为

$$\frac{I}{I_0} = \sin^2\frac{\Gamma}{2} = \sin^2\left(\frac{\pi}{2}\cdot\frac{v}{v_\pi}\right) \tag{7.27}$$

其中第二个等式是根据(7.25)式得到的. 透射光入射光强之比 $\dfrac{I}{I_0}$ 和所加的电压

关系曲线如图 7.6 所示.

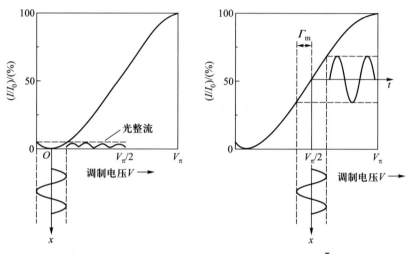

(a) 无固定预偏置电压时失真的情况　　　(b) 滞后角固定预偏置在 $\Gamma=\dfrac{\pi}{2}$ 时, 没有失真的情况

图 7.6　正交偏振电光调制器透光率 $\dfrac{I}{I_0}$ 与调制电压关系

如果施加于晶体的电压是交变信号 $v_m\sin\omega_m t$ 和直流电压 v_0, 那么根据 (7.25)式应有

$$\Gamma = \pi\left(\frac{v_0+v_m}{v_\pi}\right) = \Gamma_0 + \Gamma_m\sin\omega_m t \tag{7.28}$$

式中, $\Gamma_0 = \left(\dfrac{v_0}{v_\pi}\right)\pi$, $\Gamma_m = \left(\dfrac{v_m}{v_\pi}\right)\pi$, v_0 为直流电压, v_m 为电压信号振幅, ω_m 为信号频率.

为了使光强调制失真最小, 常常令 $v_0 = \dfrac{v_\pi}{2}$, 使得有一固定相位滞后 $\Gamma_0 = \dfrac{\pi}{2}$,

透射光被调制的情况表示在图 7.6 中, 我们将这一固定相位差 $\Gamma_0 = \dfrac{\pi}{2}$ 称为相位

角预偏置. 预偏电压固定在透光率为 50% 的点上, 此时光调制失真最小. 这时一

个小的正弦波调制电压可以得到一个正弦波的光强调制, 图 7.6(a) 则表示了预

偏置相位差不是 $\dfrac{\pi}{2}$ 时, 正弦波失真的情况. 可以看出被调制的光信号上下波形出

现了严重的不对称.图 7.6(b)为预偏置相位差是 $\dfrac{\pi}{2}$ 时的情况.

实际上,预偏相位差不一定用固定偏压的办法.更为方便并且实用的方案是如图 7.5 所示,在光路中插入一个 1/4 波片或者有自然双折射的石英补偿器,据此相对 50% 透过点额外地引入一个 $\dfrac{\pi}{2}$ 奇数倍相位差.如果调制晶体的通光方向具有自然双折射的相位滞后,那么补偿器和这个相位滞后的总和被固定在 $\dfrac{\pi}{2}$ 奇数倍上, $\varGamma_0 = \dfrac{\pi}{2}$,则

$$\varGamma = \frac{\pi}{2} + \varGamma_{\mathrm{m}} \sin \omega_{\mathrm{m}} t \tag{7.29}$$

那么(7.27)式应写为

$$\frac{I}{I_0} = \sin^2\left(\frac{\pi}{4} + \frac{\varGamma_{\mathrm{m}}}{2}\sin \omega_{\mathrm{m}} t\right) = \frac{1}{2}\left[1 + \sin(\varGamma_{\mathrm{m}} \sin \omega_{\mathrm{m}} t)\right] \tag{7.30}$$

对于 $\varGamma_{\mathrm{m}} \ll 1$ 的情况,上式变为

$$\frac{I}{I_0} \approx \frac{1}{2}(1 + \varGamma_{\mathrm{m}} \sin \omega_{\mathrm{m}} t) \tag{7.31}$$

这就在数学上证明了调制电压信号在光强调制中被真实地再现,不过在 $\varGamma_{\mathrm{m}} \ll 1$ 的条件不能满足时,光强变化将会失真,出现信号频率的高次谐频波.

最后作为一个例子,图 7.7 展示了利用电光振幅调制器,使激光被调制并发射出去,经过一段路程的传输后被光强探测器接收并以同样信号 $f(t)$ 从扬声器中再现的全过程.

(二) 相位调制原理

如果我们把电光晶体放置在如图 7.8 所示的装置中,偏振器的方向应和晶体中电场诱导的双折射主轴 x' 轴(或 y' 轴)平行.这时经偏振器入射到晶体上的光的偏振方向和 x' 轴(或 y' 轴)平行,因此,也就不会被分解为两个折射率不同的波,外加电场导致的电光效应并不能改变入射光的偏振状态,而仅仅改变了折射率,事实上仅仅出射光的相位受到了调制,这就是所谓的相位调制器.

图 7.8 中是以 KDP 为例,光沿 z 轴(即晶体光轴)传播,偏振方向平行 x' 轴,施加外电场 E_3 后,根据(7.12a)式晶体的折射率为 n_1' .假设入射到晶体前表面处

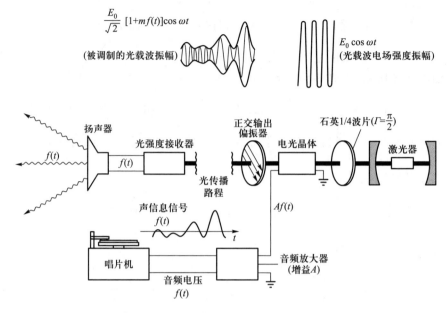

图 7.7 用电光调制器的光通信线路的全过程示意图(参考文献[2])

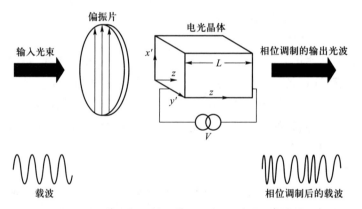

图 7.8 电光相位调制器装置示意图(参考文献[2])

(即 $z=0$ 处)光场的可描述为 $\tilde{\varepsilon}_\lambda = A\cos \omega t$,那么在晶体后表面出射处(即 $z=L$ 处)波场为

$$\tilde{\varepsilon}_{出} = A\cos\left(\omega t - \frac{\omega}{c} n_1' L\right) \qquad (7.32)$$

代入(7.12a)式得

$$\varepsilon_{出} = A\cos\left[\omega t - \frac{\omega}{c_0}\left(n_o - \frac{n_o^3}{2}\gamma_{63}E_3\right)L\right] \qquad (7.33)$$

假设施加在晶体上电压可描述为

$$E_3 = E_m \sin \omega_m t \tag{7.34}$$

的一个正弦电压调制信号,那么(7.33)式又可写为

$$\varepsilon_{出} = A\cos(\omega t + \Gamma \sin \omega_m t) \tag{7.35}$$

式中

$$\Gamma = \frac{\omega n_o^3 \gamma_{63} E_m L}{2c_0} = \frac{\pi n_o^3 \gamma_{63} E_m L}{\lambda_0} \tag{7.36}$$

注意此时(7.35)式忽略了不起作用的固定相位项$\left(\dfrac{\omega}{c_0} - n_0\right)$.该表达式说明光波的场强在加电场后受到相位的调制.根据三角恒等式,(7.35)式可以化为

$$\varepsilon_{出} = A\cos(\Gamma \sin \omega_m t)\cos \omega t - A\sin(\Gamma \sin \omega_m t)\sin \omega t \tag{7.37}$$

数学上可证明

$$\cos(\Gamma \sin \omega_m t) = J_0(\Gamma) + 2J_2(\Gamma)\cos 2\omega_m t + 2J_4(\Gamma)\cos 4\omega_m t + \cdots$$

$$\sin(\Gamma \sin \omega_m t) = 2J_1(\Gamma)\sin \omega_m t + 2J_3(\Gamma)\sin 3\omega_m t + \cdots$$

$J_0(\Gamma), J_1(\Gamma), J_2(\Gamma), \cdots$为贝塞尔函数(详见附录F).将上列式代入(7.37)式后可以得到:

$$\varepsilon_{出} = A\begin{bmatrix} J_0(\Gamma)\cos \omega t + J_1(\Gamma)\cos(\omega+\omega_m)t - J_1(\Gamma)\cos(\omega-\omega_m)t + \\ J_2(\Gamma)\cos(\omega+2\omega_m)t - J_2(\Gamma)\cos(\omega-2\omega_m)t + \\ J_3(\Gamma)\cos(\omega+3\omega_m)t - J_3(\Gamma)\cos(\omega-3\omega_m)t + \\ J_4(\Gamma)\cos(\omega+4\omega_m)t - J_4(\Gamma)\cos(\omega-4\omega_m)t + \cdots \end{bmatrix} \tag{7.38}$$

从(7.38)式中可看出,在被相位调制的光场中,出现了光频 ω 为中心、两边有等频率间距的各频率成分的电场振动.各频率振动的振幅取决于各阶贝塞尔函数 $J_n(\Gamma)$, $n=0,1,2,3,\cdots$.而每阶贝塞尔函数都是与调制信号振幅有关的 Γ 的函数. Γ 不同各频率成分的光强度(其平方即为其能量)将根据各级 $J_n(\Gamma)$ 的大小分布.贝塞尔函数有如下性质, $\Gamma = 0$ 时,即没有外加电场时, $J_0(0) = 1$,而其他各级 $J_n(0) = 0$　$(n\neq 0)$.这时(7.38)式又蜕化为未受调制时的光振动,只含 ω 频率成分.以上相位调制后的光波出现一系列频率边带,以及各频率能量分配受 Γ 控制的性质将是§7.9中实现电光相位调制锁模的基础.

§7.5　实际调制器的几个问题

结合前面几节的介绍,本节当中我们将对调制器设计和在实际应用中必须予以考虑的几个问题进行简单讨论.

（一）自然双折射温度漂移

由于不可避免的欧姆损耗,晶体总会吸收一些高频调制场的能量使温度上升.虽然实际器件中采取各种散热措施,但是晶体整体或局部的温度变化仍不能完全避免.由于寻常光和非寻常光折射率随温度而有变化,因而也就引起了自然双折射的温度漂移.通光方向垂直于晶轴的调制方式或有自然双折射存在,这种漂移会使总的相位滞后发生随温度的变动,这无疑将会影响调制器的正常工作.为了避免温度漂移,通常的做法之一是采用同一块材料磨制的几何上等同的两片晶片,如图7.9所示,使在前一片晶体中的e光是后一片晶体中的o光,而前一片晶体中的o光是后一片晶体中的e光.由于两片晶体所处的温度环境变化大致相同,因此,自然双折射引起的相位差的温度漂移可以被抵消掉.图7.9的另外两种情况安排,电光效应产生的相位滞后在前后两片晶体中会互相叠加而并不抵消.在有些设计中用好几对按图7.9方式的补偿晶片串接使用,既可改善温度漂移性能又可以收到降低半波电压的效果.

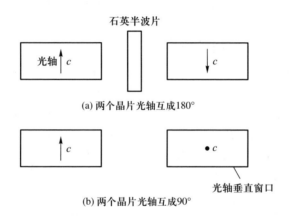

石英半波片

(a) 两个晶片光轴互成180°

光轴垂直窗口

(b) 两个晶片光轴互成90°

图 7.9　温度漂移补偿的两种方法

（石英半波片的作用是使一偏振光的"快"光方向和"慢"光方向通过波片后,相位滞后 $\Gamma=\pi$,偏振恰好转 90°,原来 o 光变 e 光,e 光则变为 o 光）

（二）高频电光调制器的渡越时间

调制电场的频率在高频段工作,将出现新的问题.例如,对于 KDP 晶体,根据(7.17)式,电光相位滞后可改写为

$$\Gamma=\frac{2\pi}{\lambda}n_o^3\gamma_{63}E_3L=\alpha E_3L \tag{7.39}$$

这里 $\alpha=\frac{2\pi}{\lambda}n_o^3\gamma_{63}$,是与电场无关的常量,$L$ 为通光方向上晶体长度.可以看出 Γ

与外加电场强度(E)及晶体的通光长度(L)成正比.(事实上,这一特性对其他各种形式的调制都是适用的,只不过常量 α 不相同.)但是,需要注意的是(7.39)式只是在当光通过晶体整个长度的时间 τ_d 内,调制电场强度基本没有变化,即可视为常量时才是正确的.这就要求,满足 $\tau_d \ll 1/\omega_m$,所以只有低频调制信号下上述关系才适用.否则,如果穿过晶体总长度 dz 贡献的相位滞后都不一样,那么总的滞后应用积分表示:

$$d\Gamma = \alpha E(t) \cdot dz$$

$$\Gamma = \alpha \int_0^L E(t)\,dz = \alpha c \int_{t-\tau_d}^t E(t')\,dt' \tag{7.40}$$

这里 c 是晶体中光的相速度,$E(t)$ 是瞬时的调制电场强度,τ_d 是光通过长度为 L 的晶体所需的时间,我们也称 τ_d 为渡越时间.考虑到光到达晶体 z 处的时间为 t',则有 $z=ct'$(假定晶体入射面 $z=0$)和 $dz=c\,dt'$,所以(7.40)式中的第二式(对传播距离的积分)可改写为第三式(对传播时间的积分),其中积分上下限的变换是这样的:假定光传播到 $z=L$ 的时刻为 t,那么光入射到晶体前表面($z=0$)的时刻必定为 $t-\tau_d$.现在取调制电场为正弦信号 $E(t')=E_m e^{i\omega_m t'}$,代入(7.40)式得到:

$$\Gamma(t) = \alpha c E_m \int_{t-\tau_d}^t e^{i\omega_m t'}\,dt' = \Gamma_0 \left(\frac{1-e^{-i\omega_m \tau_d}}{i\omega_m \tau_d} \right) e^{i\omega_m t} \tag{7.41}$$

这里的 $\Gamma_0 = \alpha c \tau_d E_m = \alpha L E_m$ 是相位滞后的峰值.当 $\omega_m \tau_d \ll 1$(即低频近似下)时,上式括号内因子可定义为

$$\xi = \frac{1-e^{-i\omega_m \tau_d}}{i\omega_m \tau_d} \tag{7.42}$$

可以看出当渡越时间 τ_d 为有限值时,相位滞后的峰值将下降一个因子,只有 $\omega_m \tau_d \ll 1$ 条件满足时因子 $\xi \approx 1$.这就要求渡越时间与调制电场信号周期相比小得多,渡越时间将限制了高频调制时的最高频率.因此频率过高将大大降低电光效应所能产生的相位滞后的效果.

假设,我们规定 $\omega_m \tau_d = \dfrac{\pi}{2}$(此时相当于 $\xi=0.9$)时为极限频率 $(\omega_m)_{max}$ [注:规定 $\xi \approx 0.9$ 对应的 ω_m 为极限频率,因此有 $(\omega_m)_{max} \tau_d = \dfrac{\pi}{2}$,虽然 ξ 具有一定任意性,但是我们总是可以这样规定一个统一比较的标准],那么我们从 $\tau_d = \dfrac{n}{c_0} L$ 及 $\omega_m = 2\pi\nu$ 可得到:

$$(\nu_m)_{max} = \frac{c_0}{4nL} \tag{7.43}$$

例如使用一个 KDP 晶体($n \approx 1.5$),$L = 1$ cm,则 $(\nu_{\mathrm{m}})_{\max} \approx 5 \times 10^9$ Hz.

为了克服高频调制下渡越时间导致电光调制效率降低的问题,可采用行波电光调制器的方式,如图 7.10 所示.晶体放置在一定形式的微波传输线内,微波的调制电场以电磁波方式从晶体的一端向另一端传播,速度为光速.所以光的波前与调制电磁波波前可以"并肩"前进.这时,加于光波波前处的调制电场可以近似地认为随时间是没有变化的,因而也就不存在渡越时间的问题.图 7.10 是行波电光调制器示意图.

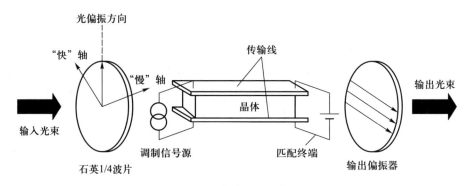

图 7.10 行波电光调制器

(三)电光调制中的频率共振

电光调制晶体都具有压电效应.特别是当调制电压信号在低频时,有可能形成压电的机械共振.通常,晶体固有机械共振频率与晶体尺寸和切割方式有关,一般第一机械共振频率在兆周左右.如果调制信号频率在 1 兆到数百兆之间.就极有可能会激发高次的声频支振动.这会对电光调制性能造成不同程度的干扰,所以应尽可能在设计中避免这种机械共振(参考文献[2]).

§7.6 晶体的电光开关

利用电光晶体振幅调制原理可以制作各种类型的电光开关.它们的作用相当于电信号驱动的"光闸门".由于它是无"惯性"的闸门,因此拥有机械(光)闸门所不具备的优势.例如其关闭速度或者打开的速度可以高达毫微秒的量级,每秒开关次数也可以高达每秒数百兆次甚至更高.电光开关从其原理上说是一个电光振幅调制器,如图 7.5 所示,只不过它的补偿器并不调整在 $\Gamma = \dfrac{\pi}{4}$ 的预偏置位置,而是调整在 $\Gamma = 2\pi$ 整数倍上.调制电压突然加上或退去一个半波电压 v_{π},这样就成为一个光开关.当晶体未加电压时由于晶体中没有电光滞后,此时光就不能通过正交的偏振器,光闸处于关闭状态.当晶体上一旦加上半波电压 v_π 的信号,正是调制器通光最强的状态,相当于光闸被打开了.这是一种"加压通,退压闭"的开关系统.如果我们把补偿器调整在 $\Gamma=v_\pi$ 的位置,或者仍调在 $\Gamma=0$ 或 2π 倍位置,但两个偏置器方向互相平行,那么就成为"加压闭、退压通"的开关,这是开关的一般原理.

之前我们讨论电光偏振调制时,都直接使用偏光干涉光强公式来描述.但是,对于实际电光开关的工作原理,从另一角度来理解可能更为方便.这就是晶体中电光效应引起的电光滞后,会伴随着晶体中光的偏振状态的改变的原因.

为此说明上述问题,我们先简单讨论两个偏振互相垂直的波,它们合成振动的偏振情况.设偏振分别沿着 x' 轴、y' 轴方向的两列波在某处的振动为

$$\varepsilon_{x'}=A\cos\omega t, \quad \varepsilon_{y'}=A\cos(\omega t-\Gamma) \tag{7.44}$$

当 $\Gamma=0$ 时,合成的波是线偏振的.

当 $\Gamma=\dfrac{\pi}{2}$ 时,有

$$\varepsilon_{x'}=A\cos\omega t, \quad \varepsilon_{y'}=A\cos\left(\omega t-\frac{\pi}{2}\right)=A\sin\omega t \tag{7.45}$$

消去 t 后得 $\varepsilon_{x'}^2+\varepsilon_{y'}^2=A^2$,合成的振动矢量轨迹为圆,即合成波为圆偏振光.

当 $\Gamma=\pi$ 时,有

$$\varepsilon_{x'}=A\cos\omega t, \quad \varepsilon_{y'}=A\cos(\omega t-\pi)=-A\cos\omega t \tag{7.46}$$

合成振动又重新变成线偏振光,只不过此时偏振方向相对于 $\Gamma=0$ 的偏振转了 $90°$(见图 7.11).

那么,当 Γ 的值在 0 到 π 之间时,其对应的合成振动均为椭圆偏振光.图 7.11 表示将一个原来在沿 x 轴方向的偏振光(相当于经过第一个偏振器出射的偏振光)分解为与其呈相交 $45°$ 角的 x' 轴、y' 轴方向上偏振的光(相当于 KDP 晶体中两个光的偏振方向),由于电光效应这两个偏振波有了相位差 Γ.图中画出不同 Γ 值下合成振动的偏振状态.当 $\Gamma=\pi$ 时都是线偏振光,偏振方向为 y 轴方向.当 $\Gamma=0$ 时同样是线偏振光,只是偏振方向刚好转 $90°$ 在 x 轴方向.图 7.11(b)描绘了 $\Gamma=\dfrac{\pi}{6}$ 的椭圆偏振情况.

现在我们回过头再来讨论电光开关.实际的电光开关有时并不直接采用本节一开始所提到的思路进行系统设计.图 7.12 展示了一个实际的基于电光效应的光闸装置,虽然工作原理和之前的描述一致,但在设计上更为巧妙,它只采用了一个偏振镜.输入光的偏振方向选在偏振棱镜的能通光的方向上,然后光通过补偿器、晶体,并在晶体的后端面的全反介质膜上反射回来,再经过一次晶体,再

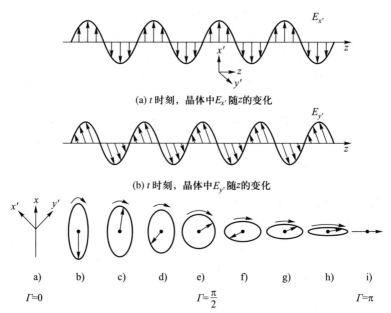

(a) t 时刻，晶体中 $E_{x'}$ 随 z 的变化

(b) t 时刻，晶体中 $E_{y'}$ 随 z 的变化

a)   b)   c)   d)   e)   f)   g)   h)   i)

$\Gamma=0$ $\Gamma=\dfrac{\pi}{2}$ $\Gamma=\pi$

(c) 两个在 x' 轴、y' 轴方向振动 $E_{x'}=A\cos\omega t$，$E_{y'}=\cos(\omega t-\Gamma)$ 合成后的偏振状态
的变化. a) 是 $\Gamma=0$，仍为线偏振光，e) 为 $\Gamma=\dfrac{\pi}{2}$ 为圆偏振光，i) 是 $\Gamma=\pi$ 仍为线
偏振光但偏振方向转动 $90°$，其他 Γ 值则为椭圆偏振光

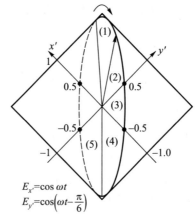

$E_{x'}=\cos\omega t$
$E_{y'}=\cos\left(\omega t-\dfrac{\pi}{6}\right)$

(d) 表示 $\Gamma=\dfrac{\pi}{6}$ 时，$E_{x'}=\cos\omega t$，$E_{y'}=\cos\left(\omega t-\dfrac{\pi}{6}\right)$，合成的椭圆偏振，
(1) $\omega t=0$，(2) $\omega t=60°$，(3) $\omega t=120°$，(4) $\omega t=210°$，(5) $\omega t=270°$

图 7.11 $E_{x'}$、$E_{y'}$ 在瞬间的变化，也显示沿 z 的光场光矢量

回到补偿器,射回到偏振棱镜.[说明一下,这里采用的偏振棱镜就是第五章中介绍的改进的格兰-汤姆孙(Glan-Thomson)棱镜,其可使 e 光通过而 o 光向侧面全反射.]假设补偿器已调在使整个相角差预置在 2π 整数倍上,如果晶体上未加电压,光束再经棱镜原路返回.如果晶体上加上 $\dfrac{v_{\pi}}{2}$ 的电压,由于两次经过晶体,电光

滞后刚好 $\Gamma = \pi$,偏振面已经被旋转了 90°,这时光就通不过偏振棱镜而向侧面全反射,即光束转向 90°.这种开关实际上是光的转向式开关.而对于光输出方向来说就等于通断式开关,即晶体加电压时有光输出,不加电压即无输出.这种开关设计的优点是使用了光在晶体中来回两次的"双程"调制.同尺寸的晶体调制的电压脉冲可以比"单程"式的小一半,并在光路上减少一个偏振器.这种节省元件、压缩空间的结构在实际应用中是极其宝贵的.

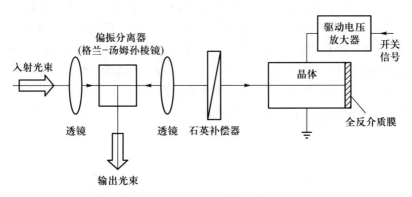

图 7.12　电光开关装置

§7.7　电光 Q 开关

(一) Q 开关原理

如图 7.13 所示,将电光晶体放置在一个激光共振腔内,很明显这将形成一个"双程"式的电光开关.当光闸处于闭锁状态时,腔内沿共振腔轴线来回反射的光势必从偏振器侧面逸出腔外,这种机制将导致了很大额外的损耗,这时腔的品质因子 Q 值很低.如图 7.13 所示,氙灯作为泵浦源,尽管其在激励 YAG 激光棒中增益介质,但是由于腔内损耗过大,因此无法形成震荡,只能使 YAG 激光棒中可反转激活粒子不断积累.在氙灯闪亮后延迟一定时间(一般在 100 μs 多),该反转粒子数达到最大数值时,如果此时突然光闸被电信号开通,激光可以无阻碍地通过偏振棱镜,额外损耗消失,共振腔 Q 值达到正常水平.由于关闭状态期间棒内已积累颇高的反转粒子数,所以这时增益远大于损耗,迅速建立起激光振荡而形成一个巨脉冲输出.用电光开关形成的巨脉冲宽度可小于 10 ns.中小功率的固体激光器,使用晶体调 Q 的巨脉冲振荡输出的峰值功率可以高达几十兆瓦的量级.很显然,图 7.13 中这种电光 Q 开关输出的是线偏振的激光,偏振方向平行于偏振棱镜的偏振方向.Q 开关腔内光开关和振幅调制器从原理上讲没有本质的

区别,不过实际应用中对腔内 Q 开关必须注意到以下几个方面的特点:

(1)因为开关在腔内,不可避免地将引入插入损耗(插入损耗是指晶体器件引入腔体后,器件表面反射、晶体内部的吸收和散射形成的共振腔损耗的增加),应尽量将这种插入损耗减到最低限度,否则将提高开通状态下的振荡阈值,而降低了巨脉冲激光器的能量效率.因此,除了所有元件表面均应镀上工作波长的增透膜外,应尽量减少元件数目.因而,大多数情况下,使用"双程"式开关,因为这样可以减少一个偏振棱镜,甚至采用下面介绍的 45°角全内角反射开关,完全不用偏振棱镜.此外,设计中一般不另外用补偿器,晶体尽可能采取沿单轴晶体的光轴方向通光(如 KDP 类的纵向调制或 LiNbO$_3$ 类的 x 轴方向加电压,z 轴方向通光的横向调制)作为"退压通,加压断"式的开关,这样就不必做预偏置了.如果需要做成"加压通,退压断"式开关,就要求预偏在 $\Gamma = \pi$,或者亦可以调整通光方向与晶体光轴略偏一角度,利用晶体自身的自然双折射产生的相位滞后作为预偏.

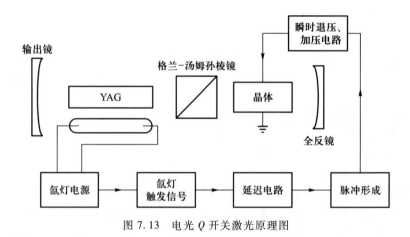

图 7.13 电光 Q 开关激光原理图

(2)Q 开关只有通、断两种状态,因而不必考虑调制失真.对双折射温度漂移的控制也不会是主要的问题.

(3)Q 开关将承受大功率的激光通过,因此从元件的损伤阈值角度必须考虑到这一点.一般调制器常常可以用光学系统变换光束半径,使用横向调制时,可以以此来减少调制器的厚度 d,得以减低半波电压.但调 Q 用的光开关,通光孔径一般较大,晶体尺寸进一步缩小受到限制,因此不能使用上述办法来降低半波电压.

(二)Q 开关的类型

上面介绍的仅仅是一种类型的 Q 开关,目前已经发展了很多种类型.现将常见的几种简略地加以介绍:

（1）带偏振镜的矩形晶体 Q 开关.晶体为矩形长方体,输出为线偏振光.

（2）带有离散角光束偏转晶片的矩形晶体 Q 开关(见图 7.14).

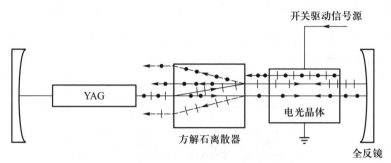

图 7.14　方解石离散器 Q 开关激光器

此 Q 开关输出为无规偏光[无规偏光是指具有各种偏振方向的激光,一般从光学各向同性激光基质晶体如 YAG($Y_3Al_5O_{12}$)振荡的激光是无规偏振的,而光学各向异性晶体如 YAP($YAlO_3$)则产生偏振的激光],其原理是无规偏光从激光棒方向通过方解石晶体时,o 光和 e 光之间将有一离散角.射出时两者恢复平行,再穿过电光晶体并从全反镜反射回来再次经过电光晶体,如果晶体未加压两种光偏振面未变,仍原路回到激光棒,泵浦如超过阈值即可振荡,输出无规偏光.若晶体上加上 $\frac{v_\pi}{2}$ 的电压,从电光晶体中返回的光的偏振方向各转 90°,o 光变为 e 光、e 光变为 o 光,两者不会按原路回来,而向相反方向离散.图 7.14 中用虚线表示,可以看出两者分别和原来光束平行移动了一定距离,如果偏离距离大于激光棒的截面积,那么不能发生激光振荡,相当于 Q 开关处于关闭状态.

（3）单 45°全内反射 Q 开关.

这种开关结构如图见 7.15 所示,晶体将是一块矩形长方体.晶体光轴沿矩形长边(z 轴),一端切割成 45°斜面.从激光棒来的光是无规偏振的并从垂直于 y 轴的端面入射.因是垂直光轴入射,进入晶体后 o 光、e 光虽不分离,但两光相速不同,在 45°斜面将发生全内反射(一般晶体以 45°角入射均大于全反角,例如 KDP 全反角约为 43°,$LiNbO_3$ 约为 28°),内反射的 o 光和 e 光振动方向不同,但都垂直于晶体光轴,就其性质来说其实均属于寻常光 o 光,这里标为"e"仅仅表示这反射光线来自入射的 e 光而已.因此,o 光反射到 o'光方向应遵守正常反射定律,成 45°角反射.e 光反射到 e'光方向则偏离正常反射角.o'光将正确地沿晶体光轴,e'光将与光轴偏离一个离散角 α(随后被全反镜反射出去),这是类似双折射现象的双内反射现象.全反镜将准直在 o'光方向,从全反镜反射回来的仅为

o′光,并可循原路回到至全反面.如果晶体未加电压,偏振面未变化,继续可循原路回到激光棒,这样对 o 光来说等于开通状态,Q 值高可以振荡,输出为线偏振光.如果晶体加 $\dfrac{v_\pi}{2}$(也是双程的开关),回到全反面时偏振面已转 $90°$,原来 o′光实际成了 e″光.所以,光出射时偏离原光线方向(如虚线所示),损耗增加,不能振荡,即 Q 开关为闭锁状态.

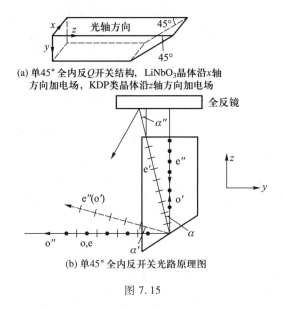

(a) 单45°全内反 Q 开关结构,LiNbO₃晶体沿 x 轴
方向加电场,KDP类晶体沿 z 轴方向加电场

(b) 单45°全内反开关光路原理图

图 7.15

这种形式 Q 开关,正如前已提到的,不需要偏振棱镜.45°全反面起了偏振器的作用,不过它输出的将是线偏振的激光.

(4)双 45°全内反 Q 开关.

既然 45°全反面可以取代一个偏振棱镜,那么两个 45°全反面就可以代替两个棱镜,从而实现单程式的电光开关,其框架如图 7.16 所示.原理和单 45°开关类似,入射的 o 光与 e 光在第一个全反面因双折射而形成 o′光和 e′光,如果晶体未加电压,在第二个全反面上发生的反射相当于第一面上的逆过程.最后射出晶体的 o′光和 e′光又恢复平行(仅仅有微小空间平行移动),完全可以循原来光路反射回来.如果晶体加上 v_π 电压(现在是单程开关),那么在达到第二个全反面时 o′光和 e′光的偏振方向转了 $90°$角,相当于两者产生 o′光和 e′光互换,发生反射时就不再是第一面的逆过程了,而是按图中虚线方向发生反射,则 o′光射到 e″光方向,e′光反射到 o″光方向.两者都和反射镜不准直,光辐射损耗将突然增加,导致 Q 值变低,不能振荡.事实上可以看出两个 45°全反面等于两个平行的放置的偏振棱镜.

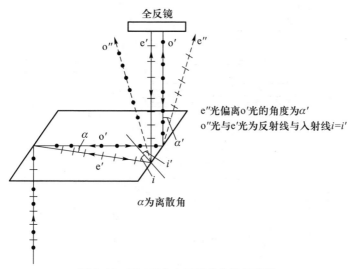

图 7.16 双 45°全内反开关光路原理图

（5）全内反电光衍射 Q 开关.

这种类型的开关原理与上述几种很不相同.电光晶体切割成如图 7.17 所示的形状,底面上用光刻工艺制成两组叉指式电极,电极间距仅在 0.2 mm 左右,光轴垂直于叉指面.由于两组电极分别接在电信号的正端与负端,相邻两叉指间电场强度相反,因此其导致的电光效应产生的折射率改变也是相反的,这就使得晶体底面附近一层折射率有了空间周期的变化,形成一个折射率光栅.在未加电场时光束可由底面全反射而通过,可以产生激光振荡.一旦加上电压,由于光栅的衍射作用,使光束能量中的一部分以衍射方式逸出,损耗增加,则 Q 值降低,如果这种损耗超过增益,则振荡停止,相当于 Q 开关关闭.由于叉指电极距离极小,据报道调制电压仅 100 V 左右即可（一般形式电光开关在数千伏）工作.但是这种形式的开关,还处在实验阶段,离实用化还有相当距离,并且仅能对小功率激光器进行调 Q.单次脉冲能量在几个毫焦的量级,脉宽为数十毫微秒.

以上粗略描述了几种典型的 Q 开关的基本工作原理,实际上还可以根据需要作出许多变化.例如,改变预偏的方法,如预偏在 $\Gamma = \pi$,则"退压通"式的开关可以变为"加压通"式的开关.又如双 45°全内反开关中可以将全反镜改为准直于 o′光或 e′光,就可以改为"加压通"开关（但是偏振输出）.再如,双 45°全反开关中常常可将入射光束略偏离垂直入射方向,而使 o′光及 e′光对称地在光轴的两边,分别称为平分入射和斜平分入射,这样往往可以改善调制性能（如图 7.18所示）.关于电光开关方面的详细分析因篇幅所限,不再赘述.

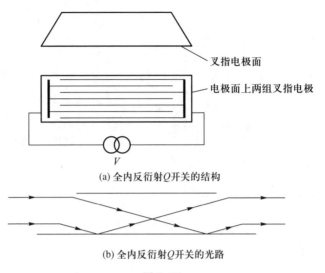

叉指电极面

电极面上两组叉指电极

V

(a) 全内反衍射Q开关的结构

(b) 全内反衍射Q开关的光路

图 7.17

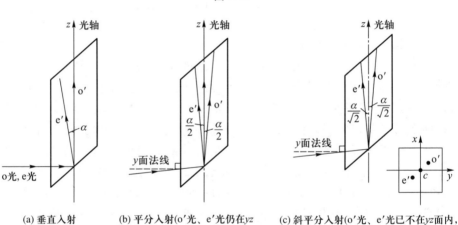

(a) 垂直入射
(即已介绍的一种)

(b) 平分入射(o'光、e'光仍在yz
平面内，相当于第一种工作状态(a)中
晶体绕z轴转一角度，使光轴平分o'
光、e'光，夹角α为离散角)

(c) 斜平分入射(o'光、e'光已不在yz面内，
相当于晶体除绕x轴转动一小角度外，
再绕z轴转一同样的小角度，也使光轴
平分o'光、e'光，不过这个夹角在yz面上
的投影为$\frac{\alpha}{\sqrt{2}}$，右下角图表示沿z轴剖面
上o'光、e'光和光轴的相对位置)

图 7.18　双 45° 全内反 Q 开关的三种工作状态

§7.8　电光偏转

利用电光效应可使得光线发生偏转.图 7.19 表示基于电光效应的光束偏转
器的工作原理.设光入射到一个晶体,在这个晶体中光程是和横断面上的位置 x

有关,就是说光传播的速度(即折射率)和位置坐标 x 有关.为了模型简化,我们假定这个关系是线性的,最上面的光线 A 处有折射率是 $n+\Delta n$,那么,光穿过晶体所需的时间为

$$t_A = \frac{L}{c_0}(n+\Delta n) \qquad (7.47)$$

最底部光线 B 处折射率为 n,光穿过的时间是

$$t_B = \frac{L}{c_0}n \qquad (7.48)$$

由渡越时间上的差异,造成从 A 入射的光波相对于从 B 处入射的有一个落后的距离:

$$\Delta y = \frac{c_0}{n}(t_A - t_B) = \frac{c_0}{n}\left[\frac{L}{c_0}(n+\Delta n) - \frac{L}{c_0}n\right] = L\frac{n+\Delta n - n}{n} = L\frac{\Delta n}{n} \qquad (7.49)$$

这就相当于在晶体内光束的传播偏转了一个角度

$$\theta' = -\frac{\Delta y}{D} = -\frac{L\Delta n}{nD} = -\frac{L}{n}\frac{dn}{dx} \qquad (7.50)$$

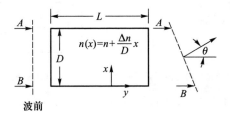

图 7.19 光束偏转的示意图

[晶体沿 x 方向有 $n(x) = n_o + \Delta n(x)$,在 B 处穿过晶体后的光线比在 A 处穿过的光线多走一段距离,波前将和原来方向倾斜一角度 θ]

式中,D 为光斑直径,这个角度的定义是在出射面处,事实上,光束尚在晶体内时就产生了的偏转,其中最后等式是用了 $\frac{\Delta n}{D} = \frac{dn}{dx}$.而当光束射出晶体时在晶体出射表面处尚要发生折射.在晶体外侧得到的光束偏转角为 θ,它和 θ' 的关系是 $\frac{\sin\theta}{\sin\theta'} = n$(空气折射率 ≈ 1),因为 $\theta \ll 1$,故有 $\sin\theta \approx \theta$,则

$$\theta = \theta' n = -L\frac{\Delta n}{D} = -L\frac{dn}{dx} \qquad (7.51)$$

图 7.20 显示了使用 KDP 晶体实现的一种简单的光束偏转器,它是由两个完全相同的 KDP 三棱镜组合起来的,三个互相直角的棱边正好沿电场诱导的折射率椭球的三个主轴方向 x' 轴、y' 轴、z' 轴上.这两个棱镜的晶轴 z 轴取向相反,而

其他方向的晶体取向是一样的.电场加在 z 轴方向,光沿 y' 轴传播,偏振则在 x' 轴方向.这种情况下最上面光线 A 处折射率由(7.12a)式给出:

$$n_A = n_o - \frac{n_o^3}{2}\gamma_{63}E_3$$

然而下面棱镜所加电场等于 E_3,因为它和上面的棱镜晶轴方向正好相反,所以底部处折射率为

$$n_B = n_o + \frac{n_o^3}{2}\gamma_{63}E_3$$

上下折射率之差为

$$\Delta n = n_A - n_B$$

根据(7.51)式得到偏转角为

$$\theta = \frac{L}{D}n_o^3\gamma_{63}E_3 \qquad (7.52)$$

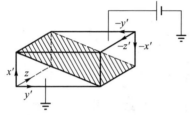 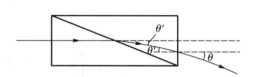

(a) 结构[由双棱镜组成,两棱镜光轴方向正好颠倒,加电场后上下棱镜电光效应正好相反,提供了沿 x 轴方向的折射率 $n(x)$ 的线性变化]   (b) 光束偏转的示意图

图 7.20 双直角棱镜偏转器

大家从光学中知道:任何光束总有一个有限的远场发散角 θ_d,因此对于一个光偏转器质量的基本评价,并不是它的偏转角,而是看焦平面上可分辨的光点数 $N = \theta/\theta_d$.因为,偏转角是可以依靠光学系统放大的,而小于衍射角的两光束是无法分辨的.举个例子说,假如我们将偏转器光束加以聚焦,那么这个 N 就相当于当电场从零到 E_3 时,在焦平面上可以分辨的光点数目.现在我们假定晶体是处在入射激光高斯光束的光腰上,光腰半径为 w_0(TEM$_{00}$ 模),那么它的远场衍射角是 $\theta_d = \dfrac{\lambda}{\pi w_0}$(参阅"激光原理"课程).(7.52)式中 D 是光斑直径,所以有 $D = 2w_0$,则可分辨的光点为

$$N = \frac{\theta}{\theta_d} = \frac{\pi L n_o^3 \gamma_{63}}{2\lambda}E_3 \qquad (7.53)$$

从(7.53)式可以直接显示出 N 与晶体调制性能有关.如果把半波电压 $v_\pi = \dfrac{\lambda}{n_o^3\gamma_{63}}$

值取(7.53)式中的 $E_3 \cdot L$,将得到 $N = \dfrac{\pi}{2} \approx 1$.因而可以大致这么估计,偏转器的调制电压每增加一个半波电压,大致可以使光束偏转一个光点直径.激光偏转器可用于光储存、记录、显示器系统.光点分辨数 N 将是一个很重要的参量.

一般情况下偏转角是很小的,上述单元产生的偏转不过"分"的量级.如果希望增加偏转角,则可以如图 7.21 所示把几个这种单元串联起来.图中是除第一个和最后一个是直棱镜外,另外两个都是等腰棱镜.相邻棱镜的光轴顺序颠倒,图 7.21 中共 4 个棱镜等效于上述三个单元,偏转角可增加约三倍(参考文献[2]).

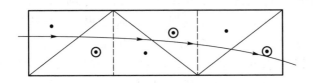

图 7.21　串接棱镜偏振器

(虚线部分并不剖开,等效于图 7.20 中的三个单元,● 表示光轴方向自纸上垂直穿过纸面,⊙表示晶体光轴方向自纸下垂直穿过纸面)

*§7.9　电光锁模

实现锁模的方法有两类,一类是振幅调制锁模,一般需要使用声光调制器实现(这一部分将在下一章中介绍);另一类是相位调制锁模,这一类一般是采用电光调制器实现.两类锁模的共同点是调制器的调制频率正好等于激光共振腔的纵模间隔 $\Delta \Omega = \dfrac{\pi c}{L}$ (L 为腔长,是元件的光程总长度).此外,从原理上讲两类锁模都是经过调制器后,某一纵模的激光必须要有能量耦合到其他纵模上去,以使各纵模组成一个整体,迫使它们的相位一致起来,这方面的原理在一般的"激光原理"教材中会有更为详尽的介绍.

根据 §7.4 电光相位调制器的分析可知,频率为 ω_0 的光经过相位调制后将包含以 ω_0 为中心频率的整个边带频率:$\omega_n = \omega_0 \pm n\omega_m$($n = 1,2,3,\cdots$),其中 ω_m 为调制频率,如果 ω_m 正好等于纵模间隔 $\Delta \Omega$,ω_0 正好等于某一模频率 Ω_n,那么调制后的频率为 $\Omega_n + n\Delta \Omega$,还是其他纵模频率,所以完全可以达到锁模的要求.在本节我们只对电光锁模作以下几点简要说明.

(1)锁模的调制器必须紧靠共振腔镜的一端,这是因为腔内的各纵模主要是以驻波的形式存在,只有靠近腔的一端,各纵模之间能量耦合最大.

（2）理论上调制器的调制频率可以定义为 $\omega_m = \Delta\Omega = \dfrac{\pi c}{L}$，但是事实上，由于腔长的稳定性（主要受机械的变形、振动和环境温度引起的热伸缩等因素的影响）和调制器的驱动电源信号的频率稳定性的限制，常常会使锁模激光器工作在失谐状态。通常失谐量可定义为 $\Delta\omega = \dfrac{\pi c}{L} - \omega_m$。根据失谐状态下的理论分析和实验上规律表明：整个腔内相位调制的多纵模激光器根据失谐量的大小将分别工作在三种状态（见图 7.22）。（1）失谐量 $\Delta\omega$ 在 $-\Delta\omega_s$ 和 $+\Delta\omega_s$ 之间，我们将这个频率区间定义为锁模振荡区，输出的功率将随 $|\Delta\omega|$ 增大而减小，直到失谐量等于 $\pm\Delta\omega_s$ 时完全淬灭。（2）$\Delta\omega$ 在 $\pm\Delta\omega_s$ 之外、在 $\pm\Delta\omega_p$ 之内为完全淬灭区。（3）$\Delta\omega$ 超过 $\pm\Delta\omega_p$ 所定义的频率区间之外，激光器运转在相位调制区，这时输出的不是锁模脉冲序列，而是振幅变化不大的相位调制波，因而光强度在时间上没有强烈起伏的脉冲序列。通常出现在 $20\sim40$ kHz 的低频的振荡现象。

锁模区的总宽度一般仅 $5\sim10$ kHz，要得到输出功率较大的锁模输出的话，要确保失谐量小于此半圆之内，可见腔长的稳定度和驱动电源的频率稳定性要求非常之高。

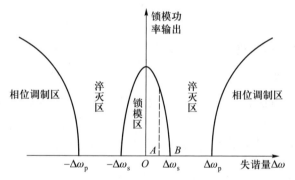

图 7.22　相位锁模失谐状态下的三个工作区

人们根据上述性质，设计了一台锁模兼调 Q 的 YAG 激光器。其原理是调制频率不固定在 $\dfrac{c}{2L}$，而是在 $\left(\dfrac{c}{2L}\right) \pm \Delta\nu_0$ 之间扫描，最大失谐量 $\Delta\nu_0$ 还在锁模区内（如图 7.22 中 A 点处）。此外，又对调制信号频率加上一个脉冲频率调制（重复频率为 90 kHz），使得调制频率又额外加上 $\Delta\nu_p$，加上脉冲调制的期间最大失谐量 $\Delta\nu_0 + \Delta\nu_p$ 将进入淬灭区（图 7.22 中的 B 点处），相当于 Q 开关关闭。当去掉这个脉冲调制时 $\Delta\nu_p = 0$，扫描的调制频率又都在锁模区内，激光器又开始运转。

（3）相位调制器的调制度大小会影响锁模区的宽度，但对锁模输出功率的直接影响不大，故一般电光相位调制度不能过大，只能是半波电压的百分之一。

（4）为使锁模激光器工作稳定,有时用腔内光阑选横模.相位调制锁模可用于气体激光器,也可以用于红宝石、钕玻璃脉冲激光器、YAG脉冲激光器等.

图7.23为一台YAG锁模激光器的示意图.

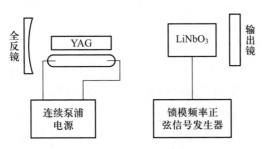

图 7.23　连续 YAG 锁模激光器示意图

§7.10　电光材料

为寻找新的性能优越的电光材料和制作电光器件时挑选适合的电光材料,必须对电光晶体性能进行全面的考察.和非线性光学转换材料一样,大体上有如下几点基本考虑:

（1）要有合适的光学透明频段区.

（2）要有低的介电损耗、好的热传导性能和好的化学稳定性.

（3）具有高的抗激光损伤阈值.

（4）良好的光学质量（光学均匀性）.

（5）高的电光系数和低的半波电压等.

以上（1）、（2）两点与实际上与非线性光学材料要求基本一样,我们在上一章中已进行了阐述和讨论.（3）、（4）两点将在下面§7.11和§7.12中进行专门讨论.本节主要讨论晶体的电光系数和它的品质因素.

（一）电光系数的量级

根据§7.1电光系数的定义是

$$\Delta\left(\frac{1}{n^2}\right)_{ij} = \sum_{k=1}^{3} \gamma_{ijk} E_k \tag{7.54}$$

各种常用电光材料的系数已列在表7.1中,可以看到各种材料的系数差别最多可达一到两个数量级.我们从电磁学中知道,晶体中的极化强度 $P_i(i=1,2,3)$ 和电场 $E_i(i=1,2,3)$ 存在一定的关系.如果我们把电光效应表示为 $\Delta\left(\frac{1}{n^2}\right)_{ij}$ 和 P 之

间存在的关系,则可以写成:

$$\Delta\left(\frac{1}{n^2}\right)_{ij} = \sum_{k=1}^{3} f_{ij,k} P_k \tag{7.55}$$

$f_{ij,k}$是极化强度的电光系数.由于 $P = \varepsilon_0 \chi E = \varepsilon_0 (\varepsilon - 1) E$,对比(7.54)式和(7.55)式,它和通常定义的电光系数有如下关系:

$$\gamma_{ij,k} = \varepsilon_0 (\varepsilon_{kk} - 1) f_{ij,k} \tag{7.56}$$

(详细见本节最后一段的推导.)从实际材料性质来看,对于绝大部分材料来说,这个极化强度的电光系数$f_{ij,k}$几乎没有很大的变化,其数值大约是 0.1 m^2/C.如果我们利用(7.56)式粗略地估计 $\gamma \approx \varepsilon_0 \varepsilon f \approx \varepsilon \times 10^{-12}$ m/V.由此,可见各种材料的差别主要来自介电常量ε,因而ε特别高的铁电材料在电光材料中将占据重要地位.譬如,LiIO$_3$材料由于其有高的非线性系数,因而是较好的倍频材料.但由于它的介电常量非常小,就不能作为好的电光晶体.在通常的实验条件下,我们无法直接测量而得到晶体的极化强度 P,但很容易从晶体尺寸和所加电压而知道晶体内的电场 E,所以在实用中使用(7.54)式中的电光系数 γ 要比(7.55)式中的 f 方便得多.另一方面,(7.55)式中的 f 对绝大多数的材料而言没有太大差异,却给我们很大的启示.晶体的线性电光效应的根源,更直接地与晶体中的极化相联系.由于铁电晶体在铁电相变中伴随着自发极化强度的剧烈变化,因此我们常常可用测量电光系数的方法来研究铁电晶体的相变行为.

表 7.1   主要电光晶体的电光系数

材料	晶体类型	γ_{ij}(室温)/ $(10^{-12}$m/V)	折射率	$n_o^3 \gamma /(10^{-12}$m/V)	E(室温)
KDP	$\overline{4}2$m	$\gamma_{41} = 8.6$	$n_o = 1.51$	29	$E /\!/ C$ 20
		$\gamma_{63} = -10$	$n_e = 1.47$	32	
KD*P	$\overline{4}2$m	$\gamma_{41} = 8.8$	~ 1.5	90	50(24℃)
		$\gamma_{63} = 23$		30	
ADP	$\overline{4}2$m	$\gamma_{41} = 24$	$n_o = 1.52$	85	12
		$\gamma_{63} = 8.5$	$n_e = 1.48$	27	
石英	6	$\gamma_{41} = 0.2$	$n_o = 1.54$	0.7	4.3
		$\gamma_{63} = 0.93$	$n_e = 1.55$	3.4	
GaAs	$\overline{4}3$m	$\gamma_{41} = 1.6$	$n_o = 2.37$	59	11.5
ZnTe	$\overline{4}3$m	$\gamma_{41} = 3.9$	$n_o = 2.79$	85	7.3
CdTe	$\overline{4}3$m	$\gamma_{41} = 6.8$	$n_o = 2.6$	120	

材料	晶体类型	γ_{ij}(室温)/(10^{-12}m/V)	折射率	$n_o^3\gamma/(10^{-12}\text{m/V})$	E(室温)
LiNbO₃	3m	$\gamma_{33}=32$	$n_o=2.29$	$n_e^3\gamma_{33}=340$	98
		$\gamma_{13}=8.6$	$n_e=2.20$	$n_o^3\gamma_{22}=37$	
		$\gamma_{22}=3.4$		$\frac{1}{2}(n_e^3\gamma_{33}-n_o^3\gamma_{13})=110$	
		$\gamma_{42}=28$			
LiTaO₃	3m	$\gamma_{33}=33$	$n_o=2.175$	$n_e^3\gamma_{33}=340$	43
		$\gamma_{13}=8$	$n_e=2.180$		
		$\gamma_{22}=1$			
		$\gamma_{42}=20$			
BaTiO₃	4mm	$\gamma_{33}=23$	$n_o=2.437$	$n_e^3=334$	4300
		$\gamma_{13}=8.0$	$n_e=2.365$		
		$\gamma_{42}=820$			
BaNaNb₅O₁₅ (BNN)	mm2	$\gamma_{33}=48$	$n_e=2.20$	$n_e^3\gamma_{33}\approx510$	51
		$\gamma_{13}=15$	$n_a\approx n_b=2.32$		
		$\gamma_{42}=92$			
		$\gamma_{23}=13$			
		$\gamma_{51}=90$			

说明:1. 表中所列数据来源于激光手册,第一分册,P990.

2. 表中除 BaTO₃ 是高频下电光系数 γ_{ij}^S 外,其他均取即低频下的电光系数 γ_{ij}^T.

对比(7.54)式和(7.55)式时,这里包含了材料体系 P 与 E 之间关系,根据电磁学中极化理论:

$$D_k = \varepsilon_0 E_k + P_k = \sum_{l=1}^{3} \varepsilon_0 \varepsilon_{kl} E_l$$

则

$$P_{k=1-3} = \sum_{k=1}^{3}(D_k - \varepsilon_0 E_k) = \varepsilon_0 \sum_{l=1}^{3}(\varepsilon_{kl} E_l - E_k) = \varepsilon_0 \sum_{l=1}^{3}(\varepsilon_{kl} - \delta_{kl}) E_l$$

$$(7.57)$$

式中 δ_{kl} 为克罗内克符号,有 $\delta_{kl}=0(k\neq l)$, $\delta_{kl}=1(k=l)$,将上式代入(7.55)式得:

$$\Delta\left(\frac{1}{n^2}\right)_i = \sum_{k=1}^{3} f_{ij,k}\left[\varepsilon_0 \sum_{l=1}^{3}(\varepsilon_{kl} - \delta_{kl}) E_l\right]$$

$$(7.58)$$

令 $l=k$，对比(7.54)式，得到如(7.56)式所示的 $f_{ij,k}$ 与 $\gamma_{ij,k}$ 之间的关系.

（二）线性电光效应的物理根源

既然电光效应应该与介电极化存在本质联系，因此线性电光效应根据晶体极化机制的不同，就其物理根源来说可分为两部分：一部分是调制电场作用下，离子位移极化和离子上的价电子之间交互作用引起的间接贡献；另一部分是调制电压直接作用于离子上的价电子所引起的非线性电子位移极化的效应.后一部分完全同于上一章参量混频中电子非线性极化的作用，所不同的是，在(6.8)式里两个场强分量乘积 $E_i(\omega_1)E_j(\omega_2)$ 中，一个场强 $E_i(\omega_1)$ 要用调制电场强度取代，调制电场频率远低于光频.可近似表示为 $E_i(\omega_1)=E_i(0)$，而另一个是被调制的光波的电场，可表示为 $E_j(\omega_2)=E_j(\omega)$，而混频后的频率 $\omega_3 \approx \omega$，故应改为

$$P_i(\omega)=\sum_{j,k=1}^{3}\chi_{i,jk}(\omega_0,0,\omega)E_j(0)E_k(\omega)=$$

$$\sum_{k=1}^{3}\left[\sum_{j=1}^{3}\chi_{i,jk}(\omega_0,0,\omega)E_j(0)\right]E_k(\omega)=\sum_{k=1}^{3}\chi_{ik}E_k \qquad (7.59)$$

很明显，其中第三等式是把括号内看作光频下的电子极化率 $\chi_{ik}=\sum_{j=1}^{3}\chi_{i,jk}(\omega_0,0,$
$\omega)E_j(0)$，表示光频下的电子极化率和调制电场之间的线性关系.这也就是线性电光效应中由于电子非线性极化引起的贡献 γ^e，这部分贡献在实验上可以和离子位移极化引起的贡献区分开来.由于它和倍频效应源于同一机制，因而必然和倍频系数有内在联系.可以证明：

$$\gamma_{ij,k}^{e}=4(n_in_j)^{-2}d_{k,ji}^{2\omega} \qquad (7.60)$$

如果我们利用各种材料的倍频实验数据，所得 $\gamma_{i,jk}$ 换算成 $f_{i,jk}^e$ 的话，确实证实 $f^e \approx 0.1\,\mathrm{m}^2/\mathrm{C}$ 量级.这是理论上和实用上都是非常重要的结果，说明倍频和电光效应的电子非线性极化渊源于同一机制.事实上，不少晶体的确是好的倍频晶体同时，又可作为优良的电光晶体.

至于离子实位移引起的线性电光效应的贡献，在调制频率低于数百兆赫兹时，通常是来自通过反压电效应产生的宏观弹性形变.晶体形变引起的晶体密度的变化，导致了其折射率的变化，这是通过光弹效应做出的间接贡献，是一种二次效应.当调制频率超过数百赫兹后，宏观的电致伸缩来不及跟上调制电场的变化，这部分将没有任何贡献，但这时将更容易激发晶体内正负离子的相对振动，也就是晶体光频支振动.这种振动产生的极化偶极矩，将对临近离子上的电子在光频下的电子极化率有强烈的影响.这种离子振动引起的折射率改变，是电光效应极为重要的贡献部分，有时甚至可以到电子非线性极化贡献的 10 多倍，这种影响也是显然的.图 7.24 所示即为相邻离子位移，对电子极化率变化的示意图.图 7.24(a)为未加调

制电场下的离子相对位置,图 7.24(b)为近旁两负离子相向振动方式,对于正离子上电子将产生额外电场起伏.从图 7.24(c)中可看出,近邻离子作平行方向振动,左右两边离子在中间离子上的附加电场起伏相互抵消,所以这种振动方式,对电光效应贡献也小些.总之,离子振动的振幅应和调制电压的电场成比例,外场越大则振幅越大,那么与近邻离子间的耦合越强.通常附加场强和离子振动的振幅有一定函数关系(当然,这种关系往往不是线性的).如果把它展开成振幅的级数,其中位移振幅的二次项就对应于线性电光效应的贡献.而各种不同的光频支振动模式贡献的总和就是离子位移对电光效应的总贡献,这部分贡献和电子的贡献 $\gamma_{ij,k}^{e}$ 是叠加在一起的.如果我们在数百兆赫兹以上测得的电光系数为 $\gamma_{ij,k}^{s}$(这时不包括宏观弹性形变的贡献),那么其线性电光效应中由于电子非线性极化引起的贡献之间的差值 $\gamma_{ij,k}^{s}-\gamma_{ij,k}^{e}$ 就是光频振动极化的贡献.我们可以利用拉曼散射测量出晶体光频声子谱,并且利用相应频率下的红外吸收(实验上可通过红外吸收光谱计算出晶体的介电常量),可以估计出这部分电光效应的量级,大量研究表明与实验上 $\gamma_{ij,k}^{s}-\gamma_{ij,k}^{e}$ 的差值基本上是符合的.此外在低频调制下(小于数百兆赫)的电光系数 γ_{ijk}^{T} 是三部分贡献的总和,由于符号可能不同,应是代数和.表 7.2 中列出了几种晶体 γ^{T} 和 γ^{s} 的差异,这在设计高频调制器时也应予以注意.

(a) 近邻离子处于平均平衡位置的情况

(b) 近邻离子相向运动的振动方式,两离子同时对正离子
上电子的势场改变是叠加的以致影响它的极化性质较大

(c) 近邻两离子作平行的振动情况,两离子对正离子上电子云势能
的变化,互相抵消一部分,故对电子云的极化性质影响较小

图 7.24 近邻离子振动对正离子上电子云极化影响的示意图

现代实验技术为区分这些电光效应产生的机制提供了可能,研究者利用多种实验手段和数据来探讨和理解不同晶体之间电光性能差异的内在原因,包括晶体组分、杂质等对电光性能影响的原因.譬如,有人通过改变 LiNbO$_3$ 的组分比(R = Li/Nb),R 从 1 到 1.1 变化时倍频强度仅增大约 1.4 倍,而半波电压 V_π 的变化竟然达到了 4 倍[利用计算得到的电光系数 $\gamma_c = \gamma_{33} - (n_0/n_e)^3 \gamma_{13}$],可初步推断组分的影响可能主要是通过电子和离子振动间的耦合而起作用的.

表 7.2   几种电光晶体 γ_{ij}^{T} 与 γ_{ij}^{s} 的对照

材料	(ij)	$\gamma_{ij}^{\mathrm{T}}/(10^{-12}\ \mathrm{m/V})$	$\gamma_{ij}^{\mathrm{s}}/(10^{-12}\ \mathrm{m/V})$
KDP	(63)	−10	8.8
	(41)	86	—
KD*P	(63)	26	24
	(41)	8.8	—
ADP	(63)	8.5	5.5
	(41)	+24	—
LiNbO$_3$	(33)	+32	+31
	(13)	+10	+8.6
	(42)	+33	+28
	(22)	+6.8	+3.4
LiTaO$_3$	(33)	+33	+33
	(13)	+8	+8
	(51)	+20	+20
	(22)	+ ≈ 1	+ ≈ 1

（三）电光材料品质因子

前面已经讲到要评估或挑选一个晶体,并不能单纯看电光系数的大小,必须综合考虑各方面的性能,如果就不同晶体调制性能的优劣来说,那么显然使用半波电压则比较合适.根据 §7.3 中的公式:

$$V_{\pi} = \frac{\lambda}{n_0^3 \gamma_{\mathrm{c}}} \tag{7.61}$$

式中,n_0 为寻常光折射率,λ 为真空中光波的波长,γ_{c} 是有效的电光系数(其对于不同晶体类型和不同的调制方式可有不同的表式),例如:

$\gamma_{\mathrm{c}} = 2\gamma_{63}$ KDP 型纵向调制

$\gamma_{\mathrm{c}} = \gamma_{33} - (n_0/n_{\mathrm{e}})^3 \gamma_{13}$ LiNbO$_3$ 型横向调制

从(7.61)式中可看出,$n_0^3 \gamma_{\mathrm{c}}$ 决定了半波电压,因而一般情况下称 $n_0^3 \gamma_{\mathrm{c}}$ 为电光性能的品质因子.由于品质因子与折射率 n_0 有三次方关系,因此折射率的大小将在很大程度上影响半波电压. 譬如表 7.2 中 KD*P 的 γ_{63} 和 LiNbO₃ 的 γ_{33} 不相上下, 仅仅是因为 LiNbO₃ 的 n_o 更大, 因此后者比前者品质因子大四倍之多, 再一次说明高折射率材料在电光晶体中的重要地位. [在 LiNbO₃ 半波电压公式 (7.24) 式中, 尚有与材料无关的尺寸因子 (d/L), 故在作材料电光性能 γ_c 的比较时, 我们令 $(d/L) = 1$.] 不过, 这个评估质量的品质因子, 并非在所有情况下都是合适的, 例如在高频调制器中, 由于高频介电常量 (即 n^2) 大了, 作为调制电源负载的晶体调制器电极的电容量将会增大, 那么在高频下工作的调制器, 必然需要过多地在电源内阻 R_S 上降压, 这是高频工作时很大的障碍. 通常的做法是要在晶体电极间并联一个电感 L 与电阻 R_L (见图 7.25), 组成 R_LC 谐振回路, 其频率 $\omega_0^2 = (LC)^{-1}$ 正好调整在工作频率上, 当 $R_L \gg R_S$ 时, 这个谐振回路可以保证在一定带宽 $\Delta\omega$ (以 ω_0 为中心) 之内.

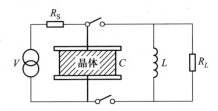

图 7.25 电光调制器的等效电路, R_S 为调制信号内阻, R_L 是分路电阻, C 为晶体电极间的电容

电源电压信号大部分都能加载到晶体上去, 则这个带宽是

$$\Delta\nu = \frac{\Delta\omega}{2\pi} \cong \frac{1}{2\pi R_L C} \quad (\omega_0 \text{ 为中心}) \tag{7.62}$$

在实际中, 带宽 $\Delta\nu$ 通常是根据某种应用目的来确定的. 当调制器达到半波电压时, 电源消耗的功率 $P_{\Delta\nu} = \dfrac{v_\pi^2}{2R_L}$. 考虑到电容 C ($C = \varepsilon_0\varepsilon_r C^0$, C^0 为电极板间没有晶体时的电容), 可以计算所消耗驱动功率为

$$p_{\Delta\nu} = \frac{v_\pi^2}{2R_L} = \left(\frac{\lambda}{n_o^2\gamma_c}\right)^2 \pi\Delta\nu c = \pi\varepsilon_0 C^0 \lambda^2 \left(\frac{\varepsilon_r}{n_o^6\gamma_c^2}\right)\Delta\nu \tag{7.63}$$

对于高频宽带调制器来说, 我们最关心的是最小的微波驱动调制功率. 因此, 常常用 (7.63) 式中仅与材料有关的量来定义电光调制系统的品质因子, 故宽带调制器品质因子为

$$\frac{\varepsilon_r}{n_o^6\gamma_c^2} \tag{7.64}$$

* §7.11   晶体的激光损伤

在高功率激光器的应用中,对于所有材料包括基质激光晶体、玻璃、反射镜、窗口以及各种晶体器件来说,抗激光损伤的性能是可能遇到的共性问题.晶体损伤包括体损伤和表面损伤以及在可见光波段运转下的折射率损伤,前面两种属于永久性的损伤.由于损伤问题的复杂性,除少数几种损伤机制外,大多在实验上和理论上都还不是很清楚,现在只能概括地作一些定性说明.

(一)激光体损伤

这是一种永久性损伤,一般地说,激光功率密度要在 10^8 W/cm^2 以上才能导致这种损伤.在多模激光器中,即便在较低的平均功率密度下,由于瞬时光强起伏和光束功率密度中出现"热点",也会导致这类损伤.这种损伤往往在光束进行路线上出现一串细小"气泡"状颗粒,或者细丝状痕迹.导致这类损伤的物理原因有很多,有时一种机制起主导作用,有时几种机制共同在起作用.现在分别介绍以下几种可能的机制:

(1)雪崩式电击穿,这在前面已作过详细讨论.这种机制在很宽的频率范围内,产生时间不大于 10^{-9} s 的光脉冲寿命.对于各种绝缘体、半导体来说,这可能都是一种很基本的损伤机制,它往往可能在其他损伤机制的诱发下,参与损伤过程的最后阶段.

(2)包裹物吸收,晶体或其他介质中的包裹物,特别是导电性颗粒,在光的高频场作用下大量吸热,造成局部熔化甚至产生汽化冲击波导致介质的损伤,例如铂坩埚熔炼的玻璃中往往由于存在铂的细小包裹物而大大降低了体损伤的阈值.

(3)体吸收,由于介质本身或多或少地具有导电性,在光电场作用下产生焦耳热以及由介电损耗导致的激光能量吸收而使晶体温度升高,从而又进一步使离子晶体产生更多的焦耳热和介电损耗,直到介质发生局部击穿而导致损伤.这种损伤需要较长的光脉冲寿命(10^{-5} s 以上)和足够的激光功率才有可能积累到足以破坏的热量,产生这种损伤.

(4)受激布里渊散射,这就是激光和声频支晶格振动的交互作用.激光致使介质产生强烈的微波超声,在激光功率足够强的情况下可使某种超声振动模达到受激状态.这种强烈的微波超声波,在机械应力和热的作用下,可以在很短时间内造成介质的损伤.

(5)多光子吸收,特别是在相位匹配条件下的倍频或参量振荡器中,由于一些不同的频率又都具有可观能量的激光同时存在,很可能通过混频过程或多光子过程(倍频或多倍频),使得有足够能量的光子直接从价带中使电子大量电离.相比在一般不存在相位匹配的混频条件下,多光子吸收概率非常小,因此这种破坏的阈值将是非常高的,估计在 10^{10} W/cm^2 以上,往往在达到这个阈值以前其他损伤过程早已发生了.

(6)自聚焦(或光自陷),这是由于介质的非线性极化使得激光在介质中传播时自行聚焦的过程.这一过程导致激光传播一定距离可以聚集成一束很细、直径基本不变的光束(直径仅 100 μm 的量级),光束功率密度大大增强,这样高的功率密度足以引起雪崩式的击穿,导致介质的损伤.这种光束自行会聚的现象称为自聚焦或光自陷.这种自聚焦现象理论上可以这样来解释,介质的非线性极化,使得折射率与光场有如下关系:

$$n = n_0 + \frac{1}{2} n_2 E^2 \quad (n_2 > 0) \tag{7.65}$$

[线性电光效应(即泡克耳斯效应)在自聚焦现象中并不起作用,只有正比 E^2 的二次电光效应起作用,这里为简单起见就是用标量形式,相当于把晶体视为各向同性介质,因为二次电光效应在各向同性介质中也存在.]而激光束以高斯光束形式传播,光束截面内强度按高斯分布.光束截面内折射率 n 也有不同,中心强度较高(例如 TEM$_{00g}$模),如果 $n_2 > 0$ 则中心处光的相速减小,光线即会自行向内会聚,如图 7.26 所示即为自聚焦的示意图.高斯光束本身在传播中有衍射效应,自聚焦要发生作用首先要抵消这个效应,才能达到自陷的状态.理论上可以估计出所需的最小的激光功率为

$$P_{\text{cr}} = 5.763 \lambda^2 C n_0 / 16 \pi^3 n_2 \tag{7.66}$$

当激光功率超过最小的激光功率时将发生自聚焦.当然,还可以从理论上估计出聚焦距离(即光经过这段距离后开始自陷),一般情况功率越大,聚焦距离越短.

需要注意的是,(7.65)式中出现 $n_2 E^2$ 项的物理原因可能不同,一般在液体介质中通常是克尔效应,在固体则是由电致伸缩引起的宏观形变,这种形变通过光弹效应产生折射率正比 E^2 的变化.不过相对于在固体中,这个效应在液体内更显著,介质的自聚焦损伤无疑是由于自陷光束内功率密度提高了几个数量级以致发生雪崩式击穿或其他损伤机制.(当电场很强时的逆压电效应,除应考虑正比于 E 的应变外,还需考虑电场的平方项,即 $e_{jk} = \sum_{i=1}^{3} d_{ijk}^0 E_i + \sum_{i,l}^{3} \gamma_{iljk} E_i E_l$,第一项即通常的逆压电效应,第二项为电致伸缩项,而这一项和第一项不同,即使在各向同性介质中也存在.)由于损伤最后阶段将由其他过程决定,所以其详细损伤过程极为复杂.再者,通常在固体中的这种损伤都在巨脉冲激光照射下才发生,因而聚焦情况更为复杂,而且聚点也随着光脉冲波在迅速移动,因而这种损伤阈值和光脉冲寿命也有极为复杂的关系.

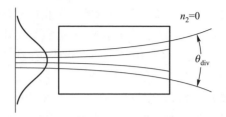

(a) $n_2=0$的情况，正常高斯光束的传播，θ_{div}为光束的衍射发散角

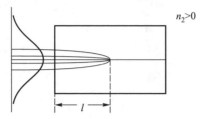

(b) $n_2>0$，发生自聚焦，L为焦距长度

图 7.26 自聚焦的示意图

现将体损伤的各种机制的损伤阈值功率密度和脉冲寿命、能量密度的关系，定性地画在图 7.27 中，该图纵坐标为能量密度，横坐标为脉冲寿命，图中任一点的纵坐标值和横坐标值之比即为功率流密度.每条曲线表示某种机制.在一定脉冲寿命下，产生损伤所需的最低单脉冲能量密度，粗黑线表示一定光脉冲寿命下，阈值最低的那种机制，需要说明的是，这个图仅是一种定性估计.

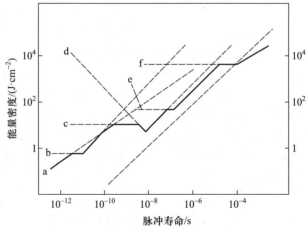

a—多光子吸收；b—包裹物吸收；c—电子雪崩击穿；d—自聚焦；
e—受激布里渊散射；f—体吸收.

图 7.27 各种体损伤机制损伤阈值示意图

（二）表面损伤

这是一种更能引起麻烦的损伤,因为常常在远低于体损伤阈值时,表面就可以产生永久性的破坏.这种损伤过程往往表现为在进光和出光表面会产生"烧"坏的小坑和斑点.这种表面损伤的阈值即便是利用相同的材料实验,其测量结果往往也有很大差异,这也反映了某些不是材料本身性质决定的"外来"因素在起作用,使表面损伤问题更为复杂化.实验上有迹象表明,表面平整光洁的晶体(无划痕、无微小凹坑等)将会大大改善抗表面损伤的性能.此外,在实验上也发现光学器件的出射面和全内反射面往往比入射面更易损伤.甚至有人将显微镜盖玻片用一薄层甘油贴在入射和出射表面上,这使得损伤阈值也可得到改善.有人提出表面缺陷(凹坑划痕、微裂缝)附近实际电场的增强效应可解释部分实验现象.计算中以一个球形空洞、长半圆柱体和长椭球来模拟上述缺陷,用静电学方法计算表面缺陷附近的实际电场强度为

$$E_{实} = \frac{1}{1+\left(\dfrac{1-\varepsilon_r}{\varepsilon_r}\right)L}E_0 \qquad (7.67)$$

式中, E_0 为体内均匀电场强度, ε_r 为相对介电常量, L 为几何因子,对三种缺陷(见图 7.28)分别是

$$L = \begin{cases} 1/3 & \text{（球）} \\ 1/2 & \text{（圆柱体）} \\ 1-\dfrac{\pi}{2}\left(\dfrac{c}{a}\right) & \text{（旋转椭球体）} \end{cases}$$

以球为例, $\dfrac{E_{实}}{E_0} = \dfrac{3\varepsilon_r}{2(\varepsilon_r+1)} \approx 1.5$,几何电场增强 1.5 倍,它定性解释表面光洁度太差将更易损伤的现象.

此外,考虑到表面上入射光和反射光的干涉效应,实际上的电场强度应是两者振幅的矢量和,那么在入射表面处,由于从空气射向折射率高的介质,入射光振动和入射光相位差 π 相互抵消一部分,所以总电场强度必小于入射光的电场强度.而在出射面或全内反面上光是从折射率高的介质射向折射率低的空气,反射时没有半波损失,相位相同,总的电场振幅应该相加,必然大于入射光场的振幅,这也较好地解释了出射面、全反面较易损伤的事实.

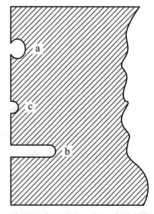

a—表面凹坑,麻点,以一空球模拟;
b—表面划痕,以一长圆柱体模拟;
c—微裂缝,以一椭球模拟.

图 7.28 三种表面缺陷计算其附近实际电场时的模型

　　但是由于表面损伤还缺乏系统可靠的实验规律,很多现象还不能得到满意的解释.

　　此外,第三种损伤形式即所谓"折射率"损伤,这是一种可以恢复的损伤的形式,但正是这种损伤,限制了铌酸锂等晶体在可见光范围的应用.总之,晶体的抗损伤性能,特别是在高功率激光的应用中是一项极为重要的因素.至于如何提高现有的非线性性能很好的晶体的抗损伤的阈值,以及如何避免器件在使用中的激光损伤,由于人们对损伤的机理和实验规律还不完全清楚,因此还没有一个系统的方法去解决,但是根据晶体生长、加工和器件设计中采取适当措施抗激光损伤,可以对这一问题做一定程度的解决或某些改善.对体损伤来说,譬如包裹物吸收损伤和折射率损伤问题,可以针对生产原料和生长工艺过程,严格控制那些导致损伤的杂质污染.其他体损伤都属于材料固有的特性,则必须从根本上寻找新的激光性能材料,以及在整个器件设计中,尽可能避免激光功率密度的局部集中,避免多模振荡中"热点"的发生,以使运转中激光功率控制在体损伤阈值下,或者对关键性的部件采取保护装置(譬如装上损伤阈值稍低材料,在它发生损伤后可以使激光运转停止).对于表面损伤来说,主要是寻求在表面加工工艺上加以改进,避免表面上存在机械划痕,使得表面具有理想的光洁度,或者采用离子束轰击抛光等无机械伤痕的新工艺,或改进表面导电性能等.此外,在器件设计中改变全反面相对于入射光线的方向,以使电场干涉的结果降低表面附近的实际电场强度(譬如有人经计算认为等边三角形全反玻璃棱镜比 90°直角玻璃棱镜更有利),有可能提高器件某些最易损伤的表面的抗损伤性能.

§7.12　晶体均匀性实验检测

　　电光晶体的光学均匀性直接影响其使用性能.水溶液生长的 KDP 类型的晶体一般易于生长大块均匀晶体,而铌酸锂等直拉法生长的晶体难免由于溶质偏聚现象,而导致在生长过程中沿晶体轴向的或径向的双折射率的不均匀性.这种不均匀性的检验实验方法很多,但比较简单的有以下两种.

　　(一)正交偏光干涉法

　　正交偏光干涉法的实验装置在第五章 §5.5 中已有介绍.检查晶体的不均匀性时,试样垂直于通光的两端面应加工成平行平面,并进行光学抛光. 如果晶体光学不均匀,那么双折射 $\Delta B = n_o - n_e$ 将是通光截面内坐标的函数(见图 7.29),假定沿 z 轴方向有一双折射率的梯度,则 $B(z) = B(0) + \dfrac{\partial B}{\partial z}z$,截面内各处的相位滞后不同可表示为

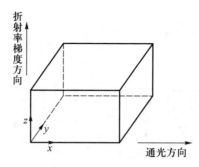

图 7.29　晶体双折射不均匀性计算中几个坐标方向的规定

$$\Gamma(z) = \frac{2\pi}{\lambda}\left[B(0) + \frac{\partial B}{\partial z}z\right]L$$

干涉图像出现明暗条纹,相邻两条纹间相位滞后是 $\Gamma(z_1) - \Gamma(z_2) = 2\pi$,其中 z_1、z_2 为相邻暗纹的位置,利用上式可求得相邻两条纹间距 $(z_2 - z_1)$ 和双折射率梯度的关系为

$$\Delta z = z_2 - z_1 = \frac{\lambda}{\left(\frac{\partial B}{\partial z}\right)L} \tag{7.68}$$

可见晶体均匀性越差,则条纹越密集.实际上不均匀性不是很有规则的梯度,均匀性差的晶体的干涉图样应出现密集条纹或严重扭曲的条纹,均匀性较好的晶体则不出现条纹或条纹很稀疏.这类检验方法较适合于定性地观察,并为该晶体可选择制作器件的部位作参考.但是需要注意的是,这种检验方法必须保证表面的平行度(小于 1′)和平整度(小于 1 光圈),否则将引起额外的等厚条纹.

(二) 消光比测量法

调制用的电光晶体器件,人们比较关心的是其调制度.对于一个理想均匀的晶体,根据 §7.4 中分析,调制电压 $V = 0$ 和 $V = V_\pi$ 时,光强度应分别为 $I/I_0 = 0$ 和 $I/I_0 = 1$.如果晶体不均匀,那么自然双折射各处有差异,补偿器不可能使通光截面内所有区域的自然双折射同时完全补偿,因而 I/I_0 既不达到零,也不可能达到 1,也就是调制性能变差了.实际上,我们将能达到的通光极大值与极小值之比称为消光比,用这个量既能表征调制度的性能优劣,又表征了晶体的均匀性,测试装置见图 7.30.

现在具体分析一下,消光比和不均匀性之间的定量关系.由于激光束在光束截面内能量按高斯分布,那么总的通光功率必须按通光截面内面积 $\mathrm{d}y\mathrm{d}z$ 积分(x 轴为通光方向)得到:

$$P = \frac{P_0}{2}\frac{1}{\pi a^2}\int_{-\infty}^{\infty} \exp\left(\frac{y^2 + z^2}{a^2}\right)(1 - \cos\Gamma)\mathrm{d}y\mathrm{d}z \tag{7.69}$$

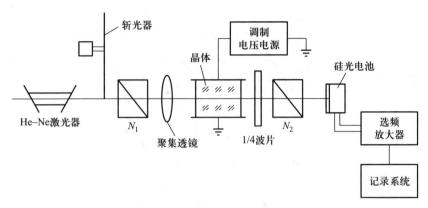

图 7.30 消光比测试装置原理图(1/4 波片补偿自然双折射时使用,N_1、N_2 有旋转的刻度盘,可以调节 N_1、N_2 平行或垂直,测消光比,也可以固定 N_1、N_2,加调制电压测定)

式中,a 为光斑半径,$\Gamma = \Gamma_0 + \Delta\Gamma$,$\Gamma_0$ 是晶体坐标原点处的双折射相位滞后角,$\Delta\Gamma$ 是晶体自然双折射不均匀性引起的,相对于原点处的偏差量,应是坐标的函数.在消光比测量时,可改变直流调制电压或者补偿器,分别使其达到 P_{max} 和 P_{min}.这个极大值和极小值,相应于使坐标原点处(即激光束中心位置)面积元中相位滞后角 Γ_0 恰好被补偿到 π 的奇数倍和偶数倍,故有:

$$P_{max} = \frac{P_0}{2}\left[1 + \frac{1}{\pi a^2}\int_{-\infty}^{\infty} \exp\left(\frac{y^2 + z^2}{a^2}\right)\cos\Delta\Gamma \mathrm{d}y\mathrm{d}z \right] = \frac{P_0}{2}(1 + h) \quad (7.70)$$

$$P_{min} = \frac{P_0}{2}(1 - h) \quad (7.71)$$

定义

$$h = \frac{1}{\pi a^2}\int_{-\infty}^{\infty}\exp\left(-\frac{y^2 + z^2}{a^2}\right)\cos\Delta\Gamma \mathrm{d}y\mathrm{d}z \quad (7.72)$$

h 称为消光函数,这是表征晶体均匀性的参量,完全均匀时,$h \approx 1$,这样消光比为

$$R = \frac{P_{max}}{P_{min}} = \frac{(1 + h)}{(1 - h)} \quad (7.73)$$

对于不同类型的双折射不均匀分布,原则上只要把 $\Delta\Gamma$ 随坐标(y, z)变化的函数代入(7.72)式即可计算出不同的 h 值.我们注意到,这种不均匀性对消光比的影响是通过改变了通光方向与整个光程长度内累积的相位滞后角引起的,所以 $\Delta\Gamma$ 仅仅是(y, z)的函数.我们假定 $\Delta\Gamma$ 沿某一方向有一均匀的梯度(譬如沿 z 轴方向),那么有

$$\Delta\Gamma = \frac{2\pi L}{\lambda}A \quad (7.74)$$

式中,A 为 z 轴方向的双折射率梯度 $A = \partial B/\partial z$. 代入(7.72)式可得:

$$h = \exp\left(-\frac{\pi a^2 A}{\lambda^2}L^2\right) \tag{7.75}$$

从上式可看出 A 越大, h 越小, R 也就越小. 图 7.31 是 LiTaO$_3$ 的实验结果与理论计算曲线,符合得相当好.一般调制器或电光 Q 开关应用中, $L = 17.5$ mm,至少要求消光比在 100∶1 以上,那么由图中可看出要求 $\gamma_{OA} \approx 10^{-6}$,如果光斑取在 2 ~ 5 mm 之间,那么双折射率的梯度要在 $2 \times 10^{-5} \sim 10^{-4}$ cm^{-1}.

从 (7.75) 式可清楚地看到,消光比数值与激光波长、光斑大小及晶体长度都有关系,这在对比不同条件下所得的实验结果和设计器件时应十分注意,如要进行对比,必须按相应条件换算.

此外,定性地检查晶体均匀性正如第五章 §5.5 中提到的还可以利用锥光图的变形,以及利用特外曼-格林干涉仪等其他光学干涉仪检查,这在光学课程中有介绍,这里不再赘述.

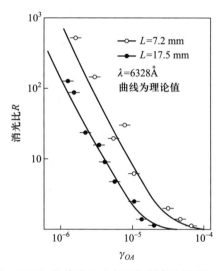

图 7.31　LiTaO$_3$ 的消光比 R 与双折射率的梯度 γ_{OA} 的关系

第七章习题

7.1　试写出 LiNbO$_3$ 晶体 x 轴方向加电场以后的折射率椭球方程.若 z 轴方向逆光, V_π 是多少?晶体所允许的偏振方向在哪里?能否做纵向调制?

7.2　KDP 晶体 z 轴方向加电场,能否做横向调制器?如果可以的话,光应沿什么方向传播?这时晶体允许的偏振方向在哪里?半波电压 V_π 是多少?

7.3　今有 CuCl(氯化亚铜)晶体(属 43m 点群),如果 x 轴方向加电场,那么:

（1）能否用于纵向调制？如果能的话，V_π 是多少？

（2）能否用于横向调制？如果能的话，V_π 是多少？

7.4 LiNbO$_3$ 晶体有如下数据 $n_o=2.3$，$n_e=2.2$，$r_{22}=4\times10^{-12}$ m/V，激光波长 $\lambda=1$ μm，YAG 棒的截面直径为 $\Phi=3$ mm，欲制成单 45° 全内反射 Q 形状，x 轴方向加电场，光沿 y 轴方向入射（光轴沿 z 轴方向），试进行如下设计：

（1）拟设计为 o 光退电压通开关，画出光路元件安排图.

（2）拟使用半波电压为 4 000 V，则晶体 x 方向的厚度 d 是多少？

（LiNbO$_3$ 晶体通光方向截面积比光斑直径大一倍，取 $d=6$ mm.）

7.5 一个矩形双程电光开关，材料为 KDP，采用纵向调制，设 z 轴方向退光，长度为 2 cm. 问开关由开变为关所需的电压 V 是多少？这时格兰-汤姆孙棱镜的偏振方向在哪里？所用激光波长 $\lambda_0=1.06$ μm，$n_o=1.51$，$\gamma_{63}=10.6\times10^{-12}$ m/V.

第八章　晶体的声光效应及其应用

　　声光效应(acousto-optic effect)是指声波与光波的交互作用,具体地说就是光被介质中的超声波衍射或散射的现象.声波是弹性波,因此声光效应也是光弹效应(photoelastic effect)的一种表现.当介质中存在弹性应力或应变时,介质的光学性质发生变化,或者说,介质的折射率或介电常量会发生变化,这样就会影响光在介质中的传播特性,这就是光弹效应.

　　当光通过介质中的声波产生衍射后,光束发生偏转、频移和强度变化,声光效应的应用就是利用这些衍射光束的特性.最早的应用仅限于某些物理性质的测量,例如声场的能量分布、声衰减系数、声速、弹性系数以及光弹系数等的测量,这些是利用衍射光强在通常条件下与声强成正比的关系.随着激光和超声技术的迅速发展,声光效应又在光电子技术中得到了广泛的应用,已制成多种声光元件如:声光调制器、声光Q开关、声光锁模器以及声光偏转器等,在不少激光的应用中已是不可缺少的单元技术.

　　下面先介绍晶体中光弹效应的唯象描述及声光交互作用理论,然后讨论声光效应在几方面的应用,最后总结一下在应用中对声光材料的要求.

§8.1　光弹效应

　　前面已经讲过晶体的折射率可以用折射率椭球来描述,椭球的系数 B_{ij} 是介电常量的逆张量 $(\varepsilon^{-1})_{ij}$ 或称介电不渗透张量,和折射率的关系为

$$B_{ij} = (\varepsilon^{-1})_{ij} = \left(\frac{1}{n^2}\right)_{ij} \tag{8.1}$$

椭球方程是
$$B_{ij}x_i x_j = 1 \tag{8.2}$$

一般情况下,不仅电场能使折射率发生变化(电光效应),应力也可使折射率产生变化(光弹效应),换句话说应力也可使折射率椭球的大小、形状和取向发生微小的变化.这一变化可用 ΔB_{ij} 来描述,如果只考虑线性变化,在外加电场 E_k 和应力 σ_{kl} 的作用下有

$$\Delta B_{ij} = \gamma_{ijk} E_k + \pi_{ijkl} \sigma_{kl} \quad (i,j,k,l=1,2,3) \tag{8.3}$$

γ_{ijk} 是三阶张量,引出了电光效应,而 π_{ijkl} 是四阶张量,引出了光弹效应. π_{ijkl} 称压光系数,用 MKS 制表示为

$$\gamma_{ijk} \sim 10^{-12} \text{ m/V}$$

$$\pi_{ijkl} \sim 10^{-12} \text{ m}^2/\text{N}$$

光弹效应也常用应变 e_{rs} 来表示,(8.3)式变为

$$\Delta B_{ij} = \gamma_{ijk} E_k + P_{ijrs} e_{rs} \tag{8.4}$$

由于胡克定律 $\sigma_{kl} = C_{klrs} e_{rs}$,式中 e_{rs} 是应变,C_{klrs} 是弹性系数,容易证明

$$P_{ijrs} = \pi_{ijkl} C_{klrs}, \quad \pi_{ijkl} = P_{ijrs} \&_{rskl} \tag{8.5}$$

P_{ijks} 称为光弹系数或弹光系数. 因 C_{klrs} 的量纲与应力的量纲相同(N/m^2),因此 P_{ijks} 是量纲一的. 由于 $\pi \sim 10^{-12}$,$C \sim 10^{11}$,故 P 的数量级 $\sim 10^{-1}$,因此 ΔB_{ij} 的变化为应变的大约 $1/10$. 而 $\&_{rskl}$ 是材料的弹性顺服系数(elastic compliance coefficient),它与弹性系数互为倒易关系,$(\&)^{-1} = C$ 或 $(C) \times (\&) = 1$.

(8.3)式与电场和应力作用下产生的应变方程很相似,见第四章(4.66)式:

$$e_{ij} = d_{kij} E_k + \&_{ijkl} \sigma_{kl}$$

d_{kij} 为压电系数,$\&_{ijkl}$ 为弹性顺服系数,e_{ij} 和 ΔB_{ij} 一样是量纲一的,d_{kij} 和 $\&_{ijkl}$ 的量纲分别和 γ 和 π 的量纲相同,典型的数值也很接近,$d_{kij} \sim 3 \times 10^{-12}$,$S_{ijkl} \sim 10^{-11}$.

π 和 P 是四阶张量,因此张量分量应该有 81 个,但由于晶体的对称性,独立的分量数目可以减少很多. 首先,由于(8.3)式中,对任何 E_k 和 σ_{kl} 值,$\Delta B_{ij} = \Delta B_{ji}$,故有

$$\pi_{ijkl} = \pi_{jikl}$$

又因 $\sigma_{kl} = \sigma_{lk}$,则

$$\pi_{ijkl} = \pi_{ijlk}$$

这样独立的分量就由 81 个变为 36 个,如只考虑光弹效应,(8.3)式为

$$\Delta B_{ij} = \pi_{ijkl} \sigma_{kl} \quad (i,j,k,l=1,2,3) \tag{8.6}$$

与弹性系数一样,用矩阵元素代张量元素,足符可以简化:

$$B_{11} \; B_{22} \; B_{33} \; B_{23} \; B_{31} \; B_{12}$$
$$B_1 \; B_2 \; B_3 \; B_4 \; B_5 \; B_6$$

(8.6)式可写为

$$\Delta B_m = \pi_{mn} \sigma_n \quad (m, n = 1, 2, \cdots, 6) \tag{8.7}$$

式中

$$\pi_{mn} = \pi_{ijkl} \quad (n = 1, 2, 3)$$
$$\pi_{mn} = 2\pi_{ijkl} \quad (n = 4, 5, 6)$$

因子 2 的出现是因为(8.6)式中切应力(σ_{kl},$k \neq l$)总是成对出现.

与弹性系数相比较,由于弹性能仅取决于应变,得到 $C_{ij}=C_{ji}$,$s_{ij}=s_{ji}$[见第二章(2.38)式],而此处压光系数的对称元素一般不相等

$$\pi_{mn} \neq \pi_{nm} \tag{8.8}$$

因而对于三斜晶系 π_{mn} 共有 36 独立分量,而三斜晶系的弹性系数只有 21 个独立分量.对于其他晶系,π_{mn} 独立分量数目见附录 B 表 B-4,与弹性系数比较,不同之点就是 $\pi_{mn} \neq \pi_{nm}$,另外因子 2 出现在不同的部位.

对于用应变 e 作为变量的光弹系数同样有

$$\Delta B_{ij}=P_{ijrs}e_{rs} \quad (i, j, r, s=1, 2, 3) \tag{8.9}$$

矩阵表式也一样,

$$\Delta B_m=P_{mn}e_n \quad (m, n=1, 2, \cdots, 6) \tag{8.10}$$

注意应变足符(2.37)式中切应变 $e_4=2e_{23}$,$e_5=2e_{31}$,$e_6=2e_{12}$,因而,$P_{mn}=P_{ijrs}$ 对所有 m、n 值都通用.各种晶系的 P_{mn} 矩阵与 π_{mn} 矩阵相似,只有因子 2 出现在不同位置.

注意附录 B 表 B-4 中关于各向同性介质的 P(或 π)的矩阵,和弹性系数(或弹性顺服系数)一样,也是只有两个独立的分量 P_{11} 和 P_{12}(或 π_{11} 和 π_{12}).

§8.2 声光交互作用产生的衍射现象

当压电换能器产生的声波在介质中传播时,介质中即出现弹性应变的时间和空间的周期变化(如果是纵波则伴有密度的周期变化,如为切波,则无密度变化).由于光弹效应的存在,介质中各点的折射率或介电常量也会产生相应的周期变化,因而当光束通过这样的介质时,相位就受到调制.其结果就是可以将这种存在着超声波的介质看作一个相位光栅,光栅间距等于声波波长.光束通过这个光栅就要产生衍射,这就是声光交互作用的物理实质.根据声波波长 Λ_s、光波波长 λ 和声光交互作用的长度 L 的不同,以及声波的种类(行波还是驻波),可以有不同的衍射现象.下面将分述有实用意义的也是衍射效率较高的两类声光衍射现象.

(一)拉曼-奈斯衍射(Raman-Nath diffraction)

当 $L \ll \Lambda_s^2/\lambda$ 时,即声光交互作用长度比较短,而超声频率 $f_s(f_s=v_s/\Lambda_s$,v_s 为声速)比较低(频率仍在兆周以上故属超声范围)的情况下,出现正常衍射现象,即在中央衍射光束的两侧出现若干对称的衍射级,通常称为拉曼-奈斯衍射.图 8.1 所示为当入射光束与声波阵间平行时的拉曼-奈斯现象,图 8.1(a)为超声行波所产生的衍射,吸声材料用于吸收已通过声光介质的声波,阻止其返回声光介质,以免干扰行波.中央光束衍射光的频率不变,与入射光相同,设为 f,第

+1级和第-1级衍射光频率分别为 $f+f_s$ 和 $f-f_s$，第+2和第-2级衍射光频率分别为 $f+2f_s$ 和 $f-2f_s$……各级衍射光所取的方向可按下式求得：

$$\Lambda_s \sin \theta_n = n_\lambda \quad (n=1,2,3,\cdots) \tag{8.11}$$

此式的物理意义见图 8.2，即当从相邻两同相位的波阵面出射的光束的光程差是光波长 λ 的整数倍时，出现衍射极大值，且当衍射角不是太大时，等角度间隔有 $\theta_2 = 2\theta_1$，$\theta_3 = 3\theta_1$，$\cdots$，$\theta_n = n\theta_1$. 关于各级衍射光的强度问题，下面要作定量的推导，在一般情况下，声场越强，衍射光越强，能显出的衍射级也越多. 如图 8.1 所示，左右两侧同级衍射光有相同的强度. 如果入射光线与声波阵面成一倾斜角 ϕ 时，如图 8.3 所示，在未衍射光两侧仍然对称出现各级衍射光，衍射角 β_n 同样满足 $\Lambda_s \sin \beta_n = n\lambda$ 关系. 但在斜入射情况下，各级衍射光强度随入射角改变而变化，左右同级两条衍射光强一般不相同.

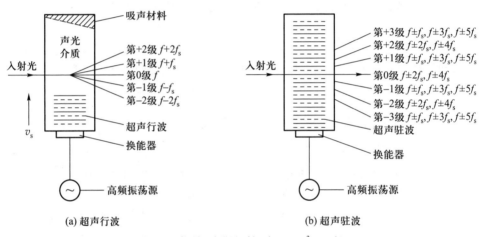

图 8.1　拉曼-奈斯衍射（当 $L \ll \Lambda_s^2/\lambda$ 时）

图 8.1(b) 是超声驻波产生的拉曼-奈斯衍射现象. 如果在声光介质的另一端（对着换能器的一端）采用强反射物质，例如将介质本身端面磨成平行于声波阵面的平面且抛光，即可使声波反射回来，适当调节超声频率即可获得超声驻波. 驻波产生的衍射现象更为复杂，其主要特征是，各偶数级的衍射光部是由 f，$f \pm 2f_s$，$f_1 \pm 4f_s$，$\cdots$ 所组成，各奇数级的衍射光谱是由 $f \pm f_s$，$f \pm 3f_s$，$f \pm 5f_s$，$\cdots$ 所组成. 各级衍射光的衍射角与前面同波长的声行波光栅产生的衍射角相同. 各级衍射光强与声行波的衍射光强的主要不同点是衍射光强还是时间的周期函数，这一点是容易理解的，因为驻波在每隔半个声波周期介质内出现一次无声场作用的状态，此时相应地衍射光强也必定为 0. 而声行波光栅则不同，声波场只有缓慢向前移动（相对于光速而言，可视为静止），而声场强度不变，因此只能使衍射光产生多普勒频移，光强基本无变化. 另外在输入声功率相同的情况下，L、Λ_s、λ 也相

同时,由于反射波的叠加,声驻波的振幅是行波的约两倍,声场强度增加为约 4 倍,因此驻波光栅的衍射光强(即使是时间平均值)要比行波光栅的衍射光强度大得多,从而显示的衍射级数也较多.

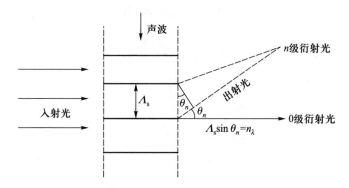

图 8.2   拉曼-奈斯衍射中各级衍射极大值的衍射角

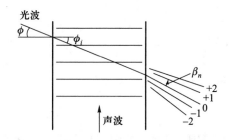

图 8.3   斜入射情况下的拉曼-奈斯衍射

(二)布拉格衍射(Bragg diffraction)

如果 $L \gg \Lambda_s^2 / \lambda$,即当超声频率比较高(常用频率是几十到百兆周),声光交互作用长度比较大的情况下出现非常衍射现象,当入射光束与声波阵面夹角 θ 满足布拉格关系式:

$$2\Lambda_s \sin\theta = \lambda \tag{8.12}$$

时,除 0 级衍射光外,只有一束一级(+1 级或-1 级,视声行波传播方向而定)衍射光.此衍射光相当于声波阵面上的反射光[图 8.4(a)],频率为 $f+f_s$ 或 $f-f_s$,此反射光与入射光的夹角为 2θ,这样(8.12)式就与(8.11)式的一级衍射相似,即 $2\theta \sim \theta_1$,其他级衍射光很弱或不出现.布拉格关系的名称是来自 X 射线在晶体中的衍射,有类似于(8.12)式的布拉格衍射.

分析图 8.4(b)可以看出入射光方向满足布拉格条件时,不仅同一波阵面上的反射光具有相同相位,而在其他不同波阵面上的反射光也有相同相位.

(1)先看在同一波阵面上的反射情况,即反射光束 A_2A_3 与 B_2B_3 同相位的

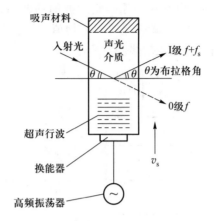

(a) 布拉格衍射

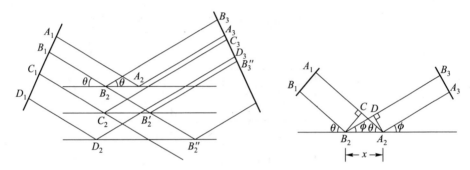

(b) 入射光方向满足布拉格条件时的衍射　(c) 满足布拉格条件时的衍射时，同一波阵面上的反射情况

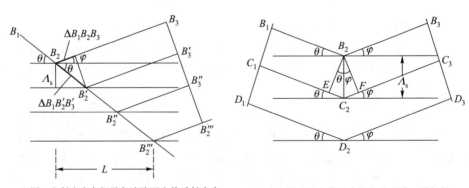

(d) 同一入射光束在相继各波阵面上的反射光束　(e) 当入射光取向满足布拉格关系时，所有声
　　　　　　　　　　　　　　　　　　　　波阵面上的反射光束都是同相位

图 8.4　布拉格衍射

条件，从图 8.4(c) 可知，必须 $A_2C - B_2D = n\lambda$，n 为整数，即

$$X(\cos\theta - \cos\phi) = n\lambda \qquad (8.13)$$

$X=A_2B_2$,若此波阵面上所有点(或所有不同 X 值)都满足(8.13)式,则必须 $n=0$, $\theta=\phi$.

(2)再研究同一入射光束在相继各波阵面上的反射光束同相位的条件,从图 8.4(d)可以证明

$$B_1B_2'B_3'-B_1B_2B_3=\frac{\Lambda_s[1-\cos(\theta+\phi)]}{\sin\theta}=n\lambda \qquad (8.14)$$

当 $\theta=\phi$ 时,上式变为 $2\Lambda_s\sin\theta=n\lambda$,对于一级衍射 $n=1$,与布拉格条件相同.

(3)$B_1B_2B_3$、$C_1C_2C_3$ 和 $D_1D_2D_3$ 同相位的条件,从图 8.4(e)可以看出

$$C_1C_2C_3-B_1B_2B_3=EC_2+C_2F=\Lambda_s(\sin\theta+\sin\phi)=n\lambda \qquad (8.15)$$

当 $\theta=\phi$(即入射角等于反射角)时,有 $2\Lambda_s\sin\theta=n\lambda$,对于一级衍射,$n=1$,即布拉格关系.

综上所述,当入射光取向满足布拉格关系时,所有声波阵面上的反射光束都是同相位的,因此可以得到一级强的衍射光,其他方向的衍射光一般不能满足上述三种衍射都同时达到加强的条件.

现在来看布拉格衍射出现的判据 $L\gg\dfrac{\Lambda_s^2}{\lambda}$ 的物理意义.从上面所述图像可以看到,如果光束能穿过较多的波阵面后再离开声柱,则一级衍射光可以得到突出的加强,显示出布拉格衍射的特征.在理论上可以证明上述第二种反射对布拉格反射有最大的贡献.从图 8.4(d)可以得到

$$\tan\theta=\frac{N\Lambda_s}{L}$$

N 表示可以穿过的波阵面数目.因 θ 很小且满足布拉格关系,故有 $\tan\theta=\sin\theta=\dfrac{\lambda}{2\Lambda_s}$,代入上式得 $L=\dfrac{2N\Lambda_s^2}{\lambda}$,$N$ 越大,布拉格衍射越明显,就要求 $L\gg\dfrac{\Lambda_s^2}{\lambda}$.

布拉格角在零点几度到几度之间.例如当声波频率 f_s 为 500 兆周,声速 v_s 为 3×10^5 cm/s,则 $\Lambda_s=v_s/f_s=6\times10^{-4}$ cm,对于波长为 0.5 μm 的光波,代入(8.12)式求得 $\theta=4\times10^{-2}$ rad $\approx 2.5°$.

图 8.4 为超声行波的情况.对于超声驻波,也同样有布拉格衍射,衍射角度与行波相同,只有光强随驻波声强的变化而变化,与声驻波的拉曼-奈斯衍射相似.

＊§8.3 声光交互作用的理论

上面已提到声波就是介质中存在着时空周期变化的弹性应变,又根据光弹效应,介质中的折射率或介电常量也有相应的变化,因此介电常量就成为时间和

空间坐标的函数:

$$\varepsilon_{ij} = \varepsilon_{ij}(r, t) \qquad (8.16)$$

代入物质电位移方程

$$D_i = \sum_j \varepsilon_{ij}(r,t) E_j \qquad (8.17)$$

再代入麦克斯韦方程,就可以得到由声波散射的光电磁波的表示式,这种处理方法比较严格并且有普遍性,但在一般情况下这种微分方程求解十分复杂.后面我们将对特定的布拉格衍射强度用此法进行推导,这里先对更简单的拉曼-奈斯衍射正入射情况采用类似夫琅禾费(Fraunhofer)单狭缝衍射的计算方法进行计算.

设介质中的声波是一平面纵波,声柱宽度为 L,波长为 λ_s,波矢量 k_s 指向正 x 轴方向,这个弹性波引起的应变可以写成

$$e_{11} = e\sin(k_s x - \omega_s t) \qquad (8.18)$$

$\omega_s = 2\pi f_s$ 为声波的圆频率,由于光弹效应

$$\Delta\left(\frac{1}{n^2}\right)_{11} = P_{1111} e_{11} \qquad (8.19)$$

写成标量则有

$$\Delta\left(\frac{1}{n^2}\right) = Pe\sin(k_s x - \omega_s t) \qquad (8.20)$$

表示折射率在 x 方向发生正弦式变化,因声速远小于光速,声行波可视为静止的声强不变的声场,故计算衍射强度可暂时略去对时间的依赖关系,并当应变较小时可得

$$n(x) = n_0 - \Delta n \sin k_s x \qquad (8.21)$$

式中 $\Delta n = (1/2)n^3 Pe$,表示折射率变化的最大幅值.由于折射率的周期变化对入射光束的相位要进行调制,因而可以将此声柱视为相位光栅,光栅间距等于声波波长 Λ_s,当入射光束垂直声柱,即光波矢量 k 垂直于 k_s,如图8.5所示,如果 $y = -L/2$ 面上,入射电磁波是 $A\exp(i\omega t)$,通过声柱后,假定声介质对光的吸收很小,只考虑相位变化,则在 $y = +L/2$ 面上射出的电磁波是

$$A\exp\{i\omega[t - n(x)L/c]\} \qquad (8.22)$$

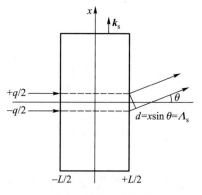

图 8.5 垂直入射情况

所以射出的光束已经不是一个平面波,它的等相面是一个由函数 $n(x)$ 决定的褶皱曲面,这样在很远的屏上某点 P 给出的光振幅该由下面的积分给出:

$$\int_{-q/2}^{+q/2} \exp\left[ik_0(lx + L\Delta n\sin k_s x)\right]\mathrm{d}x \tag{8.23}$$

式中 $l=\sin\theta$ 表示衍射方向，$k_0=2\pi/\lambda_0$ 为光波在真空中的波矢量，q 为光束宽度，令

$$a = 2\pi\Delta nL/\lambda_0 = \Delta nk_0L$$

则积分(8.23)式的实部和虚部分别是

$$\begin{cases} \int_{-q/2}^{+q/2}\left[\cos lkx\cos(a\sin k_s x) - \sin lkx\sin(a\sin k_s x)\right]\mathrm{d}x \\ \int_{-q/2}^{+q/2}\left[\sin lkx\cos(a\sin k_s x) + \cos lkx\sin(a\sin k_s x)\right]\mathrm{d}x \end{cases} \tag{8.24}$$

已知

$$\begin{cases} \cos(a\sin kx) = 2\sum_{r=0}^{\infty}{}' \mathrm{J}_{2r}(a)\cos(2rk_s x) \\ \sin(a\sin kx) = 2\sum_{r=0}^{\infty} \mathrm{J}_{2r+1}(a)\sin(2r+1)k_s x \end{cases} \tag{8.25}$$

式中 J_r 是 r 阶贝塞尔函数，$\sum'$ 表示 J_0 的系数是 1，代入(8.24)式，经过积分可得实部的表示式是

$$q\sum_{r=0}^{\infty}\mathrm{J}_{2r}(a)\left[\frac{\sin(lk+2rk_s)q/2}{(lk+2rk_s)q/2} + \frac{\sin(lk-2rk_s)q/2}{(lk-2rk_s)q/2}\right] +$$

$$q\sum_{r=0}^{\infty}\mathrm{J}_{2r+1}(a)\left\{\frac{\sin[lk+(2r+1)k_s]q/2}{[lk+(2r+1)k_s]q/2} - \frac{\sin[lk-(2r+1)k_s]q/2}{[lk-(2r+1)k_s]q/2}\right\}$$

$$\tag{8.26}$$

而虚部为零，函数 $\sin aq/aq$ 的极大值对应于 $a=0$，因此(8.26)式中各项分别在

$$lk\pm mk_s = 0 \quad (m=\text{整数}) \tag{8.27}$$

时取极大值，而在其中某一项为极大时，其他项的贡献几乎为 0.所以(8.26)式的各个极大值分别与每一项的极值符合，因而(8.27)式给出屏幕上各衍射极大值的方位角：

$$l = \sin\theta = \pm mk_s/k = \pm m\lambda/\Lambda_s \tag{8.28}$$

$m=1, 2, \cdots$ 的各项分别为第 1 级，第 2 级……衍射光束与实验结果一致.[当 θ 表示光束在介质外(真空)的方位角，则 λ 为真空中光波波长(λ_0)；当 θ 表示光束在介质内的方位角，则 λ 是介质中的光波波长，以下类同.]

各级衍射光强之比应为

$$\frac{I_{m'}}{I_m} = \frac{\mathrm{J}_{m'}^2(a)}{\mathrm{J}_m^2(a)} \tag{8.29}$$

$$a = \Delta nkL \tag{8.30}$$

这就是拉曼-奈斯衍射强度的贝塞尔函数表示式．图 8.6 是 $J_m^2(a)$ 相对于不同 a 值的变化曲线.

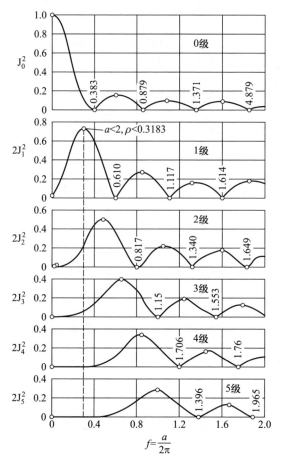

图 8.6　$J_m^2(a)$ 相对不同 a 值的变化曲线

下面讨论声光衍射强度与声功率以及声光材料的特性的关系.对(8.19)式求微分可得

$$\Delta n = -\frac{n^3 P}{2}e \tag{8.31}$$

P 为光弹系数,而弹性应变 e 与声功率有关,声功率 P_s 是单位时间通过声柱截面积的声能量或弹性能,即

$$P_s = \frac{1}{2}Ee^2 v_s LH \tag{8.32}$$

H 为声柱高度,即图 8.1 中声柱在垂直纸面方向的尺寸,E 为杨氏模量(对纵行

波而言），v_s 为声速.在第二章中有声速 $v_s = \sqrt{\dfrac{E}{\rho}}$ 或 $E = \rho v_s^2$，代入上式得

$$P_s = \frac{1}{2} e^2 \rho v_s^3 LH$$

$$e = \sqrt{\frac{2P_s}{\rho v_s^3 LH}} \tag{8.33}$$

再代入(8.30)式及(8.31)式,得到贝塞尔函数的参量 a：

$$a = \frac{1}{2} n^3 P \sqrt{\frac{2P_s}{\rho v_s^3 LH}} kL = \frac{\pi}{\lambda_0} \sqrt{\frac{n^6 P^2}{\rho v_s^3} \frac{2P_s L}{H}} \tag{8.34}$$

上式中 P 为光弹系数,拉曼-奈斯衍射一级衍射光强与 0 级光强之比为

$$\frac{I_1}{I_0} = \frac{J_1^2(a)}{J_0^2(a)} \tag{8.35}$$

若假定入射光强为 I,则有 $J_0^2(a) + 2\sum\limits_n J_n^2(a) = 1$. 当 a 较小时,从图 8.6 中可以看出除 J_0 外其余场很小,因而可以令 $J_0^2(a) \sim 1$,而 $J_1^2(a)$ 根据贝塞尔函数定义(贝塞尔函数定义见附录 F)：

$$J_n(x) \approx \sum_{k=0}^{\infty} (-1)^k \frac{x^{n+2k}}{2^{n+2k} k! \ (n+k)!}$$

当 x 很小时,$J_1(x) \approx x/2$,故有 $J_1^2(a) \approx (a/2)^2$,代入(8.35)式并用(8.34)式：

$$\frac{I_1}{I_0} = \left(\frac{a}{2}\right)^2 = \frac{1}{8}\left(\frac{n^6 P^2}{\rho v_s^3}\right) P_s k^2 \frac{L}{H} = \frac{\pi^2}{2\lambda_0^2}\left(\frac{n^6 P^2}{\rho v_s^3}\right) P_s \frac{L}{H} \tag{8.36}$$

上式结果说明,当声功率较小时,拉曼-奈斯第一级衍射光强正比于声功率 P_s,正比于声柱宽度 L,反比于声柱高度 H,此外正比于一个反映材料特性的因子 $\dfrac{n^6 P^2}{\rho v_s^3}$,$n$ 为折射率,P 为材料的光弹系数,ρ 为材料的密度,v_s 为材料中的声波速度.这一因子常被称为声光材料的优质指标或品质因数,因为这一因数越大,衍射分数(或衍射效率)越高,通用符号为

$$M_2 = \frac{n^6 P^2}{\rho v_s^3} \tag{8.37}$$

是一各向异性的量,下面还要讲.

从图 8.6 第二图可以看到当 $a(2\pi\rho) < 2$ 时,$J_1^2(a)$ 基本上与 a 成正比关系.而且在此情况下,其他高次级衍射光强极弱,几乎等于 0.一般应用多在此范围内,例如声光调制器,信息信号调制到超声载波上,衍射光强正比于声强,因而得到同样的调制.要使 0 级衍射完全消失,则 $a = 2\pi \times 0.383 = 2.405$,相应的所需声功率,从(8.36)式可以看到,与材料的品质因数 M_2 有关,与声柱的几何因子 L/H

有关.

以上关于衍射光强的讨论是将声柱视为静止的相位光栅.而关于衍射光波频率的变化应该再考虑超声行波的光栅是向前运动的动态光栅,因此光波频率因多普勒效应而发生变化.设光频为 ω, v_n 为运动光栅速度在 n 级衍射光方向的分量,即 $v_n = v_s \sin \theta_n$, θ_n 为 n 级衍射光的方向角, v_s 为声速.由于多普勒效应各级衍射光波的频率变化应为

$$\Delta f_n = f \frac{v_n}{c} = f \frac{v_s \sin \theta_n}{c} \qquad (8.38)$$

式中, c 为光速, f 为光频率.拉曼-奈斯各级衍射极大值的方位角应满足关系式 $\Lambda_s \sin \theta_n = n\lambda$, $n = 1, 2, \cdots$, 表示衍射级数.代入(8.38)式得

$$\Delta f_n = fn \frac{v_s / \Lambda_s}{c / \lambda} = nf_s \qquad (8.39)$$

即各衍射级光波频率变为 $f \pm nf_s$, $n = 1, 2, \cdots$, 取正号或负号则取决于声波是趋近光波还是离开光波而运动,因此如图8.1所示声波方向,在入射光上方的衍射级取正号,下方各衍射级取负号.

关于超声驻波与光波交互作用的理论此处不再论述.

布拉格声光衍射的理论:

首先我们应用光波与声波的粒子性对布拉格声光衍射的某些特性,如频率变化、衍射的方向等加以说明.波矢量为 $\mathbf{k}$、频率为 ω 的光束可以认为是一束具有动量 $\hbar\mathbf{k}$ 和能量 $\hbar\omega$ ($\hbar = \frac{h}{2\pi}$, h 为普朗克常量)的光子流,声波也同样可以用声子来描述.图8.4中光束被声波衍射的情况可以用一连串的碰撞来描述,在每次碰撞中一个入射光子(ω_i, $\mathbf{k}_i$)与一个声子(ω_s, $\mathbf{k}_s$)消失的同时产生一个衍射光子(ω_d, $\mathbf{k}_d$),这个光子沿着衍射方向传播.粒子碰撞应当满足动量守恒与能量守恒的关系,由于碰撞前后动量守恒的条件, $h(\mathbf{k}_s + \mathbf{k}_i)$ 应等于 $h\mathbf{k}_d$, 因此有

$$\mathbf{k}_d = \mathbf{k}_s + \mathbf{k}_i \qquad (8.40)$$

又由能量守恒的条件得到

$$\omega_d = \omega_i + \omega_s \qquad (8.41)$$

从(8.41)式可以看出衍射的频率变化为 ω_d, 至于取正号还是负号,则按上述多普勒频移的规律来确定.图8.4衍射光频率应为 $\omega_i + \omega_s$, 从动量守恒条件(8.40)式可以导出布拉格关系式,即可以确定 θ, (8.40)式可以作出图8.7.因声频一般小于100 MHz, 而光频大于10 THz, $\omega_s \ll \omega_i$, 故近似有 $\omega_d = \omega_i + \omega_s \sim \omega_i$, $k_d \sim k_i \sim k$, 因此声波矢量的大小

$$k_s = 2k \sin \theta \qquad (8.42)$$

利用 $k_s = \dfrac{2\pi}{\Lambda_s}$, $k = 2\pi/\lambda$, 上式变为

$$2\Lambda_s \sin\theta = \lambda \tag{8.43}$$

这就是布拉格衍射条件.

下面我们用光波在折射率作周期变化的介质中传播的麦克斯韦方程来计算布拉格衍射光强(注意:下面公式中的一些场量是用小写字母表示的).

声波产生的折射率变化可用下式表示

$$\Delta n(\boldsymbol{r},t) = \Delta n\cos(\omega_s t - \boldsymbol{k}_s \cdot \boldsymbol{r}) \tag{8.44}$$

在光场 ω_i 与 ω_j 的作用下,折射率的调制变化要引起附加的电极化强度的变化

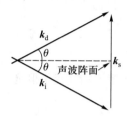

图 8.7 动量守恒关系

$$\Delta p(\boldsymbol{r},t) = 2\sqrt{\varepsilon\varepsilon_0}\,\Delta n(\boldsymbol{r},t) e(\boldsymbol{r},t) \tag{8.45}$$

上式可从 $d = \varepsilon_0 e + p = \varepsilon e$, $p = \varepsilon_0 \chi e$ 和 $n^2 = \dfrac{\varepsilon}{\varepsilon_0}$ 三个基本关系导出,即 $\varepsilon = (1+\chi)\varepsilon_0$, $\chi = n^2 - 1$,因此 $p = \varepsilon_0(n^2-1)e$,微分 $\Delta p = 2\varepsilon_0 n\Delta n \cdot e = 2\sqrt{\varepsilon\varepsilon_0}\,\Delta n \cdot e$(这里 e 表示电场强度,d 为电位移强度,p 为电极化强度).

在导电率很小的介质中,麦克斯韦方程组为

$$\nabla \times h = \frac{\partial d}{\partial t} \tag{8.46a}$$

$$\nabla \times e = -\mu\frac{\partial h}{\partial t} \tag{8.46b}$$

式中

$$d = \varepsilon_0 e + p \tag{8.47}$$

极化值 p 应为光波极化值及声场引起的附加极化值之和.

$$p = \varepsilon_0 \chi e + \Delta p \tag{8.48}$$

这样方程(8.46a)变为

$$\nabla \times h = \varepsilon\frac{\partial e}{\partial t} + \frac{\partial}{\partial t}\Delta p \tag{8.49}$$

对(8.46b)取旋度,并根据运算法则 $\nabla\times\nabla\times e = \nabla\nabla \cdot e - \nabla^2 e$ 以及 $\nabla \cdot e = 0$,则有

$$-\nabla^2 e = \nabla\times\nabla\times e = -\mu_0\frac{\partial(\nabla\times h)}{\partial t}$$

将(8.49)式代入上式得

$$\nabla^2 e = \mu_0\varepsilon\frac{\partial^2 e}{\partial t^2} + \mu_0\frac{\partial^2}{\partial t^2}\Delta p \tag{8.50}$$

这就是光波在有声场的介质中的波动方程,对入射光(e_i)与衍射光(e_d)都适用,对于电磁行波有

$$e_i(r_i,t) = \frac{1}{2}\left[E_i(r_i)\, \mathrm{e}^{\mathrm{i}(\omega_i t - k_i \cdot r)} + \mathrm{c.\,c}\right]$$

(8.51a)

$$e_d(r_d,t) = \frac{1}{2}\left[E_d(r_d)\, \mathrm{e}^{\mathrm{i}(\omega_d t - k_d \cdot t)} + \mathrm{c.\,c}\right]$$

k_i 和 k_d 分别是入射光和衍射光的波矢量,将(8.51)式的第一式对 r_i 求二次微分

$$\nabla^2 e_i(r_i,t) = \frac{1}{2}\left(-k^2 E_i - 2\mathrm{i}k_i \frac{\mathrm{d}E_i}{\mathrm{d}r_i} + \nabla^2 E_i\right) \mathrm{e}^{\mathrm{i}(\omega_i t - k_i \cdot r)}$$

(8.51b)

假定 $E_i(r_i)$ 变化很慢,因此 $\nabla^2 E_i \ll k_i \dfrac{\mathrm{d}E_i}{\mathrm{d}r_i}$. 对于入射光(8.50)式可写为

$$\nabla^2 e_i = \mu_0 \varepsilon \frac{\partial^2 e_i}{\partial t^2} + \mu_0 \frac{\partial^2}{\partial t^2}(\Delta p)_i$$

(8.51c)

联合上面两式并利用 $k_i^2 = \omega_i^2 \mu_0 \varepsilon$ 的关系,得到

$$k_i \frac{\mathrm{d}E_i}{\mathrm{d}r_i} = \mathrm{i}\mu_0 \left[\frac{\partial^2}{\partial t^2}(\Delta p)_i\right] \mathrm{e}^{-\mathrm{i}(\omega_i t - k_i \cdot r)}$$

(8.52)

再应用(8.45)式 $\Delta p = 2\sqrt{\varepsilon_0 \varepsilon}\, \Delta n(r,t)\left[e_i(r_i,t) + e_d(r_d,t)\right]$ 及(8.44)式、(8.51)式求得

$$\left[\Delta p(r,t)\right]_i = \frac{1}{2}\sqrt{\varepsilon_0 \varepsilon}\, \Delta n E_d \left\{\mathrm{e}^{\mathrm{i}[(\omega_s + \omega_d)t - (k_s + k_d)\cdot r]} + \mathrm{c.\,c}\right\}$$

(8.53)

上式 $\Delta n(r,t) \cdot e(r,t)$ 的乘积中假定了 $\omega_i = \omega_s + \omega_d$(光波与离开的声波相互作用),因此只取频率为 $\omega_s + \omega_d$ 的项,略去了频率为 $\omega_i \pm \omega_s$ 与 $\omega_d - \omega_s$ 的不同频率项.将(8.53)式代入(8.52)式导出

$$\frac{\mathrm{d}E_i}{\mathrm{d}r_i} = -\mathrm{i}\eta_i E_d\, \mathrm{e}^{\mathrm{i}(k - k_s - k_d)\cdot r}$$

(8.54a)

同样可得

$$\frac{\mathrm{d}E_d}{\mathrm{d}r_d} = -\mathrm{i}\eta_d E_i\, \mathrm{e}^{-\mathrm{i}(k_i - k_s - k_d)\cdot r}$$

(8.54b)

式中

$$\eta_{i,d} = \frac{1}{2}\omega_{i,d}\sqrt{\mu_0 \varepsilon_0}\, \Delta n = \frac{\omega_{i,d}\Delta n}{2c_0}$$

(8.55)

(8.55)式表示入射波和衍射波之间交互作用的连续积累必须有一个条件

$$k_i = k_s + k_d$$

(8.56)

否则,从不同路程元(Δr)对 E_i 的贡献将是不同相位,因而 E_i 将不能维持在空间连续增长.(8.56)式就是布拉格关系,见(8.41)式和(8.43)式,所不同的是(8.41)式表示光波被趋近的声波所衍射,故 $\omega_d = \omega_i + \omega_s$,而(8.56)式导出是假定了光波被离开的声波所衍射,因此 $\omega_d = \omega_i - \omega_s$.

如果布拉格条件被满足,则(8.54)式变为

$$\begin{cases} \dfrac{dE_i}{dr_i} = -i\eta E_d \\[2mm] \dfrac{dE_d}{dr_d} = -i\eta E_i \end{cases} \tag{8.57}$$

此处用了 $\omega_i \approx \omega_d$，因此取 $\eta_i = \eta_d = \eta$，要求解(8.57)式，困难是由于两个公式中包含了两个不同的空间坐标(r_i 和 r_d). 可以选一新坐标轴 ξ 沿着 $\boldsymbol{k}_i$ 和 $\boldsymbol{k}_d$ 两个矢量的分角线方向，如图 8.8 所示，定义

$$\begin{cases} \gamma_i = \xi\cos\theta \\ \gamma_d = \xi\cos\theta \end{cases} \tag{8.58}$$

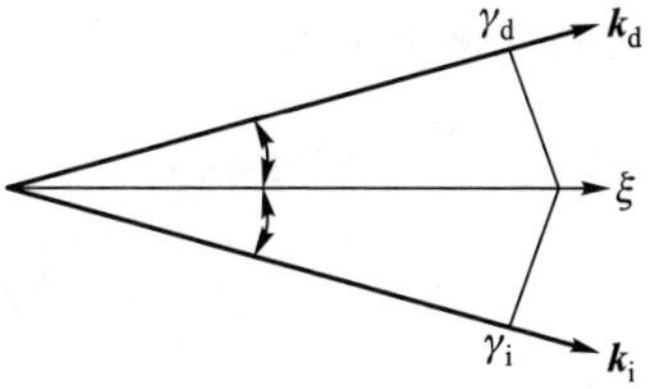

则(8.57)式变为

$$\begin{cases} \dfrac{dE_i}{d\xi} = \dfrac{dE_i}{dr_i}\cos\theta = -i\eta E_d(\xi)\cos\theta \\[2mm] \dfrac{dE_d}{d\xi} = -i\eta E_i(\xi)\cos\theta \end{cases} \tag{8.59}$$

图 8.8 $\boldsymbol{k}_i$ 和 $\boldsymbol{k}_d$ 两矢量的分角线方向

上式的解为

$$\begin{cases} E_i(\xi) = E_i(0)\cos(\eta\xi\cos\theta) - iE_d(0)\sin(\eta\xi\cos\theta) \\ E_d(\xi) = E_d(0)\cos(\eta\xi\cos\theta) - iE_i(0)\sin(\eta\xi\cos\theta) \end{cases}$$

再利用(8.58)式的定义，可以写成

$$\begin{cases} E_i(r_i) = E_i(0)\cos(\eta r_i) - iE_d(0)\sin(\eta r_i) \\ E_d(r_d) = E_d(0)\cos(\eta r_d) - iE_i(0)\sin(\eta r_d) \end{cases} \tag{8.60}$$

这就是所需的结果. 设入射光是单频 ω_i，$E_d(0) = 0$，则有

$$\begin{cases} E_i(r_i) = E_i(0)\cos(\eta r_i) \\ E_d(r_d) = -iE_i(0)\sin(\eta r_d) \end{cases} \tag{8.61}$$

因此

$$|E_i(r_i)|^2 + |E_d(r_d = r_i)|^2 = |E_i(0)|^2 \tag{8.62}$$

上式说明散射光与未衍射光的功率之和是守恒的.

根据(8.55)式

$$\eta r_i = \frac{\omega_i \Delta n}{2c} r_i = \frac{1}{2}\left(\frac{2\pi}{\lambda}\Delta n \cdot r_i\right)$$

前面曾定义

$$a = \frac{2\pi}{\lambda}\Delta n \cdot L$$

当光束通过了声柱，则

$$r_i \approx r_d \approx L$$

故有

$$\eta r_{\mathrm{i}} = \eta r_{\mathrm{d}} = \frac{1}{2}a$$

从而布拉格声光衍射的第 0 级和第 1 级衍射光强的表达式可写为

$$\begin{cases} I_0 = E_{\mathrm{i}}^2(r_{\mathrm{i}}) = I_0(0)\cos^2\left(\dfrac{a}{2}\right) \\[3mm] I_1 = E_{\mathrm{d}}^2(r_{\mathrm{d}}) = I_0(0)\sin^2\left(\dfrac{a}{2}\right) \end{cases} \tag{8.63}$$

上式的变化可用图 8.9 表示.

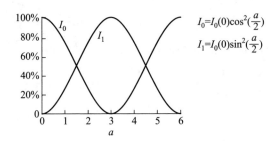

$$I_0 = I_0(0)\cos^2\left(\frac{a}{2}\right)$$

$$I_1 = I_0(0)\sin^2\left(\frac{a}{2}\right)$$

图 8.9   布拉格声光衍射的第 0 级和第 1 级衍射光强随 a 的变化曲线

当 $a/2 = \pi/2$ 时，$I_0 = 0$，$I_1 = I_0$，这表示此时全部入射光功率都变为衍射光的功率. 从 (8.34) 式及 (8.37) 式，a 与声功率等因数有关：

$$a = \frac{\pi}{\lambda_0}\sqrt{\frac{n^6 p^2}{\rho v_s^3}\frac{2P_s L}{H}} = \frac{\sqrt{2}\,\pi}{\lambda_0}\sqrt{M_2 P_s \frac{L}{H}}$$

因而通过声柱后，从入射光功率转入第 1 级衍射光功率的分数为

$$\frac{I_1}{I_0(0)} \approx \sin^2\left(\frac{a}{2}\right) = \sin^2\left(\frac{\pi}{\sqrt{2}\,\lambda_0}\sqrt{M_2 P_s \frac{L}{H}}\right) \tag{8.64}$$

例如波长为 0.632 μm 的光波在有声波的 $\mathrm{PbMoO_4}$ 晶体中产生布拉格衍射，当输入声功率 $\rho_s = 1$ W，声柱截面 $L \times H = 1$ mm × 1 mm，$M_2 = 35.8 \times 10^{-15}$（MKS 单位），将这些数据全部用 MKS 单位的数值代入 (8.64) 式，可求得衍射效率为

$$\frac{I_1}{I_0} \approx 40\%$$

如果 a 比较小，近似有

$$\frac{I_1}{I_0(0)} \approx \left(\frac{a}{2}\right)^2 = \frac{\pi^2}{2\lambda_0^2}M_2 P_s \frac{L}{H}$$

可以看出第 1 级衍射光强也是与声功率 P_s 成正比 (参考文献[2]).

§8.4 声光效应在一些物理常量测量中的应用

(一) 声速及弹性系数的测定

从拉曼-奈斯衍射公式(布拉格衍射也相同)可知,衍射光极大值的偏向角 θ 满足 $\Lambda_s \sin\theta_n = n\lambda$, n 表示衍射级数.如果应用第 1 级,则有 $\theta_1 = \dfrac{\lambda}{\Lambda_s} = \dfrac{\lambda f_s}{v_s}$,因而只要测出衍射角 θ_1,根据所用超声频率 f_s,即可算出声速 v_s.在第二章 §2.9 节已讨论过只要能测出弹性波速度(声速)即可根据 $v_s = \sqrt{\dfrac{c}{\rho}}$ 求出弹性系数 C.这里所用的方法称为光学法,因而只适用于对光波是透明的介质.

(二) 声光品质因数及光弹系数的测量

当衍射光不是太强的情况下(对拉曼-奈斯而言,相当于第 2 级衍射光不出现的情况),理论计算得第 1 级衍射光的相对强度[见(8.36)式和(8.65)式]为

$$\frac{I_1}{I_0} = \frac{\pi^2}{2\lambda_0^2} M_2 P_s \frac{L}{H} \tag{8.65}$$

如果能测出声功率 P_s 及相对光强 I_1/I_0(λ_0 为光波波长,L、H 为换能器截面尺寸),即可计算出声光品质因数 M_2,而(8.37)式定义 M_2 为

$$M_2 = \frac{n^6 p^2}{\rho v_s^3}$$

光弹系数 P 是个四阶张量,由(8.9)式定义

$$\Delta B_{ij} = P_{ijrs}\varepsilon_{rs} \quad (i,j,r,s=1,2,3)$$

ε_{rs} 为应变张量元素,ΔB_{ij} 为介电常量逆张量的元素($E_i = B_{ij}D_j$),写成矩阵表示为

$$\Delta B_m = P_{mn}\varepsilon_n \quad (m,n=1,2,3,4,5,6)$$

因而用不同的声应变波 ε_n 和不同偏振(电位移的振动方向)的光电磁波,可求得光弹系数的各分量 P_{mn}.

最早测量光弹系数是用静态的方法,即根据 $\Delta B_{ij} = \Delta\left(\dfrac{1}{n^2}\right)_{ij} = \pi_{ijkl}\sigma_{kl}$ 测定各种应力下折射率的变化,算出压光系数再应用弹性模量 $P_{mn} = \pi_{mr}C_{rn}$ 求得 P_{mn},这种方法精确度较差,近年来多用声光衍射法.但因为上述方法中直接测量光交互作用区的声功率是比较麻烦的,狄克逊(Dixon)采用如图 8.10 所示的比较法.熔石英作为标准试样,并将换能器黏结在其上,而熔石英的另一端与被测样品黏结在一起,光束沿布拉角入射.脉冲调制的超声波从换能器先进入熔石英,通过光

束时产生第一个衍射光脉冲 I_1[见图 8.11(a)],当声波到达试样与熔石英交界面时,一部分反射回来,再通过光束产生第二个衍射光脉冲 I_2,另一部分进入试样,从自由端反射回到熔石英时又产生第三个光脉冲 I_3.再将激光照射到试样上,接收到的第一个光脉冲 I_4[见图 8.11(b)]是从熔石英首次穿过界面而来的,声脉冲产生的第二个光脉冲 I_5 则是从自由端反射回来的声脉冲产生的.设对应于 I_1 的脉冲声功率是 P_1,则对应于 I_2 的声功率 $P_2 = P_1 R e^{-2\alpha_1 x_1}$,$R$ 是黏结界面的反射率,α_1 是熔石英的超声衰减系数,依此类推,对应于 I_4 的功率 $P_4 = P_1(1-R)e^{-\alpha_1 x_1}e^{-\alpha_2 x_2}$,$\alpha_2$ 是被测试样的超声衰减系数.对应于 I_5 的声功率 $P_5 = P_1(1-R)e^{-\alpha_1 x_1}e^{-\alpha_2(x_2+2x_3)}$.最后对应于 I_3 的声功率 $P_3 = P_1(1-R)^2 e^{-\alpha_1 2x_1}e^{-\alpha_2(2x_2+2x_3)}$.由此,根据(8.65)式可得:

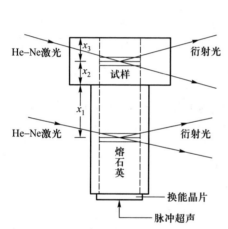

图 8.10 狄克逊法测光弹系数示意图

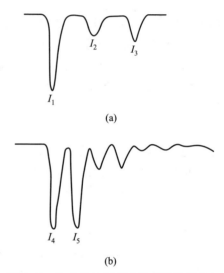

图 8.11 狄克逊法测量光弹系数所得的各级衍射脉冲

$$\frac{I_4 I_5}{I_1 I_3} = \frac{P_4 P_5}{P_1 P_3} \frac{M_{2试样}^2}{M_{2石英}^2}$$

消去声功率有关项得到:

$$\sqrt{\frac{I_4 I_5}{I_1 I_3}} = \frac{M_{2试样}}{M_{2石英}} \tag{8.66}$$

因此衰减系数 α 和黏结面反射系数 R 的影响可以消除.熔石英的 M_2 值为已知值,从而可求得被测试样的 M_2 值.我们将运用适当的声模式与光模式的组合求得的 M_2 值代入(8.37)式,即可求得光弹系数 P_{mn}.表 8.1 中列出一些晶体与非晶体的测量结果.

　　我们实验室的测量装置(图 8.12 为示意图)基本上按此原理设计,只是用的拉曼-奈斯衍射而不是布拉格衍射.换能器为 x-切割石英晶片,其基频为10 MHz,测量时用 5 次倍频 50 MHz,因为频率越高,第 1 级衍射光与第 0 级光可以分得越开而互不影响.调制脉冲宽度为 3 μs,重复频率在 kHz 量级.

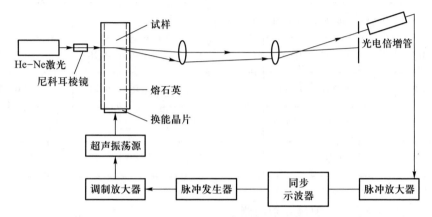

图 8.12　测量声光品质因数和光弹系数的实验装置的示意图

表 8.1　一些材料的光弹系数 P_{mn}

声光材料	$\lambda/\mu m$	P_{11}	P_{12}	P_{44}	$-P_{33}$	P_{13}	P_{33}	P_{41}	P_{66}
熔石英	0.63	+0.121	+0.270	−0.075					
GaP	0.63	−0.151	−0.082	−0.074					
GaAs	1.15	−0.165	−0.142	−0.072					
TiO$_2$	0.63	0.011	0.172		0.096 5	0.168	0.058		
LiNbO$_3$	0.63	0.036	0.072		0.178	0.092	0.088	0.155	
YAG	0.63	−0.029	+0.009 1	−0.061 5					
YIG	1.15	0.025	0.073	0.041					
LiTaO$_3$	0.63	0.080 4	0.080 4	0.022	0.086	0.094	0.150	0.024	0.031
α-Al$_2$O$_3$	0.63	~0.20	−0.08	0.085	~0	~0	0.252		

声光材料	$\lambda/\mu m$	P_{11}	P_{12}	P_{44}	$-P_{33}$	P_{13}	P_{33}	P_{41}	P_{66}
CdS	0.63	0.142	0.066	~0.054	0.041				
β-ZnS	0.63	+0.091	~0.01	+0.075					
ADP	0.63	0.302	0.246		0.195	0.036	0.263		0.075
KDP	0.63	0.251	0.249		0.225	0.246	0.221		0.058
Te	10.6	0.155	0.130						
H₂O		~0.31							

取自:J. Appl. Phys. 38,5150(1967).

（三）声强及超声衰减系数的测量

无论是拉曼-奈斯衍射或布拉格衍射,当声强 $I_s(=P_s/A,A$ 为声柱截面积)不是太大时,衍射光强都正比于声功率 P_s,即正比于声强 I_s,因此可用此法求得声场中各点的相对强度,也可利用声强的测量求出声衰减系数. §2.9 节中所讲的逐次衰减的声脉冲回波是利用压电效应检测,此处应用声光效应的光检测法.实验装置与图 8.12 相同,只是去掉熔石英,声脉冲在一块样品的上下端来回反射,衍射光脉冲回波列的光强与来回反射的声脉冲强度成正比.与压电检测法结果相比,此处脉冲列的个数要比压电检测到的多一倍,因为声脉冲来回反射一次要通过光束二次,因此用下式求得衰减系数 α:

$$\alpha = \frac{10}{2L}\log_{10}\frac{I_n}{I_{n+2}} \text{ dB/cm} \qquad (8.67)$$

L 为样品长度,I_n 和 I_{n+2} 分别表示第 n 个和第 $n+2$ 个脉冲回波的衍射光强.注意(8.67)式与(2.112a)式、(2.112b)式系数差 2 倍,是因为声强度是声振幅的平方.如果采用自然对数单位就是 Np/cm.

光检测法在声衰减系数 α 很大的情况下显示出优越性,因为当一次端面反射波就很弱时,α 值用(8.67)式或(2.112b)式都不易测准.而光检测就可将(8.67)式中 $2L$ 改成任意比较小的距离 x_2-x_1,如图 8.13 所示.无论 α 多大总可使 I_2 不致太小,代入下式求 α 值:

$$\alpha = \frac{10}{x_2-x_1}\log_{10}\frac{I_1}{I_2} \text{ dB/cm}$$

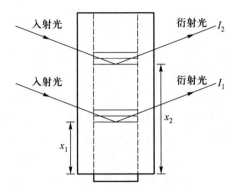

图 8.13 光检测法测量超声衰减系数示意图(参考文献[15])

§8.5 声光调制器

利用衍射光强度随超声波强度正向变化的性质可以制成光强度调制器,而衍射光频移的特性可以产生频率可调的光,用于外差式接收机中.

无论是拉曼-奈斯型调制器还是布拉格型调制器,均有两种可能的工作方式:(1)利用第 0 级光束(未衍射光束)作为输出时则将高级衍射光吸收掉;(2)利用第 1 级衍射光作为输出,则将第 0 级光吸收掉.

对于超声行波而言,未被调制的声波是简谐波,它使介质的折射率变化,相当于一个相位光栅,因光速远大于声速,光栅可近似视为静止的,此时得到的衍射光是未被调制的.如果使调制信号对声波进行振幅调制,则衍射光强将随信号发生变化,达到调制的效果.对于超声驻波而言,频率为 f 的调制信号直接加在换能器上,则因声驻波每秒"产生"和"消失" $2f$ 次,相应的相位光栅也是"出现"和"消失" $2f$ 次,故而衍射光强受到调制,频率也是 $2f$.

下面讨论声行波调制器.入射光束总是有一定宽度,声波在介质中是以有限速度传播的,因此声波跨过光束需要一定的渡越时间,因而光束的强度变化对于声波强度变化的响应将不可能是即时的.这样,调制频率就必然有一个上限,或者说只适用于一个有限的带宽.设光束宽度为 W,声速为 v,渡越时间

$$\tau = W/v \tag{8.68}$$

则调制频率的上限应为 $f_{\mathrm{m}} \sim 1/\tau = v/W$.

和无线电一样,作为调制器无论是振幅调制还是频率调制,都必须有一定的带宽.如果入射光束的波长和方向一定,则只有一种频率的声波适合布拉格条件而产生衍射:

$$\sin \theta = \frac{\lambda}{2\Lambda_s} = \frac{k_s}{2k}$$

因此如果要想调制器有一定带宽的话,就必须使用有一定发散度的光波和声波.设光波发散角为 $\delta\theta$,声波发散角为 $\delta\varphi$,下面考虑两种情况:

(1) 当 $\delta\varphi \gg \delta\theta$,如图 8.14(a)所示,这个发射的声波可以看作波矢方向在 $\delta\varphi$ 范围以内,声波矢量的大小变化在 $\Delta k_s \sim 2k\delta\varphi\cos\theta$ 以内诸平面声波的集合.以一定方向入射的光束与这个角范围内的诸平面声波在不同的衍射方向上满足布拉格衍射条件.从图中不难看出当声波频率变化时,布拉格衍射方向在 1 和 2 之间变化.这个结果不满足光调制器的要求,因为向不同方向衍射的光波有不同的频移,为了获得衍射光强度调制,不同频率的光束必须近乎平行,使之能进行混频.具体讲,只有在角范围 $\delta\theta$ 之内的衍射光束才是相互重叠可以混频的.因此声波发散角范围 $\delta\varphi$ 中只有等于 $\delta\theta$ 的一小部分对于调制是有用的,其余是浪费的,换句话说,光波发散角 $\delta\theta$ 决定了调制器的带宽.

(2) 当 $\delta\varphi \ll \delta\theta$ 时,如图 8.14(b)所示,在这种情况下声波波矢大小在 $\Delta k_s = 2k\delta\theta\cos\theta$ 范围内,而发散角在 $\delta\varphi$ 内的声平面波都能产生布拉格衍射光.使入射的光束经过衍射分解为方向不同、频率不同、发散角为 $\delta\varphi$ 的许多光束.只有在角度范围 $\delta\varphi$ 以内才会有混频调制效果,因此在这种情况下范围为 $\delta\theta$ 的入射光束中只有 $\delta\varphi$ 的一部分有用,其余部分是浪费的,调制器带宽由 $\delta\varphi$ 决定.

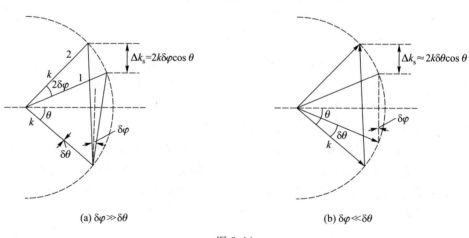

(a) $\delta\varphi \gg \delta\theta$ (b) $\delta\varphi \ll \delta\theta$

图 8.14

因此调制器最有效的安排是使 $\delta\varphi \approx \delta\theta$,由衍射角公式 $\left(\theta \approx \dfrac{\lambda}{D}\right)$ 可知 $\Delta\varphi = \Lambda_s/L$($L$ 为声束宽度,Λ_s 为声波波长),$\Delta\theta = \lambda/W$(W 为光束宽度,λ 为介质中光

波波长),故有

$$\Delta\theta = \Delta\varphi \approx \frac{\Lambda_s}{L} \approx \frac{\lambda}{w} \tag{8.69}$$

又根据布拉格条件

$$\sin\theta = k_s/2k = \frac{\lambda}{2\Lambda_s} = \frac{\lambda f_s}{2v_s}$$

微分得

$$\Delta f = \frac{2v_s \cos\theta \Delta\theta}{\lambda} \tag{8.70}$$

将(8.69)式代入上式得带宽

$$(\Delta f)_m = \frac{1}{2}\Delta f = \frac{v_s \cos\theta}{\lambda}\frac{\Lambda_s}{L} = \frac{v_s \cos\theta}{w} = \cos\theta\frac{1}{\tau} \approx \frac{1}{\tau} \tag{8.71}$$

带宽与渡越时间倒数相当,与直观结果相符,从上述可以看出光束越细(w小)则带宽越大,但光束又必须包含足够多的声波,要使光栅模型可以应用,只好采用高的声频,使Λ_s减小,故常常工作在布拉格衍射范围($L \gg \Lambda_s^2/\lambda$).另外,用布拉格衍射$L$越大,因而衍射分数越高,调制越深;$\Lambda_s$越小,衍射角越大,可使衍射光束和主光束分得越开.

* §8.6　声光偏转器

由于声光衍射角度与声频率成正比,$\theta = \frac{\lambda}{v_s}f_s$,因而声频作周期性变化时,偏转角也相应作周期性变化,从而可以应用于光束偏转器.光偏转器应用甚广,如大屏幕显示、彩色电视机、光雷达扫描以及信息处理等方面.

下面讨论声光偏转器的主要性能指标.

(1)可分辨光点数.大家知道电视的清晰度取决于扫描范围内可分辨的点子数目 N,当一个光点的衍射极大与另一光点的衍射极小相重叠时,两个光点是可以鉴别的,这就是常用的衍射判据.这两光点的角间距:

$$\delta\varphi = k\lambda/w$$

w是光孔径,对于圆形光孔,$k = 1.22$,下面近似令 $k = 1$.对于声波带宽 Δf_s,布拉格偏转角的变化($2\Delta\theta_B$,θ_B为布拉格角)可由布拉格关系式求得:

$$\theta_B \cong \left(\frac{\lambda}{2v_s}\right)f_s$$

$$\Delta\theta = 2(\Delta\theta_B) = \frac{\lambda}{v_s}\Delta f_s \tag{8.72}$$

$\Delta\theta$ 也就是扫描的角范围,因而可分辨点数目

$$N = \Delta\theta/\delta\varphi = \left(\frac{\lambda}{v_s}\right)\Delta f_s \bigg/ \left(\frac{\lambda}{W}\right) = \left(\frac{W}{v_s}\right)\Delta f_s = \tau \cdot \Delta f_s \tag{8.73}$$

举例说明:有一个 $\Delta f = 100$ MHz 的系统,如果取声速 $v_s = 4\times10^5$ cm/s,光束直径 $w = 1$ cm,则 $\tau = w/v_s = 2.5$ μs,代入(8.73)式得 $N = 250$,如 $w = 0.1$ cm,则 $N = 25$,若要可分辨的点多,主要是增加带宽与光束宽度.偏转器与前面的调制器不同,光调制器要求不同频率的声波所衍射的光束几乎平行,而光偏转器则相反,不同频率的声波所衍射的光束要求不重叠,因此光束发散角 $\delta\theta$ 要尽量小,偏转器的带宽取决于 $\delta\varphi$,见图 8.14(a).为了增加光束宽度 w,在声光偏转器中常用柱面透镜把光束展成片状.图 8.15 是典型装置,L_3、L_4 为柱面透镜,T_1、T_2 为望远镜,用以改变光束圆孔半径.

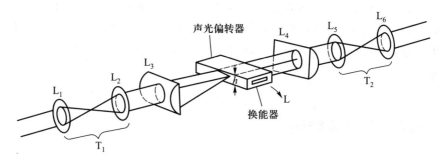

图 8.15 声光偏转器的光学系统,T_1、T_2 为望远镜(平行光管),L_3、L_4 为柱面透镜

(2) 偏转灵敏度.从(8.72)式可以看出,当 $\Delta f_s = 1$ 单位时,对于一定波长 λ 的光波,声速 v_s 越小,$\Delta\theta$ 越大,也就是说偏转越灵敏,所以作为偏转器的材料,要求它的 v_s 小.

(3) 衍射效率(也称偏转比).衍射效率表示衍射光强与入射光强之比,因为光偏转器主要是应用第 1 级衍射光,因此希望声功率不是很大的情况就能获得较强的衍射光.根据(8.65)式要求声光材料的品质因数 M_2 大,一般声速 v_s 小的材料 M_2 较大,$\left(M_2 \propto \dfrac{1}{v_s^3}\right)$ 与(2)要求一致.另外换能器几何尺寸 L/H 要大,因此多半应用布拉格衍射.

§8.7　声光调 Q 与声光锁模

（一）声光调 Q 与声光锁模

激光原理课中有声光调 Q 器件的简略介绍.由于声光调 Q 的开关时间比电光调 Q 的长,因此前者主要应用于连续激光器件的调 Q,可以产生高重复频率（几十~几万次/秒）,峰功率为千瓦级的准连续激光脉冲.而电光调 Q 主要用于重复频率较低但峰功率要求较高的应用中.钇铝石榴石（$Nd^{3+}:Y_3Al_5O_{12}$）（YAG）声光调 Q 器件已应用于电子工业的微型加工方面,如电阻电容微调、石英振子及单片滤波器的频率微调、晶体管制造工艺中的划片以及集成电路掩膜原图的绘制等,另外在非线性转换器件中常利用这种高的峰功率作为基波以提高转换效率.

声光调 Q 就是利用声光交互作用,使光束通过超声场产生衍射,从而增加了激光腔的损耗,也就是降低了 Q 值,如果声场足够强,衍射损耗超过了增益时,激光器就停止振荡.而反转粒子数由于光泵作用集聚到很高的值,此时如果突然去掉声场,使损耗降低,即 Q 值突然升高,光腔又开始振荡形成激光脉冲.如果声场是脉冲调制的声行波,则可输出重复频率与调制脉冲频率相同的激光脉冲.图 8.16(a)给出了声光调 Q 器件及光脉冲测量装置示意图,图中示波器如用双踪示波器,就可以同时看到光脉冲波形和加在声换能器上的脉冲调制的 rf 电信号,在超声信号截止的时间间隔（约为 10 μs）内有光脉冲输出［见图 8.16(b)］.

下面我们将围绕声光调 Q 器（声光开关）的设计中应该考虑的问题进行分析：

第一个问题就是衍射损耗必须大于激光材料的增益.设 γ 为激光在共振腔中来回一次获得的增益,η 为声光衍射分数（即损耗）,则必须使

$$2\eta \geqslant \gamma \tag{8.74}$$

根据(8.65)式

$$\eta = \frac{I_1}{I_0} = \frac{\pi^2}{2\lambda_0^2} M_2 P_s \frac{L}{H}$$

为了尽量减小声功率 P_s,要选择声光品质因数 M_2 比较大的声光材料,并用较大的声柱宽度 L,因此也是应用布拉格衍射.

目前声光调 Q 元件多数用熔石英（也有用 $PbMoO_4$ 晶体）,虽然它的品质因数 M_2 不大,但由于它的透光率（从紫外到远红外）特别好,声吸收系数也小,并且容易获得大块均匀的材料,从综合性能来看,还没有其他材料（包括晶

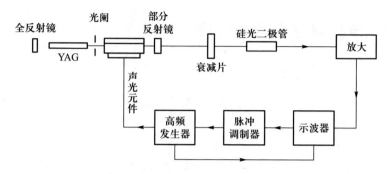

(a) YAG声光调Q激光器及光脉冲的测量装置

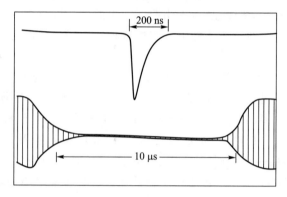

(b) 1千周重复频率Q开关的多次扫描图

图 8.16　声光调 Q

体)比熔石英更适合于声光调 Q 元件.在一个常用的 YAG 声光调 Q 器件[见图 8.16(a)]实例中,换能器用 x-切割石英晶片,长 $L = 5$ cm, 宽 $H = 0.32$ cm, 厚度 $\Lambda_s/2 = 0.0075$ cm,声光介质用熔石英块,长为 5 cm,宽为 0.64 cm,高为 2.2 cm.通光面与贴换能器的面(5 cm×0.64 cm)夹角为89.86°,以保证光垂直入射(可以减少反射损耗)光束与声波阵面夹角等于布拉角 0.14°(光波 $\lambda = 1.06$ μm).YAG 激光器的增益 γ 为 20% ~ 30%,衍射分数按(8.74)式 η 不得小于 10%.现在估计要达到这样的衍射分数所需驱动电功率,因为光波电矢量有两个偏振方向,一个垂直于声波传播方向,一个平行于声波传播方向,因而石英的品质因数也有两个:$M_{2\perp} = 1.5 \times 10^{-18}$(对应的光弹系数是 P_{12}),$M_{2/\!/} = 0.3 \times 10^{-18}$(对应的光弹系数为 P_{11}),要熄灭激光必须使两种光的损耗都大于增益,因此我们只要考虑 M_2 较小($M_{2/\!/} = 0.3 \times 10^{-8}$)的光波衍射分数 η 大于 10%时所需电功率.将上述有关数据代入(8.65)式,可求得每瓦声功率可衍射 2.1%,而实际测量得每瓦功率可衍射 1%,即电声转换功率为 47%,因此要 η 大于 10%,所需电功率为 10～15 W.

第二个问题是当声场去掉（Q 值升高）到巨脉冲形成中间有一定的时间间隔 τ_p，称为脉冲形成时间或脉冲增长时间［见图 8.16(b)］，这是因为激光器要在这段时间里建立起足够的背景辐射以激发突发的受激发射. 对于 YAG，τ_p 为 2～10 μs，而声场的去掉也有一定的下降时间 τ_f，它包括两部分：（1）换能器的驱动电功率的衰减需要有一限时间 $\tau_f^{(1)}$，（2）声束穿过宽度为 W 的光束需要一定渡越时间 $\tau_f^{(2)} = W/V_s$，必须

$$\tau_f = \tau_f^{(1)} + \tau_f^{(2)} < \tau_p \tag{8.75}$$

也就是说在光脉冲形成以前，腔损要减至最小才能得到最大的输出能量. 为此还要保证反射声波尽量小并且不满足布拉格条件. 所以声光元件的底部常做成倾斜形而且加上吸声材料，在上述实例中用玻璃纤维、铅橡胶或铅块等均可.

第三个要考虑的是应用声光调 Q 器件时常常对峰功率、平均功率和重复功率有一定要求，必须了解这三者间的关系. 脉冲重复频率如果太高，脉冲峰值必然要下降，这是因为在很短的周期内，泵浦到高能级的粒子数达不到饱和值. 令 N 表示反转粒子数密度，饱和时令 $N=1$，则在激光停止输出期间

$$N(t) = 1 - e^{-st} \tag{8.76}$$

当 $t \gg s^{-1}$ 时，$N \to 1$，因此 s^{-1} 表示反转粒子数增长到饱和的快慢，每输出一个脉冲，N 极快下降，如图 8.17 所示. 如果重复频率 $f_R \ll s$，则 N 可以达到饱和，如 $f_R > s$，则不可能达到饱和，因此峰功率必然下降. 同一激光器的输出峰值功率与输出连续功率之比定义为峰值功率放大因子. 图 8.18 画出了放大因子 H 与重复频率的关系. 峰功率 P_p 的测量是用功率计先测出平均功率 $\bar{P}$，然后按下式求得：

$$P_p = \frac{\bar{P}}{Df_r} \tag{8.77}$$

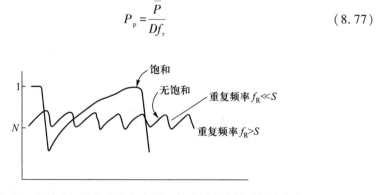

图 8.17　反转粒子数密度在声光调 Q 输出过程中随时间的变化

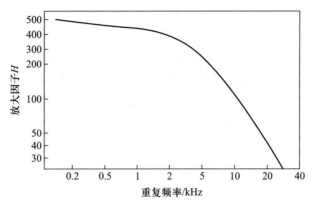

图 8.18   峰值功率放大因子与重复频率的关系

式中,D 是脉冲宽度可以示波器上读出,f_r 为重复频率.从图 8.18 中可以看出在低频下峰值功率基本是常量,这是由于在这一重复频率范围,抽运总是达到饱和的.平均功率与重复频率的关系和峰值功率正好形成对照.图 8.19 表明在抽运不饱和情况下平均功率随重复频率变化甚小,且接近不调 Q 的连续功率;在抽运饱和的低重复频率情况下,平均功率随重复频率线性增长,这是容易理解的.在较高重复频率情况下,平均功率与连续功率很接近,也就是说调 Q 与不调 Q 的动静比接近 1,这是其他调 Q 器件都比不上的优点.

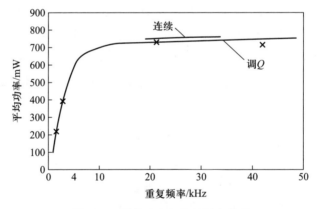

图 8.19   平均功率与重复频率关系

需要重复频率更高时(例如光存储器读写器、光通信等),可采用倾腔输出方式运转,重复频率一般在 1~30 MHz,详细情况可参阅有关资料,这里不再讲述.

(二)声光锁模

关于锁模技术的一般概念和原理可自行参阅激光原理书籍,此处仅介绍利用声光效应进行锁模的一种新设计.用一块铌酸钡钠($Ba_2NaNb_5O_{15}$,简写为 BNN)作为驻波声光损耗调制元件并兼作倍频元件插入连续泵浦 YAG 器件中构成声光锁模倍频激光器,这是高数码速率激光通信系统的好光源.

图 8.20 是 BNN 声光锁模倍频元件的示意图. BNN 是属于正交晶系的 mm2 类点群晶体.切成长方形,取向用 1 轴、2 轴、3 轴表示于图中.压电换能器是用具有高机电耦合系数的 $LiNbO_3$ 制成的半波共振片,振动中心频率为 250 MHz,可以用纵波也可以用切波.声波的传入面和反射面平行,使声波从自由面反射回来可以形成声驻波.光波的入射面垂直于纸面,入射方向与声波阵面的夹角 θ_B 是满足布拉格条件的.通光的两个平面上镀以对 1.06 μm 和 0.53 μm 增透的介质膜.光波传播方向与 3 轴近垂直,偏振方向也与 3 轴垂直.声的传播方向与 3 轴偏离 ϕ 角,常用的 $\phi=0°$(纵波)或 45°(切波).光波的传播方向与偏振方向和声波的传播与偏振方向的选取是按照这样的原则:首先要满足倍频的 90° 相位匹配条件,然后在这一前提下选取声光品质因数 M_2 尽可能大的工作状态.为了倍频的相位匹配,要求光束的传播与偏振方向都垂直于 3 轴,在此条件下比较了各种工作方式,最佳情况是声纵波平行 3 轴传播而 1.06 μm 光波平行 2 轴传播,声切波沿和 3 轴成 45°方向传播,而 1.06 μm 光波还是平行 2 轴传播,几种工作方式的详细数据列于表 8.2 中.

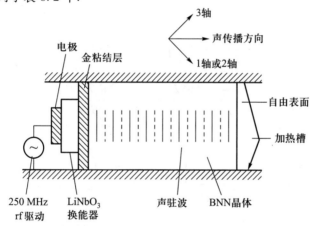

图 8.20　声光锁模倍频元件示意图(换能器,声波和晶轴取向)

表 8.2　BNN 的声光性质

光波 (1.06 μm)		声波			声速/ (m/s)	M_2(与熔石英的 相对比值)	衍射 效率	布拉格角 (外部)
传播 方向	偏振 方向	声波 类型	传播 方向	偏振 方向				
1 轴	2 轴	纵	3 轴	3 轴	6250	0.8	3%/W	1.21°
2 轴	1 轴	纵	3 轴	3 轴	6250	1.2	5.5%/W	1.21°

光波 (1.06 μm)		声波		声速/ (m/s)	M_2(与熔石英的 相对比值)	衍射 效率	布拉格角 (外部)
1 轴	2 轴	切	与 3 轴成 45° (2·3) 平面内 在 (2·3) 平面内	3575	4.0	18%/W	2.11°
2 轴	1 轴	切	与 3 轴成 45° (1·2) 在 (1·3) 平面内　平面内	3680	6.1	24%/W	2.11°

为了倍频的 90°相位匹配,BNN 要放入恒温器内,匹配温度是 80~90 ℃.

关于驻波的布拉格声光衍射强度与声行波的衍射强度的不同之处是当 L、Λ_s、λ 和单向输入声功率 P_s 都相同的情况下,声驻波调制的折射率变化的振幅 Δn 要比声行波的大一倍,而且还是时间的正弦函数.我们可以利用前面的声行波衍射公式(8.64)式

$$\frac{I_1}{I_0} \approx \sin^2\left(\frac{a}{2}\right) = \sin^2\left(\frac{\pi}{\lambda_0}\Delta n L\right)$$

其中

$$a = \frac{\pi}{\lambda_0}\sqrt{\frac{n^6 P^2}{\rho V_s^3}\frac{2P_s L}{H}} = \frac{\pi}{\lambda_0}\sqrt{\frac{2M_2 P_s L}{H}}$$

对于声驻波应为

$$\frac{I_1}{I_0} = \sin^2\left[\frac{\pi}{\lambda_0}L \cdot 2 \cdot \Delta n \sin(\omega_s t)\right] = \sin^2(a\sin \omega_s t) = \frac{1}{2}(1-\cos 2a\sin \omega_s t)$$

$$(8.78)$$

将上式展为贝塞尔函数的级数表示式为

$$\frac{I_1}{I_0} = \frac{1}{2}\left[1 - J_0(2a) - \sum_{n=2}^{\infty} 2J_n(2a)\cos(n\omega_s t)\right] \approx \frac{1}{2}a^2\left[1-\cos(2\omega_s t)\right]$$

$$(8.79)$$

上式表明声驻波的衍射光强也就是衍射损耗比声行波的大,且随时间的变化频率为 $2\omega_s$.在本设计例子中是 2×250 MHz = 500 MHz,也就是说每秒内损耗为零的瞬间有 500 M 次,锁模脉冲即在此瞬间输出,所以锁模脉冲的重复频率为 500 MHz.

图 8.21 是声光锁模激光器件的示意图.有人试过多种共振腔结构,最好的

是一种折叠腔.YAG棒尺寸是 3 mm×50 mm,放在调制热槽中作为传导冷却代替水冷,泵浦用氪灯,聚光腔用玻璃制成圆柱空腔,腔壁镀上对 0.7~0.9 μm 高反射的介质膜,折叠镜的膜使 1.06 μm 的 o 光全反射,使 0.53 μm 倍频 e 光全透过,同时对 1.06 μm 的 e 光能透过相当大的部分.因而折叠镜又是一个起偏镜.端部平反射镜是对 1.06 μm 全反射,另一端部球面镜曲率半径是 3 cm,对 1.06 μm 和 0.53 μm 都是全反射,从而使两个方向产生的倍频光可以叠加透过折叠镜输出.腔内透镜焦距为 10.5 cm,镀 1.06 μm 增透膜,它的作用是保证回到 YAG 棒内的光束是平行的,而达到声光锁模倍频元件(BNN)的光束聚焦到直径为 120 μm,BNN 元件离开球面双色反射镜1.5 cm,在光腰处.

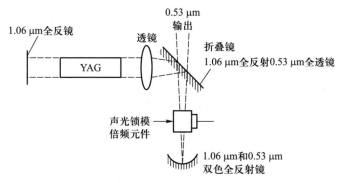

图 8.21　声光锁模激光器件的示意图

这一器件在最佳耦合状态当输入功率为 1.035 W 时,可以 235 mW 的 1.06 μmTEM$_{00}$模激光功率,对于光沿 1 轴、声纵波沿 3 轴传播声光锁模倍频元件可以获得平均功率为 165 mW 的倍频光(0.53 μm)输出,转换效率约为 70%,脉冲宽度与超声功率和输出倍频光功率有关.当驱动射频(250 MHz)电功率为 1.5 W,输出倍频光为 100 mW 时,1.06 μm 脉冲宽度约为 500 ps,倍频光脉冲宽度大约是基频光脉冲宽度的 $\dfrac{1}{\sqrt{2}}$.根据(8.77)式求得倍频光脉冲峰功率约为 500 mW,加强因子为 5,这是通常情况.

§8.8　声光材料

前面讲到各种应用的时候,已经提到对声光材料的性能要求,最后再综合起来讨论一下.

（一）声光品质因数

不管是调制器、偏转器，还是调 Q、锁模，都有一个共同要求，就是要衍射效率高，按（8.36）式和（8.65）式，

$$\eta = \frac{I_1}{I_0} = \frac{\pi^2}{2\lambda^2} M_2 P_s \frac{L}{H}$$

由于声吸收会使声光元件发热，声功率 P_s 不宜过大.声柱的几何尺寸（L/H）也不宜过大，H 不能小于光束直径.大块光学均匀材料不易获得，因此希望 M_2 尽可能大.

对于声光调制器还应考虑带宽问题，这也是一个重要的设计参量，因此常用效率 η 与带宽的乘积 $2\eta fs\Delta f$ 作为设计参量，由（8.71）式：

$$\Delta f = \frac{2v_s \cos\theta}{\lambda} \frac{\Lambda_s}{L} = \frac{2v_s \cos\theta}{w}$$

及（8.65）式求得

$$2\eta f_s \Delta f = 2\frac{\pi^2}{2\lambda_0^2} M_2 P_s \frac{L}{H} \frac{v_s}{\Lambda_s} \frac{2v_s \cos\theta}{\lambda} \frac{\Lambda_s}{L}$$

而 $M_2 = \dfrac{n^6 P^2}{\rho v_s^3}$ 代入上式，并用了 $\lambda = \lambda_0/n$ 的关系得到：

$$2\eta f_s \Delta f = \frac{2\pi^2}{\lambda_0^3}\left(\frac{n^7 P^2}{\rho v_s}\right)\frac{P_s \cos\theta}{H} \tag{8.80}$$

令

$$M_1 = \frac{n^7 p^2}{\rho v_s} \tag{8.81}$$

则 M_1 应表示同时考虑衍射效率及带宽时，材料的声光品质因数.

从衍射效率表式中可以看出 H 越小，η 越大.但 H 不能小于光束直径 W_1，因此用到极限情况，$H \approx W_1$ 代入（8.71）式，$\Delta f = \dfrac{2v_s \cos\theta}{W} = \dfrac{2v_s \cos\theta}{H}$，再代入（8.80）式，并同时考虑带宽与效率的情况：

$$\eta f_s = \frac{\pi^2}{2\lambda_0^3}\left(\frac{n^7 P^2}{\rho v_s^2}\right) \cdot P_s \tag{8.82}$$

$$M_3 = \frac{n^7 P^2}{\rho v_s^2} \tag{8.83}$$

M_3 是当换能器宽度 H 用到极限情况下，为声光调制器选择材料所需考虑的品质因数.

注意这是（8.71）式所表示的带宽，是受到 $\delta\theta \approx \delta\varphi$ 这一条件限制的情况下

推得的,因此只有声光调制器才需用到 M_1 和 M_3,其余都还是用 M_2.一些重要声光材料的性能参量列于表 8.3 中.

（二）声学性质

（1）声速 v_s 越小,衍射光的偏转角度越大,而且影响 $M_2 = \dfrac{n^6 P^2}{\rho v_s^3}$ 值最灵敏的也是声速.因为多数材料的折射率 n 和光弹系数 P 差别不是太大,所以声速小的材料,往往 M_2 值就大,表 8.3 能说明这一规律.

（2）声衰减系数 α 要小.因为声吸收使元件发热,引起受热膨胀,产生应力,从而折射率和声速都发生变化以致使衍射效率降低,光点散焦及位置移动.一般在超声频率以上声衰减系数与频率的平方成正比,因此 α 值大的材料使用的频率范围受到限制.表 8.3 中为了比较,α 的数据用 dB/cm,kHz 工作单位,根据使用的频率按比例增减.

（三）光学性质

主要是光的透过率与光学均匀性.在所使用的光波波长范围内必须有好的透过率,否则插入激光谐振腔内引起的损耗太大.光学均匀性是指折射率要均匀,否则光路弯曲影响衍射效率和聚焦.对于晶体来说这是一个关键问题,有的晶体声光性能很好,但不能长出大块光学质量好的晶体,也是无济于事的.

（四）热学性质

前面已提到由于声吸收使元件发热造成不良后果,严重的甚至产生破裂,因此希望声光材料的热传导性能好,热膨胀系数小.另外声光元件使用时总是要加散热装置——空冷或水冷.

综上所述,作为声光元件应当根据器件的要求选择综合性能比较好的材料.声光调制器考虑的带宽要选择 M_1 或 M_3 较大的材料,其他应用则 M_2 大的材料,但还要照顾到其他各种性能,如表 8.3 所示.对红外线（2~20 μm）透明的材料,因 n 比较大,M 值也很大,只要声速不是太大,声衰减系数比较小就可以用.对可见光透明的材料,n 一般在 2 左右,差别不大.凡 v_s 比较小的 M 值就比较大,但有的声速小 M 值大的,α 又太大,例如 TeO_2,对于沿（110）传播的声切波的情况,$M_2 = 793$ 很大,而 α 也特别大,因此使用的频率就比较低.另外 α-HIO_3 声光性能好,但由于生长的困难不易获得大块优质晶体.只有 $PbMoO_4$,M 值不小,α 也不大于 2,能长出大块光学质量较好的晶体,因此使用较广,但此材料含 Pb.最后还提一下,非晶体材料,一般非晶体的 α 值都比晶体大得多,只有熔石英特别,它的 α 很小,而且透光性能好,热膨胀系数也特别小,可以承受大的声功率以弥补 M 值小的弱点,因此熔石英作为声光元件,特别在调 Q、锁模技术中使用得很多.

表 8.3 一些重要的声光材料的性能参量

晶体用于可见及近红外波段（α-HIO₃、PbMoO₄、TeO₂、Pb₅(GeO₄)(VO₄)₂、Tl₃AsS₄）；晶体用于红外波段（Ge、GaAs）

材料	透过的光波波长范围/μm	测量用的波长/μm	$\rho/(\mathrm{g/cm^3})$	声模式及传播方向	$v_s/(10^5\,\mathrm{cm/s})$	$\alpha/(\mathrm{dB/cm})$ kHz	光的偏振	n（折射率）	$M_1/(10^{-7}\,\mathrm{cm^2\cdot s/g})$	$M_2/(10^{-18}\,\mathrm{s^3/g})$	$M_3/(10^{-12}\,\mathrm{cm\cdot s^2/g})$
α-HIO₃	0.3–1.8	0.633	5.0	纵[001]	2.44	10	[100]	1.986	103	86	42
							[010]	1.960	93	80	38
				纵[100]	3.56		∥	1.986	125	50	35
PbMoO₄	0.42–5.5	0.633	6.95	纵[001]	3.63	15	∥	2.262	108	36.3	29.8
							⊥	2.386	113	36.1	31.3
TeO₂	0.35–5	0.633	6.00	纵[001]	4.20	15	⊥	2.260	138	34.5	32.8
				切[110]	0.616	290	∥	2.412	109	25.6	25.9
							•	2.260	68	793	110
Pb₅(GeO₄)(VO₄)₂	0.52–5.5	0.633	7.15	纵[001]	3.45	23	∥	2.275	137	50.6	39.7
				纵[010]	3.11	19	∥	2.281	78.6	35.6	25.3
Tl₃AsS₄	0.6–12	0.633	6.20	纵[001]	2.15	29	∥	2.825	1 040	800	480
		1.153					∥	2.626	620	510	290
Ge	2–20	10.6	5.33	纵[111]	5.50	30	∥	4.00	10 200	840	1 850
		10.6		切[100]	3.51	9	任意	4.00	1 430	290	400
GaAs	1–11	1.153	5.34	纵[110]	5.15	30	∥	3.37	925	104	179
		1.153		切[100]	3.32		任意	3.37	155	46.3	49.2

续表

材料	透过的光波波长范围/μm	测量用的波长/μm	ρ/(g/cm³)	声模式及传播方向	v_s/(10^5 cm/s)	α/(dB/cm) kHz	光的偏振	n (折射率)	M_1/(10^{-7} cm²·s/g)	M_2/(10^{-18} s³/g)	M_3/(10^{-12} cm·s²/g)	
GaP	0.6~10	0.633	4.13	纵[110]	6.32	6	∥	3.31	590	44.6	93.5	晶体用于红外波段
		0.633		切[100]	4.13		任意	3.31	137	24.1	33.1	
Te	5~20	10.6	0.24	纵[100]	2.2	~60	∥	4.8	10 200	4 400	4 640	
Te 玻璃	0.47~2.7	0.633	5.87	纵	3.40	170	∥	2.089	58.1	28.9	17.1	非晶体用于可见及近红外波段
(重火石玻璃)(5F-4)	0.38~1.8	0.633	3.59	纵	3.63		⊥	1.616	1.83	4.51	3.97	
水	0.2~0.9	0.633	0.997	纵	1.49	2 400	任意	1.330	37.2	126	25.0	
熔石英	0.2~4.5	0.633	2.20	纵	5.96	12	⊥	1.457	8.05	1.56	1.35	
							∥			0.3		

注:∥代表光的偏振方向平行于声的传播方向(P_{11}),⊥代表光的偏振方向垂直于声的传播方向(P_{12}),• 表示圆偏振光沿 z 轴传播.

第八章习题

8.1　用 PbMO$_4$ 晶体作为声光介质时,光孔径 25 mm,设带宽 50 MHz.

(1) 若用作调制器,其频率上限是多少?

(2) 若用作偏转器,分辨点是多少?

(3) 若换能器尺寸是 5 mm×10 mm,光波长 0.514 5 μm,求偏转比为 50% 时所需声功率.

(4) 如用 TeO$_2$ 晶体,一般可用孔径 10 mm,若其他条件相同,求可分辨点数及所需声功率.(数据可查阅表 8.3.)

8.2　国产 ZF-6 玻璃($n = 1.755$, $v_s = 3\,700$ m/s, 作为声光开关,入射波长 1.06 μm, $f = 40$ MHz.

(1) 试问利用布拉格衍射条件,光垂直入射时,通光面与贴换能器的平面夹角 θ 是多少?

(2) 如果 $\theta = 90°$,则声光元件需倾斜多大角才能满足布拉格条件?

(3) 设测出平均功率 10 W,脉宽 200 mμs,重复频率 5 kC/s,求峰功率?

8.3　(1) LiNbO$_3$ 晶体沿 z 轴方向加纵声波,入射光在 xy 平面内,其偏转方向也在 xy 平面内,求有效光弹系数.(也可用坐标变换方法求解.)

(2) LiNbO$_3$ 晶体在主轴坐标系中,如果在[110]方向加超声纵波,当光沿[001]方向传播时,求晶体允许的偏转方向的有效光弹系数.(也可用坐标变换方法求解.)

附　　录

附录 A　32 点群极射赤平投影图

本图有关说明如下：

（1）极图中名称使用国际符号并注出了相应的申夫利斯符号．

国际符号中含义如下：共三位符号，表示三个不同方向上的旋转轴和垂直于该方向上的对称平面，例如 4/mmm，在第一个方向上有 4 次轴并在垂直于该方向有 m，另两个方向上，分别有垂直于该方向的对称面 m．

这三个方向，各晶系按下表规定：

表 A-1

晶系	表内 a、b、c 为结晶原胞的三个基矢方向		
	第一位符号	第二位符号	第三位符号
立方	$\underline{a}$	$\underline{a}+\underline{b}+\underline{c}$	$\underline{a}+\underline{b}$
六方	$\underline{c}$	$\underline{a}$	$2\underline{a}+\underline{b}$
三方	$\underline{c}$	$\underline{a}$	不需要
四方	$\underline{c}$	$\underline{a}$	$\underline{a}+\underline{b}$
正交	$\underline{a}$	$\underline{b}$	$\underline{c}$
单斜	$\underline{b}$	不需要	不需要
三斜	$\underline{a}$	不需要	不需要

（2）极图中各对称元素符号

表 A-2

2	3	4	6	$\bar{4}$	$\bar{3}$	$\bar{6}$
◖◗	▲	 ◆	 ⬡	 ◈	 ◮	 ⬡

注意图中粗的直线、圆弧、圆周都代表不同方位的 m 的投影,而细的线并不代表 m.

（3）凡点群名称符号上打上方框者为具有对称中心的点群.

（4）图中 x_1、x_2、x_3 的三坐标轴取法,x、y、z、u 为三方、六方晶系的四指标中坐标轴取法.

表 A-3

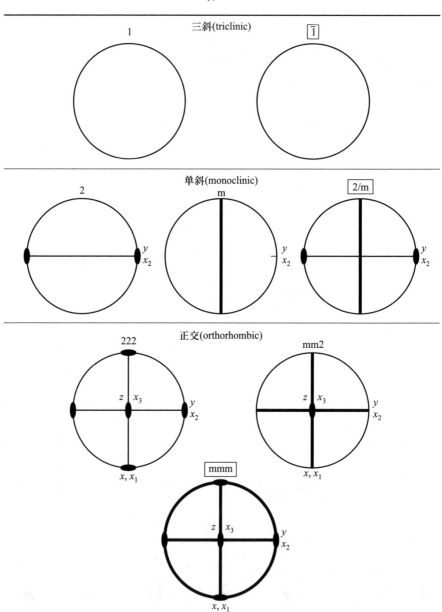

四方(tetragonal)

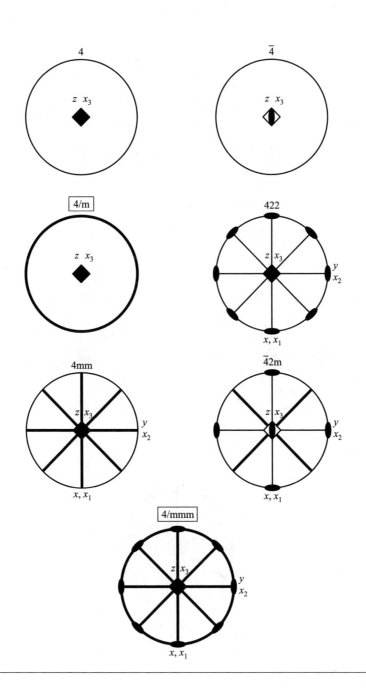

三方(trigonal)

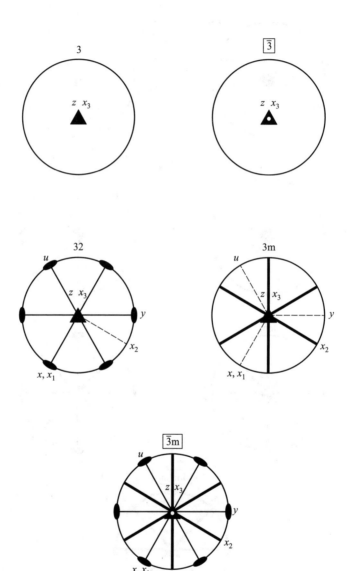

六方(hexagonal)

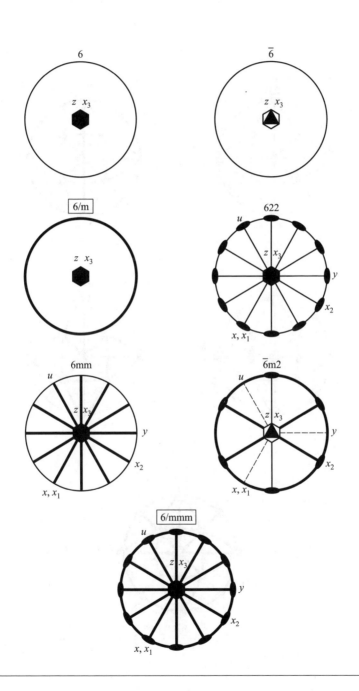

立方(cubic)

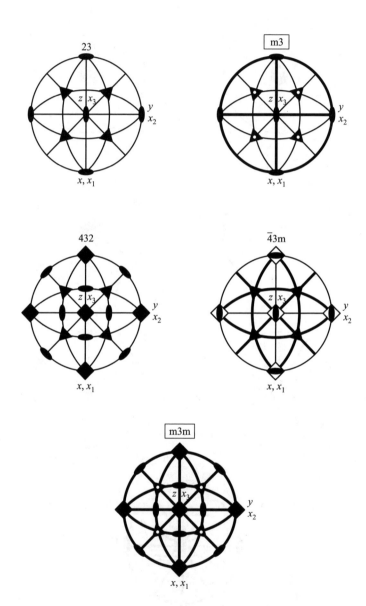

附录 B　不同点群类型中各阶张量的矩阵形式

表 B-1　一阶张量矩阵形式

三斜	$1(● \quad ● \quad ●)_{(3)}$	
单斜	$2(• \quad ● \quad •)_{(1)} \quad x_2 /\!/ 2$	$m(● \quad • \quad ●) \quad x_2 \perp m$
正交	$mm2(• \quad • \quad ●)_{(1)} \quad x_3 /\!/ 2$	

四方 三方⎬ 六方	$4,\ 4mm,\ 3,\ 3m,6,\ 6mm$ $(• \quad • \quad ●)_{(1)} \quad x_3 /\!/ c$	<u>符号含义</u> ● 非零元素 • 零元素

表 B-2　二阶张量矩阵形式

符号含义：●为非零元素，●—●表示两元素相等，•为零元素，矩阵对角线下半部与上半部对称

双轴晶	三斜、两点群	$\begin{pmatrix} ● & ● & ● \\ & ● & ● \\ & & ● \end{pmatrix}_{(6)}$	
	单斜全部点群	$\begin{pmatrix} ● & • & ● \\ & ● & • \\ & & ● \end{pmatrix}_{(4)}$ 或	$x_2 /\!/ 2$ $\perp m$
	正交全部点群	$\begin{pmatrix} ● & • & • \\ & ● & • \\ & & ● \end{pmatrix}_{(3)}$	$x_1 /\!/ a$ $x_2 /\!/ b$ $x_3 /\!/ c$
单轴晶	三方 四方⎬全部点群 六方	$\begin{pmatrix} ● & ● & • \\ & ● & • \\ & & ● \end{pmatrix}_{(2)}$	$x_1, x_2 \perp c$ $x_3 /\!/ c$
	立方全部点群 各向同性	$\begin{pmatrix} ● & • & • \\ & ● & • \\ & & ● \end{pmatrix}_{(1)}$	

表 B-3　压电系数 d 与电光系数 γ 在不同点群类型的矩阵式

有对称中心各点群　　$d_{ij} = 0$

三斜

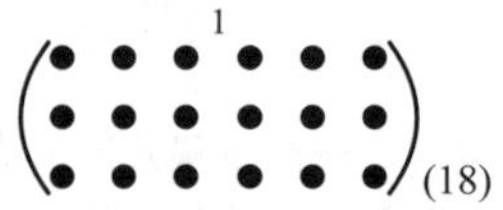

单斜

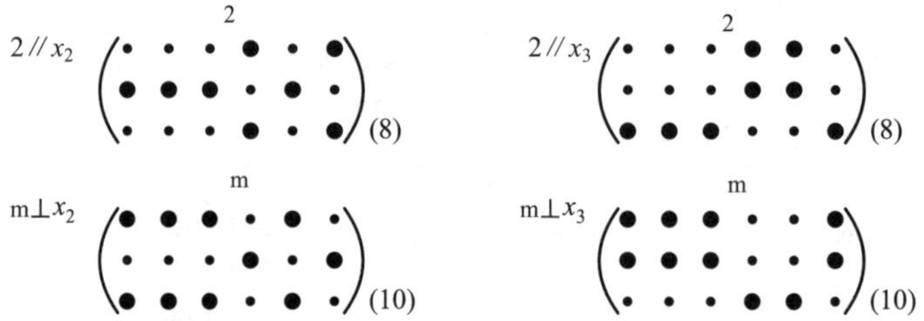

正交

四方

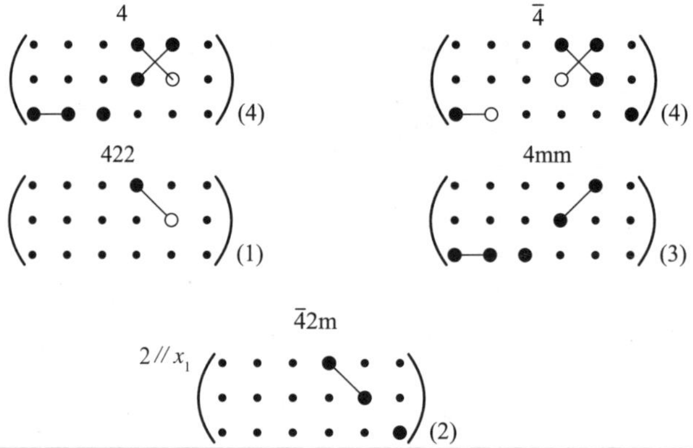

立方

三方

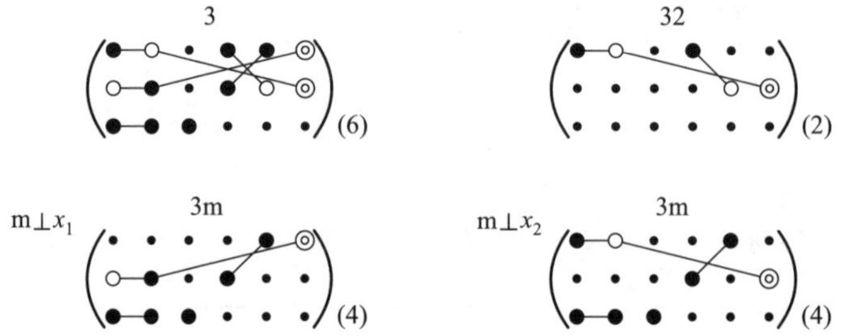

六方

6

与4相同   (4)

6mm

与4mm 相同   (3)

622

与422相同   (1)

$\bar{6}$ (2)

$m\perp x_1$ $\bar{6}m2$ (1)

$m\perp x_2$ $\bar{6}m2$ (1)

（1） •为零元素，●为非零元素，●—●表示两元素相等.

（2）●—○表示两元素值相同但正负号相反.

（3）◎对 d 而言，表示和它相连接的元素的负两倍，即×(-2).

对 γ 而言，表示和它相连接的元素的负数，即和●—○相同.

（4）对 γ 使用本表需将行换列，列换为行.

举例：

$$(d_{ij}) = \begin{pmatrix} 0 & 0 & 0 & 0 & 0 & -2d_{22} \\ -2d_{22} & d_{22} & 0 & 0 & 0 & 0 \\ 0 & 0 & 0 & 0 & 0 & 0 \end{pmatrix}$$

$$(\gamma_{ij}) = \begin{pmatrix} 0 & -\gamma_{22} & 0 \\ 0 & \gamma_{22} & 0 \\ 0 & 0 & 0 \\ 0 & 0 & 0 \\ 0 & 0 & 0 \\ -\gamma_{22} & 0 & 0 \end{pmatrix}$$

表 B-4   各点群中弹性系数 C_{ij} 和弹性顺服系数 S_{ij} 的矩阵形式

三斜两点群

(21)

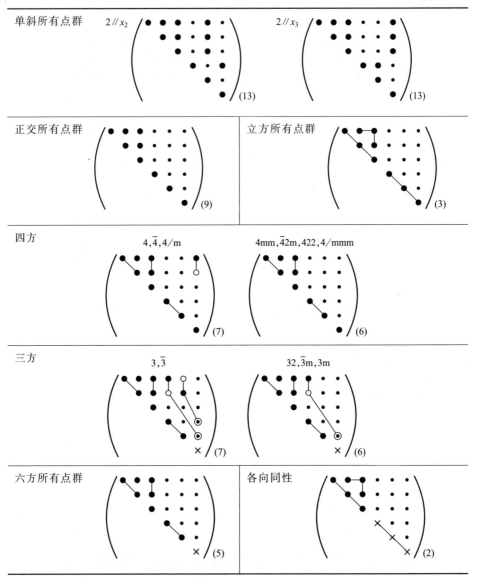

（1）·为零元素，●为非零元素，●—●表示相等元素.

（2）●—○表示两元素值相等，正负号相反.

（3）对于 S，◎数值上是与它相连接的●元素的两倍.

对于 C，◎数值上与它相连接的●元素相等，即等同于●—●.

（4）对于 S，×表示 $2(S_{11}-S_{12})$.

对于 C，×表示 $(C_{11}-C_{12})/2$.

（5）对角线下方空白表示与对角线上方元素完全对称，即 ij 可对易.

表 B-5　压光系数 π 与光弹系数 P 的矩阵形式

三斜

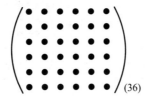

单斜所有点群　$2\,/\!/\,x_2$　$2\,/\!/\,x_3$

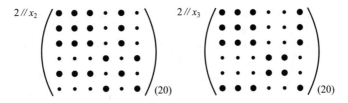

正交

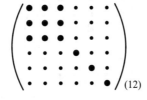

四方

$$4,\bar{4},4/m \qquad 4mm,\bar{4}2m,422,4/mmm$$

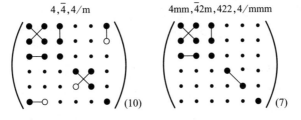

三方

$$3,\bar{3} \qquad 3m,32,\bar{3}m$$

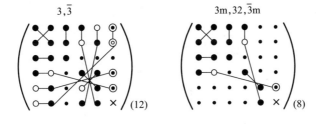

	$6,\bar{6},6/m$	$\bar{6}m2,6mm,622,6/mmm$
六方	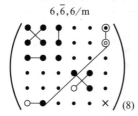 (8)	(6)

	$23,m3$	$\bar{4}3m,432,m3m$
立方	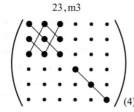 (4)	(3)

各向同性   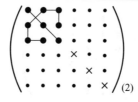 (2)

(1) ●为非零元素,·为零元素,●—●表示两元素相等.

(2) ●—○表示数值相等,符号相反.

(3) 对 π 而言:⊙是与它相连的元素●的两倍,即×2.

　　　　　　◎是与它相连的元素●的负两倍,即×(-2).

　　　　　　×等于$(\pi_{11}-\pi_{12})$.

(4) 对 P 而言:⊙等同于●—●.

　　　　　　◎等同于●—○.

　　　　　　×等于$(P_{11}-P_{12})/2$.

附录 C　重要物理常量表

物理量	符号	数值	单位	相对标准不确定度
真空中的光速	c	299 792 458	$m \cdot s^{-1}$	精确
普朗克常量	h	$6.626\ 070\ 15 \times 10^{-34}$	$J \cdot s$	精确
约化普朗克常量	$h/2\pi$	$1.054\ 571\ 817 \cdots \times 10^{-34}$	$J \cdot s$	精确
元电荷	e	$1.602\ 176\ 634 \times 10^{-19}$	C	精确
阿伏伽德罗常量	N_A	$6.022\ 140\ 76 \times 10^{23}$	mol^{-1}	精确
玻耳兹曼常量	k	$1.380\ 649 \times 10^{-23}$	$J \cdot K^{-1}$	精确
摩尔气体常量	R	$8.314\ 462\ 618 \cdots$	$J \cdot mol^{-1} \cdot K^{-1}$	精确
理想气体的摩尔体积（标准状况下）	V_m	$22.413\ 969\ 54 \cdots \times 10^{-3}$	$m^3 \cdot mol^{-1}$	精确
斯特藩-玻耳兹曼常量	σ	$5.670\ 374\ 419 \cdots \times 10^{-8}$	$W \cdot m^{-2} \cdot K^{-4}$	精确
维恩位移定律常量	b	$2.897\ 771\ 955 \times 10^{-3}$	$m \cdot K$	精确
引力常量	G	$6.674\ 30(15) \times 10^{-11}$	$m^3 \cdot kg^{-1} \cdot s^{-2}$	2.2×10^{-5}
真空磁导率	μ_0	$1.256\ 637\ 062\ 12(19) \times 10^{-6}$	$N \cdot A^{-2}$	1.5×10^{-10}
真空电容率	ε_0	$8.854\ 187\ 812\ 8(13) \times 10^{-12}$	$F \cdot m^{-1}$	1.5×10^{-10}
电子质量	m_e	$9.109\ 383\ 701\ 5(28) \times 10^{-31}$	kg	3.0×10^{-10}
电子荷质比	$-e/m_e$	$-1.758\ 820\ 010\ 76(53) \times 10^{11}$	$C \cdot kg^{-1}$	3.0×10^{-10}
质子质量	m_p	$1.672\ 621\ 923\ 69(51) \times 10^{-27}$	kg	3.1×10^{-10}
中子质量	m_n	$1.674\ 927\ 498\ 04(95) \times 10^{-27}$	kg	5.7×10^{-10}
氘核质量	m_d	$3.343\ 583\ 772\ 4(10) \times 10^{-27}$	kg	3.0×10^{-10}
氚核质量	m_t	$5.007\ 356\ 744\ 6(15) \times 10^{-27}$	kg	3.0×10^{-10}
里德伯常量	R_∞	$1.097\ 373\ 156\ 816\ 0(21) \times 10^7$	m^{-1}	1.9×10^{-12}
精细结构常数	α	$7.297\ 352\ 569\ 3(11) \times 10^{-3}$		1.5×10^{-10}
玻尔磁子	μ_B	$9.274\ 010\ 078\ 3(28) \times 10^{-24}$	$J \cdot T^{-1}$	3.0×10^{-10}
核磁子	μ_N	$5.050\ 783\ 746\ 1(15) \times 10^{-27}$	$J \cdot T^{-1}$	3.1×10^{-10}
玻尔半径	a_0	$5.291\ 772\ 109\ 03(80) \times 10^{-11}$	m	1.5×10^{-10}
康普顿波长	λ_C	$2.426\ 310\ 238\ 67(73) \times 10^{-12}$	m	3.0×10^{-10}
原子质量常量	m_u	$1.660\ 539\ 066\ 60(50) \times 10^{-27}$	kg	3.0×10^{-10}

注：① 表中数据为国际科学理事会（ISC）国际数据委员会（CODATA）2018 年的国际推荐值.

　　② 标准状况是指 $T = 273.15$ K，$p = 101\ 325$ Pa.

附录 D   单轴晶体中光线离散角 α 的推导

在第五章 §5.2 已知单轴晶体中 E、D 和 g、k 均在主截面内(见图 D-1). 如果 z 轴沿光轴,则所取坐标系是单轴晶体的主轴坐标系,故有

$$\begin{pmatrix} D_1 \\ D_2 \\ D_3 \end{pmatrix} = \begin{pmatrix} \varepsilon_1 & 0 & 0 \\ 0 & \varepsilon_2 & 0 \\ 0 & 0 & \varepsilon_3 \end{pmatrix} \begin{pmatrix} E_1 \\ E_2 \\ E_3 \end{pmatrix}$$

则有

$$D_2 = \varepsilon_2 E_2 = n_o^2 E_y \qquad (\text{D-1})$$

$$D_3 = \varepsilon_3 E_3 = n_e^2 E_z \qquad (\text{D-2})$$

式中已考虑

$$\varepsilon_2 = n_o^2, \qquad \varepsilon_3 = n_e^2$$

从图 D-1 中的几何关系有

$$\tan \theta = \frac{D_z}{D_y}, \qquad \tan \rho = \frac{E_z}{E_y} \qquad (\text{D-3})$$

(D-1)式、(D-2)式相比并利用(D-3)式可得到

$$\tan \rho = \left(\frac{n_o}{n_e} \right)^2 \tan \theta \qquad (\text{D-4})$$

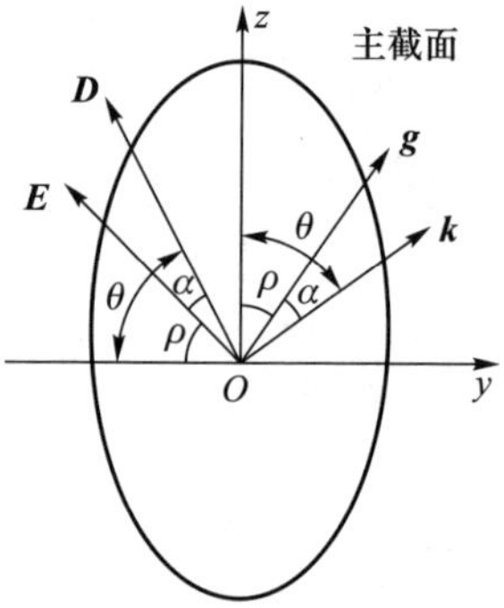

图 D-1   在单轴晶体中主截面(yz)面内,E、D、g、k、光轴的相对取向图,α 为离散角

此式即第五章 §5.4 中的(5.38)式.

根据图 D-1,离散角 $\alpha = \theta - \rho$,则有

$$\tan \alpha = \tan (\theta - \rho) = \frac{\tan \theta - \tan \rho}{1 + \tan \theta \tan \rho} \qquad (\text{D-5})$$

将(D-4)式代入(D-5)式得

$$\tan \alpha = \frac{\tan \theta \left(1 - \dfrac{n_o}{n_e} \right)^2}{1 + \tan^2 \theta \left(\dfrac{n_o}{n_e} \right)^2} = \frac{\sin \theta \cos \theta \left[1 - \left(\dfrac{n_o}{n_e} \right)^2 \right]}{\cos^2 \theta + \left(\dfrac{n_o}{n_e} \right)^2 \sin^2 \theta} = \frac{1}{2} \sin 2\theta \left(\frac{1}{n_o^2} - \frac{1}{n_e^2} \right) \left(\frac{\cos^2 \theta}{n_o^2} + \frac{\sin^2 \theta}{n_e^2} \right)^{-1}$$

$$(\text{D-6})$$

(D-6)式即第五章 §5.4 中的(5.40)式.

附录 E 双轴晶体锥光干涉公式中 Γ 及 α 的推导

在双轴晶体中,给定波矢量方向 N(以坐标 θ,φ 规定其方位)为确定两个特定偏振方向以及它们的相位差角 Γ 和 (θ,φ) 的依赖关系,必须利用折射率椭球. 最方便的办法,是将坐标轴进行变换(见图 E-1),使其中之一(譬如 z 轴)和 N 重合. 在新坐标系的椭球方程中令 $z=0$,即很容易得到垂直于 N 的平面和椭球的交截椭圆的方程. 凡坐标轴为 ε_{ij} 张量主轴时,折射率椭球方程如下.

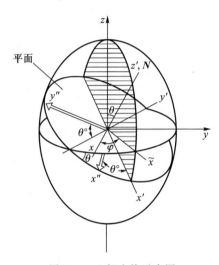

图 E-1 坐标变换示意图

第一步,绕 z 轴转 φ

$$(x, y, z) \rightarrow (\tilde{x}, y', z)$$

第二步,绕 y' 轴转 θ

$$(\tilde{x}, y', z) \rightarrow (x', y', z')$$

第三步,绕 z' 轴转 $\overset{o}{\theta}$

$$(x', y') \rightarrow (x'', y'')$$

x''、y'' 表示垂直于 N 的平面上交截椭圆的长短轴方向.

x'' 与 x 夹角为 α,在 θ 很小时有 $\alpha \approx \varphi - \overset{o}{\theta}$

$$\frac{x^2}{n_1^2} + \frac{y^2}{n_2^2} + \frac{z^2}{n_3^2} = 1 \tag{E-1}$$

式中规定 $n_1 > n_2 > n_3$,上式可写为

$$B_{11}x^2 + B_{22}y^2 + B_{33}z^2 = 1 \qquad (\text{E-2})$$

式中已令

$$B_{11} = \frac{1}{n_1^2}, \quad B_{22} = \frac{1}{n_2^2}, \quad B_{33} = \frac{1}{n_3^2} \qquad (\text{E-3})$$

根据第一章 §1.8 中的讨论,两个二次曲面的各项系数具有二价张量的性质.当坐标轴变换后,新的坐标系中椭球方程变为

$$B_{11}'(x')^2 + B_{22}'(y')^2 + B_{33}'(z')^2 + 2B_{12}'x'y' + 2B_{23}'y'z' + 2B_{31}'z'x' = 1 \qquad (\text{E-4})$$

因为新坐标系不一定再是张量 B_{ij} 的主轴坐标,所以有交叉项出现.

现在我们为了使坐标轴 z' 和 N 重合,进行下列变换.

(1)首先将 x 轴、y 轴绕 z 轴旋转 φ,$x \to \tilde{x}$,$y \to y'$,z 不变(见图 E-1),相应的变换矩阵为

$$A_\varphi = \begin{pmatrix} \cos\varphi & \sin\varphi & 0 \\ -\sin\varphi & \cos\varphi & 0 \\ 0 & 0 & 1 \end{pmatrix} \qquad (\text{E-5})$$

(2)再绕 y' 转 θ 角,使 $\tilde{x} \to x'$,$z \to z'$,y' 不变,相应的变换矩阵为

$$A_\theta = \begin{pmatrix} \cos\theta & 0 & \sin\theta \\ 0 & 1 & 0 \\ -\sin\theta & 0 & \cos\theta \end{pmatrix} \qquad (\text{E-6})$$

总的变换为

$$A = A_\varphi \cdot A_\theta = \begin{pmatrix} \cos\theta\cos\varphi & \sin\varphi & \sin\theta\cos\varphi \\ -\cos\theta\sin\varphi & \cos\varphi & -\sin\theta\sin\varphi \\ -\sin\theta & 0 & \cos\varphi \end{pmatrix} \qquad (\text{E-7})$$

在新坐标系 (x',y',z') 中,B_{ij}' 的变换应根据第一章中 (1.48) 有

$$B_{ij}' = \tilde{A}BA \qquad (\text{E-8})$$

式中 $\tilde{A}$ 是 A 的转置矩阵.将(E-7)式代入具体运算可得

$$B_{11}' = B_{11}\cos^2\theta\cos^2\varphi + B_{22}\cos^2\theta\sin\varphi + B_{33}\sin^2\theta$$

$$B_{22}' = B_{11}\sin^2\varphi + B_{22}\cos^2\varphi$$

$$B_{12}' = B_{21}' = \frac{1}{2}(B_{11} - B_{22})\cos\theta\sin 2\varphi \qquad (\text{E-9})$$

$$\cdots\cdots\cdots\cdots$$

垂直于 N 的平面与椭球的交截方程是令(E-4)式中 $z'=0$:

$$B_{11}(x')^2 + B_{22}'(y')^2 + 2B_{12}'x'y' = 1 \qquad (\text{E-10})$$

(E-10)式有交叉项存在,即 $B_{12}' \neq 0$,表明现在的坐标轴 x',y' 并不沿这个椭圆的

长短轴(即主轴).为了求得对应于给定 N 下两个特定偏振方向,可以按照第一章中所述的普遍方法去寻找(E-10)式的主轴方向.也可以用下述办法,作这样的坐标变换,使 x' 轴,y' 轴绕 z' 轴转动 θ 角度,使转动后的新坐标系的椭圆方程中交叉项系数 $B''_{12}=0$,这时 x'' 轴,y'' 轴便是两个偏振方向.绕 z' 轴转 $\overset{\circ}{\theta}$ 的变换为

$$\begin{pmatrix} x'' \\ y'' \end{pmatrix} = \begin{pmatrix} \cos\overset{\circ}{\theta} & \sin\overset{\circ}{\theta} \\ -\sin\overset{\circ}{\theta} & \cos\overset{\circ}{\theta} \end{pmatrix} \begin{pmatrix} x' \\ y' \end{pmatrix} \tag{E-11}$$

代入(E-10)式,令 $B''_{12}=0$ 即有条件

$$\tan 2\overset{\circ}{\theta} = \frac{-2B'_{12}}{B'_{11}-B'_{22}} \tag{E-12}$$

由此可知偏振方向是相对于坐标轴 x' 及 y' 再转过 $\overset{\circ}{\theta}$ 角度的方向上(见图 E-1)并找得新坐标系(x'', y'', z')中交截椭圆方程的两个系数为

$$B''_{11} = B'_{11}\cos^2\overset{\circ}{\theta} - 2B'_{12}\sin\overset{\circ}{\theta}\cos\overset{\circ}{\theta} + B'_{22}\sin^2\overset{\circ}{\theta}$$

$$B''_{22} = B'_{11}\sin^2\overset{\circ}{\theta} + 2B'_{12}\sin\overset{\circ}{\theta}\cos\overset{\circ}{\theta} + B'_{22}\cos^2\overset{\circ}{\theta} \tag{E-13}$$

而

$$B''_{11} - B''_{22} = \left[(B'_{11}-B'_{22})^2 + 4(B'_{12})^2\right]^{1/2} \tag{E-14}$$

对应两个偏振方向的两个折射率 n' 及 n'',分别与椭圆长、短轴的半长轴相联系,在新的坐标系下应有

$$\frac{1}{(n')^2} = B'_{11}, \qquad \frac{1}{(n'')^2} = B''_{22} \tag{E-15}$$

如果考虑到 $dB = d\left(\dfrac{1}{n^2}\right) = -\dfrac{2}{n^3}dn$ 的关系,那么,双折射相位差可写为

$$\Gamma = \frac{2\pi l}{\lambda}\left(\frac{n^3}{2}\right)(B'_{11}-B''_{22}) = \frac{\pi l n^3}{\lambda}\left[(B'_{11}-B'_{22}) + 4(B'_{12})^2\right]^{1/2} \tag{E-16}$$

式中 n 应取 n'、n'' 的平均值,考虑到 n_1、n_2、n_3 一般相差不大,可取

$$n \cong (n_1+n_2+n_3)/3 \approx n_1$$

　　(E-12)式及(E-16)式只要将(E-9)式的关系代入即可得到最后结果.由于三角运算相当烦琐,我们先来计算 $B'_{11}-B'_{22}$.

$$B'_{11}-B'_{22} = B_{11}\cos^2\theta\cos^2\varphi + B_{22}\cos^2\theta\sin^2\varphi + B_{33}\sin^2\theta - B_{11}\sin^2\varphi - B_{22}\cos^2\varphi$$

$$= \left[B_{33} - (B_{11}\cos^2\varphi + B_{22}\sin^2\varphi)\right]\sin^2\theta + (B_{11}+B_{22})\cos 2\varphi \tag{E-17}$$

而从(E-9)式得

$$B'_{12} = \frac{1}{2}(B_{11}-B_{22})\cos\theta\sin 2\varphi \tag{E-18}$$

将(E-17)式、(E-18)式代入(E-16)式即得

$$\Gamma = \frac{\pi l n^3}{\lambda}\{[(B_{33}-B_{11}\cos^2\varphi-B_{22}\sin^2\varphi)\sin^2\theta+(B_{11}-B_{22})\cos 2\varphi]^2+$$

$$(B_{11}-B_{22})^2\cos^2\theta\sin^2 2\varphi\}^{1/2} \qquad (E-19)$$

(E-19)式即第五章 §5.5 中(5.50)式. 当 $B_{11}=B_{22}$, 即 $n_1=n_2$, 上式转化为单轴晶体公式(5.49)式.

在(5.49)式中近似地把分母中 $\cos\theta\approx 1$ 则与(E-19)式转化的公式完全一致.

如果 $B_{11}\approx B_{22}$, 并且 $B_{11}-B_{22}\ll B_{22}-B_{33}$ 的话, 那么, (E-19)式中 $B_{11}\cos^2\varphi+B_{22}\sin^2\varphi$ 可用 B_{11} 及 B_{22} 的平均值 $(B_{11}+B_{22})/2$ 取代并考虑到 θ 很小, $\cos\theta\approx 1$, 则可简化为

$$\Gamma = \frac{\pi n^3 l}{\lambda}\left\{\left[\left(B_{33}-\frac{B_{11}+B_{22}}{2}\right)\sin^2\theta+(B_{11}-B_{22})\cos 2\varphi\right]^2+(B_{11}-B_{22})^2\sin^2 2\varphi\cos^2\theta\right\}^{1/2}$$

$$= \frac{\pi n^3 l}{\lambda}[(\Delta\sin^2\theta+\Delta')^2-4\Delta\Delta'\sin^2\theta\sin^2\varphi]^{1/2} \qquad (E-20)$$

式中, $\Delta=B_{33}-\dfrac{B_{11}+B_{22}}{2}$, $\Delta'=B_{11}-B_{22}$.

最后, 我们讨论一下偏振方向的问题, 我们知道偏光干涉强度公式中有反差因子 $\sin^2 2\alpha$, α 是偏振方向与偏振器方向之间的夹角, 从图 E-1 可看出, 当 θ 很小时有

$$\alpha=\varphi-\overset{\circ}{\theta} \qquad (E-21)$$

式中 $\overset{\circ}{\theta}$ 为(E-12)式中所示, 代入(E-17)式、(E-18)式可得

$$\tan 2\overset{\circ}{\theta}=\frac{-2B'_{12}}{B'_{11}-B'_{22}}=\frac{(B_{11}-B_{22})\cos\theta\sin 2\varphi}{[B_{33}-(B_{11}\cos^2\varphi+B_{22}\sin\varphi)]\sin^2\theta-(B_{11}-B_{22})\cos 2\varphi}$$

$$(E-22)$$

这就是第五章 §5.5 中的(5.51)式.

附录 F　贝塞尔函数的基本性质

（一）贝塞尔函数的级数形式

有如下微分方程：

$$\frac{\mathrm{d}^2 z}{\mathrm{d}x^2} + \frac{1}{x}\frac{\mathrm{d}z}{\mathrm{d}x} + \left(1 - \frac{m^2}{x^2}\right)z = 0 \tag{F-1}$$

这个方程称为贝塞尔方程，是在解物理问题的偏微分方程时，经常会遇到的，它的解为贝塞尔函数.我们这里将只限于 m 为整数时的情形（贝塞尔方程的一般形式可能 m 并不一定是整数）.（F-1）式的解可以取级数形式.

现令

$$Z = x^m u \tag{F-2}$$

代入（F-1）式得

$$\frac{\mathrm{d}^2 u}{\mathrm{d}x^2} + (2m+1)\frac{\mathrm{d}u}{\mathrm{d}x}\left(\frac{1}{x}\right) + u = 0 \tag{F-3}$$

为了确定 u 的数值，我们假定 u 有级数形式

$$u = \sum a_n x^n \tag{F-4}$$

（F-4）式代入（F-3）式，得

$$\sum \left[n(2m+n)a_n x^{n-2} + a_n x^n \right] = 0 \tag{F-5}$$

为了使所有 x 值上均满足上式，幂次项的系数必须分别等于零，则有

$$a_{n-2} = -n(2m+n)a_n \tag{F-6}$$

若常数项系数为 a_0（即 x 的零幂次），则有

$n = 2$ 时：$a_2 = -a_0/2 \cdot (2m+2) = -a_0/2^2 \cdot (m+1) \cdot 1!$

$n = 4$ 时：$a_4 = a_0/2 \cdot 4(2m+2)(2m+4) = a_0/2^4 \cdot 2! \cdot (m+1)(m+2)$

$n = 6$ 时：$a_6 = a_0/2 \cdot 4 \cdot 6(m+2)(2+m+4)(m+6) = -a_0/2^6 \cdot 3! \cdot (m+1)$

$(m+2)(m+3)$ $\tag{F-7}$

$$\cdots\cdots\cdots$$

将（F-7）式各系数代入（F-2）式即得贝塞尔方程的解 $Z(x)$，我们用贝塞尔系数的符号 J_m 来代替它，得到

$$\mathrm{J}_m(x) = a_0 x^m \left[1 - \frac{x^2}{2^2(m+1)} + \frac{x^4}{2^4 2!\,(m+1)(m+2)} \cdots + \right.$$

$$\left. (-1)^n \frac{x^{2n}}{2^{2n} n!\,(m+1)(m+2)\cdots(m+n)} + \cdots \right] \tag{F-8}$$

上式称为 m 级贝塞尔函数.(F-8)式可写为

$$J_m = \sum_0^\infty (-1)^n x^{m+2n}/2^{m+2n} n! \ (n+m)! \tag{F-9}$$

同样,当我们令 $z=x^{-m}v$ 时,可得(F-1)式的另一个解为

$$J_{-m} = \sum_0^\infty (-1)^n x^{-m+2n}/2^{-m+2n} n! \ (n-m)! \tag{F-10}$$

(F-9)式、(F-10)式分别为 m 级和 $-m$ 级的贝塞尔函数的级数形式.

（二）贝塞尔函数的基本性质

(1) 当 $m=0$ 时,$J_0(0)=1$,其余 $J_m(0)=J_{-m}(0)=0$(因为 $m \neq 0$).
这一点从(F-9)式、(F-10)式是显而易见的.

(2) $J_{-n}(x)=(-1)^n J_n(x)$　　($n=0$ 或整数). $\tag{F-11}$

(3) $d[x^m J_m(x)]/dx = x^m J_{m-1}.$ $\tag{F-12}$

(4) 各级贝塞尔函数都有无限多个零点.$J_0(x)$ 的最大值在 $x=0$,其他各级 $J_n(x)$,n 越高,出现最大数值的 x 越大.图 F-1 画出 J_0 及 J_1 在 $x=25$ 以内的变化情况.$J_n(x)$ 随 x 不同值时的具体数值必须要像查三角函数表那样查贝塞尔函数表.

以上性质(2)、(3)、(4)这里不作数学证明,但用低价的贝塞尔函数(F-9)式的形式,进行验证是很容易的.

（三）贝塞尔函数的三角函数表示形式

设

$$J_0 = \frac{1}{\pi} \int_0^\pi \cos(x\cos\theta)\,d\theta = \frac{2}{\pi} \int_0^{\frac{\pi}{2}} \cos(x\cos\theta)\,d\theta \tag{F-13}$$

极易证明(F-13)式是(F-1)式的解.

我们对 J_0 求一次和二次导数得

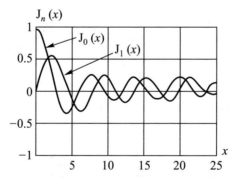

图 F-1　贝塞尔函数 J_0 及 $J_1(x)$ 随 x 变化的曲线

$$\frac{\mathrm{d}J_0}{\mathrm{d}x} = -\frac{1}{\pi}\int_0^\pi \cos\theta\sin(x\cos\theta)\,\mathrm{d}\theta \tag{F-14}$$

$$\frac{\mathrm{d}^2J_0}{\mathrm{d}x^2} = -\frac{1}{\pi}\int_0^\pi \cos^2\theta\cos(x\cos\theta)\,\mathrm{d}\theta \tag{F-15}$$

用(F-13)式、(F-14)式、(F-15)式写成

$$xJ_0 + \frac{\mathrm{d}J_0}{\mathrm{d}x} + x\left(\frac{\mathrm{d}^2J_0}{\mathrm{d}x^2}\right) = \frac{1}{\pi}\int_0^\pi [x\sin^2\theta\cos(x\cos\theta) - \cos\theta\sin(x\cos\theta)]\,\mathrm{d}\theta$$

$$= \frac{1}{\pi}\int_0^\pi \mathrm{d}[\sin\theta\sin(x\cos\theta)] = 0$$

可见(F-13)式确是贝塞尔方程的解. 其他级 $J_n(x)$ 的三角函数表示形式可通过(F-11)式和(F-13)式得到.

（四）贝塞尔函数一项应用——$\cos(x\sin\theta)$ 及 $\sin(x\cos\theta)$ 的展开

我们可以证明

$$\exp\frac{x}{2}\left(t - \frac{1}{t}\right) = \sum_{m=-\infty}^\infty J_m t^m \tag{F-16}$$

证明如下:将 $\mathrm{e}^{xt/2}$ 及 $\mathrm{e}^{-xt/2}$ 展开为级数有

$$\mathrm{e}^{xt/2} = 1 + (x/2)t + \left(\frac{x^2}{2^2}\right)\left(\frac{1}{2!}\right)t^2 + \cdots + (x^\gamma/2^\gamma)(1/\gamma!)t^\gamma + \cdots$$

$$\mathrm{e}^{-xt/2} = 1 - (x/2t) + \left(\frac{x^2}{2^2}\right)\left(\frac{1}{2!}\right)(1/t)^2 + \cdots + (-1)^s\left(\frac{x^s}{2^s}\right)\left(\frac{1}{s!}\right)t^{-s} + \cdots \tag{F-17}$$

那么

$$\mathrm{e}^{\frac{x}{2}\left(t-\frac{1}{t}\right)} = \left(\exp\frac{xt}{2}\right)\left(\exp\frac{-x}{2t}\right) = \sum_{\gamma=0}^\infty \frac{x^\gamma t^\gamma}{2^\gamma \gamma!}\sum_{s=0}^\infty \frac{(-1)^s t^{-s}x^s}{2^s s!} \tag{F-18}$$

$$= \sum_{\gamma=0}^\infty\left[\sum_{s=0}^\infty \frac{(-1)^s x^{\gamma+s}}{2^{s+\gamma}+s!\ \gamma!}\right]t^{\gamma-s}$$

上式中 t^m 项系数取 $\gamma-s=m$ 时是

$$\sum_{s=0}^\infty \frac{(-1)^s x^{m+2s}}{2^{m+2s}(m+s)!\ s!} = J_m(x)$$

同理 t^{-m} 的系数是 $(-1)^m J_m(x) = J_{-m}(x)$，则有

$$\exp\frac{x}{2}\left(t - \frac{1}{t}\right) = \sum_{-\infty}^\infty J_m(x)t^m \tag{F-19}$$

现在令 $t = \mathrm{e}^{\mathrm{i}\theta}$，那么将 $\dfrac{t-\dfrac{1}{t}}{2}\sin\theta$ 代入(F-19)式得到

$$e^{ix\sin \theta} = J_0(x) + 2iJ_1(x)\sin \theta + 2J_2(x)\cos 2\theta + 2iJ_3(x)\sin 3\theta + 2J_4(x)\cos 4\theta + \cdots$$

$$(F-20)$$

考虑到

$$e^{ix\sin \theta} = \cos(x\sin \theta) + i\sin(x\sin \theta) \tag{F-21}$$

虚部和实部分别相等,得到

$$\cos(x\sin \theta) = J_0(x) + 2J_2(x)\cos 2\theta + 2J_4(x)\cos 4\theta + \cdots$$

$$\sin(x\sin \theta) = 2J_1(x)\sin \theta + 2J_3(x)\sin 3\theta + 2J_5(x)\sin 5\theta + \cdots \tag{F-22}$$

如果用 $\pi/2 - \theta$ 取代上式中 θ,则可得

$$\cos(x\cos \theta) = J_0(x) + 2J_2(x)\cos 2\theta + 2J_4(x)\cos 4\theta + \cdots$$

$$\sin(x\cos \theta) = 2J_1(x)\cos \theta - 2J_3(x)\cos 3\theta + 2J_5(x)\cos 5\theta + \cdots \tag{F-23}$$

这些展开式就是我们在第七章 §7.4 节中引用的(7.37)式和(7.38)式以及第八章 §8.3 节中的(8.25)式.

参 考 文 献

[1] J F NYE. Physical properties of crystals：Their representation by tensors and matrices. Oxford：Oxford University Press,1985.

[2] A YARIV. Introduction to Optical Electronics. New York：Holt,Rinehart and Winston, 1971.

[3] R E NEWNHAM. Properties of Materials：Anisotropy, Symmetry, Structure.西安：西安交通大学出版社,2009.

[4] 蒋民华.晶体物理. 2 版.济南：山东大学出版社,2021.

[5] 小川智哉.应用晶体物理学.崔承甲,译.北京:科学出版社,1985.

[6] 王春雷,李吉超,赵明磊.压电铁电物理.北京:科学出版社,2009.

[7] 许煜寰等.铁电与压电材料.北京:科学出版社,1978.

[8] 肖定全,王民.晶体物理学.成都：四川大学出版社,1989.

[9] 张良莹,姚熹.电介质物理.西安:西安交通大学出版社,1991.

[10] 陈纲,廖理几,郝伟.晶体物理学基础. 2 版.北京：科学出版社,2007.

[11] 张福学,王丽坤.现代压电学:上册.北京:科学出版社,2001.

[12] 钟维烈.铁电体物理学.北京:科学出版社,1996.

[13] 殷之文.电介质物理学.2 版.北京：科学出版社,2003.

[14] 张克从,王希敏.非线性光学晶体材料科学.北京:科学出版社,1996.

[15] 朱劲松,葛传珍,许自然,等.晶体物理研究方法.南京:南京大学出版社,1990.

[16] F T ARECCHI,E O SCHULZ-DUBOIS. LASER HANDBOOK：VOLUME 1. Amsterdam：NORTH-HOLLAND PUBLISHING COMPANY,1972.

[17] F T ARECCHI,E O SCHULZ-DUBOIS. LASER HANDBOOK：VOLUME 2. Amsterdam：NORTH-HOLLANG PUBLISHING COMPANY,1972.

后　记

　　本书是在南京大学物理学院凝聚态物理方向的专业课"晶体物理性能"的讲义的基础上补充修订而成的.前期工作由王业宁院士和张杏奎教授所完成,在其后教学中朱劲松教授与沈惠敏教授对讲义进行了一些修改.此次出版本书由朱劲松、应学农、吕笑梅编著.张俊廷副教授协助整理撰写了"多铁"部分;黄风珍副教授提供了有益的讨论和修改意见;朱永元教授、祁鸣教授提供了一些有用的资料;祝世宁院士、詹鹏教授、张春峰教授、龚彦晓教授阅读了部分章节,并提出一些修改意见;王小敏高工协助录入部分内容;研究生吴慧及张强同学协助绘制了一些插图;博士生胡王莉协助审阅修改了第四章的内容,在此一并感谢.编著者一直得到南京大学金国钧教授、卢德馨教授的鼓励和支持,特表感谢.

　　10 年前超星曾全程录下笔者教授本课的全过程视频,有兴趣者可参看.

　　鉴于科学技术的飞速发展,晶体材料的应用不断扩大,限于篇幅及编著者的水平,本书部分内容显得与时俱进不足,编著者在此表示遗憾.但作为一门晶体物理性能的入门书,仍有学习的必要.读者如需了解当今最新的有关晶体的应用知识,可以参考一些相关的专著或文献.

　　本书的编著得到高等教育出版社物理分社,南京大学物理学院,南京大学固体微结构国家重点实验室,南京大学本科生院的支持和帮助,特别表示感谢.

朱劲松

写于南京大学唐仲英楼

2022 年 12 月

郑重声明

高等教育出版社依法对本书享有专有出版权。任何未经许可的复制、销售行为均违反《中华人民共和国著作权法》,其行为人将承担相应的民事责任和行政责任;构成犯罪的,将被依法追究刑事责任。为了维护市场秩序,保护读者的合法权益,避免读者误用盗版书造成不良后果,我社将配合行政执法部门和司法机关对违法犯罪的单位和个人进行严厉打击。社会各界人士如发现上述侵权行为,希望及时举报,我社将奖励举报有功人员。

反盗版举报电话　(010)58581999　58582371

反盗版举报邮箱　dd@hep.com.cn

通信地址　北京市西城区德外大街 4 号　高等教育出版社法律事务部

邮政编码　100120

读者意见反馈

为收集对教材的意见建议,进一步完善教材编写并做好服务工作,读者可将对本教材的意见建议通过如下渠道反馈至我社。

咨询电话　400-810-0598

反馈邮箱　hepsci@ pub.hep.cn

通信地址　北京市朝阳区惠新东街 4 号富盛大厦 1 座　高等教育出版社理科事业部

邮政编码　100029